机械工程系列规划教材

U1070919

CAD技术基础与 UG NX 6.0应用实践

甘树坤　吕雪飞　吴立军　金　涛　王　娟　编著

ZHEJIANG UNIVERSITY PRESS
浙江大学出版社

图书在版编目（CIP）数据

CAD 技术基础与 UG NX 6.0 应用实践 / 甘树坤等编著.
—杭州：浙江大学出版社，2013.5（2018.9 重印）
ISBN 978-7-308-11381-6

Ⅰ.①C… Ⅱ.①甘… Ⅲ.①计算机辅助设计—应用软件 Ⅳ.①TP391.72

中国版本图书馆 CIP 数据核字（2013）第 080793 号

内容简介

全书分为两篇共 11 章，第一篇（第 1～4 章）为 CAD 基本技术原理部分，系统地阐述了 CAD 技术的基本内容、原理和方法，包括 CAD 技术发展概况、CAD 中常用数据结构、CAD 数据交换技术、图形变换、三维几何造型技术等原理。第二篇（第 5～11 章）为 UG 应用实践部分，包括 UG 建模基础、零件建模、组件装配、工程图设计等内容。

针对教学的需要，本书由浙大旭日科技配套提供全新的立体教学资源库（立体词典），内容更丰富、形式更多样，并可灵活、自由地组合和修改。同时，还配套提供教学软件和自动组卷系统，使教学效率显著提高。

本书可作为高等院校院校机械、能源、动力类及相关工科专业的本、专科生和研究生教材或参考书，也可作为 CAD 技术研究人员、工程技术人员的参考书。

CAD 技术基础与 UG NX 6.0 应用实践

甘树坤　吕雪飞　吴立军　金　涛　王　娟　编著

责任编辑　杜希武
封面设计　刘依群
出版发行　浙江大学出版社
（杭州市天目山路 148 号　邮政编码 310007）
（网址：http://www.zjupress.com）
排　　版　杭州好友排版工作室
印　　刷　浙江省邮电印刷股份有限公司
开　　本　787mm×1092mm　1/16
印　　张　22.5
字　　数　547 千
版 印 次　2013 年 5 月第 1 版　2018 年 9 月第 2 次印刷
书　　号　ISBN 978-7-308-11381-6
定　　价　48.00 元

《机械工程系列规划教材》

编审委员会

前　言

三维造型是 CAD/CAM 技术中最基本和最常用的部分，它不仅是构成 CAD 的核心内容，而且是实施各种 CAD/CAM/CAE 技术（如 NC 编程、FEM 计算、模具分析等）的必要前提。随着信息化技术在现代制造业的普及和发展，三维造型技术已经变成制造业工程师的常规的、必备的技能。

UG（Unigraphics NX）是 Siemens PLM Software 公司出品的一套集 CAD/CAM/CAE/PDM/PLM 于一体的软件集成系统，是当今世界上最先进的计算机辅助设计、分析和制造的软件之一，广泛应用于航空、航天、汽车、通用机械和电子等工业领域。

本书专为高等院校机械及相关专业三维造型课程教学而编写，集成了作者多年来在三维造型应用技术方面的教学、培训及工程项目经验。全书分成二篇，共十一章，第一篇（第 1～4 章）为 CAD 技术基本原理部分，系统地阐述了 CAD 技术的基本内容、原理和方法，包括 CAD 技术发展概况、CAD 中常用数据结构、CAD 数据交换技术、图形变换、三维几何造型技术等。第二篇（第 5～11 章）为 UG 应用实践部分，包括 UG 建模基础、零件建模、组件装配、工程图设计等内容。这种由“基础知识、操作技能、应用实战”构成的三位一体教学内容，充分体现出了三维造型技术的有机组成。

此外，我们发现无论是用于自学还是用于教学，现有教材所配套的教学资源库都远远无法满足用户的需求。主要表现在：1）一般仅在随书光盘中附以少量的视频演示、练习素材、PPT 文档等，内容少且资源结构不完整；2）难以灵活组合和修改，不能适应个性化的教学需求，灵活性和通用性较差。

为此，我们提出了一种全新的教学资源，称为立体词典。所谓“立体”，是指资源结构的多样性和完整性，包括视频、电子教材、印刷教材、PPT、练习、试题库、教学辅助软件、自动组卷系统、教学计划等。所谓“词典”，是指资源组织方式。即把一个个知识点、软件功能、实例等作为独立的教学单元，就像词典中的单词。并围绕教学单元制作、组织和管理教学资源，可灵活组合出各种个性化的教学套餐，从而适应各种不同的教学需求。实践证明，立体词典可大幅度提升教学效率和效果，是广大教师和学生的得力助手。

本书由甘树坤、吕雪飞为主编，由甘树坤（吉林化工学院）、吕雪飞任（吉林化工学院）、吴立军（浙江科技学院）、金涛（浙江大学）、王娟（海南大学）等编写。由于编者水平有限，书中难免有不足与疏漏之处，许多内容尚需不断完善和提高，恳请各位读者批评指正。请通过以下方式与我们交流：

- 网站：http://www.51cax.com

● E-mail：book@51cax. com

● 致电：0571－28852522，0571－87952303

杭州浙大旭日科技开发有限公司为本书配套提供立体教学资源库、教学软件及相关协助，在此表示衷心的感谢。

最后，感谢浙江大学出版社为本书的出版所提供的机遇和帮助。

编　者

2013 年 5 月

目　　录

第一篇　理论篇

第二篇 应用篇

第一篇　理论篇

第 1 章　CAD 技术概论

计算机辅助设计技术也称为 CAD 技术，是英文 Computer Aided Design 的缩写，它是指在设计过程中，利用计算机作为工具，帮助工程师进行工程设计的一种实用技术的总和。CAD 技术涉及的领域很广，最为常见及广泛应用的是二、三维的几何形体建模、绘图，各种机械零部件的设计、电路设计、建筑结构设计、力学分析等。

计算机辅助设计作为一门学科开始于 20 世纪 60 年代初，由于受到计算机技术的限制，一直到 20 世纪 70 年代，CAD 技术的发展都比较缓慢，进入 20 世纪 80 年代以来，计算机技术突飞猛进，特别是随着微机和工作站的发展与普及，再加上功能强大的外围设备，如大型图形显示器、绘图仪、激光打印机的问世，极大地推动了 CAD 技术的发展，从而使 CAD 技术已进入实用化阶段成为可能，并广泛服务于机械、电子、宇航、建筑、纺织等产品的总体设计、造型设计、结构设计、工艺过程设计等环节。

1.1　CAD 技术的内涵

1.1.1　CAD 技术的含义

计算机辅助设计也就是 CAD 技术，是利用计算机辅助工程技术人员完成设计任务。而从计算机科学的角度看，设计过程是信息管理、信息加工、信息交换的过程，所以，CAD 技术就是利用计算机帮助工程技术人员进行工程数据管理、加工和交换信息的技术。

由于设计工作通常与图形是分不开的，所以 CAD 技术就是以计算机为工具，通过人机交互，处理产品设计过程中的图形和数据信息，辅助完成整个产品设计过程的一门综合技术。也就是工程技术人员与计算机相结合、各尽所长、应用多学科的方法综合有效地进行问题求解的先进信息处理技术。通过 CAD 技术把人类的决策判断、创造能力与计算机的高速运算、信息存储等功能有机结合起来，从而达到缩短工程产品设计周期、提高设计质量的目的。

计算机辅助设计是一种利用计算机硬、软件系统辅助工程技术人员对产品或工程进行设计的方法与技术，包括设计、绘图、工程分析和文档制作等设计活动。简单地讲，CAD 技术就是工程技术人员利用计算机达到最佳的设计目的，它是一种新的设计方法，也是一门多学科综合应用的新技术。

从技术方面讲，CAD 技术包括图形处理技术、工程分析技术、数据管理与数据交换技术，还包括软件设计技术(如窗口界面设计、软件工程规范等)、文档处理技术等。它涉及的技术范围很广，通常所说的计算机绘图并不是 CAD 的全部，而只是 CAD 技术的基础之一。CAD 技术的发展与普及，是对传统设计方法的变革。CAD 技术的广泛应用表明了 CAD 技术具有自身极其典型的优越性。

从经济效益方面看，其优越性表现在：

(1)提高设计效率，缩短设计周期。CAD技术的应用，避免了许多重复劳动，明显地缩短了资料检索、设计计算和图纸绘制的时间，提高了设计速度。

(2)部门之间信息交流快速、可靠。传统设计是通过图纸作为媒体来传播的，由于图纸的设计、绘制、存储和传递需要花费较多的时间，影响了部门之间信息的交流。CAD技术的应用，使得信息可以通过电子文档存储和传递，信息交流快速可靠。同时，随着CAD/CAM技术的发展，CAD信息可以直接转化为CAPP和CAM所需的信息，为实现计算机集成制造打下基础。

从技术方面看，其优越性表现在：

(1)提高了设计质量。CAD技术的应用，物理模型更加逼真，数学模型更加准确，其计算精度比传统计算更高，且容易在设计阶段发现错误。同时，设计人员避免了繁重的简单绘图，摆脱了重复劳动，从而能集中精力发挥创造性思维，使设计产品的质量更高。

(2)设计、分析与优化的工作模式统一。由于CAD系统的集成，许多设计、分析平台可以交互操作，结构分析、优化设计并行反复进行，使设计方案更加合理，设计结果达到更佳。

(3)有利于产品标准化、系列化、通用化。设计人员可以利用CAD系统标准图及标准零部件设计库或通过参数化(变量化)设计修改原有产品设计中的参数得到新的设计结果。这样，可以充分利用以前的设计结果，使得CAD系统在标准化、系列化、通用化方面更显优势。

1.1.2 CAD技术的特点

1. CAD技术的特色

从设计方法学角度来讲，CAD技术采用计算机作为工具来完成设计的全过程，进行海量数据的存储和高速数据处理。从技术角度讲，CAD技术把产品的物理模型转化为存储在计算机中的数字化模型，从而为后续的工艺、制造、管理等环节提供共享的信息源。概括起来CAD技术主要包括以下内容：

(1)图形处理技术。如二维交互图形技术、三维几何造型技术及其他图形输入输出技术。

(2)工程分析技术。如有限元分析、优化设计方法、物理特性计算(如面积、体积、惯性矩等计算)、模拟仿真以及各行各业中的工程分析等。

(3)数据管理与数据交换技术。如产品数据管理(PDM)、数据库、数据交换和接口等。

(4)文档处理技术。如文档制作、编辑及文字处理等。

(5)界面开发技术。如图形用户界面、网络用户界面、多通道多媒体智能用户界面等。

(6)基于Web的网络应用和开发技术。

2. CAD技术的特点

(1)先导性。利用CAD技术可以提前进行产品的“样品设计”或“虚拟设计”(即数字化设计)，可以让用户实时从屏幕上看到尚未问世的新产品外观与性能，对其进行多方面的观察和评审，为产品的方案设计及标书的编写和绘制做出快速反应。

(2)仿真性。在产品进入详细设计阶段，CAD可以进行模拟装配和运动仿真，以便及早发现运动机构的碰撞或空间布局中的干涉，避免不必要的损失和浪费。

(3)并行性。便于组织实施并行工程,在计算机中确立产品模型和总体布局,与之配套的各个独立系统、部件组、试验组、生产准备等都可以在总体设计下同时分头协调地进行工作,大大加快产品开发速度。

(4)扩展性。能方便、简捷地输入已有的图样,并对图样上的信息缺陷实现修复,能根据客户提出的各种设计进行及时修改;在此基础上建立的各种数据库越来越丰富,可以方便地检查和迅速组织发放,为生产准备工作的各个方面赢得时间。

(5)效益性。CAD 技术作为信息技术的一个重要组成部分,是促进科研成果的开发和转化、实现智能劳动自动化、加快国民经济发展、有利于国防现代化的一项关键性高技术;是提高产品设计质量、缩短开发周期、大幅度提高劳动生产率的重要手段;是企业提高创新能力和管理水平、增强市场竞争力和参与国际竞争的必要条件。目前 CAD 技术的开发与应用水平已成为衡量一个国家科技现代化和工业现代化程度的重要标志之一。

3. 现代 CAD 技术的发展新特色

随着 CAD 技术的不断发展,现代 CAD 技术已经超越了传统 CAD 技术的一些特点,具有了全新的特点。

(1)采用面向对象技术的 32 位 CAD 软件,支持 Windows95/98/NT/XP/Win7 操作系统,支持 IGES、STEP 等数据交换标准,提供 VC、VB 等语言开发接口。

(2)用特征来描述、构造产品信息模型,这样既包括产品的形体信息,又包括产品的功能特征、工艺特征和加工特征,对产品具有更全面的描述能力,是实现 CAD/CAM 集成的重要技术方法。

(3)参数化设计使用户可以定义模型的尺寸作为控制尺寸,用户可以通过修改模型的尺寸值改变模型的几何形状。变量化设计使用户可以在几何形体之间建立起一些复杂的约束关系,通过约束驱动生成新的形体。

(4)对产品的描述采用统一的数据模型,所有数据都存入统一的数据库中。这样对产品任何改动,都会自动改变与之相关的数据。从而保证了数据的完整性和可靠性。在某一数据模型基础上可方便地实现相关性设计,用户在某一部分对模型进行了修改,系统会自动地更新与修改有关的内容。

(5)对某些特殊的设计和制造过程,采用专家系统的设计思想,在 CAD 系统建立知识库,为用户的设计和决策提供帮助。

(6)网络化 CAD 既可用单机多窗口操作编辑,又可多机联网并行设计、网络数据管理和图纸管理。

(7)快速原型制造(RPM)技术的发展,既可以便于设计的产品及时得到实物模型,也可以作为 CAD 系统与加工直接联系的纽带。

4. CAD 与计算机绘图、计算机图形学

(1)计算机绘图

计算机绘图是使用图形软件和计算机硬件进行绘图及其有关标注的一种方法和技术,它以摆脱繁重的手工绘图为主要的目的。

(2)计算机图形学(CG)

计算机图形学是研究通过计算机将数据转换为图形,并在专用设备上显示的原理、方法和技术的科学。

计算机绘图是计算机图形学(CG)中涉及工程图形绘制的一个分支,它是一门工程技术。计算机绘图并不是CAD技术的全部内涵,是CAD技术的基础之一。而计算机图形学(CG)是一门独立的学科,它的有关图形处理的理论与方法构成了CAD技术的重要基础。

1.1.3 CAD技术的发展

计算机辅助设计(CAD)主要是用于研究如何用计算机及其外围设备和图形输入输出设备来帮助人们进行工程和产品设计的技术,它是随着计算机及其外围设备、图形设备以及软件技术的发展而发展的。

1. CAD硬件技术发展历程

CAD硬件的发展主要经历了五个时期。

(1)诞生期(20世纪50年代—60年代)

1950年,美国麻省理工学院研制出WHIRLWIND 1(旋风1)计算机的一个配件——图形显示器。1958年,美国Calcomp公司研制出由数字记录仪发展成的滚筒式绘图机,美国GerBer公司把数控机床发展成平板式绘图机。20世纪50年代,计算机由电子管组成,用机器语言编程,主要用于科学计算,图形设备仅仅具有输出功能,CAD技术处于酝酿和准备阶段。20世纪50年代末,美国麻省理工学院在WHIRLWIND计算机上开发了SAGE战术防空系统,第一次使用了具有指挥功能和控制功能的阴极射线管CRT,操作者可以用光笔在屏幕上确定目标。它预示着交互式图形生成技术的诞生,为CAD技术的发展作了必要的准备。

(2)发展期(20世纪60年代)

20世纪60年代初,美国麻省理工学院的博士生Ivan Sutherland研制出世界上第一台利用光笔的交互式图形系统SKETCHPAD。但在20世纪60年代,由于计算机及图形设备价格昂贵,技术复杂,只有一些实力雄厚的大公司才能使用这一技术。作为CAD技术的基础,计算机图形学在这一时期得到了很快的发展。20世纪60年代中期出现了商品化的CAD设备,CAD技术开始进入了发展和应用阶段。

(3)应用期(20世纪70年代)

20世纪70年代推出了以小型机为平台的CAD系统。同时,图形软件和CAD应用支撑软件也不断充实提高。图形设备,如光栅扫描显示器、图形输入板、绘图仪等相继推出和完善。于是,20世纪70年代出现了面向中小企业的CAD商品化系统。

(4)突飞期(20世纪80年代)

20世纪80年代,大规模和超大规模集成电路、工作站和RISC(精简指令集计算机)等的出现使CAD系统的性能大大提高了一步。与此同时,图形软件更趋成熟,二维、三维图形处理技术,真实感图形技术以及有限元分析,优化、模拟仿真,动态景观,科学计算可视化等方面都已进入实用阶段。包括CAD/CAE/CAM一体化的综合软件包使CAD技术又上了一个层次。

(5)成熟期(20世纪90年代)

这一时期的发展主要体现在以下几个方面:CAD标准化体系进一步完善;系统智能化成为又一个技术热点;集成化成为CAD技术发展的一大趋势;科学计算可视化、虚拟设计、虚拟制造技术是20世纪90年代至今CAD技术发展的新趋向。

2. CAD 软件技术发展历程

随着 CAD 技术的广泛应用,CAD 软件技术也得到了蓬勃的发展。机械应用领域中的 CAD 起步于 20 世纪 50 年代末期,CAD 技术采用二维计算机图形技术,用传统的三视图的方法表达零部件的结构,摆脱了繁琐、费时、精度低的手工绘图方式,以图纸进行技术交流。直到 20 世纪 70 年代末期,CAD 软件技术仍以二维图形为主流,CAD 软件技术作为一个分支而相对独立、平稳地发展。在不同领域,CAD 以不同的线路向专业化的方向发展。

CAD 软件技术发展历程,在机械领域中 CAD 技术经历了以下几次技术创新,如图 1-1 所示。

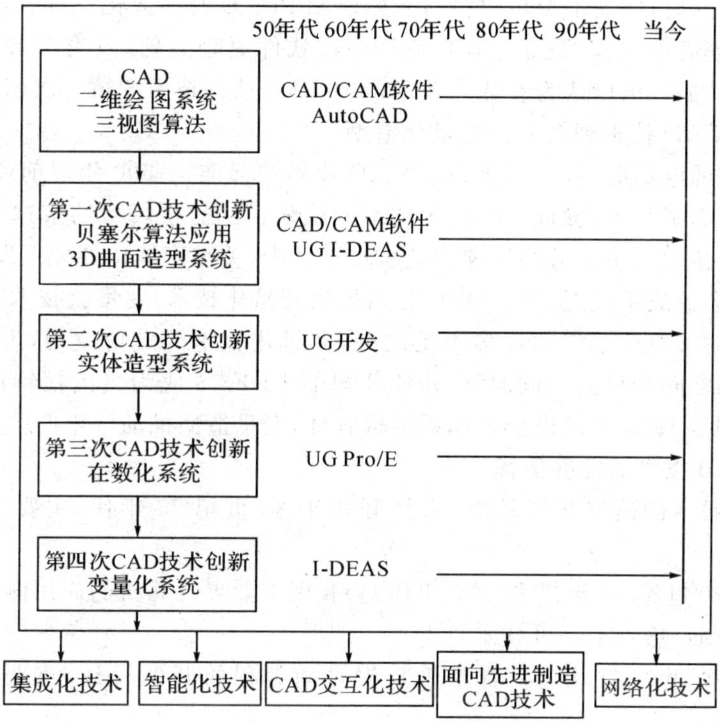

图 1-1 CAD 软件技术发展历程

(1)第一次技术创新——曲面造型技术

20 世纪 60 年代,三维 CAD 系统只是简单的线框模型造型系统,只能表达形体的基本信息,不能有效表达数据之间的拓扑关系,由于缺乏形体的表面信息,CAM、CAE 均无法实现。到了 20 世纪 70 年代,为解决飞机和汽车制造中遇到的大量的自由曲面问题,出现了贝塞尔算法,使人们利用计算机处理曲线及曲面问题变得可行,同时也使得法国达索飞机制造公司的开发者能在二维绘图系统 CAD/CAM 的基础上,开发出以表面模型为特点的自由曲面建模方法,推出了三维曲面造型系统 CATIA。它的出现,标志着计算机辅助设计技术从单纯模仿工程图纸的三视图模式中解放出来,首次实现以计算机完整描述产品零件的主要信息,同时也使得 CAM 技术的开发有了实现的基础。也标志着 CAD 技术的第一次创新。

(2)第二次技术创新——实体造型技术

有了表面模型,CAM 问题可以解决,却难以表达零件的其他特性,如缺少重心、质量、惯性矩等信息，无法进行CAE方面的工作。1979年，SDRC公司发布了世界上第一个完全基于实体造型的大型CAD/CAE软件I-DEAS，能精确表达零件的全部属性，理论上统一了CAD、CAM、CAE，给设计带来了方便，代表了技术发展的方向。但是，实体造型技术既带来了算法改进和未来发展的希望，也带来了数据计算量的极度膨胀，因为在当时条件下，计算机及显示速度慢，直至今日实体造型才得到了实际应用。

(3)第三次技术创新——参数化造型

进入20世纪80年代中期，CV公司推出一种比无约束自由造型更新颖、更好的算法——参数化技术。它具有以下特点：基于特征造型、全尺寸约束、尺寸驱动设计修改。CV公司很多成员离开后，成立了PTC公司，开始研制Pro/E的参数化软件。早期Pro/E性能比较低，只能完成简单工作，到了90年代Pro/E软件更趋成熟，具有参数化造型、模具生成、分析模拟等功能。可以认为参数化技术标志CAD软件技术的第三次创新。

(4)第四次CAD技术创新——变量化造型

参数化造型的成功应用，一时成为了CAD业界的标准。1990年以前，SDRC公司在参数化技术方面摸索了几年，发现了参数化技术的缺陷：首先，全尺寸约束这一硬性规定干扰和制约着设计创造力及想象力的发挥；其次，在设计中，关键形体拓扑关系发生改变，失去某些约束特征，也会造成系统混乱。SDRC公司提出变量化技术，变量化技术既保持了参数化技术的优点，同时又克服了它的许多不足之处，变量化技术的成功应用，为CAD技术的发展提供了更大的空间和机遇。同时，SDRC公司的I-DEAS成为美国福特汽车公司首选的CAD/CAM软件。1993年推出全新体系结构软件，变量造型推动了第四次CAD技术创新。

3. 我国CAD技术的发展历程

国内CAD技术的研究起步较晚，大约开始于20世纪70年代，主要经历了以下几个阶段。

第一阶段(20世纪60年代末—70年代初)我国工业界计算机的应用侧重于数控加工曲面的数值计算方面，培养了一批技术骨干；

第二阶段(20世纪70年代)着重于教授自动编程的开发设计，主要使用汇编语言、FORTRAN语言；

第三阶段(20世纪80年代)在国务院的直接指导下，召开了全国第一次CAD工作会议，各部委作了“六五”后期和“七五”CAD发展规划，我国的CAD技术蓬勃发展起来。在此期间，国内研究的CAD支撑软件开始应用。

第四阶段(20世纪90年代)在我国20世纪90年代的“八五”和“九五”计划期间，1992年，由科委牵头，成立了CAD应用工程协调小组，在“八五”阶段，将CAD的培训工作列为发展的重点，形成我国各行业应用CAD技术全面普及的阶段。国家大力进行CAD技术的推广应用，启动了CAD应用工程。CAD应用工程以“甩掉图板为突破口，经过多年努力，CAD的普及和推广工作取得了巨大成就。

由于我国CAD技术研究起步较晚，与国外CAD行业及技术方面相比还存在很大的差距，但在很多方面已经取得了长足的进展，除对许多国外软件进行了汉化和二次开发以外，还诞生了不少具有自主版权的CAD系统，如高华CAD，开目CAD等，由于这些软件价格便宜，符合本国国情和标准，所以受到了广泛的欢迎，赢得了越来越大的市场份额。

4. CAD 技术的发展趋势

CAD 技术作为成熟的普及技术已在企业中广泛应用,并已成为企业的现实生产力。围绕企业创新设计能力的提高和网络计算环境的普及,CAD 技术的发展趋势主要围绕集成化、智能化、网络化、可视化、并行化、标准化开展。以下着重介绍在标准化、开放性、网络化、智能化、集成化五方面的特点。

(1)标准化:面向图形设备的标准 CGI,面向用户的图形标准 GKS 和 PHIGS,面向不同 CAD 系统的数据交换标准 IGES 和 STEP,此外还有窗口标准等。STEP(Standard for the exchange of product model data)既是标准,又是方法学,由此构成了 STEP 技术,它深刻地影响着产品建模、数据管理及接口技术等。

(2)开放性:CAD 系统目前广泛建立在开放式操作系统窗口 Windows 和 UNIX 平台上,在 Java LINUX 平台上也有 CAD 产品,此外 CAD 系统都为最终用户提供二次开发环境,甚至这类环境可开发其内核源码,使用户可定制自己的 CAD 系统。

(3)网络化:能够提供基于因特网的完善的协同设计环境。该环境具有电子会议、协同编辑、共享电子白板、图形和文字的浏览与批注、异构 CAD 和 PDM 软件的数据集成等功能,使用户能够进行协同设计。提供网上多种 CAD 应用服务,例如设计任务规划、设计冲突检测与消解、网上虚拟装配等工具。

(4)智能化:设计是一个含有高度智能的人类创造性活动领域,智能 CAD 是 CAD 发展的必然方向。人工智能技术,特别是专家系统技术,与传统 CAD 技术结合起来,形成智能化 CAD 系统是机械 CAD 发展的必然趋势。发展新的设计理论与方法。例如并行设计的理论、大规模定制设计的理论、概念设计的理论、创新设计的理论等。继续深入研究机械设计型专家系统的一些基本理论与技术问题。例如设计知识模型的表示与建模、知识利用中的各种搜索与推理方法、知识获取、工具系统的技术等。

(5)集成化:集成是指信息集成。CAD 信息处于产品生命周期中信息链源头。为了提高系统的集成水平,CAD 技术必须在数字化产品建模、产品数据交换、产品数据管理、继续改进与开发各种 CAx(CAD,CAE,CAPP,…)以及 DFx(DFA,DFM,DFT,…)并使它们有机地集成起来等技术方面提高水平。

1.2 产品开发与 CAD 技术应用

1.2.1 产品的开发设计过程

设计在本质上是一种具有高度智能性的人类活动。设计的基本过程就是从某一产品的功能要求出发,经过一系列智能活动,最终形成关于该产品功能、结构和制造方法的具体全面的描述,以保证最终产品具备特定性质并能完成特定的功能。虽然现代设计方法学领域,对于整个设计过程还没有形成一个公认的描述模型,但一些基本的设计步骤是公认的,如图 1-2 所示,产品的开发设计过程包括:

1. 需求描述:以形式化或半形式化方式对已确定的各种需求进行描述,并在设计过程中不断修正。

2. 概念设计:将已有的设计需求以及相应的设计任务分解为易于处理的子任务。根据市场需求确定新产品的功能，给出新产品的概念性分析模型或草图。

3. 设计规划：根据对设计特征和困难的初步分析，在各个中间设计目标和设计任务之中选择合理的求解次序。在此基础上确定产品功能，进而构思方案，进行分析与论证，最后获得一组可行的原理性方案。

（1）初步设计：从概念设计阶段可行性方案中进行分析比较，修正概念模型，选出优化方案，绘制总布置草图，确定各部件基本结构和形状，建立相应数学模型，进行主要参数的分析计算。

（2）详细设计：针对最终分解所得的各个设计子任务，确定设计参数的值或边界，并对其产品性能、制造要求和成本所造成的影响等进行评估。这是产品的真正结构设计阶段。由概念模型和分析产生的数据对详细设计起着重要的指导作用，同时详细设计的结果也要进行必要的分析，并适时根据需要修改模型。

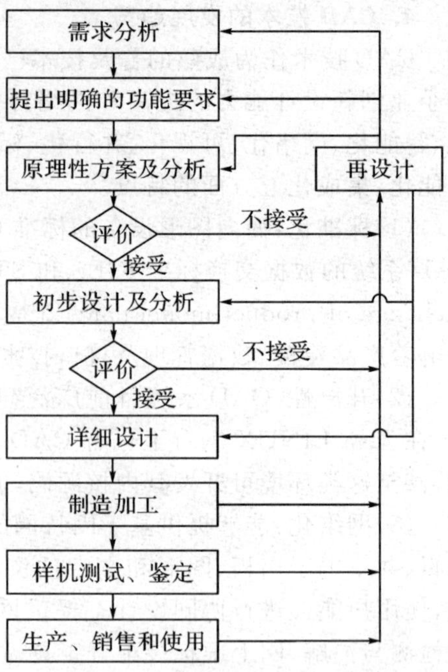

图 1-2　产品开发设计流程

（3）综合与分析：由各个子任务的求解结果集成为对整个设计产品的描述，评估设计结果的功能、性能特性，并依照设计需求对设计细节和参数值进行测试。

（4）总体设计：确定设计对象的详细结构，最终完成总布置图和零部件图，并编写技术文件。各设计阶段都根据不同的需求产生相应的文档，以便从产品市场需求分析到开发、制造及销售能够有机地组织起来。

可见，机械产品在经历了制造加工、样机测试、批量生产以及销售使用后，将返回大量信息，要依据这些信息再对产品进行不断修改。现代设计是一个“设计—评估—再设计”的反复迭代、不断优化的过程。在人工设计情况下，设计周期很长。

1.2.2　CAD 实现过程

任何设计都表现为一种过程，每个过程都由一系列设计活动组成；各活动之间既有串行的设计活动，也有并行的设计活动；设计过程中的大多数活动可以用 CAD 实现，但并不绝对；将设计过程中能用 CAD 技术实现的活动集合在一起就构成了 CAD 过程。常见的 CAD 实现过程如下：

（1）通过向系统人机交互界面输入设计要求，构造出设计产品的几何模型，并将相关信息存储于数据库中。

（2）用计算方法库进行计算分析，包括有限元分析和优化设计。同时确定设计方案和零部件的性能参数。

（3）人机交互方式。对设计结果进行评价决策和实时修改，直至达到设计要求为止。利用图形库支持工具，绘制所需图形，生成各种文档。

（4）设计结果可直接进入 CAM 阶段。

CAD 系统在开发设计过程中主要承担的工作有数据处理、工程分析、图形处理与动画仿真等。

(1)数据处理:在设计过程中会产生大量信息,这些信息包括数字、字符、符号和图形等,随着设计过程的延伸,计算机会对它们进行存储、转换、传递等处理。

(2)工程分析:工程分析包括设计参数计算;面积、体积、惯性矩等物理特性计算;强度、刚度、寿命等校核计算;应力场、变形、温度场等有限元分析;结构、参数的优化计算。

(3)图形处理:包括二维绘图、三维实体造型、图像输入输出及识别等。

(4)动画仿真:利用图形仿真方法模拟设计对象的动态工作过程。如模拟执行部件的运动轨迹;机器人动作仿真;装配过程仿真;加工过程仿真。

1.2.3 CAD技术的应用

CAD技术是计算机科学与工程设计学科相结合形成的新兴技术,是计算机在工程中最有影响的应用技术之一。CAD技术曾被美国国家工程科学院评为当代十项最杰出的工程技术成就之一。

无论是军事工业还是民用工业,无论是建筑行业还是制造加工行业,无论是机械、电子、轻纺行业还是文体、影视广告行业等都离不开CAD技术。

CAD技术是企业界争夺市场份额和生存发展不可缺少的手段。

- 在制造业中的应用:如波音777飞机是世界上第一架实现无纸设计与制造的飞机;
- 在工程领域中的应用:如建筑设计CAD、电子沙盘,机械设计CAD等;
- 仿真模拟和动画制作:在电影制作中的应用,如"玩具总动员"、"侏罗纪公园"等;
- 在轻工行业的应用:如模具CAD和服装CAD等。
- 在医学中的应用:计算机辅助手术规划和手术模拟。
- 在电子电路中的应用:超大规模集成电路的设计制造。

除这些方面的广泛应用外,还主要应用于能源动力装置总体(布置)方案、有限元分析、流动计算方面、运动学与动力学分析、系统建模与仿真、燃油汽车环保节能技术、汽车电子技术机械装置整机和系统可靠性分析、数字化、智能化设计与管理技术、机械动力装置的信息集成平台等方面的应用。

1.3 CAD系统的结构与分类

CAD系统是以计算机硬件为基础,系统软件和支撑软件为主体,应用软件为核心组成的面向工程设计问题的信息处理系统。

CAD系统与一般计算机系统的差别在于一般计算机系统包括计算机与外围设备。而CAD系统包括人与计算机及外围设备协调运行的系统,其基本功能是交互性(对话功能)。CAD系统的特点表现在它具有很强的图形交互设计与显示输出能力。

1.3.1 CAD系统的结构

CAD系统由硬件系统与软件系统构成。

硬件系统包括计算机、外围设备(包括输入输出设备、图形显示设备、外存储设备等);硬件系统应具备的基本功能包括计算功能、存储功能、输入输出功能、交互功能等。

软件系统包括系统软件、支撑软件及应用软件等。CAD系统的基本功能包括快速计算和生成图形的能力、存储大量程序、信息及快速检索的能力、人机交互通讯的操作功能、输入、输出图形及信息的能力等。软件系统应具备的基本功能包括产品几何造型的功能(线框、曲面与实体造型)、2D和3D图形处理功能、有限元分析功能、优化设计过程、数据库管理功能等。

CAD系统的结构可用分层体系结构进行描述,如图1-3所示。

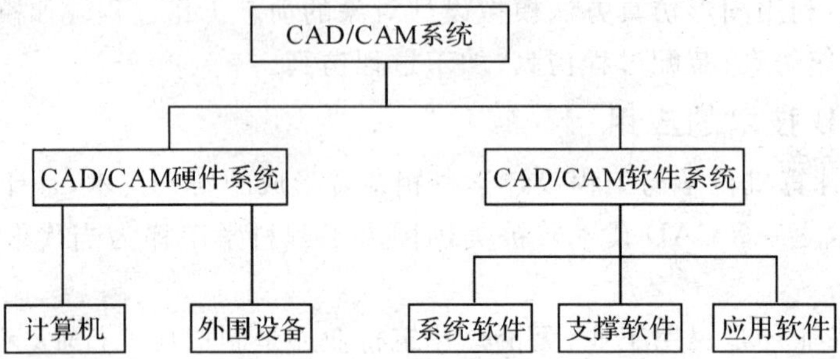

图1-3　CAD系统的结构

1.3.2　CAD系统的分类

根据CAD系统的硬件配置形式可以分为大型机CAD系统、小型机CAD系统、工程工作站CAD系统、微型机CAD系统。

1. 大型机CAD系统

大型机CAD系统如图1-4所示。以大型机为主机,集中配备某些公用的外部设备。主机功能强。当终端用户过多时,会使系统过载,响应速度变慢。一旦主机发生故障,整个系统就不能工作。可进行复杂的设计运算和仿真分析,可支持大型数据库的集中管理。缺点是:初始投资大,不易随技术发展进行系统更新;系统响应时间随着用户增多而变慢;此外,当主机出现故障时,会使所有用户无法工作。此类计算机的性能价格比不高,在市场上的比重正逐渐减小。

但大型机在CAD应用中仍然具有重要作用,例如,用以支持复杂工程设计和科学计算,用作分布式系统中数据库机和网络管理服务器等。

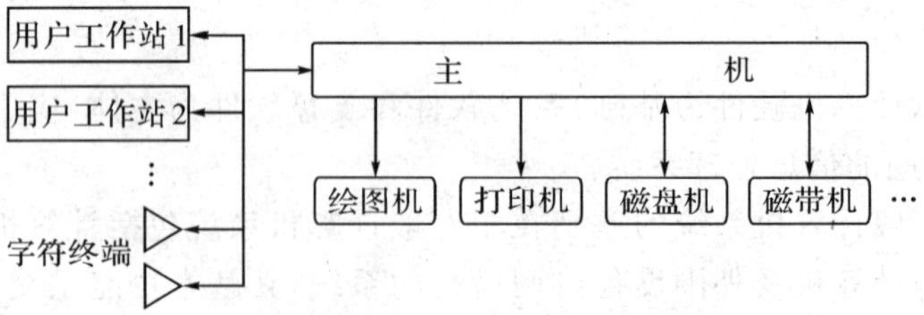

图1-4　大型机CAD系统的组成

2. 小型机CAD系统

与大型机系统在形式上非常类似,只不过用小型机或超小型机代替主机,用户工作站数量较少,一般在4～6个。在速度、精度、存储、计算能力等方面完全满足了复杂CAD/CAM

的要求。这种系统经常与软件搭配在一起销售给用户。这类计算机曾在20世纪80年代占据了主要的CAD市场,其投资规模适中,能满足一般工程和产品设计的需要,在大中型企业的设计部门使用较多。但在80年代中期以后,小型机逐渐被工程工作站所代替。

3. 工程工作站CAD系统

工程工作站(简称工作站)的概念萌生于20世纪70年代,它不完全指计算机本身,是指具有较强科学计算、图形处理、网络通信功能的交互式计算机系统。常见的工作站有HP,SUN,SGI等公司的产品,大多采用。UNIX或类似的操作系统,这是当时与微机的重要区别之一。随着微机性能的提高,工作站与微机之间的界限已变得模糊了。现在就计算机本身而言,可以认为工作站是以个人计算环境与网络计算环境相结合的高性能价格比的计算机,在使用方式上,有个人使用的台式计算机或起网络中的服务器,它们可以是HP,SUN,SGI公司等原来意义上的工作站产品,也可以是高配置的“微机”(本质上已经是工作站的性能)。在网络结构中有“网络工作站”这一名词,这是指网络结点上的一台计算机,它仅为网络结点的操作者服务,大多数情况下是一台低档的微机,有时也称工作站,它与此处所说的工作站是有区别的。工程工作站CAD系统设计遵循的思想是一个工程师使用一台计算机;而且还能使用所有的计算机。前半句话意味着放弃了多用户分时系统的结构,后半句话意味着采用网络技术。系统的单用户性质,保证了优良的时间响应,提高了用户的工作效率。工作站本身具有强大的分布式计算功能,能够支持复杂的CAD作业,能支持多任务进程。

4. 个人微型机CAD系统

由于微电子技术的飞速发展,微机已成为CAD系统的主流计算机,可以用作客户机,也可以用作服务器。若配备大屏幕显示器及性能良好的显示卡,微机的科学计算、图形处理能力能满足不同领域的CAD要求。高档微机的性能已达到工程工作站的水平,超过了过去的小型机。发展非常迅速。在速度、精度、内外存容量等方面已能满足CAD应用的要求,且价格越来越便宜。微机上的各种软件,从图形软件、工程分析软件及各种应用软件,满足了用户的大部分要求。现代网络技术能将许多微机及公共外设连在一起,做到网内资源共享。微机在速度及内外存方面的限制,使某些大型工程分析,复杂三维造型等CAD作业在微机上运行还有一定的困难。

1.4 CAD系统的硬件与软件组成

1.4.1 CAD系统硬件

CAD系统的硬件是指应用的计算机及其所属的外围设备。按设备组成可分为内、外两部分:内部设备通常包括主板、CPU、内存储器、显示卡、电源、输入输出接口等;其中输入输出接口又分为串行口和并行口,它们分别可以连接鼠标、打印机等外部设备;主板上通常有几个扩展槽,用来连接外部设备等。外部设备一般包括软盘驱动器、硬盘驱动器、光盘驱动器、键盘、鼠标、显示器、声卡、网卡、调制解调器等。下面主要介绍主机、外存储器、键盘、图形输入设备、图形显示设备、绘图输出设备等。

1. 主机

计算机主机是CAD硬件系统的核心，是决定CAD系统性能的主要因素。主机由中央处理机(CPU)和主存储器(也称内存)组成。

(1)CPU

CPU包括控制器和运算器。在控制器和运算器中都有寄存器作为暂时的信息写入与取出的地方，存取速度均比从主存储器中存取要快。中央处理器在一个指令周期内能从内存提取并进行处理的数据位数称为字长。要求运算速度越快，处理信息能力就越强。运算速度的衡量标准有两个：对于工作站，是以CPU每秒钟所执行的百万指令数目来衡量；对于微机，主要比较它的时钟主频。字长越长，则处理速度越快。

(2)主存储器

主存储器的功能是用于存放指令、数据及运算结果(也包括中间结果)。有随机读写存储器和只读存储器两种主要类型。随机读写存储器(RAM)用于存放各种输入、输出数据及中间结果。与外存储器交换信息。RAM中信息既可读出，也可写入。只读存储器(ROMy)中的信息只能读出，不可写入，故信息是不变的，断电后不会丢失。一般用来存放固定程序，如管理、监控、汇编、诊断程序等。内存越大，主机处理信息的能力就越强。

2. 外存储设备

用来存放暂时不用或等待调用的程序、数据等信息。当使用这些信息时，由操作系统根据命令调入内存。外存储器的特点是容量大，但存取速度慢。

常见外存储设备有磁带机、磁盘驱动器(软盘、硬盘)、光盘驱动器等。

(1)磁带机的存储介质是磁带，只能顺序存取。存取速度较慢，但成本低，存储容量大。可作为很理想的系统备份设备。作为备份，将系统其他存储设备上的信息拷贝在磁带上。一旦由于人为或突然事故而破坏了其他存储器上的资料，则磁带上的备份就可以重新装入。确保整个系统的正常运行以及数据资料的正确性。

(2)磁盘驱动器是一种可随机存取的存储设备。其存储介质为磁性圆盘，有硬盘和软盘两种结构形式。硬盘是由一组同轴的金属圆盘(表面涂覆一薄层磁性物质)、读写头和驱动器所组成的密封机构。旋转速度很高(5400、7200转)，具有很高的数据读写速度。硬盘的容量很大。软盘是由聚酯材料制成的薄圆片，其上涂覆一薄层磁性材料。主要有两种尺寸，5英寸，3.5英寸目前已很少使用。

(3)光盘驱动器的存储介质是光盘。采用激光技术进行海量存储，单片双面光盘存储量达4.7GB；光盘存取速度与硬盘相当；一种是只读光盘，只读光盘驱动器称为CD-ROM；另有一种是可以反复读写的光盘。

3. 图形输入设备

图形输入设备可将用户的图形结果及各种命令等转换为电信号，并传送给计算机。

图形输入设备包括三种主要类型：定位设备、数字化仪、图像输入设备。

(1)定位设备：操作方式是控制屏幕上的光标并确定它的位置。定位设备除了定位功能外，还兼有拾取目标、选择对象、跟踪录入、徒手画草图等。具体的物理设备有图形输入板及其触笔、光笔、鼠标器、操纵杆(Joy Stick)及跟踪球。

(2)数字化仪：能将放在上面的图形用游标器指点摘取大量的点，进行数字化后存储起来。

(3)图像输入设备:如摄像机、录像机、扫描仪(Scanner)等,图形经图像数字化及图像处理后输出。

光笔是检测屏幕上图形的光强,从而使计算机知道光笔所指的位置。用于定位、拾取和跟踪。

键盘是由一组按阵列方式装配在一起的按键开关组成。数字键和字符键用来输入数据和程序。功能键用来输入一个命令或执行一个程序。控制键用来对屏幕和程序进行特殊处理。

鼠标器可以方便、准确地移动光标进行定位,它是窗口软件和绘图软件的首选输入设备。在60年代后期才出现,目前应用十分普遍。包括两种类型机械式鼠标器和光学鼠标器两种类型。其中机械式鼠标器底部装有一对轴线相互垂直的金属滚轮,当在桌面上移动鼠标器时,滚轮的转动转化成X、Y方向的数值并被记录下来,相应地移动屏幕上的光标。光学鼠标器底部有一光源,当鼠标在专用的鼠标板上移动时,采用光束调制及光学编码技术,测出鼠标移动量,随之驱动屏幕光标作相应移动。鼠标按键可用程序定义,使它们在按下时实现不同的操作功能。

数字化仪和图形输入板为矢量图形输入设备。数字化仪台面大,常见尺寸为900×1200及200×1300(mm),分辨率和精度分别可达0.025和0.076(mm)。定位工具是带有十字叉丝的游标器。图形输入板较小,尺寸为280×280到900×900(mm),分辨率也低,一般为0.13mm。定位工具是细长的触笔。二者的工作原理相同。操作时触笔或游标叉丝对准某一点,并按下按钮,这时靠某种耦合原理,如电磁耦合产生信号,经A/D转换为(x,y)坐标,送给计算机。数字化仪时常用来摘取放在它上面的工程图上的大量点,经数字化后存储起来,以此作为图形输入的一种手段。图形输入板则更多地用于交互设计,使用时大多数划出一个台板图形区,其余部分放置菜单,称为菜单区。台板图形区与显示屏之间存在一种映射关系.屏幕光标将随触笔或游标的移动而移动,如移出了台板图形区范围,屏幕光标将随之消失。

图形扫描仪是将图像通过光电扫描生成点阵信息存储到计算机内。在CAD作业中,可以将图纸扫描到计算机内形成点阵文件,再经专门的矢量化识别程序自动生成矢量文件,从而交由大多数CAD绘图系统进行处理。这种技术大大缩短了已有图纸的输入时间,其缺点是矢量识别的正确率不是很理想,但仍是建立大型图库的有效方法。

其他图形输入设备还有语音输入与扫描输入等设备。

4. 绘图输出设备

CAD系统设计的结果在大部分情况下仍然要画在纸上,以便在生产中使用及交流。这类输出设备统称为硬拷贝机。

(1)打印机

打印机既能打印字符型文件,又能打印图形,是最廉价的输出设备。可分撞击式与非撞击式两种。按打印机的打印方式来分,目前常用的打印机有:点阵打印机、喷墨打印机与激光打印机。撞击式用得最多的是点阵打印机,打印头分别有9,24,32针等几种,由计算机控制每个针头的撞击,通过色带印在纸上。非撞击式打印机可采用喷墨技术、激光技术、静电复印技术等,这类打印机速度快,无噪声,但目前价格较贵。

(2)绘图机

根据在图纸上形成图形的不同原理，绘图仪分为喷墨、激光、静电和笔式绘图仪。喷墨和笔式绘图仪是目前常用的绘图设备。常用绘图机有滚筒式绘图机、平台式绘图机、平面电机型绘图机，其他新型绘图机，如静电绘图机、喷墨绘图机、缩微胶片绘图机等。

滚筒式绘图机结构简单，占地面积小，价格较低，所绘图纸可长达数十米，但速度低，精度较差，广泛用在机械与土建等行业中。

平台式绘图机特点是台面大，可达 2×6m，精度高，速度快，适用于造船、汽车、飞机及大规模集成电路的图形输出；缺点是结构复杂，占地面积大，价格贵。

滚筒式及平台式绘图机的共同特点是将计算机送来的图形信息变成执行电机的脉冲信号，执行电机通过一套机械传动装置驱动画笔移动。因此它们的绘图速度和精度都受到机械传动系统的影响，一般绘图速度在 3～30m/min 之间，而且随机械磨损的增加绘图精度降低。1968 年发明了直流电机，于是出现了平面电机型绘图机，省掉了机械传动系统，直接由平面电机控制绘图头移动，速度快，精度高，绘图速度可达 60～90m/min。

5. 图形显示设备

图形显示设备是把最终产品以图形效果显示出来的部件。分为软拷贝和硬拷贝两大类。

软拷贝设备指各种图形显示设备，是人机交互必不可少的；硬拷贝设备常用作图形显示的附属设备，它把屏幕上的图像复印出来，以便保存。常用的图形显示有三种：有向束显示、存储管显示和光栅扫描显示。

有向束显示应用最早，为了使图像清晰，电子束必须不断重画图形，故又称刷新显示，它易于擦除和修改图形，适于作交互图形的手段。

存储管显示保存图像而不必刷新，故能显示大量数据，且价格较低。

光栅扫描系统能提供彩色图像，图像信息可存放在所谓帧缓冲存储器里，图像的分辨率较高。常用的显示设备有阴极射线管(CRT)显示器、液晶显示器、激光显示器、光二极管显示器、等离子体显示器等。

1.4.2 CAD 系统软件

CAD 系统的软件组成一般包括系统软件、支撑软件和应用软件。三者的关系如图 1-5 所示。

图 1-5 CAD 系统的软件组成

1. 系统软件

系统软件提供 CAD 运行环境的通用软件或工具软件，主要负责管理硬件资源和各种软件资源，它面向所有用户，是计算机的公共性底层管理软件，即系统开发平台。主要用于计算机的管理、维护、控制以及计算机程序的翻译、装入与运行。是计算机软件核心，有 CPU 管理、内存管理、I/O 管理、文件管理等功能。CAD 系统中的系统软件包括操作系统、语言编译系统、图形接口标准。

(1)操作系统：用于微机和工作站的有 Windows nX、OS/2、UNIX、Windows XP、Win7、Linux，用于小型机的有 UNIX、XENIX。

(2)语言编译系统:语言编译系统有等编译系统,将高级语言转换为计算机机器语言。包括程序设计语言:Visual C/C++、Visual Basic 等;数据库语言:数据描述语言 DDL、数据操作语言 DML 等;仿真语言:GPSS、SLAM 等;人工智能语言:表处理语言 LISP、逻辑程序语言 PROLOG 等。

(3)图形接口标准:如 GKS、PHIGS、GL/OpenGL 等图形接口标准,独立于硬件设备和各种不同的计算机语言。

2. 支撑软件

支撑软件是建立在系统软件之上的,是实现 CAD/CAM 各种功能的通用的应用基础软件,是 CAD/CAM 系统专业性应用软件的开发平台。是为满足 CAD/CAM 用户共同需要而开发的通用软件。

(1)二维绘图软件:例如 AutoCAD、凯思 PICAD、开目 CAD、高华 CAD、CAXA 等。

(2)三维建模软件:例如 Pro/E、MDT、Inventor、UG、Solid Edge、Solid Works、CATIA、CAXA-3D、MDA 软件等。

(3)有限元分析软件:例如 ANSYS、DEFORM、SAP、MARC 软件等。

(4)优化方法软件:例如 OPB 软件等。

(5)数据库系统软件:例如 SQL Server、Oracle、Sybase、Access、FOXBASE、FOXPRO 等。

(6)系统运动学/动力学仿真软件:例如 Visual NASTRAN Desktop 软件、Working Model 软件、ADAMS、ANSYS 分析仿真软件等。

(6)网络软件:例如 NOVELL 公司的 NETWARE 等。

(7)文字处理软件:例如 WPS、Office 等。

(8)数控编程软件:如 Master CAM、Surf CAM 等。

(9)综合集成软件:如 I-DEAS、UG、PRO/E、CATIA 等,具有 CAD、CAE、CAM 等综合功能。

3. 应用软件

用户利用计算机所提供的各种系统软件、支撑软件,编制解决用户各种实际问题的程序称为应用软件。通常由用户结合当前设计工作自行开发,也称为“二次开发”,如机床设计、夹具设计、汽车车身设计等 CAD 或 CAE 软件系统。开发应用软件是 CAD 工作者的一项重要工作。

应用软件与支撑软件比较:

(1)应用软件主要是为某一特定产品开发出来的软件,而支撑软件是一些通用性的软件;

(2)应用软件通常利用已有的支撑软件的技术及二次开发功能,而不是从头开始;

(3)支撑软件一般市场上买得到,而应用软件需要用户开发;

(4)应用软件逐步商品化成通用软件后,也可以称为支撑软件。

1.4.3 CAD 系统的选择

1. CAD 系统的硬件选择

CAD 系统硬件选择不仅要适应 CAD 技术发展水平,而且要满足它服务的对象。应以使用目的和用户所具有的条件(包括经费、人员技术水平等)为前提,以制造商提供的性能指标为依据，以性能价格比及其适用程度为基本出发点，综合考虑各方面因素加以决策。具体应考虑以下几个方面：

（1）系统功能。系统的功能包括CPU的数据处理能力、运算精度和运算速度；内、外存容量；输入/输出性能；图形显示和处理能力；与多种外部设备的接口、通信联网，特别是与其他机型通信联网的能力。

（2）系统的开放性与可移植性。所谓开放性是指：

①独立于制造厂商并遵循国际标准的应用环境；

②为各种应用软件、数据、信息提供交互操作和移植界面；

③新安装的系统应能与原安装的计算机环境进行交互操作。

所谓可移植性是指：应用程序从一个平台移植到另一个平台上的方便程度。

（3）系统升级扩展能力。硬件的发展、更新很快，为使用户的投资尽可能少受损失，应注意欲购产品的内在结构，是否具有随着应用规模的扩大而升级扩展的能力；能否向下兼容，在扩展系统中继续使用。

（4）系统的可靠性、可维护性与服务质量。可靠性是指在给定时间内，系统运行下出错的概率；可维护性是指排除系统故障以及满足新的要求的难易程度。

2. CAD系统的软件选择

（1）软件性能价格比。根据CAD/CAM应用的功能需要，选择满足要求、运行稳定可靠、容错性好、人机界面友好、价格合理的软件。

（2）与硬件匹配。不同的软件往往要求不同的硬件环境支持。如果软、硬件都需配置，则要先选软件，再选硬件，软件决定着CAD/CAM系统的功能；如果已有硬件，只配软件，则要考虑硬件能力，配备相应档次的软件。软件又分工作站版和微机版。

（3）二次开发环境。为高质、高效地充分发挥CAD/CAM软件作用，通常都需要进行二次开发，要了解所选软件是否有二次开发的可能性。

（4）开放性。所选软件应具有与其他CAD/CAM系统的接口，与通用数据库的接口，驱动绘图机及打印机绘图的接口，便于系统的应用和扩展。

（5）软件商的综合能力。包括信誉、经济实力、培训等技术支持能力等。

1.5 思考与练习

1. 什么是计算机辅助设计？它的主要作用是什么？
2. CAD技术的主要应用领域有哪些？
3. 了解CAD系统体系结构。
4. 了解CAD系统的软硬件组成。它们的作用是什么？
5. 了解目前市场的主流CAD系统及其特点。

第 2 章　常用数据结构及图形交换标准

用 CAD/CAM 系统进行产品设计、制造的过程，实质上就是利用计算机进行信息处理的过程。数据是计算机表达信息的主要形式，在设计、制造过程中，需要存储、运算、管理大量的各种类型的数据，因此如何合理地组织、有效地存储和管理数据，使得 CAD/CAM 的各种程序具有较高的运行效率和较少的存储空间，这就涉及数据结构。

在开发机械 CAD 应用程序时，不仅要研究设计处理问题的算法，还要研究被处理对象的数据和各数据之间的相互关系，也即数据结构，它所要解决的是数据在计算机中的组织、存储和传递的问题。这不仅关系到程序设计和程序运行的效率，而且还与程序的存储空间密切相关。本章主要论述 CAD 软件中常用的数据结构。

2.1　基本概念

1. 数据

数据是指用来描述客观事物的、能输入到计算机中并被计算机接受和处理的符号的总称。用文字符号、数字符号及其他规定的符号对现实世界的事物及其活动的抽象描述。是一切描述客观事物并能被计算机接受和处理的符号的集合。这些符号可以是数字、文字、表格、图像、语音等等。

2. 数据元素

数据元素是数据的基本单位，是数据这个集合的一个个体。例如在设计产品的过程中，可以把该产品的每个部件的每一个零件看作一个相对独立的单元，这时每个零件就是一个数据元素。

3. 数据对象

数据对象是具有相同性质的数据元素的集合，是数据的子集。例如：整数的数据对象是{…－3，－2，－1，0，1，2，3，…}，英文字符类型的数据对象是{A，B，C，D，E，F，…}。

4. 数据结构

数据结构是指数据及其相互之间的联系，是描述数据元素之间关系的组织形式。是按某种逻辑结构组织起来，按一定的存储表示方式把组织好的数据存储到计算机中，并对之定义一系列操作运算的数据的集合。如要描述六面体，不但要给出八个顶点坐标的数据，还要给出各顶点所存在的对应的边的关系，否则就不能正确地描述六面体。数据结构有逻辑结构和物理结构之分。数据结构表达与研究一般包含三个内容：

(1)数据的逻辑结构，即数据元素之间的逻辑关系。

(2)数据的物理结构，也称存储结构，即数据元素及其关系在计算机中的存储表示。

(3)数据的运算,即对数据进行的各种操作。

5. 数据的逻辑结构和数据的物理结构

(1)数据的逻辑结构:是从解决问题的需要出发,为实现必要的功能所建立起来的数据关系,是面向问题的,它的结构形式与存储形式无关。仅考虑数据之间的逻辑关系,它独立于数据的存储介质。所关注的是数据之间的联系,是这种联系的抽象描述。通常所说的数据结构就是指逻辑结构。

通常分为集合、线性结构、非线性结构三类基本结构。

- 集合:结构中的数据元素除了同属于一种类型外,别无其他关系。
- 线性结构:特征是所有结点最多只有一个直接前驱结点和一个直接后继结点,元素之间是一对一联系,即1:1。
- 非线性结构:特征是一个结点可以有多个直接前驱的结点(如网状结构)和多个后继结点(如树状结构和网状结构)。树状结构元素之间是一对多的关系,即1:N。网状结构元素之间是多对多的关系,即N:N。

(2)数据的物理结构,是数据在计算机中的存储形式,又称为存储结构。是面向计算机的。同一逻辑结构的数据可以映像出多种物理结构形式,是数据结构在计算机中的映像。数据的逻辑结构与存储结构密切相关。一种逻辑结构可以采用多种物理结构存储。

存储结构可分为顺序存储与链式存储。

- 顺序存储结构:借助元素在存储器中的相对位置来表示数据元素间的逻辑关系;
- 链式存储结构:借助指示元素存储地址的指针表示数据元素间的逻辑关系。

6. 数据的分层结构

(1)数据项:数据结构中把描述属性的数据称为数据项(也称为字段),数据项是构成数据的最小单位。

(2)记录:数据结构中把描述一个对象的数据称为记录(也称为数据元素、结点),记录是组成数据的基本单位。

(3)数据文件:若干个记录组成的数据表称为数据文件。

2.2 线性表

2.2.1 线性表的定义

线性表(Linear List):由$n(n\geqslant 0)$个数据元素(结点)$a_1,a_2,\cdots a_n$成的有限序列。其中数据元素的个数n定义为表的长度。当$n=0$时称为空表,常常将非空的线性表($n>0$)记作:$L=(a_1,a_2,\cdots a_n)$,这里的数据元素$a_i(1\leqslant i\leqslant n)$只是一个抽象的符号,可以是一个数,可以是一个符号,还可以是一个线性表,甚至是更复杂的数据结构,其具体含义在不同的情况下可以不同。如工资表、学生名册等。线性表具有以下特点:

(1)线性表是数据元素的一个有限序列;

(2)线性表中数据元素的个数定义为线性表的长度,当$n=0$时,为空表;

(3)数据元素在线性表的位置取决于它们自己的序号,数据元素之间的相对位置是线性的，如 a_1 是第一个元素，a_n 是最后一个元素。

(4)除了第一个和最后一个数据元素外，每个数据元素有且只有一个直接前趋，有且只有一个直接后继。当 $1<i<n$ 时，a_i 的前一个元素 a_{i-1} 是它的直接前趋，a_i 的后一个元素 a_{i+1} 是它的直接后继。$i=1,2,\cdots,n-1$ 的元素 a_i 有且只有一个直接后继，$i=2,3,\cdots,n$ 的元素 a_i 有且只有一个直接前趋。

线性表在计算机内的存储方式可以是顺序的，也可以是非顺序的。

2.2.2 顺序存储结构

把线性表的数据元素，按顺序依次存放在一组地址连续的存储单元里。用这种方法存储的线性表简称顺序表，也称为向量式存储结构。

假设线性表的每个元素需占用个存储单元，且线性表在内存中的首地址为 $adr(a_1)=b$，则线性表中第 i 个数据元素的存储地址为：$adr(a_i)=adr(a_1)+(i-1)l$。则线性表中第个数据元素的存储位置 $adr(a_{i+1})$ 和第 i 个数据元素的存储位置 $adr(a_i)$ 之间满足下列关系：$adr(a_{i+1})=adr(a_i)+l$。这种存储结构只要知道数据元素序号，就很容易找到第 i 个数据元素。

线性表顺序存储结构下的删除和插入运算如下：

1. 删除

设线性表的长度为 n，现要删除表中的第 $i(1\leqslant i\leqslant n)$ 个数据元素 a_i。删除 a_i 后，将 a_i 以后的每一个数据元素 $a_{i+1},a_{i+2},\cdots,a_n$ 依次向前移动一个位置，而线性表的长度由 n 减为 $n-1$。如图 2-1 所示删除第 i 个数据元素。

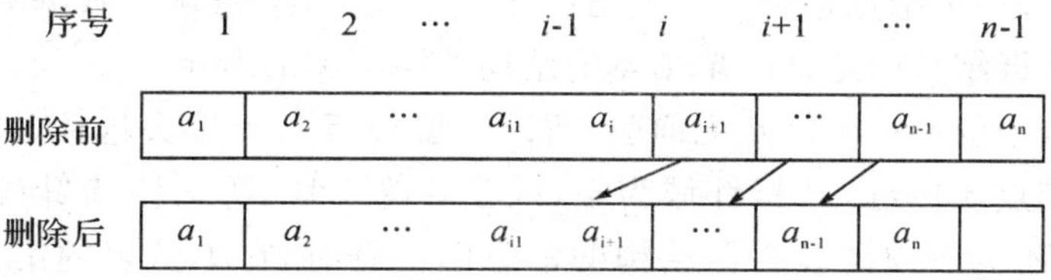

图 2-1 线性表的删除

2. 插入

在数据元素 $a_i(1\leqslant i\leqslant n)$ 前插入一个新的数据元素 x，线性表的长度由原来的 n 变成 $n+1$，原表中及其以后所有数据元素依次后移一个位置。如图 2-2 在第 i 个数据元素前插入 x。

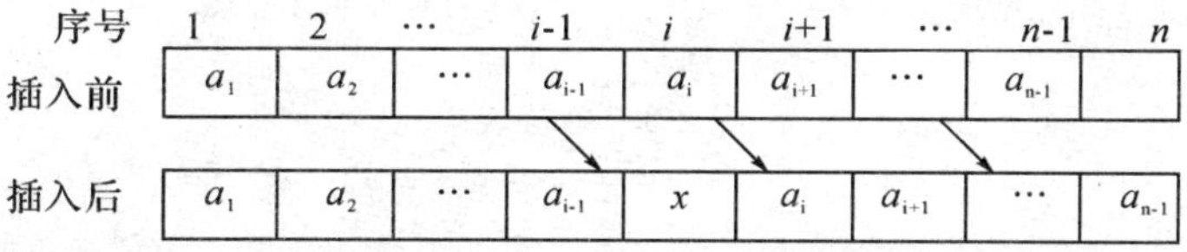

图 2-2 线性表的插入

线性表的顺序存储结构的特点：

(1)有序性：各数据元素之间的存储顺序与逻辑顺序一致。

(2)均匀性:每个数据元素所占存储空间的长度是相等的。

线性表的顺序存储结构对表中数据元素进行的访问、修改运算速度快。但在删除或插入运算时,必须进行大量数据元素的移动,增加运算时间。由于线性表是一个静态表,必须在运行前进行定义,定义完成后,大小不能改变,因此,对于长度可能发生变化的线性表,软件设计时,必须按最大的长度分配存储空间,而且,表的容量也不能随意扩充,运行时,不管该内存是否使用,都要占用内存,浪费内存资源。因此,这种存储结构多应用于查找频繁、很少增删、长度很少变化的场合。如工程手册中的数表。

2.2.3 链式存储结构

为了克服顺序存储结构的缺点,线性表可以采用另一种存储结构——链式存储结构,简称链表。

链表用一组任意的存储单元存放表中的数据元素,用指针指示各元素的前驱和后继。由于存储单元可以是不连续的,因此为了表示表中元素的逻辑关系,除了存储元素本身的信息之外,还要存储这个元素直接后继或直接前趋的存储位置。这两种信息组成数据元素的存储映像,称为结点。链表结点结构包括数据域和指针域,存放数据元素本身的域称为数据域,存储直接后继或直接前趋地址指针的域称为指针域。

线性表的链结构比顺序结构有不需要事先知道一张表的长度,以及增删操作方便等优点,是较为常用的一种数据结构。链表有单向链表、双向链表和循环链表三种形式。

1. 单向链表

单向链表是链表结构中最简单的一种,表中的每一个数据元素在存储介质上占据一个存储单位(结点),每一个结点包含一个数据域和一个指针域(链域),数据域存放结点的值,指针域存放直接后继结点的地址。单结点的结构如图 2-3(a)所示。

由于单向链表中的第一个结点无前驱,所以需要设置一个表头指针(head)指向第一个结点。最后一个结点无后继,其指针域为空,故设置为 NIL,称为空指针(图中用符号八表示)。图 2-3(b)所示为单向链表存储结构的示意图。有时,在单链表的第一个结点前附设一个结点,称为头结点。头结点的数据域可以存储线性表长度之类的附加信息,也可以不存储任何信息,头结点的指针域指向第一个结点,如图 2-4(a)所示。若线性表为空($n=0$),则头结点的指针域为空,如图 2-4(b)所示。

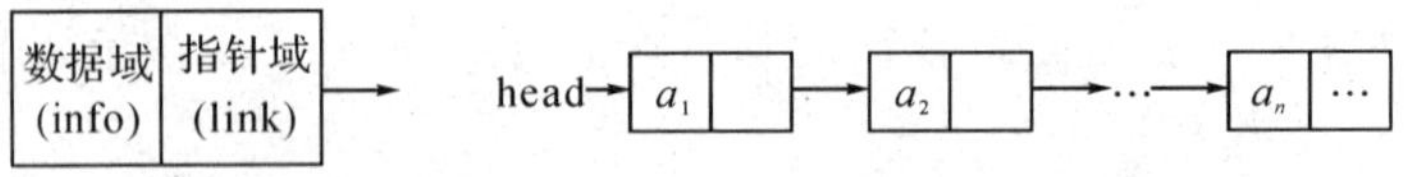

(a) 结点结构 (b) 存储结构示意图

图 2-3 单链表

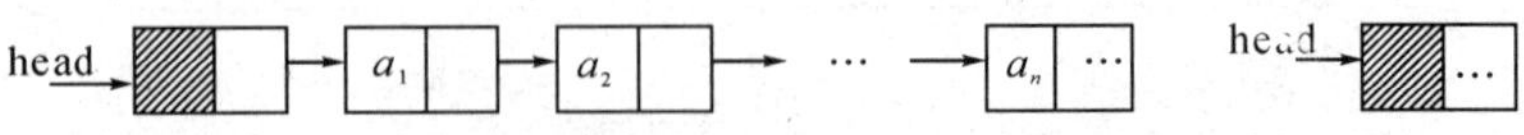

(a) 非空表 (b) 空表

图 2-4 带头结点的单向链表

单向链表中数据元素的删除和插入运算如下：

(1)删除

若要删除表中的第 i 个数据元素，找到表的第 $i-1$ 个结点，将第 $i-1$ 个结点指针域中原指向第 i 个结点的指针 $link$ 指向第 $i+1$ 个结点，然后释放第 i 个结点所占用的存储空间，如图 2-5 所示。

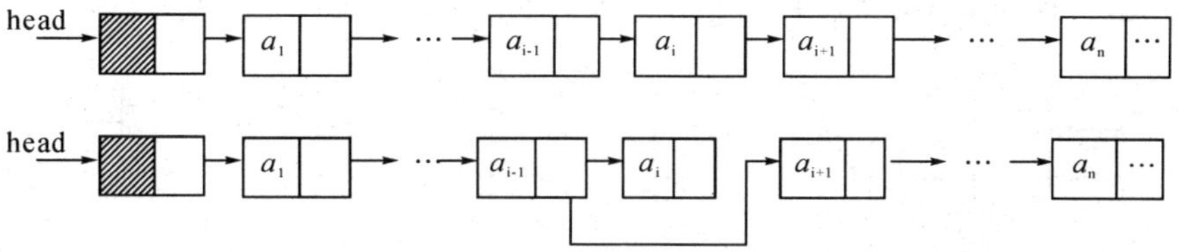

图 2-5　单向链表的删除运算示意图

(2)插入

若在第 i 个数据元素位置后插入一个新的数据元素，首先为这个数据元素申请一个存储空间，生成一个新结点，然后修改相应的指针插入新数据元素。其插入过程如图 2-6 所示。

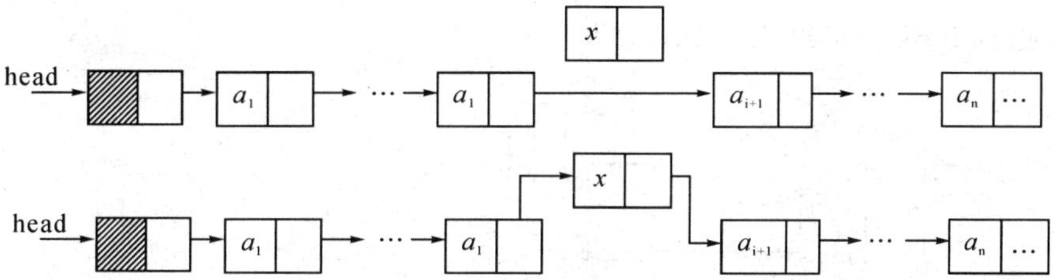

图 2-6　单向链表的插入运算示意图

2. 双向链表

通过单向链表结点直接后继的指针只能顺着指针往后搜寻其他结点，但无法进行逆向操作，若要寻查结点的直接前驱，则需从表头指针开始。要克服这种单向性，可采用双向链表。

双向链表就是在单向链表的每个结点中均增加一个指向直接前驱结点的指针，如图 2-7(a)所示，并在双向链表中再增加一个尾指针 rear 指向最后一个结点，如图 2-7(b)所示。

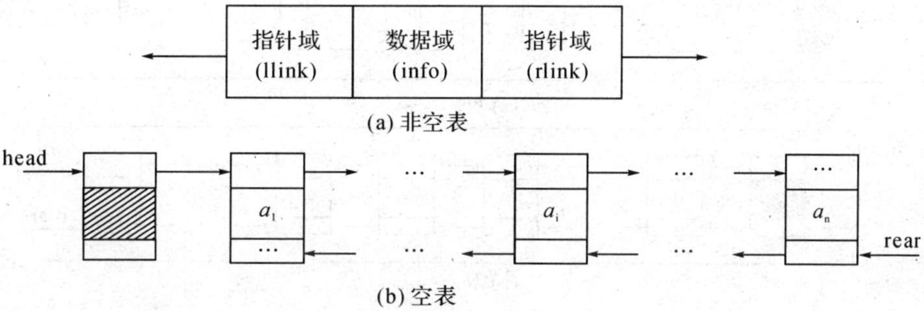

图 2-7　双向链表

这样，链表有两条不同方向的链，往前往后查找均很方便，并且当一条链损坏时，仍可用另一条链将表重新修复。

双向链表的删除和插入操作：

(1)删除

若要删除当前的第 i 个数据元素，将结点 $i-1$ 的后继指针 rlink 指向结点 $i+l$，将 $i+l$ 的前驱指针 llink 指向 $i-1$，然后释放结点 i 所占据的存储空间，如图 2-8 所示。

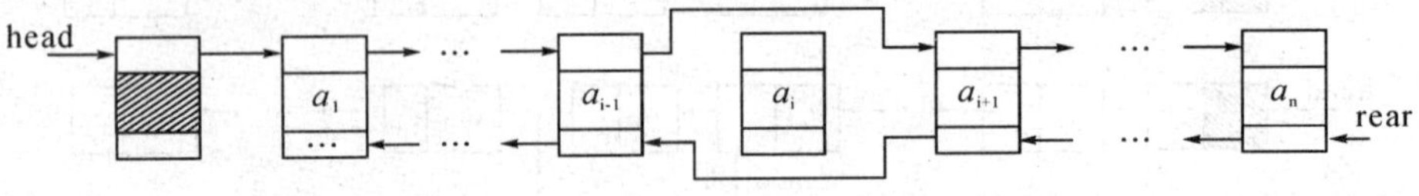

图 2-8　双向链表的删除运算示意图

(2)插入

若在第 i 个数据元素后插入一个新的数据元素 x，首先为 x 申请存储空间，生成一个新结点，新结点的数据域(info)存放该数据的值 x。先将结点 $i+1$ 的前驱指针 llink 指向新结点，新结点的后继指针 rlinK. 指向结点 $i+1$，然后将结点 i 的后继指针 rlink 指向新结点，新结点的前驱指针 llink 指向结点 i，如图 2-9 所示。

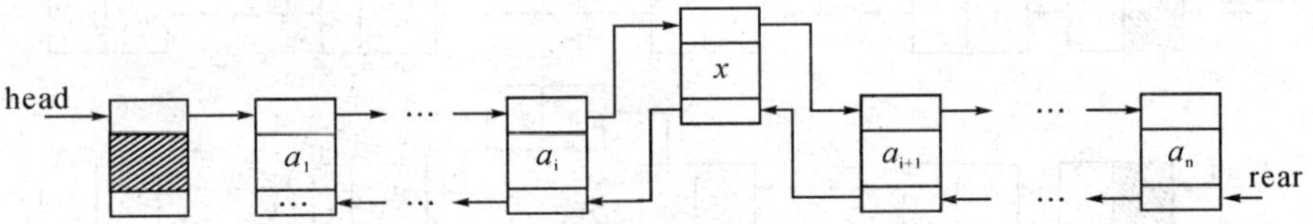

图 2-9　双向链表的插入运算示意图

3. 循环链表

如果将单向链表最后一个结点的指针指向第一个结点，把链表的首尾相接，就构成单向循环链表，如图 2-10(a)所示。把双向链表的首尾相接，也形成双向循环链表，如图 2-10(b)所示。循环链表首尾相接，所以查找表中结点比较方便，可以从表中的任何一个结点开始，顺着链表指针，就一定能找到任何一个结点，而不必像单向链表那样，非要从表头开始，才能遍历全表。

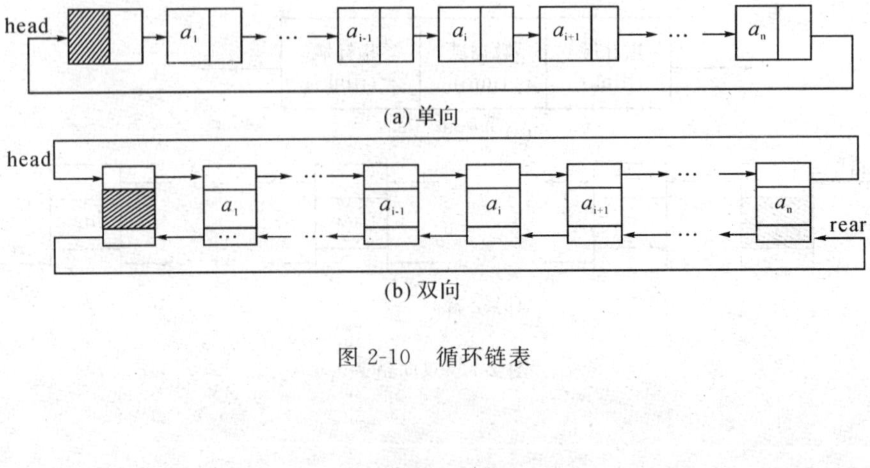

图 2-10　循环链表

线性表的链式与顺序存储结构的特点对比：

(1)删除或插入运算，数据元素不需要移动；

(2)不需要事先分配存储空间；

(3)表的容量根据需要动态申请和动态释放。

链式存储结构的不足之处是搜索效率低。一般较适合用于表容量大小不定、且增删操作频繁的场合。

2.2.4 数组

数组是一种常用的数据类型，是一组按一定顺序排列的具有相同类型的数据。一维数组是个向量，逻辑结构上就是一个简单的线性表，数组一旦定义后，其元素的个数就是一定的，既长度不变，数组的下标值就对应着线性表中各数据元素的逻辑序号。

数组可以看成是一种特殊的线性表，即线性表中数据元素本身也是一个线性表。用线性表的一般表示形式定义二维数组为 $B=(K,R)$。

其中，K 由 $m\times n$ 个结点组成：$K=\{K_{ij}\mid 1\leqslant i\leqslant m,1\leqslant j\leqslant n\}$；

R 由以下两种关系组成：$ROW=\{(K_{ij},K_{ij+1})\mid 1\leqslant i\leqslant m,1\leqslant j\leqslant n-1\}$.

$$COL=\{(K_{ij},K_{i+1j})\mid 1\leqslant i\leqslant m-1,1\leqslant j\leqslant n\}$$

由于计算机的内存结构是一维的，因此用一维内存来表示多维数组，就必须按某种次序将数组元素排成一列序列，然后将这个线性序列存放在存储器中。又由于对数组一般不做插入和删除操作，也就是说，数组一旦建立，结构中的元素个数和元素间的关系就不再发生变化。因此，一般都是采用顺序存储的方法来表示数组。根据不同的存放形式，可以分为按行优先和按列优先顺序存放。

1. 数组的行优先顺序存放

按行优先顺序存放，对二维数组来说就是按行进行切分，如图 2-11 所示的数组，按行优先顺序存放形式如图 2-12。

$$\begin{bmatrix} a_{11} & a_{12} & a_{13} & \cdots & a_{1n} \\ a_{21} & a_{22} & a_{23} & \cdots & a_{2n} \\ \vdots & \vdots & \vdots & \ddots & \vdots \\ a_{m1} & a_{m2} & a_{m3} & \cdots & a_{mn} \end{bmatrix}$$

图 2-11 二维数组

a_{11}	a_{12}	a_{13}	…	a_{1n}	a_{21}	a_{22}	a_{23}	…	a_{2n}	…	a_{m1}	a_{m2}	a_{m3}	…	a_{mn}

图 2-12 按行优先顺序存放形式

假设每个数据元素只占一个单元地址，则元素 a_{ij} 的存放地址可以通过以下关系式计算：

$$Loc(a_{ij})=Loc(a_{11})+(i-1)\times n+(j-1)\quad(1\leqslant i\leqslant m,1\leqslant j\leqslant n)$$

2. 数组的列优先顺序存放

如果数组按列切分，就得到按列优先顺序存放方式。如图 2-13 所示：

a_{11}	a_{21}	a_{31}	…	a_{m1}	a_{12}	a_{22}	a_{32}	…	a_{m2}	…	a_{1n}	a_{2n}	a_{3n}	…	a_{mn}

图 2-13 按列优先顺序存放形式

元素 a_{ij} 的存放地址可以通过以下关系式计算：

$$Loc(a_{ij})=Loc(a_{11})+(j-1)\times m+(i-1)\quad(1\leqslant i\leqslant m,1\leqslant j\leqslant n)$$

数组的特点是结构固定，且数据元素同构，数组中各元素存储的特点是顺序的、连续的和均匀的。数组一旦被定义，它的维数和数据元素的个数就已经固定，不能插入和删除，所以数组运算只有给定一组下标，存取相应的数据元素，以及给定一组下标，修改数据元素的值的操作。数组一般应用于数学中的各种矩阵运算。

2.2.5 栈与队列

栈和队是两种特殊的线性表，它们的运算规则较一般线性表由更多的约束和限制，因此称作限定性数据结构。

1. 栈

(1)栈的存储结构

栈是一种特殊的线性表。表中结点的插入、删除运算只能在表的一端进行，这一端称为栈顶，另一端称为栈底，栈的逻辑结构如图 2-14 所示。栈的存储结构也有顺序与链式两种，称为顺序栈与链栈。由于栈的容量一般是可以预见的，通常栈采用顺序存储结构。

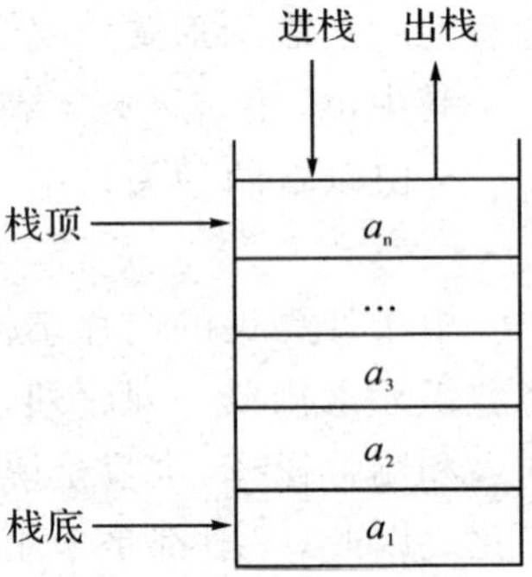

图 2-14　栈的逻辑结构

假定栈 $s=(a_1,a_2,a_3,\cdots,a_i,\cdots,a_n)$，则 a_1 称为栈底元素，a_n 为栈顶元素。进栈的顺序是 $a_1,a_2,a_3,\cdots,a_n$ 出栈的顺序是 $a_n,a_{n-1},\cdots,a_3,a_2,a_1$。由于插入(也称进栈)和删除(也称出栈)只能在栈顶进行，所以最后进栈的元素一定要最先出栈，“后进先出”(Last In First Out)是栈的特点。所以栈也称为 LIFO 表。

(2)栈的运算

建立一个栈：栈的存储结构用数组 $s[n]$。设 m 为栈的上界，则在 C 语言中，由于第 1 个数组元素是 $s[0]$，所以栈的上界 m 等于 $n-1$。设一栈顶指针为 TOP，它不必指向数据元素的实际地址，只记录数据元素的逻辑序号即可。当元素尚未进栈时，令 TOP 等于 -1。

进栈：如果有元素进栈，首先检查栈顶指针 TOP，如果 TOP 等于 m，表示栈满，显示栈满信息，否则将发生上溢。如果 $TOP<m$，令 $TOP=TOP+1$，将该元素赋给 $s[TOP]$。

出栈：出栈即取走栈顶元素。首先检查栈顶指针 TOP，如果 $TOP=-1$，表示栈空，显示出错信息，否则将发生下溢。如果 $TOP>-1$，出栈元素为 $s[TOP]$，然后令 $TOP=TOP-1$。

出入栈操作如图 2-15 所示。

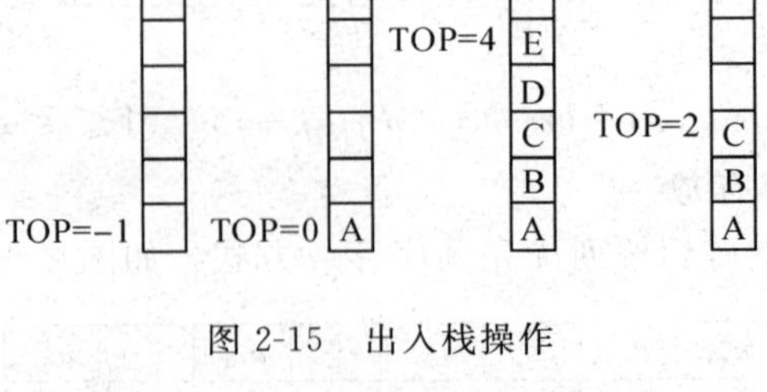

图 2-15　出入栈操作

(3)栈的应用

栈是一种应用很广的数据结构。例如在交互式图形系统中,将显示区域存入 j 需要时可以恢复前几次的显示状态。用栈存放每次操作的命令,可以恢复到前几个命令时的状态。在计算机语言编译系统中,栈是一个非常重要的数据结构。机械装拆过程就是应用栈模型进行仿真设计的实例,机器或部件在装配时,各有关零件都是按一定顺序装配上去的。拆卸的顺序正好与装配的顺序相反,后装的要先拆(LIFO)。

2. 队列

队列是两端开口的线性表,队列只限定在表的一端进行插入操作,在表的另一进行删除操作。允许进行插入操作的一端称为“队尾”,而允许进行删除操作的一端称为“队头”。如图 2-16 所示,是队头元素,a_1 是队尾元素,a_n 队列中元素以 $a_1, a_2, a_3, \cdots, a_n$ 的次序入队,也以同样的次序出队,其工作方式是“先进先出”(first in first out,简称 FIFO),与栈的工作方式刚好相反。

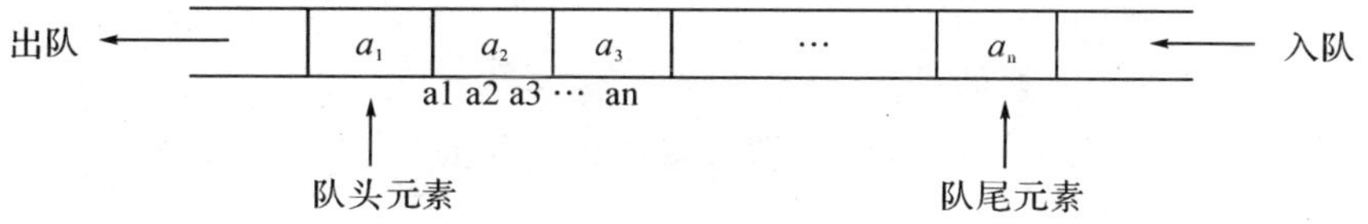

图 2-16　队列结构

在对队列进行运算时,由于队列的两端均可浮动,因此,需要设立两个指针,指分别向队头(Front)和队尾(Rear)。这里规定指针 Front 总是指向实际队头的前一位置。而指针 Rear 指向队尾元素。显然,当 Rear=O 或 Front=Rear 时,队列为空;当 Rear 等于上界时,队列满。

队列的主要运算是人队和出队。入队时,队尾指针加 l;出队时,队头指针机 1。

计算机程序设计中经常用到队列结构。最典型的例子是操作系统中的作业排队,当系统中有多道程序运行时,可能同时有几个作业的运行结果需要通过通道输出,这就要按申请的先后次序排队。申请输出的作业从队尾进行队列,当通道传输完一个作业,要接受一个新作业时,队头的作业先从队列中退出输出操作。

2.3　树与二叉树

树(tree)是一种重要的非线性的数据结构,主要用来存放非线性的具有分支结构的结点。结点之间有着明显的层次关系。这种结构形式很常见,如图书目录,设备分级列表等表示形式都可采用树结构。

2.3.1　树

树的逻辑结构属于非线性结构,也称为层次结构。树是由二个结点或多个结点组成的有限集合 T,其中有一个称为根结点 T,其余结点被分为 $n \geqslant 0$ 个互不相交的有限集合 T_1,$T_2, \cdots, T_n$。而这些集合的每一个又都是一棵树根的子树。图 2-17 为一棵树的结构,$A, B, \cdots, L$ 为树的 12 个结点。

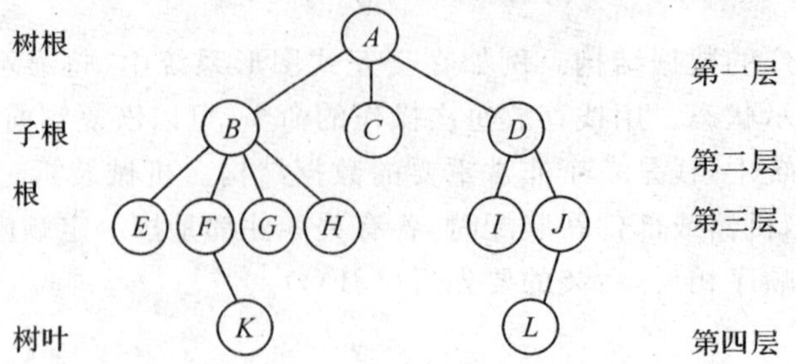

图 2-17　树的逻辑结构

1. 树结构相关术语

(1)结点的度:结点的孩子(子树)的数量称为度。

(2)树的度:树中所有结点中最大的度数称为这个树的度数。图 2-17 所示的树,其度数为 4。

(3)根结点:没有直接前趋的结点,A 为根结点。

(4)分支结点:度不为 0 的结点,或者有直接后继的结点。如结点 B,F,D,J。每个分支结点可以有不止一个直接后继。

(5)叶结点:没有直接后继的结点,或者说度为 0 的结点。如结点 E,K,G,H,C,I,L 都是树叶,也称终端结点。

(6)边:结点间的连线

(7)双亲:结点的直接前趋称为该结点的双亲。如 A 是 B 的双亲。

(8)孩子:结点的直接后继称为该结点的孩子。如 B 是 A 的孩子。

(9)兄弟:同一双亲的孩子间称为兄弟。如 E,F,G,H

(10)堂兄弟:双亲在同一层的结点互为堂兄弟。如 G 与 I,J 互为堂兄弟。

(11)深度:树的最大层次数量称为树的深度或高度,图 2-17 所示的树,深度为 4。

(12)祖先:从根到该结点所经的所有结点都是该结点的祖先。如结点 L 的祖先是 A,D,J 结点。

(13)子孙:以该结点为根的子树中的任一结点都是该结点的子孙。如 I,J,L 是 D 的子孙,结点 A 的子孙则是树中其余的 11 个结点。

从图中明显地看出:除根结点外,每个结点有且只有一个直接前趋;除终端结点外,每个结点可以有不只一个直接后继,终端结点没有直接后继。

2. 树的存储结构

由于树的逻辑结构为非线性的,树的存储结构有多种形式,这里只讨论链式存储结构。因为树是多分支非线性表,因此采用多重链表结构,即每个结点设有多个指针域,其中每个指针指向一棵子树的根结点。可采用结点同构型和结点异构型两种方式描述树的结点。

(1)结点同构型方式

以最大度数结点的结构作为该树的所有结点的结构,如图 2-18 所示,每个结点都有 n 个子树域。

数据域	子树 1 地址	子树 2 地址	…	子树 n 地址

图 2-18　结点同构型方式的结

图 2-19(a)所示的树用结点同构型结点作为它的存储结构，如图 2-19(b)所示。

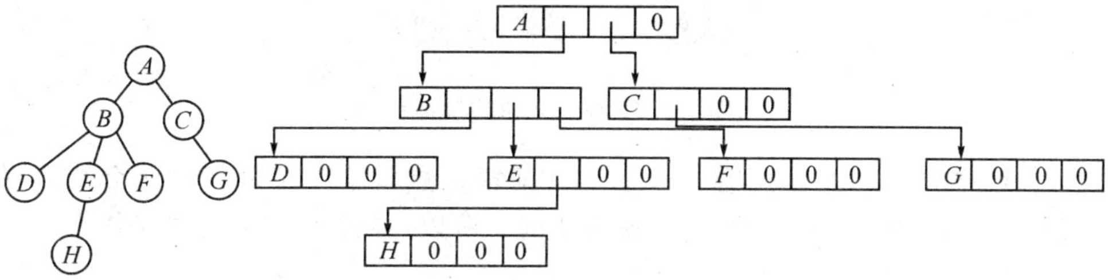

(a)　　(b)

图 2-19　结点同构型结点表示的树

(2)结点异构型方式

每个结点增加一个存放度数的域，结点长度随着度数不同而不同，如图 2-20 所示。

数据域	度	子树 1 地址	子树 2 地址	…	子树 n 地址

图 2-20　结点异构型方式的结点

采用结点异构型结点表示图 2-19(a)所示的树，如图 2-21 所示。

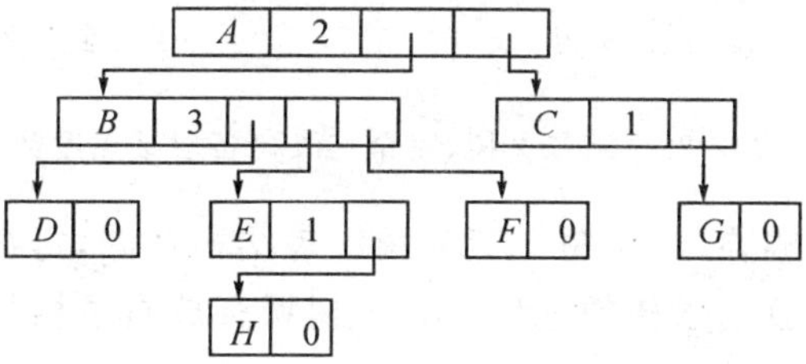

图 2-21　结点异构型结点表示的树

在结点同构型方式存储中，是每个结点的指针域个数均为树的度数，所有的结点是同结构的。这种形式运算方便，但会使链表中出现很多空链域，浪费一定空间。

在结点异构型方式存储中，是根据每个结点的子树数设置相应的指针域，由于每个结点的度数不同，则同一棵树中，结点形式也不同。这种结构形式虽然能节省存储空间，但运算不方便。

在结点同构型方式存储中，当树的度数 $k=2$ 时，空链域比例最低，这就是下面要介绍的二叉树。

2.3.2　二叉树

1. 二叉树及存储结构

二叉树是一种不同于树的数据结构，一棵二叉树是 n 个结点的有限集合。这个集合或是空集，或是由一个根结点以及两棵互不相交的称为左子树和右子树组成的。它的每个结点至多有两棵子树，且有左右之分。二叉树的深度和度的定义与树一致。图 2-22 所示的是五种二叉树的基本形态：空二叉树；只有一个根结点的二叉树；只有左子树的二叉树；只有右子树的二叉树；有左、右子树的完全二叉树。

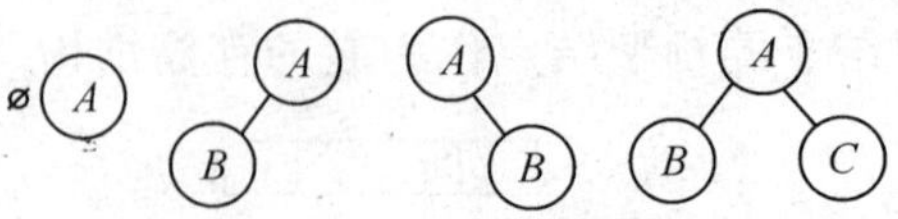

图 2-22　5 种二叉树的基本形态

根据二叉树的定义，第一层有一个结点，(即根结点)，第二层最多有两个结点，依次类推，每一层的结点数最多是上一层结点数的 2 倍。所以，在深度为 k 的二叉树中，结点数最多为 2^k-1 个。

当一棵二叉树的深度为七，具有 2^k-1 个结点时，称为满二叉树。满二叉树除最下一层各结点度数为零外，其余各层结点度数均为 2，如图 2-23(a)所示。

当一棵二叉树的所有结点的度为零或 2 时，称为完全二叉树，如图 2-23(b)所示。可见，满二叉树一定是完全树，而完全二叉树不一定是满二叉树。

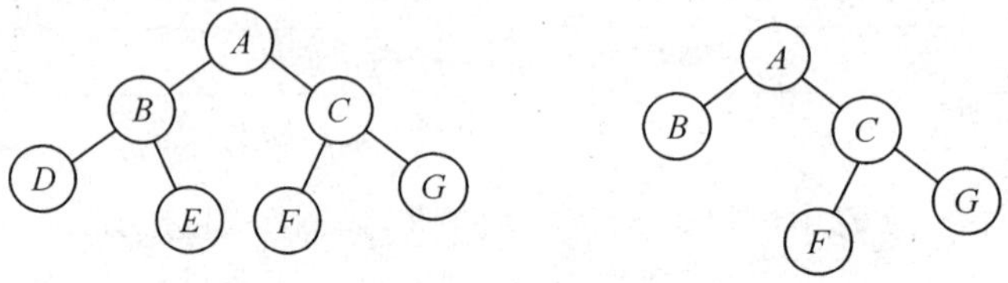

(a) 满二叉树　　(b) 完全二叉树

图 2-23　满二叉树、完全二叉树各层结点度数

为便于检索、插入和删除，二叉树一般采用链表结构存储，每个结点设三个域：数值域存放结点的值，左子树域存放左子树的地址。右子树域存放右子树的地址，见图 2-24。

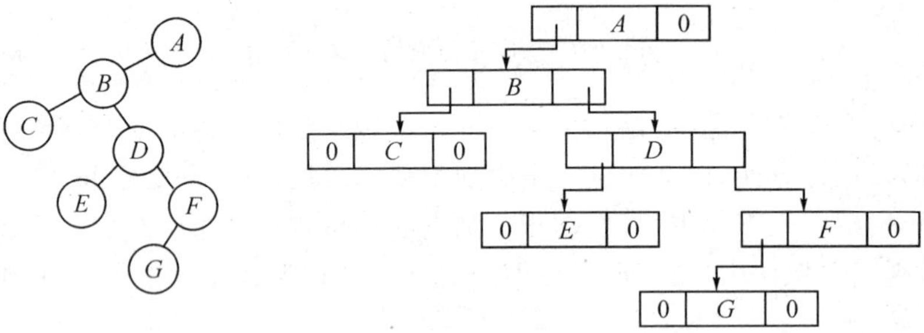

图 2-24　二叉树的链式存储

2. 一般树与二叉树的转换

可以证明，将一般树转化成二叉树表示时可以节省存储空间，问题是如何把一般树转化成二叉树。对于一般树，树中孩子的次序是不重要的，只要其双亲与孩子的关系不搞错就可以了。为把一般树转换成二叉树，则需自左向右排列孩子的次序，并做如下规定：二叉树中每个结点对应着它所表示的一般树中的一个结点，取原树中该结点的排序最小的一个孩子

作为二叉树中相应结点的左孩子，取原树中与该孩子互为兄弟的结点作为二叉树中已成为左孩子的右孩子。

将一棵一般树转换成一棵二叉树，其过程见图 2-25 所示。

(1)把起始于每一结点的分支除最左一个分支外都去掉。

(2)从一个结点画一条边连接同一双亲的所有兄弟。

(3)以树的根结点为轴心，将整棵树顺时针旋转 45°。

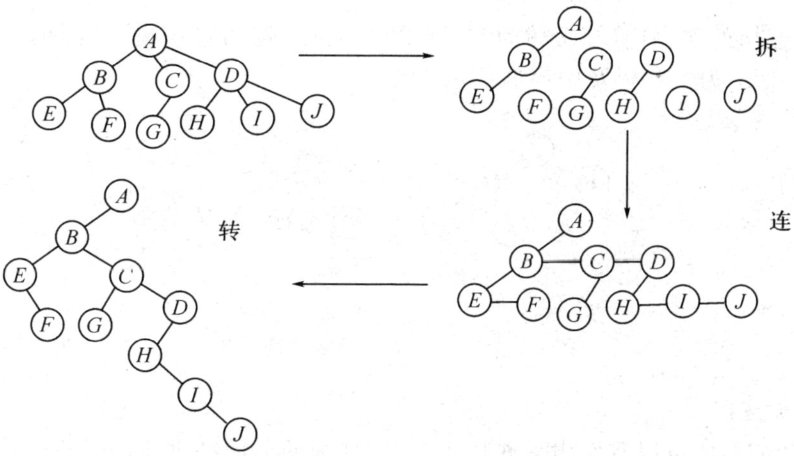

图 2-25　一般树转换成二叉树

通过上述过程，可将任意一棵树转换成一棵二叉树。经过这种转换后，一般树中的结点与转换后的二叉树中的结点是对应的。可见，这种二叉树的根结点总没有右孩子。

将上述过程逆转换，可以将二叉树转换成一棵一般树。

3. 二叉树的遍历

遍历二叉树是指按一定规律访问二叉树的每个结点，使每个结点被访问一次且只访问一次，最终生成树结点的一个线性序列。由于二叉树是由根结点、左子树、右子树这三个基本单元组成，若能依次遍历这三部分信息，就能遍历整个二叉树。

根据访问根结点、左子树、右子树三者的次序不同，可得到六种遍历二叉树的方案。即：

根结点、左子树、右子树；

左子树、根结点、右子树；

左子树、右子树、根结点；

根结点、右子树、左子树；

右子树、根结点、左子树；

右子树、左子树、根结点。

前三种是按照先左后右的次序，是常用的遍历方式。分别称为先序遍历、中序遍历和后序遍历。

(1)先序遍历的次序：若二叉树为空，则退出；否则，访问根结点，遍历左子树，

遍历右子树，退出。图 2-26 为一棵二叉树及先序遍历示意图。

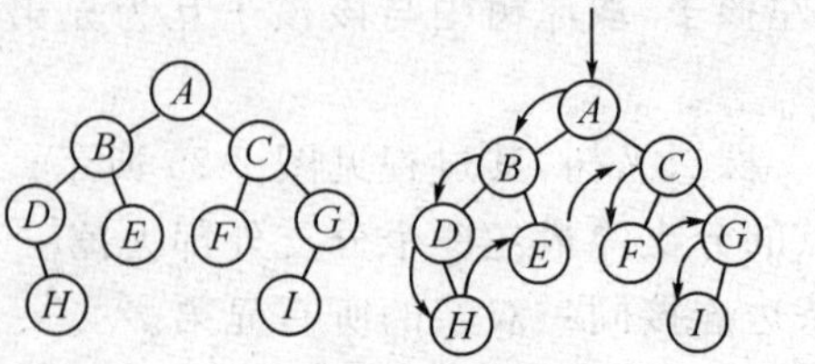

图 2-26　二叉树及先序遍历示意图

(2)中序遍历的次序：若二叉树为空，则退出；否则，遍历左子树，访问根结点，遍历右子树，退出。图 2-27 为二叉树及中序遍历示意图。

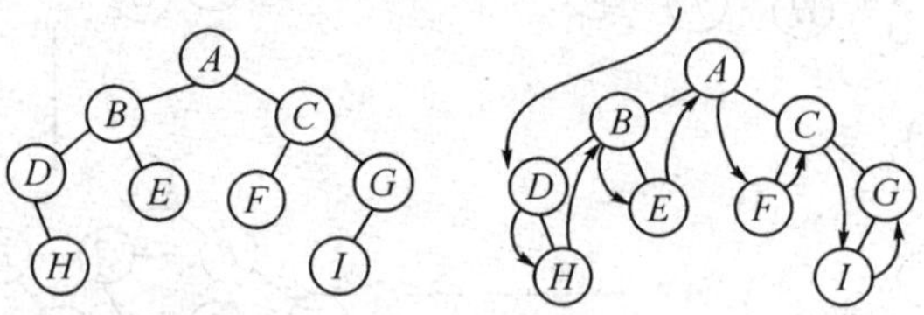

图 2-27　二叉树及中序遍历示意图

4. 二叉树应用

一个复杂的形体可以看作由一些比较简单、规则的形体经过交、并、差运算形成的，可以用二叉树描述复杂形体的形成过程。这样的树也被称作 CSG(Constructive Solid Geometry)树。

图 2-28(a)是复杂形体 K 由简单形体 A,B,C,D,E,F 构造的示意图；图 2-28(b)是描述这个复杂形体形成过程的 CSG 树。从图中看出，这是一棵二叉树。树叶即终端结点是构成这个复杂形体的简单形体，其余结点描述了对它的左、右子树的运算种类，经过四层五次运算，就得到了这个复杂形体。

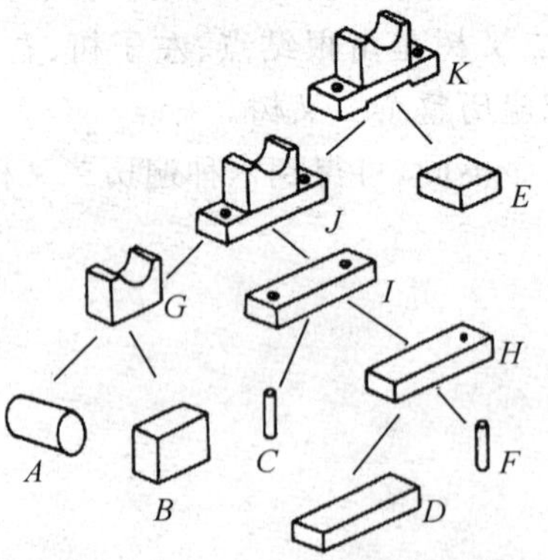

(a) 形体K生成示意图

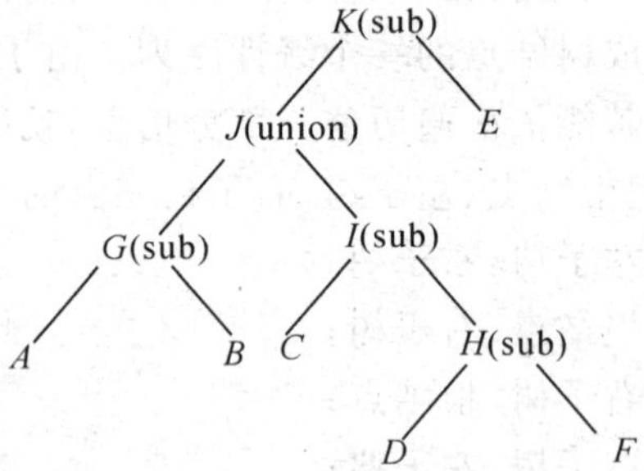

(b) 复杂形体K生成过程CSG树

图 2-28　复杂形体的二叉树描述

2.4 图形交换标准

各种不同的 CAD 软件各有优势，企业通常同时采用多种 CAD 软件完成不同的工作，如在 UG NX 中完成部分造型工作，然后再在 CATIA 中完成另外一部分造型工作；或者在 UG NX 中完成产品三维造型，然后导入 ANSYS 等分析软件中进行分析等，这些都涉及不同软件间的数据交换问题。

不同的 CAD 系统产生不同数据格式的数据文件。为了在不同的 CAD 平台上进行数据交换，规定了图形数据交换标准。常用的图形数据交换标准分为二维图形交换标准和三维图形交换标准，二维图形交换标准有基于二维图纸的 DXF 数据文件格式，三维图形交换标准有基于曲面的 IGES 图形数据交换标准、基于实体的 STEP 标准以及基于小平面的 STL 标准等。

2.4.1 二维图形交换标准(DXF)

DXF(Data Exchange File)是二维 CAD 软件 AutoCAD 系统的图形数据文件格式。DXF 虽然不是标准，但由于 AutoCAD 系统在二维绘图领域的普遍应用，使得 DXF 成为事实上的二维数据交换标准。DXF 是具有专门格式的 ASCII 码文本文件，它易于被其他程序处理，主要用于实现高级语言编写的程序与 AutoCAD 系统的连接，或其他 CAD 系统与 AutoCAD 系统交换图形文件。

2.4.2 初始图形信息交换规范(IGES)

IGES(Initial Graphics Exchange Specification，初始图形信息交换规范)是基于曲面的图形交换标准，1980 年由美国国家标准局 ANSI 发布，目前在工业界应用最广泛，是不同的 CAD/CAM 系统之间图形信息交换的一种重要规范。

IGES 定义了一种“中性格式”文件，这种文件相当于一个翻译。在要转换的 CAx 软件系统中，把文件转换成 IGES 格式文件导出，其他 CAx 软件通过读入这种 IGES 格式的文件，翻译成本系统的文件格式，由此实现数据交换。这种结构方法非常适合在异种机之间或不同的 CAx 系统间进行数据交换，因此目前绝大多数 CAx 系统都提供读、写 IGES 文件的接口。

由于 IGES 定义的实体主要是几何图形信息，输出形式面向人们理解而非面向计算机，因此不利于系统集成。更为致命的缺陷是，IGES 数据转换过程中，经常出现信息丢失与畸变问题。另外，IGES 文件占用存储空间较大，虽然如今硬盘容量的限制不是很大的问题，但会影响数据传输和处理的效率。

尽管如此，IGES 仍然是目前各国广泛使用的事实上的国际标准数据交换格式，我国于 1993 年 9 月起将 IGES3.0 作为国家推荐标准。

2.4.3 产品模型数据交换标准(STEP)

STEP(Standard for the Exchange of Product Model Data，产品模型数据交换标准)是三维实体图形交换标准，是一个产品模型数据的表达和交换的标准体系，1992 年由 ISO 制定颁布。产品在各过程产生的信息量大，数据关系复杂，而且分散在不同的部门和地方。这就要求这些产品信息以计算机能理解的形式表示，而且在不同的计算机系统之间进行交换时保持一致和完整。产品数据的表达和交换，构成了STEP标准。STEP把产品信息的表达和用于数据交换的实现方法区分开来。

STEP采用统一的产品数据模型，为产品数据的表示与通信提供一种中性数据格式，能够描述产品整个生命周期中的所有产品数据，因而STEP标准的产品模型完整地表达了产品的设计、制造、使用、维护、报废等信息，为下达生产任务、直接质量控制、测试和进行产品支持等功能提供全面的信息，并独立于处理这种数据格式的应用软件。

STEP较好地解决了IGES的不足，能满足CAx集成和CIMS的需要，将广泛地应用于工业、工程等各个领域，有望成为CAx系统及其集成的数据交换主流标准。

STEP标准存在的问题是整个体系极其庞大，标准的制订过程进展缓慢，数据文件比IGES更大。

2.4.4 3D模型文件格式(STL)

STL文件格式最早是快速成型(RP)领域中的接口标准，现已被广泛应用于各种三维建模软件中，很多主流的商用三维建模软件都支持STL文件的输入输出。STL模型将原来的模型转化为三角面片的形式，以三角面片的集合来逼近表示物体外轮廓形状，其中每个三角形面片由四个数据项表示，即三角形的三个顶点坐标和三角形面片的外法线矢量。STL文件即为多个三角形面片的集合。目前STL文件格式在逆向工程(RE)中也非常常用，如实物经三维数字化测量扫描所得的数据文件常常是STL格式。

2.4.5 其他图形格式转换

在使用三维建模软件时，还经常遇见Parasolid、CGM和VRML等图形文件格式，它们有各自的图形核心标准。图形核心标准是计算机绘图的图形库，相关内容参见有关书籍。

很多大型CAD/CAX软件不仅提供标准格式的导入/导出，还直接提供了输入/输出其他CAD软件的文件格式。如图1所示是UG NX中导入/导出其他文件格式的菜单。UG NX除了直接支持一些常用的CAD/CAM软件的文件格式，如CATIA、Pro/E外，还支持Parasolid、CGM和VRML等。

Parasolid是UG NX的图形核心库，包含了绘制和处理各种图形的库函数。有关图形核心库及其相关标准，读者可参见其他有关书籍及资料。

CGM(Computer Graphics Metafile，计算机图形图元文件)包含矢量信息和位图信息，是许多组织和政府机构(包括英国标准协会(BSI)、美国国家标准化协会(ANSI)和美国国防部等)使用的国际性标准化文件格式。CGM能处理所有的三维编码，并解释和支持所有元素，完全支持三维线框模型、尺寸、图形块等输出。目前所有的Word软件都能支持这种格式。

VRML(Virtual Reality Modeling Language，虚拟现实造型语言)定义了一种把三维图形和多媒体集成在一起的文件格式。从语法角度看，VRML文件显式地定义已组织起来的三维多媒体对象集合；从语义角度看，VRML文件描述的是基于时间的交互式三维多媒体信息的抽象功能行为。VRML文件的解释、执行和呈现通过浏览器实现。

2.5 思考与练习

1. 编写数据结构各种存储运算删除、插入等程序框图及调试程序。
2. 将图 2-29 表示的树转化成二叉树表示。
3. 将图 2-30 进行编号生成过程 CSG 树表示。
4. 编写二叉树遍历的程序框图并调试程序。

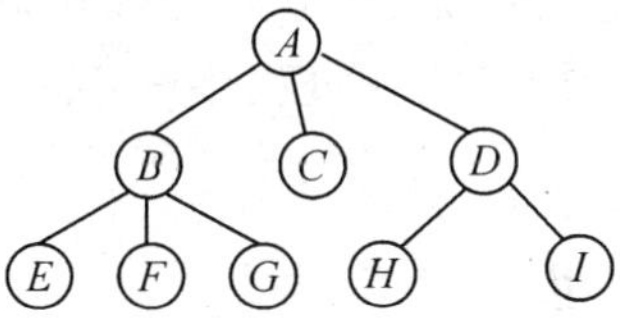

图 2-29 习题 2

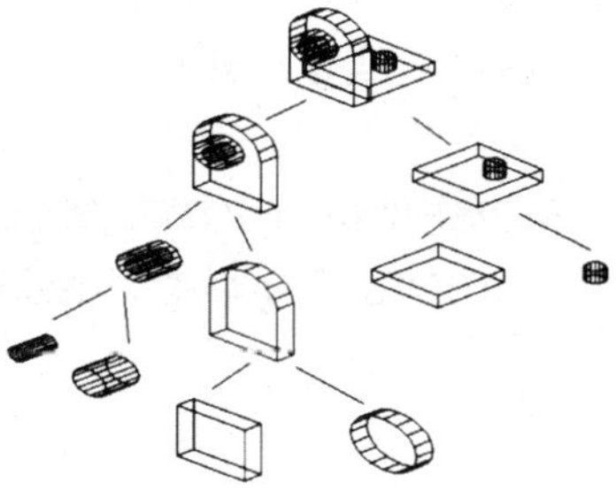

图 2-30 习题 3

第3章 图形变换

计算机辅助设计(CAD)技术实现计算机的交互图形处理功能,而通过计算机图形学的图形处理功能的不断完善,计算机才真正成为能够方便使用的辅助设计工具,并开始进入到各个工程领域。图形变换是运用计算机图形学的基本原理在CAD系统中对图形的几何信息经过几何变换后产生新的几何图形的方法。图形变换是计算机图形学的核心基础,通过图形变换,能够很方便地由简单图形派生出所需要的复杂图形,甚至可以对静态图形经过快速变换而获得图形的动态显示效果。图形变换是CAD技术实现过程中改不可少的技术。

3.1 基本原理

图形变换是根据需要将已定义的图形从屏幕的某一位置移动到另一位置,或改变图形的大小和形状或利用已有的图形生成复杂的图形,这种图形处理的方法称为图形的几何变换。图形变换既可以看作是坐标系不动而图形变动,变动后的图形在坐标系中的坐标值发生变化;也可以看作图形不动而坐标系变动,变动后,该图形在新的坐标系下具有新的坐标值。图形变换主要包括二维图形和三维图形的几何变换,投影变换等。图形变换归结为对组成图形的点集坐标的变换。编辑修改、从各种视角观察几何实体、动画仿真、装配等操作都是通过坐标点的平移、比例、旋转、镜射和错切等的几何变换实现的,图形变换通常采用矩阵变换的方法,图形变换不同,其变换矩阵也不同。本章介绍了二维、三维基本几何变换以及投影变换的矩阵方法。

3.1.1 点的矩阵表示

在计算机绘图中,常常要进行诸如比例、对称、旋转、平移、投影等各种变换,图形可以用点集来表示,也就是点集定了,图形也就确定了。如果点的位置变了,图形也就随之改变。因此,要对图形进行变换,只要变换点就可以了。

点是构成图形的最基本要素。一个三维实体可以看成是由若干个面围成的,而面是由线围成的,一条曲线可以看作是由许多短直线段拟合而成,一条直线则是由两个端点连接而成的。所以,一般情况下,可以认为图形是一个点集。因此,图形实体的变换实际上就是点集的变换,而点的几何变换则是图形变换的基础。在二维空间中,用坐标(x,y)表示平面上的一点。为了便于进行各种变换运算,通常把二维空间中的点表示成1×2行矩阵或者表示成2×1列矩阵,即:

$$[x \quad y] \quad \begin{bmatrix} x \\ y \end{bmatrix}$$

点是构成图形的最基本要素,可用点的集合(简称点集)来表示一个二维图形,如三角形

的三个顶点坐标 $a(x_1, y_1)$，$b(x_2, y_2)$，$c(x_3, y_3)$，用矩阵表示：

$$\begin{bmatrix} x_1 & y_1 \\ x_2 & y_2 \\ x_2 & y_3 \end{bmatrix}$$

3.1.2 变换矩阵

在计算机绘图中，二维图形的基本变换常常包括对图形进行比例、镜射、旋转、平移、投影等各种变换，既然图形可以用点集来表示，那么，二维图形的基本变换就可以通过点集的变换来实现。由于点集可以用矩阵的方法来表达，因此对点的变换可以通过相应的矩阵运算来实现，即：

新点(集)＝旧点(集)×变换矩阵。

如设变换前点 P 的坐标为 (x, y)，变换后点 P' 的坐标为 (x', y')。变换矩阵为一个 2×2 的矩阵 $T=\begin{bmatrix} a & b \\ c & d \end{bmatrix}$，其中 a,b,c,d 的不同取值点的变换可以通过矩阵运算来实现，令 $T=\begin{bmatrix} a & b \\ c & d \end{bmatrix}$，把它称为变换矩阵。则有 $[x \quad y]\begin{bmatrix} a & b \\ c & d \end{bmatrix}=[ax+cy \quad bx+dy]=[x' \quad y']$。

这里，新点的位置取决于变换矩阵 T 中的变量 a,b,c,d 的值。可以实现各种不同变换，从而达到对图形进行变换的目的。

3.2 二维图形的几何变换

3.2.1 二维图形的基本变换

在计算机绘图过程中，对二维图形进行的基本变换包括比例，对称、错切、旋转、平移等。

1. 平移变换

如图 3-1 所示，点 $P(x, y)$ 平移到 $P'(x', y')$，新位置的坐标表示为

$$\begin{aligned} x' &= x+m \\ y' &= y+n \end{aligned},$$

即

$$[x' \quad y']=[x \quad y]+[m \quad n]=[x+m \quad y+n]$$

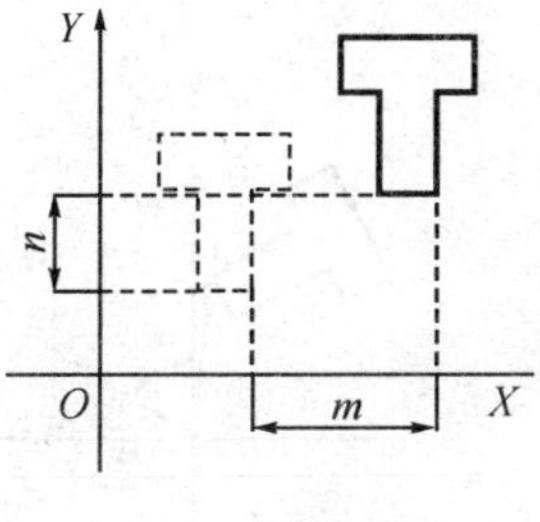

图 3-1 平移变换

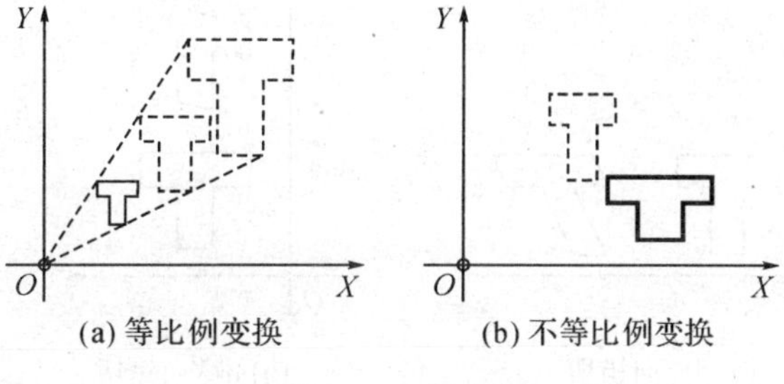

图 3-2 比例变换

2. 比例变换(以原点为中心)

比例变换是指变换后的点的两个坐标 $x'y'$ 分别与变换前点的两个坐标 x,y 成比例。很显然,比例变换矩阵为 $T=\begin{bmatrix} s_x & 0 \\ 0 & s_y \end{bmatrix}$($s_x,s_y$)分别为 x,y 方向的比例系数,$s_x>0,s_y<0.$)

点的变换表示为:

$$[x \quad y]\begin{bmatrix} s_x & 0 \\ 0 & s_y \end{bmatrix}=[x\cdot s_x \quad y\cdot s_y]=[x' \quad y']。$$

讨论:

若 $s_x=s_y=1$,则为恒等变换,即变换后点的坐标不变。

若 $s_x=s_y\neq1$,则为等比例变换,变换结果是图形等比例放大($s_x=s_y>1$)或等比例缩小($s_x=s_y>1$),如图 3-2(a)所示。

若 $s_x\neq s_y$,则为不等比例变换结果是图形产生畸变,如图 3-2(b)所示。

3. 错切变换

在变换矩阵 $T=\begin{bmatrix} a & b \\ c & d \end{bmatrix}$中,若矩阵的主对角元素 $a=d=1$,而矩阵的次对角元素有一个不为零时,则使图形产生沿 X 轴或 Y 轴的错切变换。

(1)沿 X 轴错切

令 $b=0$,沿 x 向错切变换矩阵为 $T=\begin{bmatrix} 1 & 0 \\ c & 1 \end{bmatrix}$,

则$[x \quad y]\begin{bmatrix} 1 & 0 \\ c & 1 \end{bmatrix}=[x+cy \quad y]=[x' \quad y']$($c\neq0$),经此变换后,$y$ 坐标不变,x 坐标有一增量 cy,这就相当于平行于 y 轴的线向 x 轴错切成与 x 轴成 α 角的直线,且有 $\tan\alpha=y/cy=1/c$. $c>0$,沿$+x$ 向错切;$c<0$,沿$-x$ 向错切。如图 3-3(a)所示。

(2)沿 y 错切

令 $c=0$,$T=\begin{bmatrix} 1 & b \\ 0 & 1 \end{bmatrix}$,则$[x \quad y]\begin{bmatrix} 1 & b \\ 0 & 1 \end{bmatrix}=[x \quad bx+y]=[x' \quad y']$($b\neq0$),如图所示,变换的结果是 x 坐标不变,而 y 坐标产生一增量 bx,使原来平行于 X 轴的线倾斜成与 y 轴成 θ 角的直线,且有。当 $b>0$ 沿$+y$ 向错切;$b<0$ 时,沿$-y$ 向错切。如图 3-3(b)所示。

注意:上述错切方向均是指第Ⅰ象限的点而言,其余象限的点的错切方向应作相应的改变。

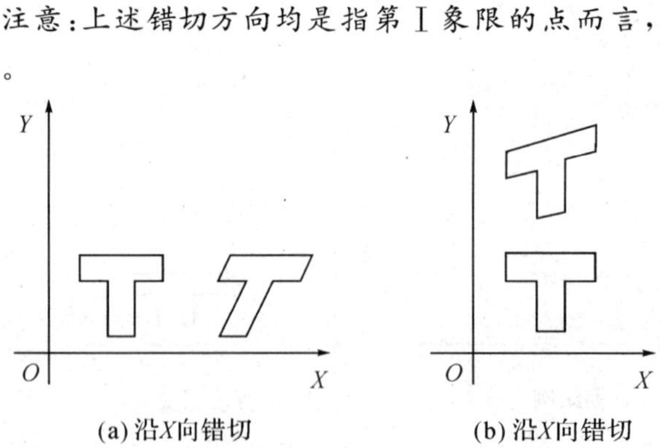

(a) 沿X向错切　　(b) 沿X向错切

图 3-3　错切变换

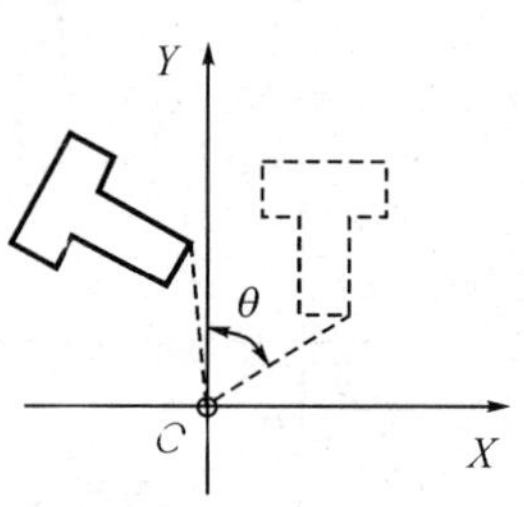

图 3-4　旋转变换

4. 旋转变换(绕原点)

如图 3-4 所示。规定:图形的旋转是绕坐标原点旋转 θ 角,且逆时针为正,顺时针为负,变换矩阵为:

$T_r=\begin{bmatrix}\cos\theta & \sin\theta \\ -\sin\theta & \cos\theta\end{bmatrix}$,对点进行旋转变换,即 60°

$$[x \quad y]\begin{bmatrix}\cos\theta & \sin\theta \\ -\sin\theta & \cos\theta\end{bmatrix}=[x\cos\theta-y\sin\theta \quad \sin\theta+y\cos\theta]=[x' \quad y']$$

5. 镜像变换

镜像变换又称对称变换,是指变换后的点与变换前的点对称于 X 轴或 Y 轴,或对称于某一特定的直线(如±45°线),或对称于某一特定的点(如原点)。

(1)对 X 轴的镜射变换

对 X 轴的镜射变换应有 $x'=x,y'=-y$,即

$$[x^* \quad y^*]=[x \quad -y]=[x \quad y]\begin{bmatrix}1 & 0 \\ 0 & -1\end{bmatrix}=[x \quad y]\cdot \boldsymbol{T}$$

变换矩阵为 $\boldsymbol{T}=\begin{bmatrix}1 & 0 \\ 0 & -1\end{bmatrix}$,变换结果如图 3-5(a)所示。

(2)对 Y 轴的镜射变换

对 Y 轴的镜射变换应有 $x'=-x,y'=y$,即

$$[x^* \quad y^*]=[-x \quad y]=[x \quad y]\begin{bmatrix}-1 & 0 \\ 0 & 1\end{bmatrix}=[x \quad y]\cdot \boldsymbol{T}$$

变换矩阵为 $\boldsymbol{T}=\begin{bmatrix}-1 & 0 \\ 0 & 1\end{bmatrix}$,变换结果如图 3-5(a)所示。

(3)对原点的镜射变换

对原点的镜射变换应有 $x'=-x,y'=-y$,即

$$[x^* \quad y^*]=[-x \quad -y]=[x \quad y]\begin{bmatrix}-1 & 0 \\ 0 & -1\end{bmatrix}=[x \quad y]\cdot \boldsymbol{T}$$

变换矩阵为 $\boldsymbol{T}=\begin{bmatrix}-1 & 0 \\ 0 & -1\end{bmatrix}$,变换结果如图 3-5(a)所示。

(4)对±45°线的镜射变换

①对+45°线的镜射变换应有 $x'=y,y'=x$,即

$$[x^* \quad y^*]=[-x \quad -y]=[x \quad y]\begin{bmatrix}-1 & 0 \\ 0 & -1\end{bmatrix}=[x \quad y]\cdot \boldsymbol{T}$$

变换矩阵为 $\boldsymbol{T}=\begin{bmatrix}0 & 1 \\ 1 & 0\end{bmatrix}$,变换结果如图 3-5(b)所示。

②对−45°线的镜射变换应有 $x'=-y,y'=-x$,即

$$[x^* \quad y^*]=[-x \quad -y]=[x \quad y]\begin{bmatrix}0 & -1 \\ -1 & 0\end{bmatrix}=[x \quad y]\cdot \boldsymbol{T}$$

变换矩阵为 $\boldsymbol{T}=\begin{bmatrix}0 & -1 \\ -1 & 0\end{bmatrix}$,变换结果如图 3-5(b)所示。

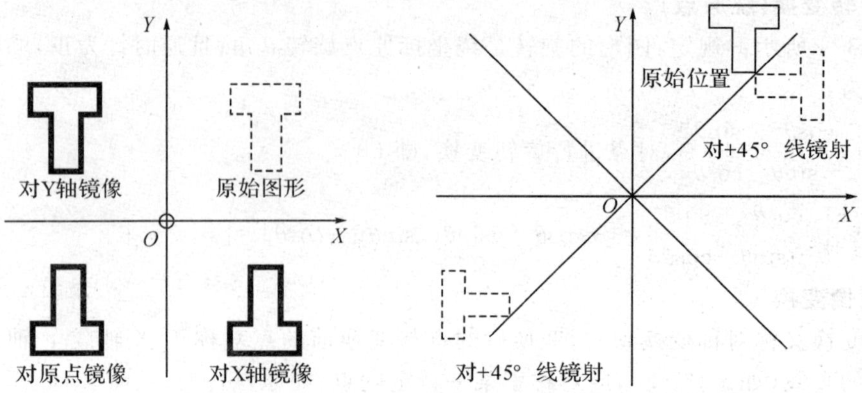

(a) 对X、Y轴及原点镜像变换　　(b) 对±45° 线的镜像变换

图 3-5　镜像变换

在镜射变换过程中，变换矩阵 $T=\begin{bmatrix} a & b \\ c & d \end{bmatrix}$，当：

$a=1,d=-1,b=c=0$ 时产生对 X 轴的对称变换；

$a=-1,d=1,b=c=0$ 时产生对 Y 轴的对称变换；

$a=-1,d=-1,b=c=0$ 时产生队原点的对称变换。

$a=d=0,b=1,c=1$,时产生对$+45°$的对称；

$a=d=0,b=-1,c=-1$ 时产生对$-45°$的对称。

3.2.2　二维图形的齐次变换

1. 二维图形的齐次坐标

从上面的讨论可知，平移与比例、旋转变换的变换矩阵结构不一致，平移变换时需要作加法，而其他变换则作乘法，这样就不可能组合这三个变换为一个合成矩阵，从而给运算带来不便。因此引入齐次坐标变换。

所谓齐次坐标就是将一个原本是 n 维的向量用一个 $n+1$ 维向量来表示。如向量$(x_1,x_2,\cdots,x_n)$的齐次坐标表示为$(hx_1,hx_2,\cdots,hx_n,h)$，其中 h 是一个实数。显然一个向量的齐次表示不是唯一的，齐次坐标的 h 取不同的值都表示的是同一个点，比如齐次坐标[8,4,2]，[4,2,1]表示的都是二维点[4,2]。当 $h=1$ 时的齐次坐标称为规格化齐次坐标。

那么引进齐次坐标有什么必要，它有什么优点呢？

(1)它提供了用矩阵运算把二维、三维甚至高维空间中的一个点集从一个坐标系变换到另一个坐标系的有效方法。

(2)它可以表示无穷远的点。$n+1$ 维的齐次坐标中如果 $h=0$，实际上就表示了 n 维空间的一个无穷远点。对于齐次坐标$[a,b,h]$，保持 a,b 不变，$|V_1|=(x_1*x_1,y_1*y_1,z_1*z_1)^{\frac{1}{2}}$的过程就表示了在准坐标系中的一个点沿直线 $ax+by=0$ 逐渐走向无穷远处的过程。

2. 二维图形的齐次坐标矩阵变换

用齐次坐标表示点的变换将非常方便，二维齐次坐标变换的矩阵的形式是：

$$T=\begin{bmatrix} a & b & 0 \\ c & d & 0 \\ m & n & s \end{bmatrix}$$

这个矩阵每一个元素都是有特殊含义的。

其中：$\begin{bmatrix} a & b \\ c & d \end{bmatrix}$使平面图形产生比例、对称、错切、旋转；

$[m \quad n]$使平面图形产生平移变换；

s 则可产生全比例变换。

引入齐次坐标后，点 $P(x,y)$ 和其变换后的点 $P'(x,y)$ 的齐次坐标就是$[x \quad y \quad 1]$和$[x' \quad y' \quad 1]$，变换表达式为：

$$T=\begin{bmatrix} 0 & -1 & 0 \\ -1 & 0 & 0 \\ 0 & & 1 \end{bmatrix}[x' \quad y' \quad 1]=[x \quad y \quad 1]T=[x \quad y \quad 1]\begin{bmatrix} a & b & 0 \\ c & d & 0 \\ m & n & s \end{bmatrix}$$

二维图形各种基本变换的变换矩阵及图示如表 3-1 所示。

表 3-1　二维图形各种基本变换的变换矩阵及图示

变换类型	变换矩阵	矩阵元素的说明	变换图示
平移变换	$T=\begin{bmatrix} 1 & 0 & 0 \\ 0 & 1 & 0 \\ m & n & 1 \end{bmatrix}$	m，n 分别是在 X 轴，Y 轴上的平移量	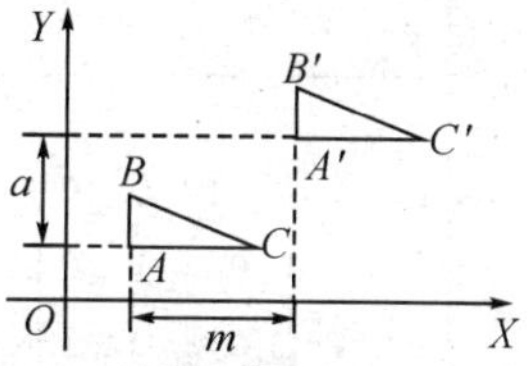 平移示意图
比例变换	$T=\begin{bmatrix} s_x & 0 & 0 \\ 0 & x_y & 0 \\ 0 & 0 & 1 \end{bmatrix}$	s_x，s_y 分别是 X，Y 向的比例系数	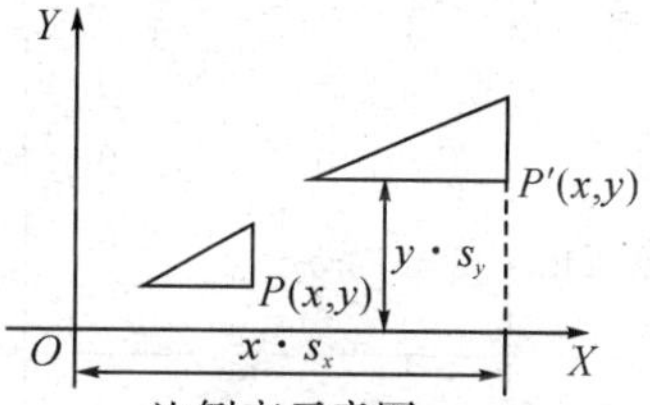 比例变示意图
全比例变换	$T=\begin{bmatrix} 1 & 0 & 0 \\ 0 & 1 & 0 \\ 0 & 0 & s \end{bmatrix}$	s 是全图的比例系数	
错切变换	$T=\begin{bmatrix} 1 & 0 & 0 \\ c & 1 & 0 \\ 0 & 0 & 1 \end{bmatrix}$	沿 X 轴向错切	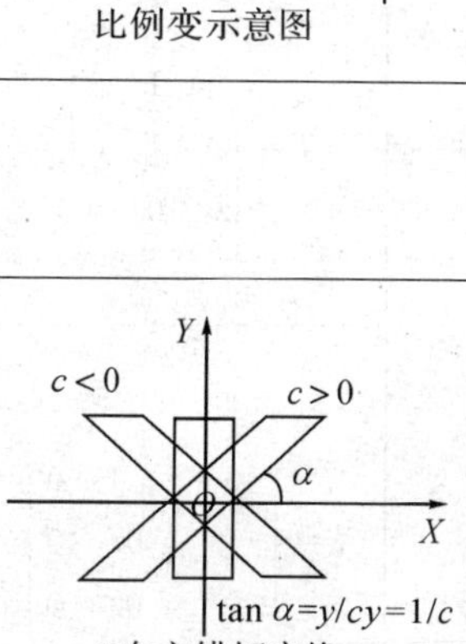 X向方错切变换

续表

变换类型	变换矩阵	矩阵元素的说明	变换图示
错切变换	$T=\begin{bmatrix}1 & b & 0\\0 & 1 & 0\\0 & 0 & 1\end{bmatrix}$	沿 Y 轴向错切	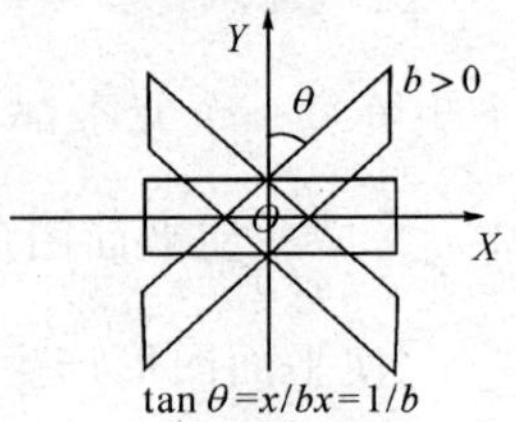 tan θ=x/bx=1/b Y向方错切变换
旋转变换	$T=\begin{bmatrix}\cos\theta & \sin\theta & 0\\-\sin\theta & \cos\theta & 0\\0 & 0 & 1\end{bmatrix}$	θ是旋转角，逆时针旋转取正值，反之取负值	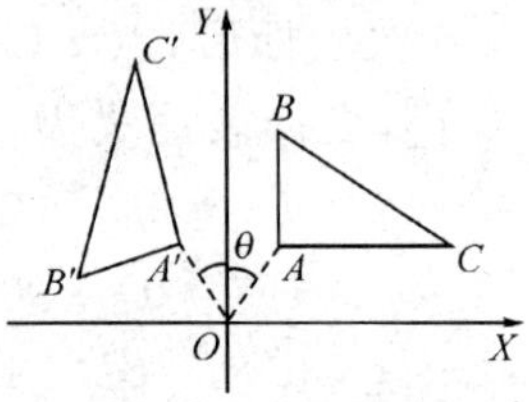
	$T=\begin{bmatrix}1 & 0 & 0\\0 & -1 & 0\\0 & 0 & 1\end{bmatrix}$	以 X 轴对称	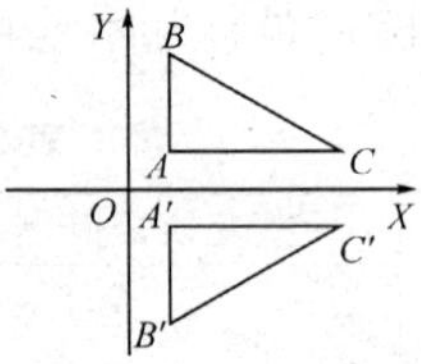
	$T=\begin{bmatrix}-1 & 0 & 0\\0 & 1 & 0\\0 & 0 & 1\end{bmatrix}$	以 Y 轴对称	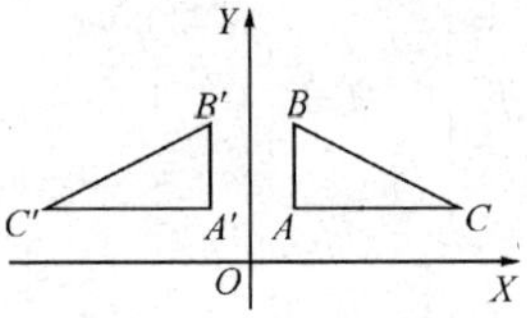
镜像变化	$T=\begin{bmatrix}-1 & 0 & 0\\0 & -1 & 0\\0 & 0 & 0\end{bmatrix}$	以坐标原点对称	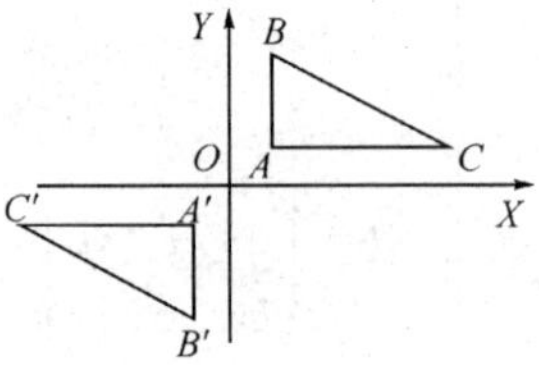
	$T=\begin{bmatrix}0 & 1 & 0\\0 & 1 & 0\\0 & 0 & 0\end{bmatrix}$	以 45°直线对称	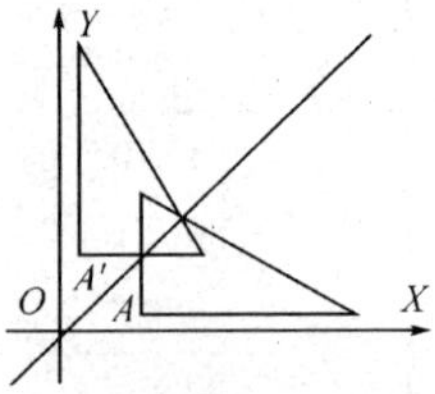
	$T=\begin{bmatrix}0 & -1 & 0\\-1 & 0 & 0\\0 & 0 & 0\end{bmatrix}$	以－45°直线对称	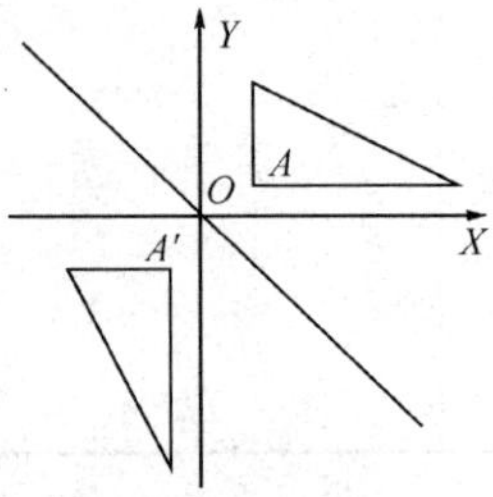

综上所述，我们可以总结出以上变换的通用变换矩阵：

$$[x',\ y',\ 1]=[x,\ y,\ 1]\begin{bmatrix}A & B & Q\\ C & D & P\\ L & M & S\end{bmatrix}$$

所有变换情况 $s=1, p=Q=0$

(1)恒等变换：$L=M=0, C=B=0, A=D=1$

(2)比例变换：$B=C=L=M=0$，A, D 大于零

(3)镜像变换：对 X 轴 $A=1, D=-1, B=C=L=M=0$

对 Y 轴 $A=-1, D=1, B=C=L=M=0$

对原点 $A=D=-1, B=C=L=M=0$

(4)错切变换：$A=D=1, L=M=0$，B, C 不同时为 0

(5)旋转变换：$A=D=\cos\theta, C=-\sin\theta, B=\sin\theta, L=M=0$

(6)平移变换：$A=D=1, B=C=0$，L, M 不等于 0

3.2.3 二维图形的组合变换

CAD/CAM 中的图形变换比较复杂，往往仅用一种基本变换不能实现，需经由两种或多种基本变换的组合才能得所需的最终图形。在实际图形变换中，经常需要对图形连续施行几个基本变换，这种由两个以上基本变换构成的变换称为复合变换(组合变换)或基本变换的级联。利用变换矩阵的级联可得到总变换矩阵。设各次变换的矩阵分别为 $\boldsymbol{T}_1, \boldsymbol{T}_2, \cdots, \boldsymbol{T}_n$，则组合变换的矩阵是各次变换矩阵的乘积，即：$\boldsymbol{T}=\boldsymbol{T}_1\cdot\boldsymbol{T}_2\cdots\cdot\boldsymbol{T}_n$

1. 绕任意点的旋转

如图 3-6 所示，当一个图形绕任意点 $Q(L,M)$ 的旋转。由于只知道绕原点的旋转，对于绕任意一点的旋转，我们可以将问题分解成三个不同的基本问题，这需要三种连续的变换：

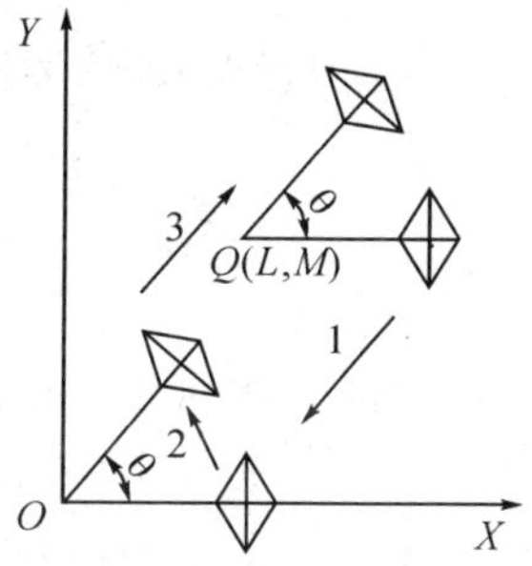

图 3-6 绕任意点旋转的组合变换

第一步：平移旋转中心 Q 到原点，图形也随着一起平移。这样旋转中心变为原点，可以利用绕原点的旋转矩阵。

$$\boldsymbol{T}_1=\begin{bmatrix}1 & 0 & 0\\ 0 & 1 & 0\\ -L & -M & 1\end{bmatrix}$$

第二步：完成所需要的旋转角度 θ。

$$R(\theta)=\begin{bmatrix}\cos\theta & \sin\theta & 0\\ -\sin\theta & \cos\theta & 0\\ 0 & 0 & 1\end{bmatrix}$$

第三步：将旋转后的结果平移回原来的中心 Q。

$$\boldsymbol{T}_2=\begin{bmatrix}1 & 0 & 0\\ 0 & 1 & 0\\ L & M & 1\end{bmatrix}$$

所得的变换结果是上面的三个矩阵的乘积，上述连续变换的组合矩阵为：

$$T_2=\begin{bmatrix}1&0&0\\0&1&0\\L&M&1\end{bmatrix}$$

$$T=T_1\times R(\theta)\times T_2=\begin{bmatrix}\cos\theta&\sin\theta&0\\-\sin\theta&\cos\theta&0\\L\times(1-\cos\theta)+M\times 2\times\sin\theta&M\times(1-\cos\theta)-L\times\sin\theta&1\end{bmatrix}$$

2. 相对任意点的比例变换

如图 3-7 所示，利用平移矩阵和比例变换矩阵，经过三步有序的变换，可以得到相对于任意一点 $Q(L,M)$ 的比例变换的组合矩阵。其变换顺序如下：

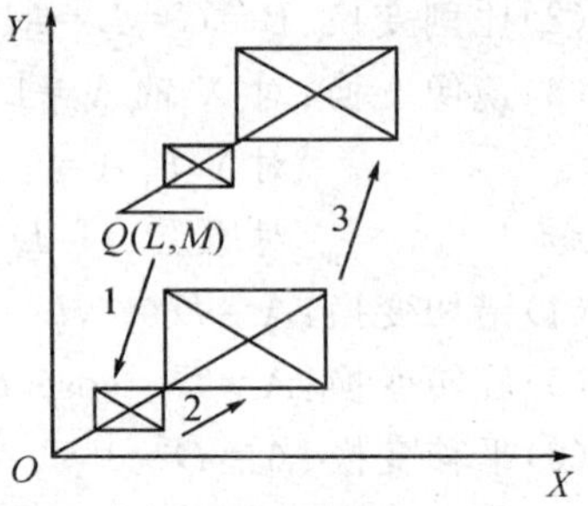

图 3-7　相对任意点的比例变换的组合变换

第一步：将原图中任意一点 Q，平移到坐标原点，整个图形随之移动，这样为下一步使用相对原点的比例变换矩阵做好了准备。

$$T_1=\begin{bmatrix}1&0&0\\0&1&0\\-L&-M&1\end{bmatrix}$$

第二步：实施比例变换。

$$T_2=\begin{bmatrix}A&0&0\\0&D&0\\0&0&1\end{bmatrix}$$

第三步：将任意点 Q 平移至原来位置，整个图形随之移动。

$$T_3=\begin{bmatrix}1&0&0\\0&1&0\\L&M&1\end{bmatrix}$$

这样就完成了相对任意点的比例变换。上述连续变换的组合矩阵为：

$$\begin{bmatrix}1&0&0\\0&1&0\\-L&-M&1\end{bmatrix}\begin{bmatrix}A&0&0\\0&D&0\\0&0&1\end{bmatrix}\begin{bmatrix}1&0&0\\0&1&0\\L&M&1\end{bmatrix}=\begin{bmatrix}A&0&0\\0&D&0\\L(1-A)&M(1-D)&1\end{bmatrix}$$

3. 对任意直线作镜像

假如要将一个三角形对直线 $AX+BY+C=0$ 作镜像，如图 3-8 所示，也可以使用基本的变换方法来实现。

直线与 Y 轴的交点 $(0,-C/B)$，直线与 X 轴的交点 $(-C/A,0)$，与 X 轴的夹角 $\theta=\arctan|A/B|$，对任意线 $AX+BY+C=0$ 作镜像具体步骤如下：

第一步：沿 Y 轴平移 C/B 使直线过原点。平移后的图形如图 3-8(b)。

$$T_1=\begin{bmatrix}1&0&0\\0&1&0\\0&C/B&1\end{bmatrix}$$

第二步：顺时针旋转 θ 角，使直线 $AX+BY+C=0$ 位于 X 轴上。旋转后的情形如图 3-8(c)所示。

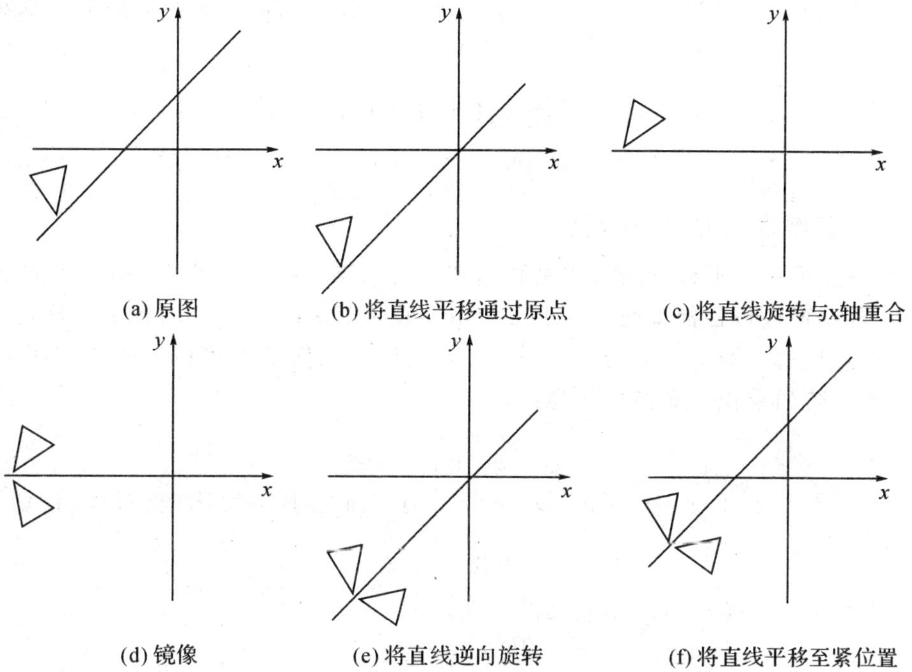

图 3-8　相对任意直线作镜像的组合变换

$$R(-\theta)=\begin{bmatrix}\cos\theta & -\sin\theta & 0\\ \sin\theta & \cos\theta & 0\\ 0 & 0 & 1\end{bmatrix}$$

第三步:物体对 X 轴镜像,镜像后的图形如图 3-8(d)

$$T_2=\begin{bmatrix}1 & 0 & 0\\ 0 & -1 & 0\\ 0 & 0 & 1\end{bmatrix}$$

第四步 应用步骤二的逆过程,结果如图 3-8(e)

$$R(\theta)=\begin{bmatrix}\cos\theta & \sin\theta & 0\\ -\sin\theta & \cos\theta & 0\\ 0 & 0 & 1\end{bmatrix}$$

第五步 应用步骤一的逆过程,结果如图 3-8(f)

$$T_3=\begin{bmatrix}1 & 0 & 0\\ 0 & 1 & 0\\ 0 & -C/B & 1\end{bmatrix}$$

第四、第五步的目的是返回物体到原来的位置。

表达这五步的完整变换是 $T=T_1\times R(-\theta)\times T_2\times R(\theta)\times T_3$,化简后得:

$$T=\begin{bmatrix}1 & 0 & 0\\ 0 & 1 & 0\\ L & C/B & 1\end{bmatrix}\begin{bmatrix}\cos2\theta & \sin2\theta & 0\\ \sin2\theta & -\cos2\theta & 0\\ 0 & 0 & 1\end{bmatrix}\begin{bmatrix}1 & 0 & 0\\ 0 & 1 & 0\\ L & -C/B & 1\end{bmatrix}$$

在求变换矩阵的级联中，在多个矩阵进行级联时，要注意矩阵的顺序是不能改变的。

3.3 三维图形的几何变换

3.3.1 三维图形的基本变换

三维几何变换包括平移、旋转、比例和错切。与二维图形变换类似，用适当的变换矩阵也可以对三维图形进行各种变换。一个三维空间点 P 点 $[x \quad y \quad z]$ 的齐次坐标记为 $[x \quad y \quad z \quad 1]$。变换后的点的坐标记为 $[x' \quad y' \quad z']$。三维几何变换可以表示为三维齐次坐标和 4×4 变换矩阵的乘积。变换矩阵为：

$T=\begin{bmatrix} a & b & c & 0 \\ d & e & f & 0 \\ h & i & j & 0 \\ l & m & n & s \end{bmatrix}$，其中，子阵 $\begin{bmatrix} a & b & c \\ d & e & f \\ h & i & j \end{bmatrix}$ 使三维图形产生比例、对称、错切、旋转变换；l,m,n 产生平移变换；s 可产生全比例变换。

则 $[x' \quad y' \quad z' \quad 1]=[x \quad y \quad z \quad 1]^{T}$

1. 平移

平移是将对象从一个位置 (x,y,z) 移到另一个位置 (x', y', z') 的变换。

变换矩阵为：$T=\begin{bmatrix} 1 & 0 & 0 & 0 \\ 0 & 1 & 0 & 0 \\ 0 & 0 & 1 & 0 \\ l & m & n & 1 \end{bmatrix}$，其中，$l,m,n$ 分别为 X,Y,Z 轴上的平移量。

2. 比例

比例变换指将原有的图形在 X,Y,Z 三个方向上进行放大或缩小的变换。

设 s_x,s_y,s_z 是物体在 X,Y,Z 轴三个方向的比例系数，则有变换矩阵：

$T=\begin{bmatrix} s_x & 0 & 0 & 0 \\ 0 & s_y & 0 & 0 \\ 0 & 0 & s_z & 0 \\ 0 & 0 & 0 & 1 \end{bmatrix}$，当 $s_x=s_y=s_z$ 时，可使整个图形按统一比例放大或缩小。

3. 对称变换

对称变换也称为镜像变换。三维对称变换是相对于坐标面进行的。

对 XOY 平面的对称变换变换矩阵为：

$$T=\begin{bmatrix} 1 & 0 & 0 & 0 \\ 0 & 1 & 0 & 0 \\ 0 & 0 & -1 & 0 \\ 0 & 0 & 0 & 1 \end{bmatrix}$$

对 YOZ 平面的对称变换

$$T=\begin{bmatrix}-1 & 0 & 0 & 0\\ 0 & 1 & 0 & 0\\ 0 & 0 & 1 & 0\\ 0 & 0 & 0 & 1\end{bmatrix}$$

对 XOZ 平面的对称变换

$$T=\begin{bmatrix}1 & 0 & 0 & 0\\ 0 & -1 & 0 & 0\\ 0 & 0 & 1 & 0\\ 0 & 0 & 0 & 1\end{bmatrix}$$

4. 错切变换

错切变换是使图形沿错切方向的坐标发生变换，而另一方向的坐标值不变，
从而达到使原图形发生特定变化的目的。

变换矩阵为：

$$T=\begin{bmatrix}1 & b & c & 0\\ d & 1 & f & 0\\ h & i & 1 & 0\\ 0 & 0 & 0 & 1\end{bmatrix}$$

5. 旋转

二维旋转变换指绕坐标原点或任意点旋转，而三维旋转指绕坐标轴或任意轴旋转，分为三种基本旋转：绕 z 轴旋转，绕 x 轴旋转，绕 y 轴旋转。通常规定，从坐标轴正向往原点看，逆时针方向为正。

绕 Z 轴的旋转变换，变换矩阵为：

$$T=\begin{bmatrix}\cos\theta & \sin\theta & 0 & 0\\ -\sin\theta & \cos\theta & 0 & 0\\ 0 & 0 & 1 & 0\\ 0 & 0 & 0 & 1\end{bmatrix}$$

绕 X 轴的旋转变换，变换矩阵为：

$$T=\begin{bmatrix}1 & 0 & 0 & 0\\ 0 & \cos\theta & \sin\theta & 0\\ 0 & -\sin\theta & \cos\theta & 0\\ 0 & 0 & 1 & \end{bmatrix}$$

绕 Y 轴的旋转变换，变换矩阵为：

$$T=\begin{bmatrix}\cos\theta & 0 & -\sin\theta & 0\\ 0 & 1 & 0 & 0\\ \sin\theta & 0 & \cos\theta & 0\\ 0 & 0 & 0 & 1\end{bmatrix}$$

3.3.2 三维图形的组合变换

三维组合变换是指图形作一次以上的变换，变换结果是每次变换矩阵相乘。

$$P'=T\cdot P=(T_{\dots}T_3\cdot T_2\cdot T_1)\cdot P \qquad (n>1)$$

1. 相对任一参考点的三维变换

相对于参考点 $F(x_f,y_f,z_f)$作比例、旋转、错切等变换的过程分为以下三步：

(1)将参考点 F 移至坐标原点

(2)针对原点进行二维几何变换

(3)进行反平移

如图 3-9 相对参考点 F 的比例变换所示。

例：相对于 $F(x_f,y_f,z_f)$点进行比例变换

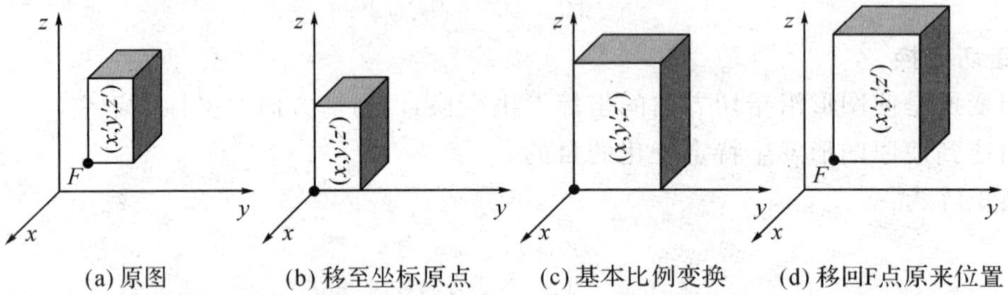

图 3-9 相对参考点 F 的比例变换

2. 绕任意轴的三维旋转变换

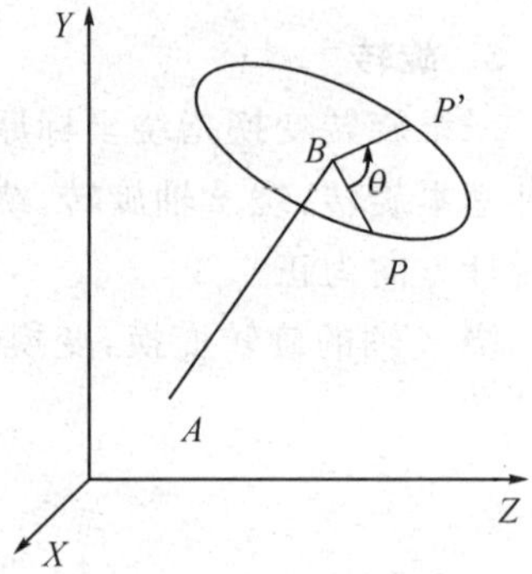

图 3-10 P 点绕 AB 轴旋转

问题：如何求出为 T_{RAB}。如图 3-10 所示

$$\begin{bmatrix}x'\\y'\\z'\\1\end{bmatrix}=T_{RAB}\cdot\begin{bmatrix}x\\y\\z\\1\end{bmatrix}$$ 分析：

$$T_{RAB}=T_{tA}^{-1}T_{Rx}^{-1}T_{Ry}^{-1}T_{Rz}T_{Ry}T_{Rx}T_{tA}$$

公式推导：

(1)将坐标原点平移到 A 点，变换矩阵为 t_{tA}；

(2)将 $O'BB'$绕 x'轴逆时针旋转 α 角，则 $O'B$ 旋转到 $x'o'z'$平面上，变换矩阵为 T_{Rx}；

(3)将 $O'B$ 绕 y'轴顺时针旋转 β 角，则 $O'B$ 旋转到 z'轴上，变换矩阵为 T_{Ry}；

(4)经以上三步变换后，AB 轴与 z'轴重合，此时绕 AB 轴的旋转转换为绕 z 轴的旋转；

(5)最后，求 T_{tA}，T_{Rx}，T_{Ry} 的逆变换，回到 AB 原来的位置。

类似地，针对任意方向轴的变换可用五个步骤来完成：

(1)使任意方向轴的起点与坐标原点重合，此时进行平移变换；

(2)使方向轴与某一坐标轴重合，此时需进行旋转变换，且旋转变换可能不止一次；

(3)针对该坐标轴完成变换；

(4)用逆旋转变换使方向轴回到其原始方向；

(5)用逆平移变换使方向轴回到其原始位置。

3.4　投影变换

投影(project)是一种使三维对象映射为二维对象的变换。它可描述为:project(object(x,y,z))→object(x',y')。投影的要素包括投影对象、投影中心、投影平面、投影线和投影。要作投影变换的物体称为投影对象;在三维空间中,选择一个点,记这个点为投影中心;不经过这个点再定义一个平面,记这个平面为投影平面;从投影中心向投影平面引任意多条射线,记这些射线为投影线;穿过物体的投影线与投影面相交,在投影面上形成物体的像,这个像记为三维物体在二维投影面上的投影。按照投影线角度的不同,有两种基本投影方法,如图 3-11 所示。

- 投影
  - 平行投影
    - 正平行投影
      - 正投影
        - 主视图
        - 俯视图
        - 侧视图
      - 正轴测
        - 正等测
        - 正二测
        - 正三测
    - 斜平行投影
      - 斜等测
      - 斜二测
  - 透视投影
    - 一点透视
    - 二点透视
    - 三点透视

图 3-11　投影变换的分类

投影变换可分为两大类:透视投影和平行投影。它们的本质区别在于:透视投影的投影中心到投影面之间的距离是有限的,而平行投影的投影中心到投影面之间的距离是无限的。如图 3-12 所示。

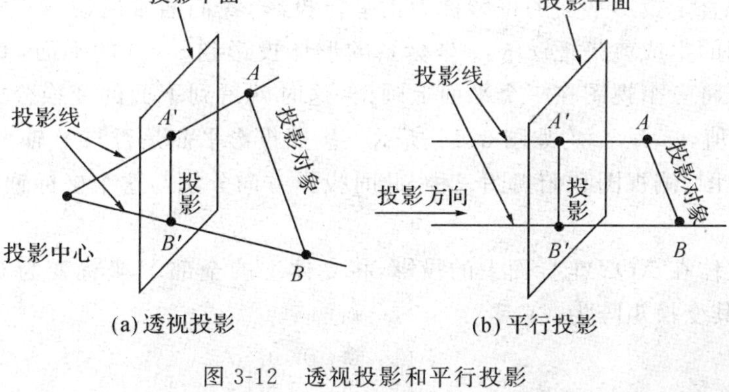

(a) 透视投影　　(b) 平行投影

图 3-12　透视投影和平行投影

(1)平行投影(parallel projection)。它使用一组平行投影线将三维对象投影到投影平面上去。

(2)透视投影(perspective projection)。它使用一组由投影中心产生的放射投影线,将三维对象投影到投影平面上去。

由平行投影方法表现三维对象的图，称为正视图和轴测图，由透视投影方法表现三维对象的图，称为透视图。

平行投影有两种方法：

(1)正交平行投影(orthographic P. P.)投影线与投影平面成90°角。

将三维物体正交平行投影于 xoz 和 yoz 平面上，分别获主视图与侧视图。设计中常用正交平行投影来产生三视图称为正视图。它们具有 x，y 方向易于测量的特点，因此作为主要的工程图纸。

(2)斜交平行投影(oblique P. P.)投影线与投影面成 α 交角。斜交平行投影也称轴测投影，所获的图称轴测图。

3.4.1 平行投影变换

平行投影的投影中心与投影平面之间的距离为无穷远；投影线之间相互平行；平行线的平行投影仍是平行线。按照投影方向与投影平面的交角不同，平行投影分为两类：正平行投影和斜平行投影。如图3-13所示。

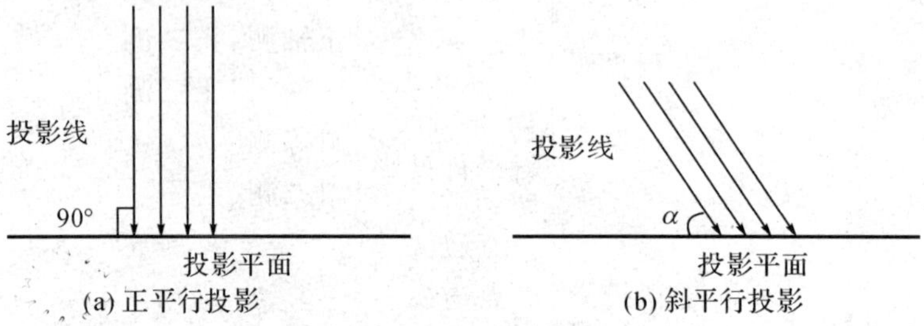

图3-13 平行投影的分类

1. 正平行投影(三视图)

正平行投影的投影方向垂直于投影平面。按照投影平面与坐标轴的交角不同，正平行投影又可分为两类：正投影与正轴测。当投影平面与某一坐标轴垂直时，得到的投影为正投影；否则，得到的投影为正轴测。

投影方向垂直于投影平面的投影称为正平行投影，我们通常所说的三视图均属于正平行投影。三视图的生成就是把 x,y,z 坐标系的形体投影到 $z=0$ 的平面，变换到 u,v,w 坐标系。一般还需将三个视图在一个平面上画出，这时就得到下面的变换公式，其中 (a,b) 为 u,v 坐标系下的值，t_x,t_y,t_z 均如图3-14所示。按照投影平面是否与 Y 轴、X 轴、Z 轴垂直，正投影分为主视图、侧视图和俯视图三种，此时投影方向分别与这个坐标轴的方向一致。

(1)主视图

主视图是立体在 XOZ 坐标面上的投影，将立体上的全部 Y 坐标变为0，而 X,Z 不变，可获得主视图，其变换矩阵为：

$$T_V=\begin{bmatrix}1&0&0&0\\0&0&0&0\\0&0&1&0\\0&0&0&1\end{bmatrix}$$

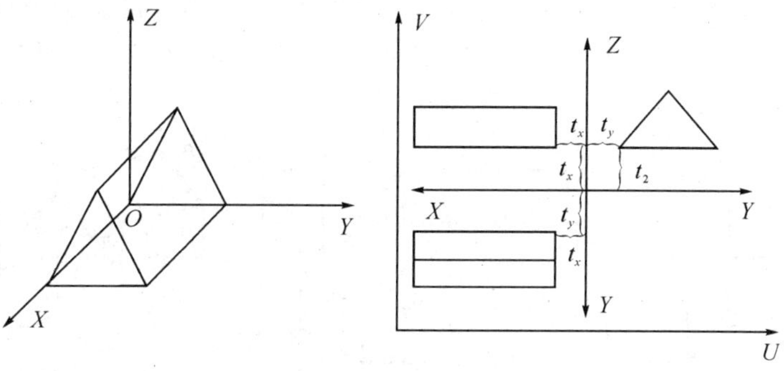

图 3-14　正平行投影及三视图形成

(2)俯视图变换矩阵

俯视图是立体在 XOY 坐标面上的投影。将立体上的 Z 坐标变为 0；按三视图展开后的配置，应把俯视图绕 X 轴顺时针转 90°，为使其与主视图保持一定的距离，应下一定距离 V_h，因此俯视图的变化矩阵为：

$$T_H=\begin{bmatrix}1&0&0&0\\0&1&0&0\\0&0&0&0\\0&0&0&1\end{bmatrix}\begin{bmatrix}1&0&0&0\\0&\cos90^\circ&-\sin90^\circ&0\\\sin90^\circ&\cos90^\circ&0&\\0&0&0&1\end{bmatrix}\begin{bmatrix}1&0&0&0\\0&1&0&0\\0&0&1&0\\0&0&-V_H&1\end{bmatrix}=\begin{bmatrix}1&0&0&0\\0&0&-1&0\\0&0&0&0\\0&0&-V_H&1\end{bmatrix}$$

(3)左视图变换矩阵

左视图是立体在 XOY 坐标面上的投影，将立体的 X 坐标变为 0，在绕 Z 轴逆时针旋转 90°，为与主视图保持一定的距离，应使左视图向右移一个距离 V_W，变换矩阵为：

$$T_W=\begin{bmatrix}0&0&0&0\\0&1&0&0\\0&0&0&0\\0&0&0&1\end{bmatrix}\begin{bmatrix}\cos90^\circ&\sin90^\circ&0&0\\\sin90^\circ&\cos90^\circ&0&\\0&0&1&0\\0&0&0&1\end{bmatrix}\begin{bmatrix}1&0&0&0\\0&1&0&0\\0&0&1&0\\-V_W&0&0&1\end{bmatrix}=\begin{bmatrix}0&0&0&0\\-1&0&0&0\\0&0&0&0\\-V_W&0&0&1\end{bmatrix}$$

2. 轴测投影变换

用平行投影法将物体连同确定该物体的直角坐标系一起沿不平行于任一坐标平面的方向投射到一个投影面上，所得到的图形，叫作轴测投影，简称轴测图。投影面 P 称为轴测投影面，投射线 S 的方向称为投射方向，如图 3-15 所示。

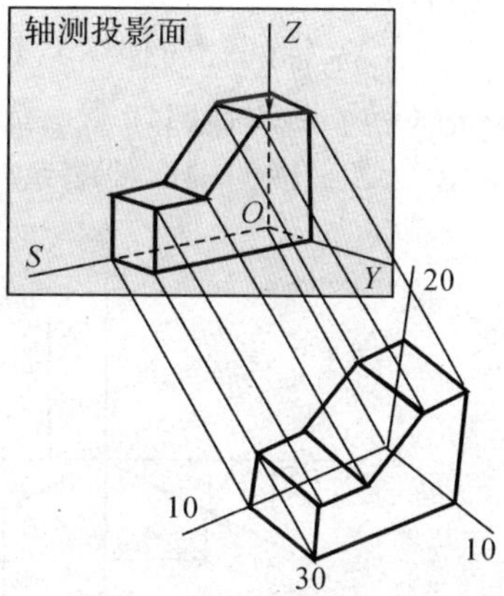

图 3-15　轴测图的形成

根据变形系数之间的关系，正轴测投影可分为正等测投影、正二测投影、正三测投影。斜平行投影的投影方向不垂直于投影平面，而是与投影面成 α 夹角。在工程制图中，经常选择一些兼有美观及绘图方便的 α 角来做斜平行投影，常用的两种是斜等测和斜二测。

(1)正轴测投影：投影方向垂直轴测投影面

正轴测图的形成：正轴测可以看成先将空间物体绕

Z 轴逆时针旋转一个角度 γ，则投影就可以反映两个面的性质，再将物体向前倾一个角度 α（绕 X 轴顺时针旋转 α 角），最后向 XOZ 面（即 V 面）投影而得到。如图 3-16 所示。

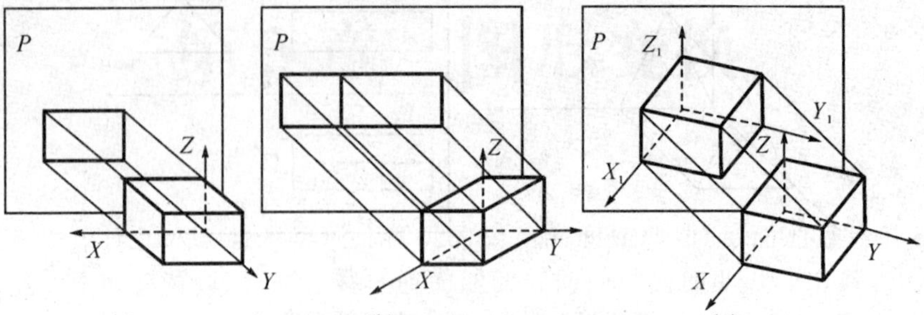

图 3-16　正轴测图的形成

变换矩阵：

$$T=\begin{bmatrix}\cos\gamma & \sin\gamma & 0 & 0\\ -\sin\gamma & \cos\gamma & 0 & 0\\ 0 & 0 & 1 & 0\\ 0 & 0 & 0 & 1\end{bmatrix}\begin{bmatrix}1 & 0 & 0 & 0\\ 0 & \cos\alpha & -\sin\alpha & 0\\ 0 & \sin\alpha & \cos\alpha & 0\\ 0 & 0 & 0 & 1\end{bmatrix}\begin{bmatrix}1 & 0 & 0 & 0\\ 0 & 0 & 0 & 0\\ 0 & 0 & 1 & 0\\ 0 & 0 & 0 & 1\end{bmatrix}$$

$$=\begin{bmatrix}\cos\gamma & 0 & -\sin\gamma\sin\alpha & 0\\ -\sin\gamma & 0 & -\cos\gamma\sin\alpha & 0\\ 0 & 0 & \cos\alpha & 0\\ 0 & 0 & 0 & 1\end{bmatrix}$$

当 $\gamma=45°$，$\alpha=35.2644°$时的得到正轴测图称为正等测。

(2)几个基本概念

1)空间坐标轴 OX，OY，OZ 在轴测投影面上的投影 O_1X_1，O_1Y_1，O_1Z_1 称为轴测投影轴，简称轴测轴。

2)轴间角：轴测轴之间的夹角称作轴间角，如图3-17所示。

3)轴向伸缩系数：轴测单位长度与空间坐标单位长度之比，称为轴向伸缩系数，如图 3-18 所示。

沿 O_1X_1 轴的轴向伸缩系数：$O_1A_1/OA=p$，

沿 O_1Y_1 轴的轴向伸缩系数：$O_1B_1/OB=q$

沿 $O_1Z_1$1 轴的轴向伸缩系数：$O_1C_1/OC=r$

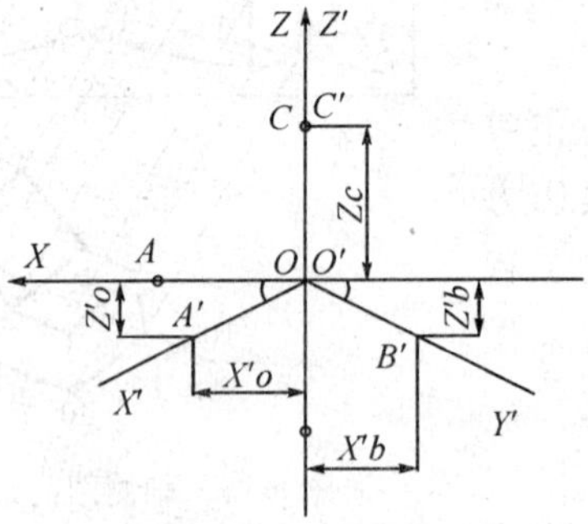

图 3-17　轴向伸缩系数与轴间角

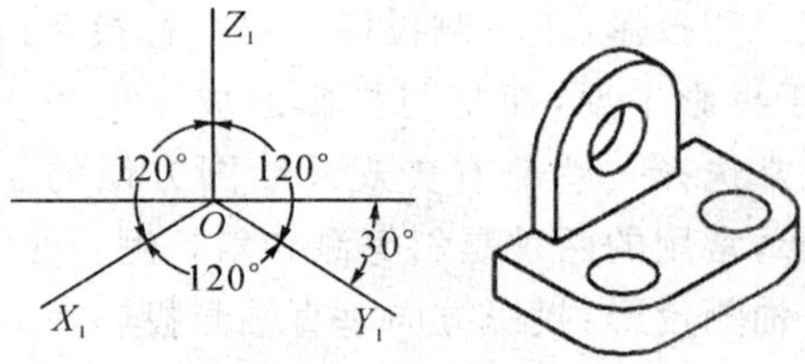

图 3-18　正等轴测图的形成

(3)轴测投影的种类

正轴测投影:投射方向垂直于轴测投影面,如图 3-18 所示。

1)正等轴测投影:$p=q=r=2/3\approx0.82$,正等测轴测投影的轴间角均为 120°,在变换矩阵中,$\alpha=35°16'$,$\gamma=45°$

2)正二等轴测投影:$p=r\neq q$,$p=q=0.94$,$r=0.47$,轴间角$\angle x'o'z'=97^O101$,$\angle y'o'z'=\angle x'o'y'=131°25'$,在变换矩阵中 $\alpha=19°28'$,$\gamma=20°42'$

3)正三等轴测投影:$p\neq q\neq r$

斜轴测投影:用平行斜角投影法得到的轴测投影称为斜轴测投影。投射方向倾斜于轴测投影面。斜轴测投影变换是通过将物体先沿 x 含 y 错切,再沿 z 含 y 错切,最后向 V 面投影实现。其变换矩阵为

$$T_{斜}=\begin{bmatrix}1&&&\\d&1&&\\&&1&\\&&&1\end{bmatrix}\begin{bmatrix}1&&&\\&1&f&\\&&1&\\&&&1\end{bmatrix}\begin{bmatrix}1&&&\\&&&\\&&1&\\&&&1\end{bmatrix}=\begin{bmatrix}1&&&\\d&&f&\\&&1&\\&&&1\end{bmatrix}$$

沿 x 含 y 错切　沿 z 含 y 错切　向 V 面投影　斜轴测投影变换矩阵

轴测投影面 P 平行于 XOZ 坐标面,投影方向不应平行于任何坐标面,凡是平行于 XOZ 坐标面的平面形,其斜轴测投影均反映实形。

1)斜二等轴测投影的伸缩系数为 $p=r=1,q=0.5$

轴间角为:$\angle XOZ=90°\angle XOY=\angle YOZ=135°$变换矩阵中 $d=f=0.354$

2)斜三等轴测投影:$p\neq q\neq r$

$$[x'\quad y'\quad z'\quad 1]=[x\quad y\quad z\quad 1]\begin{bmatrix}1&0&0&0\\0&1&0&-\frac{1}{y_2}\\0&0&1&0\\0&0&0&1\end{bmatrix}\begin{bmatrix}1&0&0&0\\0&0&0&0\\0&0&1&0\\0&0&0&1\end{bmatrix}$$

$$=[x\quad y\quad z\quad 1]\begin{bmatrix}1&0&0&0\\0&1&0&-\frac{1}{y_2}\\0&0&1&0\\0&0&0&1\end{bmatrix}=\left[x\quad 0\quad z\quad 1-\frac{y}{y_2}\right]$$

$$=\left[\frac{x}{1-(y/y_2)}\quad 0\quad \frac{z}{1-(y/y_2)}\quad 1\right]$$

3.4.2 透视投影变换

1. 透视投影的术语和分类

透视投影也称中心投影,比轴测图更富有立体感和真实感,它将投影面放在光源和投影对象之间,如图 3-19 所示。

透视投影的投影中心与投影平面之间的距离为有限的。投影线(视线)从投影中心(视点)出发,投影线是不平行的。对于透视投影,一束平行于投影平面的平行线的投影仍可保持平行,而不平行于投影平面的平行线的投影会收敛到一个点,这个点称为灭点(VanishingPoint)。

平行于坐标轴的平行线在投影平面上形成的灭点称为主灭点。

根据主灭点的个数，透视投影可分为一点透视、二点透视和三点透视。

(1)一点透视：有一个主灭点，即投影平面与一个坐标轴正交，与另外两个坐标轴平行。

(2)二点透视：有两个主灭点，即投影平面与两个坐标轴相交，与另一个坐标轴平行。

(3)三点透视：有三个主灭点，即投影面与三个坐标轴都相交。

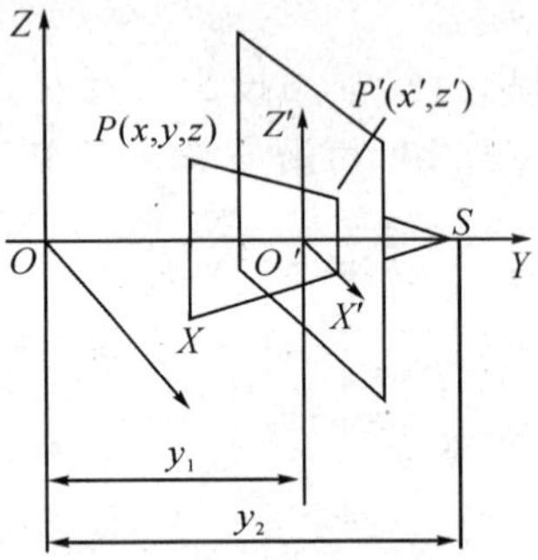

图 3-19 透视投影

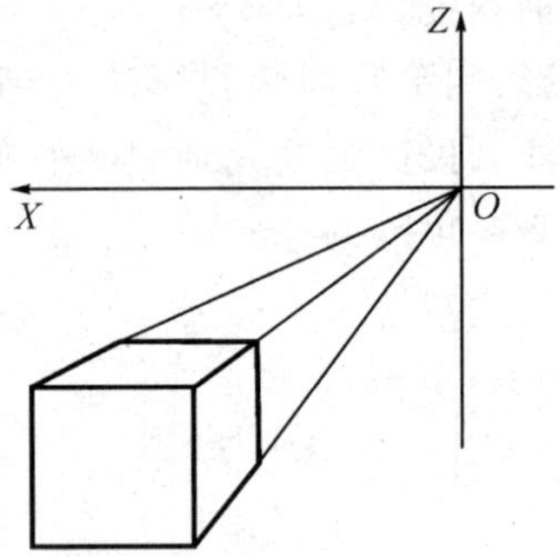

图 3-20 一点透视

2. 一点透视

如图 3-20 所示，空间中有一点 $P(x,y,z)$，设 S 为视点，并在 y 轴上，画面垂直于 y 轴且交于O 点，即画面平行于 XOZ 平面。显然，画面是在一个二维坐标系中，用 $X'Y'Z'$ 表示。画面据坐标系原点的距离为，视点距原点的距离为，由相似三角形的关系可有：

$$\left\{\begin{aligned} x' &= \frac{y_2-y_1}{y_2-y}x \\ z' &= \frac{y_2-y_1}{y_2-y}z \end{aligned}\right]$$

如令 OO' 重合，则画面就是 XOZ 平面，即 $y1=0$，则有：

$$\left\{\begin{aligned} x' &= \frac{y_2}{y_2-y}x = \frac{x}{1-y/y_2} \\ z' &= \frac{y_2}{y_2-y}z = \frac{z}{1-y/y/2} \end{aligned}\right.$$

对物体上的每个顶点都做上述处理，在画面上就可得到这些顶点的透视，顺序连接这些点，即得到物体的一点透视图。

把这种简单的透视投影变换写成矩阵的形式，有：

$$[x^* \quad y^* \quad z^* \quad 1]=[x \quad y \quad z \quad 1]\underset{\text{(透视变换)}}{\begin{bmatrix} 1 & 0 & 0 & 0 \\ 0 & 1 & 0 & -\frac{1}{y_2} \\ 0 & 0 & 1 & 0 \\ 0 & 0 & 0 & 1 \end{bmatrix}}\underset{\text{(向}XOZ\text{面投影)}}{\begin{bmatrix} 1 & 0 & 0 & 0 \\ 0 & 0 & 0 & 0 \\ 0 & 0 & 1 & 0 \\ 0 & 0 & 0 & 1 \end{bmatrix}}$$

$$[x \quad y \quad z \quad 1]\underset{(\text{一点透视投影变换矩阵})}{\begin{bmatrix}1&0&0&0\\0&0&0&-\dfrac{1}{y_2}\\0&0&1&0\\0&0&0&1\end{bmatrix}}$$

$$=\left[x \quad 0 \quad z \quad 1-\frac{y}{y_2}\right]\xrightarrow{\text{规范化}}\left[\frac{x}{1-(y/y_2)} \quad 0 \quad \frac{z}{1-(y/y_2)} \quad 1\right]$$

令 $q=-l/y2$，则主灭点在 y 轴上的 $y=1/q$ 处、画面上 XOZ 平面的一点透视投影变换矩阵为：

$$T=\begin{bmatrix}1&0&0&0\\0&1&0&q\\0&0&1&0\\0&0&0&1\end{bmatrix}\begin{bmatrix}1&0&0&0\\0&0&0&0\\0&0&1&0\\0&0&0&1\end{bmatrix}=\begin{bmatrix}1&0&0&0\\0&0&0&q\\0&0&1&0\\0&0&0&1\end{bmatrix}$$

对点进行一点透视投影变换，有：

$$[x^* \quad y^* \quad z^* \quad 1]=[x \quad y \quad z \quad 1]T_1$$

$$=[x \quad 0 \quad z \quad 1+qy]\xrightarrow{\text{规范化}}\left[\frac{x}{1+qy} \quad 0 \quad \frac{z}{1+qy} \quad 1\right]$$

为了增强透视效果，通常将几何形体置于画面（XOZ 面）后、水平面（XOY 面）下，若几何形体不在该位置，应首先把物体平移到此位置，然后再进行透视投影变换。

q 决定了视点的位置，一般选择视点位于画面（XOZ 面）前。

例：对立方体形图进行一点透视投影变换。

首先将其平移到 XOZ 面后、XOY 面下，平移量为：

$l=20, m=-4, n=-30$；然后进行透视投影变换，设 $q=-0.1$，变换结果如图 3-20 所示。

3. 二点透视

首先改变物体与画面的相对位置，使物体绕 Z 轴旋转角，以使物体上的主要平面（XOZ，YOZ 平面）与画面成一定角度，然后进行透视投影变换，即可获得二点透视投影图，变换矩阵为：

如果物体所处位置不合适，则需对物体进行平移，为使旋转变换不受平移量的影响，平移变换矩阵应放在旋转变换矩阵与透视变换矩阵之间。

例：对立方体图形进行二点透视投影变换。

先对立方体图形进行旋转变换，然后再进行平移变换，最后进行透视投影变换，即 γ 可得到立方体图形的二点透视。设 $\gamma=30°, q=-0.07$，平移量 $l=-4, m=-4, n=-26$，变换结果如图 3-21 所示。

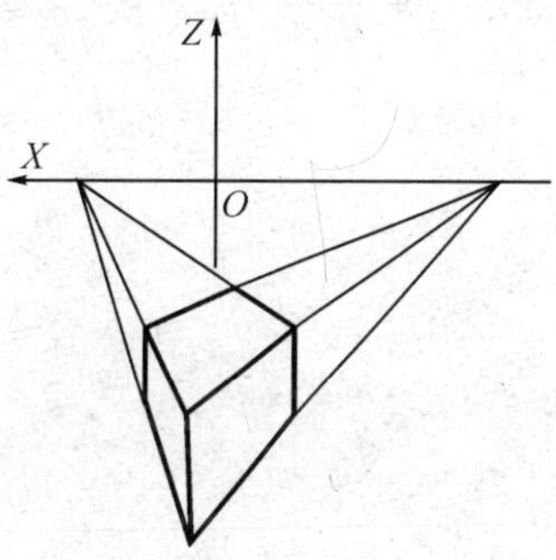

图 3-21 二点透视

4. 三点透视

为了观察方便起见，现将物体放到一般位置。首先绕 Z 轴旋转 γ 角，再绕 X 轴旋转 α 角，使物体上的三个坐标平面与画面都倾斜，然后进行透视投影变换，即可得到物体的三点透视视图，变换矩阵为：

$$T_3=\begin{bmatrix}\cos\gamma & \sin\gamma & 0 & 0\\ -\sin\gamma & \cos\gamma & 0 & 0\\ 0 & 0 & 1 & 0\\ 0 & 0 & 0 & \end{bmatrix}\begin{bmatrix}1 & 0 & 0 & 0\\ 0 & \cos\alpha & \sin\alpha & 0\\ 0 & -\sin\alpha & \cos\alpha & 0\\ 0 & 0 & 0 & 1\end{bmatrix}\begin{bmatrix}1 & 0 & 0 & 0\\ 0 & 0 & 0 & q\\ 0 & 0 & 1 & 0\\ 0 & 0 & 0 & 1\end{bmatrix}$$

$$=\begin{bmatrix}\cos\gamma & \sin\gamma\cos\alpha & \sin\gamma\sin\alpha & 0\\ -\sin\gamma & \cos\gamma\cos\alpha & \cos\gamma\sin\alpha & 0\\ 0 & -\sin\alpha & \cos\alpha & 0\\ 0 & 0 & 0 & 1\end{bmatrix}\begin{bmatrix}1 & 0 & 0 & 0\\ 0 & 0 & 0 & q\\ 0 & 0 & 1 & 0\\ 0 & 0 & 0 & 1\end{bmatrix}$$

$$=\begin{bmatrix}\cos\gamma & 0 & \sin\gamma\sin\alpha & q\sin\gamma\cos\alpha\\ -\sin\gamma & 0 & \cos\gamma\sin\alpha & q\cos\gamma\cos\alpha\\ 0 & 0 & \cos\alpha & -q\sin\alpha\\ 0 & 0 & 0 & 1\end{bmatrix}$$

如果需要把物体平移到合适的位置，则应把平移变换矩阵放在旋转变换与透视变换矩阵之间。

例：设 $\gamma=60°$，$\alpha=30°$，$q=-0.1$，平移量 $l=O$，$m=-4$，$n=-24$，对立方体图形进行三点透视投影变换，变换结果如图 3-22 所示。

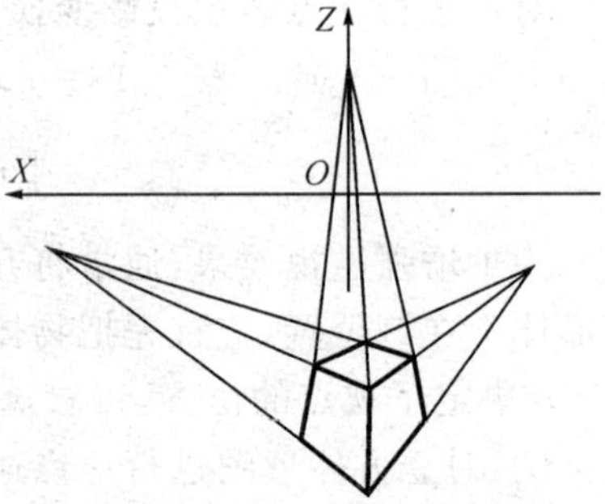

图 3-22 三点透视

3.5 思考与练习

1. 什么是图形几何变换？它有何意义？

2. 什么是齐次坐标？如何表示一个 n 维空间位置矢量？其几何意义是什么？

3. 已知四边形各顶点的坐标为 $A(0,0)$，$B(20,0)$，$C(20,15)$，$D(0,15)$，对该四边形分别进行下列变换：1)以直线 $X-2Y+2=0$ 对称；2)使整个图形放大到原来的 2.5 倍，放大中心在 C 点。写出变换矩阵，并绘出图形。

4. 试用某种算法语言编写一个将△ABC 经旋转、平移和比例变换的组合变换程序，并绘制出变换后的图形。其中，三个顶点的坐标分别为 $A(10,10)$，$B(30,10)$，$C(10,50)$；旋转角为 60°；平移量为 $l=30$，$m=50$；比例因子 $a=e=2$。

第 4 章　几何造型技术

4.1　几何造型技术概述

在 CAD/CAM 中,几何造型技术是将现实世界中的物体及属性转化为计算机内部数字化表达的原理和方法,是定义产品在计算机内部表示的数字模型、数字信息以及图形信息的工具,它是产品信息化的源头,它为产品设计分析、工程图生成、数控加工编程与加工仿真、数字化加工与装配中的生产过程管理等,提供有关产品的信息描述与表达方法,是实现计算机辅助设计与制造的前提条件,也是实现 CAD/CAM 一体化的核心内容。

4.1.1　几何建模

对于现实世界中的物体,通过某种描述、处理、存储方法,将它成为计算机的内部表示的过程称为建模。在计算机辅助机械产品设计与制造中,将零部件的三维形体的几何形状合适的数据结构对及其属性进行描述,建立便于信息转换与处理的计算机内部模型的过程就是几何建模。

几何建模技术是以计算机能够理解的方式,对几何实体进行确切的定义,赋予一定的数学描述,再以一定的数据结构形式对所定义的几何实体加以描述,从而在计算机内部构造一个实体的模型。几何建模技术是 CAD/CAM 系统中的关键技术,为工程分析、工艺设计、物性计算、运动仿真、数控编程等后续作业提供了方便,是实现 CAD/CAM 技术的集成基础。

几何建模方法采用几何信息和拓扑信息反映物体的形状和位置。

几何信息一般是指一个物体在三维欧氏空间中形体的形状、位置和大小。如:直线描述的方程,矩形体的长、宽、高等。最基本的几何元素包括点、线、面。如空间任意一点可以用直角坐标系中的三个坐标分量定义;对于一条空间直线,可以用它的两个端点的空间坐标定义;面可以是平面或曲面,平面可以用有序边棱线的集合定义。

拓扑信息是指一个物体各组成形体基本元素(顶点、边和表面)的数量、类型以及相互之间的邻接关系。如:相交、相邻、相切、垂直、平行等。描述形体拓扑信息的根本目的是,便于直接对构成形体的各个面、边及顶点的参数和属性进行存取和查询,便于实现以面、边、点为基础的各种几何运算和操作。

拓扑元素之间可以采用九种拓扑关系表示,面一面、面一边、面一点、边一边、边一点、边一面、点一点、点一边、点一面。

物体的拓扑和几何信息是互相关联的,不同的拓扑关系需要不同的几何信息。只有几何信息来表示物体并不充分,常会出现物体表示上的二义性,即对同一几何体就可能有不同的理解。因此,对于几何建模系统来说,为了保证描述物体的完整性和数学的严密性,必须同时给出几何信息和拓扑信息。

计算机内部几何模型包括三维形体的几何信息、拓扑信息及其他属性数据。定义与描述的几何实体必须是完整的、唯一的，能从计算机生成的模型上提取生成该模型实体的全部信息，并通过分析自动生成某些信息。另外，非几何信息指产品除描述实体几何、拓扑信息以外的信息，包括零件的物理属性和工艺属性等，如零件的质量、性能参数、公差、加工粗糙度和技术要求等。为满足 CAD/CAPP/CAM 集成的要求，非几何信息的描述和表示越来越重要，是目前特征建模中特征分类的基础。

现实存在的物体是三维的、连续的，而计算机内部是一维的、离散的、有限的因此存在着计算机的存储环境与客观的三维现实不协调和不匹配等问题。形体在计算机内部的表示就是计算机内部采用什么样的数据模型来描述、存储、表达现实世界的物体及其相关的属性。形体在计算机内一般采用六层拓扑结构进行表示，如图 4-1 所示。

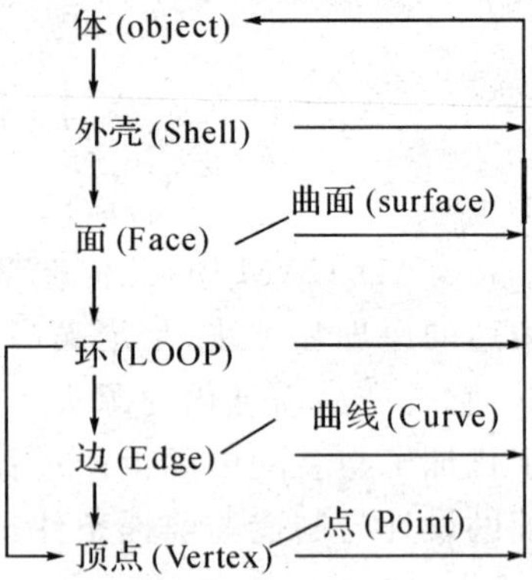

图 4-1 形体的表示

顶点：边的端点，为两条或两条以上边的交点。顶点不能孤立存在于实体内、实体外或面和边的内部。

边：维几何元素，形体相邻面的交界。

环：有序、有向边组成的封闭边界外环的边按逆时针走向，内环的边按顺时针走向。

面：二维几何元素，是形体上的一个有限、非零的单连通区域。面由一个外环和若干内环包围而成，具有方向性，一般用外法矢方向作为正方向。

壳：构成一个完整实体的封闭边界，是形成封闭的单一连通空间的一组面的结合。一个连通的物体有一个外壳和若干个内壳构成。

体：三维几何元素，由若干个面包围成的封闭空间。几何造型的最终结果就是各种形式的体。

CAD/CAM 建模技术研究的是产品数据模型在计算机内部的建立方法，过程及采用的数据结构和算法。模型一般由数据、数据结构、算法三个部分组成。

4.1.2 几何建模技术的发展

20 世纪 60 年代末，随着 CAD 和 CAM 概念的逐步形成及计算机硬件和软件的飞速发展，几何建模技术相继出现了线框模型、表面模型、实体模型以及 20 世纪 80 年代末期的特征模型。

在三维造型阶段，几何建模技术经历了三次技术革命。20 世纪 60 年代在二维造型基础上引入三维造型，CAD 系统只是极为简单的线框造型系统。这种初期的线框造型系统只能表达基本的几何信息，不能有效地表达几何数据间的拓扑关系。由于缺乏形体的表面信息，CAE 及 CAM 均无法实现。进入 70 年代，飞机和汽车工业中遇到了大量的自由曲面问题，法国人提出了贝赛尔算法，使人们用计算机处理曲线及曲面问题变得可行，由于线框系统已经不能满足人们的实际需求，法国的达索飞机制造公司在二维绘图系统 CADAM 的基础上，开发出以表面模型为特点的自由曲面建模方法，推出了三维曲面造型系统 CATIA。它的出现为人类带来了第一次 CAD 技术革命。

由于线框和曲面建模不能表示出形体内部的状况，不能支持形体的优化设计等应用，20世纪 60 年代末，美国和英国都分别进行了实体造型技术与系统的研发。美国罗切斯特大学1972 年开始 PADL 实体造型系统的研究，并于 1976 年和 1982 年分别推出 PADL1 版及PADL2 版；英国 ShapeData 公司也在 70 年代初推出了 Romulus 实体造型系统。实体造型常用的表示形式有构造的实体几何(CSG)表示、边界表示(BRep)和扫描表示。实体造型技术能够准确表达零件的大部分属性，从 CAD 系统获得的设计数据可以用于 CAM、CAE 等系统，给设计、分析、制造带来了较大的方便。实体造型技术的普及和应用是 CAD 发展史上的第二次技术革命。

20 世纪 80 年代末兴起特征造型技术。两方面的因素导致了它的出现与应用，一方面，传统的实体造型技术是建立在几何表示和操作之上的，低层次、无应用含义的几何操作与设计人员高层次的设计要领产生了矛盾。另一方面，近 10 年间，CIMS 技术得到了长足发展，这就要求传统的造型系统除了满足自身信息的完备性之外，还必须为其他系统，包括CAPP、CAM 等提供反映设计人员意愿的非几何信息，如公差、材料等。从 CAD/CAM 集成的角度出发，要求从产品整个生命周期各阶段的不同需求来描述产品，能够完整地、全面地、描述产品的信息，即重构零件模型，使得各应用系统可以直接从该零件模型中抽取所需的信息。人们把这种模型称为特征模型，这样的建模技术称为产品建模或特征建模，是目前被认为最适合于 CAD/CAM 集成系统的产品表达方法。

在新产品的研制过程中，大约 70%～80%的成本耗费于设计阶段。因此，如何开发和研究先进的设计方法与工具，以提高产品设计的效率就显得至关重要。人工智能学研究认为，设计问题是约束满足问题，即给定功能、结构、材料及制造等方面的约束描述，求得设计对象的细节。

参数化设计的关键是几何约束关系的提取和表达、几何约束的求解以及参数化几何模型的构造。20 世纪 70 年代末及 80 年代初，英国剑桥大学的 R. C. Hillyard 和美国 MIT 大学的 D. C. Gossard 等率先将参数化设计用于 CAD 中。1985 年，美国 PTC 公司首先推出参数化 CAD 系统 Pro/Engineer，第一次实现了尺寸驱动零件设计修改。到了 20 世纪 90 年代，参数化技术开始逐步走向成熟，充分体现出其在许多通用件、零部件设计上简便易行的优势。可以认为，参数化技术的应用主导了 CAD 发展史上的第三次技术革命。

但是参数化技术并没有完全解决所有问题。例如，全尺寸约束这一硬性规定就干扰和制约着设计者创造力及想象力的发挥，而变量化技术既保持了参数化技术的原有的优点，同时又克服了它的许多不利之处。它的成功应用，为 CAD 技术的发展提供了更大的空间和机遇，驱动了 CAD 发展的第四次技术革命。

如今的 CAD 系统采用了统一的数据结构和公用数据库，采用实体造型技术、参数化技术和特征造型技术，给设计人员带来了前所未有的便利。各种不同的几何建模技术的应用及技术特点的对比如表 4-1 所示。

表 4-1　不同的几何建模技术的应用及特点

建模方式	应用范围	局限性
线框建模	画二、三维线框图	不能表示实体； 图形会有二义性

续表

建模方式	应 用 范 围	局 限 性
表面建模	艺术图形、形体表面显示、数控加工	不能表示实体
实体建模	物理特性计算、有限元分析、用集合运算构造形体	只能产生正则实体；抽象形体的层次较低
特征建模	在实体建模基础上加入实体的精度信息、材料信息、技术信息、动态信息……	还没有实用化系统问世；目前主要集中在概念的提出和特征的定义及描述上

4.2 线框模型

线框建模是计算机图形学和CAD领域中最早用来表示形体的建模方法。虽存在着很多不足而且有逐步被表面模型和实体模型取代的趋势，但它是表面模型和实体模型的基础，并具有数据结构简单的优点，故仍有应用意义。

4.2.1 线框建模原理

线框建模如同用一个铁丝做成的一个骨架来表示一个物体。利用基本线素来定义物体的框架线段信息（物体各个外表面之间交线）。这种实体模型由一系列直线、圆弧、点及自由曲线组成，描述的是产品的轮廓外形。并在计算机内生成二维和三维图像，如图 4-2 所示。

线框模型中引进了图元的概念。图元是由线段、圆、弧、文字和一些曲线等图形元素和属性元素组成的一个整体。有了图元，人们不仅可以对具体的图形元素进行操作，甚至还可以把多个图元和符号或零件联系起来，组成块，进行统一编辑操作，并且还可以进行交、并、差的布尔运算，使计算机辅助设计的领域进一步扩大。

线框模型用几何体的棱线表示几何体的外形，利用表结构来存储产品设计信息。线框模型在计算机内存储的数据结构共有两个表，一为顶点表（如图 4-2 所示），记录各点坐标值；二为棱线表（如图 4-2 所示），记录每条棱线所连接的两顶点。由此可见，三维物体可以用它的全部顶点及边的集合来描述，线框一词由此而得名。

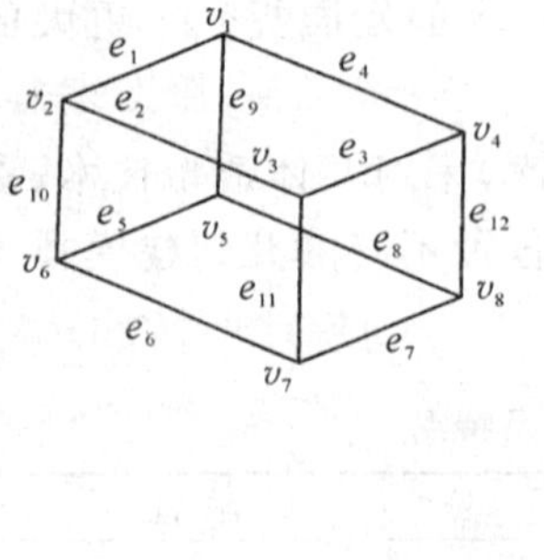

棱边表

棱线	顶点	
e_1	v_1	v_2
e_2	v_2	v_3
e_3	v_3	v_4
e_4	v_4	v_1
e_5	v_5	v_6
e_6	v_6	v_7
e_7	v_7	v_8
e_8	v_8	v_6
e_9	v_1	v_5
e_{10}	v_2	v_6
e_{11}	v_3	v_7
e_{12}	v_4	v_8

顶点表

顶点	坐标值		
	x	y	z
v_1	x_1	y_1	z_1
v_2	x_2	y_2	z_2
v_3	x_3	y_3	z_3
v_4	x_4	y_4	z_4
v_5	x_5	y_5	z_5
v_6	x_6	y_6	z_6
v_7	x_7	y_7	z_7
v_8	x_8	y_8	z_8

图 4-2　物体的线框模型及表结构

4.2.2 线框建模优缺点

三维线框建模在计算机内部以边表、点表来描述和表达物体，这种描述方法信息量少，计算速度快，对硬件要求低。数据结构简单，所占的存储空间少，数据处理容易，绘图显示速度快。可生成三视图、透视图和轴测图。系统的使用如同人工绘图的自然延伸，对用户的使用水平要求低，用户容易掌握。

由于线框建模缺少面的信息，因而产生以下缺点：

(1)存在二义性，线框建模构造的实体模型只有离散的边，没有边与边的关系；信息表达不完整，即使用一种数据表示的一种图形，有时也可能看成另外一种图形。如图 4-3 所示，(a)为线框模型，而(b)、(c)、(d)、(e)是判断可能产生的多种对应不同的物体形状。

(2)由于没有面的信息，不能解决两个平面的交线问题，不能消除隐藏线和隐藏面。

(3)线框模型给出的不是连续的几何信息(只有顶点和棱边)，不能明确的定义给定的点与形体之间的关系(点在形体内部、外部和表面上)。

(4)由于没有面和体的信息，不能对立体图进行着色和特征处理，因此不能用线框模型处理计算机图形学和 CAD 中的多数问题，如剖切、消隐、渲染、物性分析、干涉检查、加工处理等。不能进行物性计算。

(5)构造的物体表面是无效的，没有方向性，不能进行数控编程。

(6)复杂物体的线框模型生成需要输入大量初始数据，数据的统一性和有效性难以保证，加重输入负担。

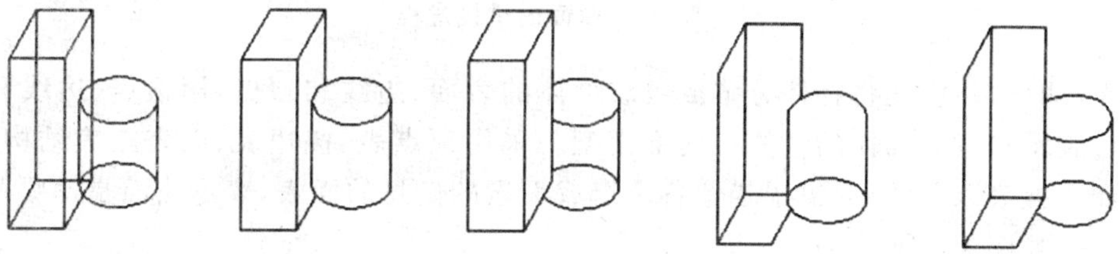

(a) (b) (c) (d) (e)

图 4-3 线框模型的二义性

4.2.3 线框建模的应用

线框结构的几何模型是在 CAD 刚刚起步时惯用的几何模型，它也是一种比较广泛被采用的模型，现在很多二维 CAD 方面的软件都是基于这种几何模型。

线框结构并不只适用于 CAD/CAM 的二维软件几何模型，对三维软件也有用武之地，比如现在的 Autodesk 3d Studio、Microsoft Softimage 等所基于的模型就是线框结构的几何模型，当然和二维软件相比，他们对线框结构做了进一步的改进，其三维模型的基础是多边形，已经不是线段、圆、弧这样零碎的图素。三维线框模型不适用于对物体需要进行完整性信息描述的场合。因此，三维线框模型不适用于对物体需要进行完整性信息描述的场合，一般仅使用在实时仿真技术或中间结果的显示上。

4.3 表面(曲面)模型

表面(曲面)建模是计算机辅助几何设计和计算机图形学的一项重要内容，主要研究在计算机图形系统环境下对曲面的表示、设计、显示和分析。

4.3.1 表面(曲面)建模原理

表面(曲面)建模是通过对物体的各个表面或曲面进行描述而构成曲面的一种建模方法。如果说线框模型是用"铁丝"构造物体的话，则曲面建模如同用一个铁丝做成的一个骨架来表示一个物体(线框建模)，再用一张张纸粘贴上各个表面而形成的。建模时，先将复杂的外表面分解成若干个基本曲面元素。通过这些基本曲面元素的拼接，构成所要的曲面。图 4-4 所示为曲面的拼接过程。

图 4-4 曲面的拼接过程

表面(曲面)建模是将物体分解成组成物体的表面、边线和顶点，用顶点、边线和表面的有限集合表示和建立物体的计算机内部模型。采用顶点表、棱边表、面表三表结构，即除了边线表和顶点表以外，还提供了描述各个组成面素的信息的面表，表示曲面是由哪些基本曲线构成的。如图 4-5 所示。

构成曲面模型的面可以是平面，但用得比较多的是曲面。根据构造方法不同，曲面模型中常用曲面生成方法可以分为以下几种类型：

(1)基本曲面。一般有圆柱面、圆锥面、球面、环面等，有些造型系统提供这些基本曲面，有些造型系统则不提供，而是通过拉伸、回转、扫描等造型方法生成这些基本曲面。

(2)规则曲面。常见的有平面、直纹面、回转面、柱状面等。平面常用三点定义，用它作剖切平面。直纹面的导线是两条不同的空间曲线，母线是直线，其端点必须沿着导线移动，可表示非扭曲的曲面，造型系统中用专门的命令生成直纹面。回转面先绘制一平面线框图，再绕一轴线旋转生成。柱状面先绘制一平面曲线，然后沿垂直于该面的方向拉伸而成，柱状曲面具有相同的截面。

(3)自由曲面。常见的有 Bézier 曲面、B 样条曲面、Coons 曲面等。Bézier 曲面是一组空间输入点的近似曲面，但并不通过给定的点，不具备局部控制功能。B 样条曲面也是一组输入点的近似曲面，但可局部控制。Coons 曲面由封闭的边界曲线构成。在造型系统中，上述自由曲面的生成通常用所谓"蒙皮"的方法生成，其本质就是数据点的插值与拟合。可针对一组给定的曲线族进行蒙皮，也可对两组相互交错的曲线族进行蒙皮。

(4)派生曲面。包括圆角曲面、等距曲面、过渡曲面等。派生曲面是在已经存在的曲面

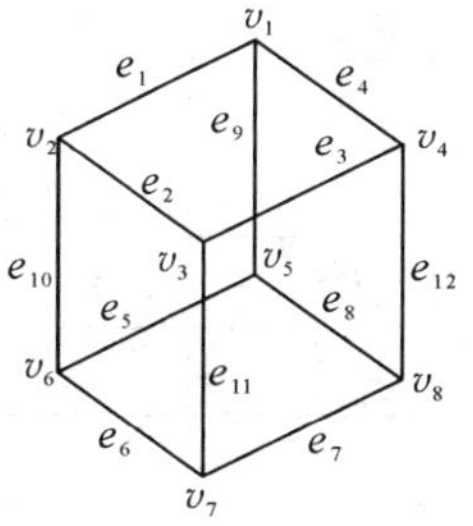

面号	棱边序列	表面方程	可见性
1	1,2,3,4	a1,b1,c1,d1	Y
2	5,6,7,8	a2,b2,c2,d2	N
3	1,10,5,9	a3,b,c3,d3	N
4	2,11,6,10	a4,b4,c4,d4	Y
5	3,12,7,11	a5,b5,c5,d5	Y
6	4,9,8,12	a6,b6,c6,d6	N

顶点	坐标值		
	x	y	z
1	0	0	1
2	1	0	1
3	1	1	1
4	0	1	1
5	0	0	0
6	1	0	0
7	1	1	0
8	0	1	0

棱边	顶点号	
1	1	2
2	2	3
3	3	4
4	4	1
5	5	6
6	6	7
7	7	8
8	8	5
9	1	5
10	2	6
11	3	7
12	4	8

图 4-5　物体的表面模型及表结构

或实体上生成的曲面，在造型系统中有专门的命令生成这些曲面。

各种曲面图素在它们生成以后，可以在造型系统的曲面编辑环境下采用并（对两个相邻曲面作拼接）、交（交线外的部分被剪掉）、修剪（切除多余部分）、延伸（向某一方向扩展）等方法形成曲面立体。

4.3.2　曲面建模特点

曲面建模是研究曲面的计算机表示、求交、光顺和显示的技术。它采用表面模型表示三维形体。表面（surface）模型是用有向棱边围成的部分来定义形体表面，由面的集合来定义形体。表面模型是在线框模型的基础上，增加有关面边（环边）信息以及表面特征、棱边的连接方向等内容，从而可以满足面面示交，线、面消隐、明暗色彩图、数控加工等应用问题的需要。

表面建模可用于二维工程图的表达形式，三维实体或曲面的草图输入记录，或者作为某些线框网格的输出记录。图 4-6 所示为表面模型的一个例子。

曲面模型与线框模型相比，多了一个面表，记录了边与面之间的拓扑关系，但仍旧缺乏面与体之间的拓扑关系，无法区别面的哪一侧是体内还是体外，它的缺点是只能表示物体的表面及其边界，还不是实体模型。因此，不能实行剖切，不能计算物性，不能检查物体间碰撞和干涉等。

4.3.3　常见的曲线、曲面模型

产品的外形设计涉及大量的曲线和曲面造型，工程上通常是给出曲线或曲面上的许多离散点的数据，然后由这些点构造光滑过渡的曲面，这类曲线和曲面称为自由曲线或自由曲面。常见的有 Bézier 曲线与曲面、B 样条曲线与曲面 NURBS 曲线与曲面。

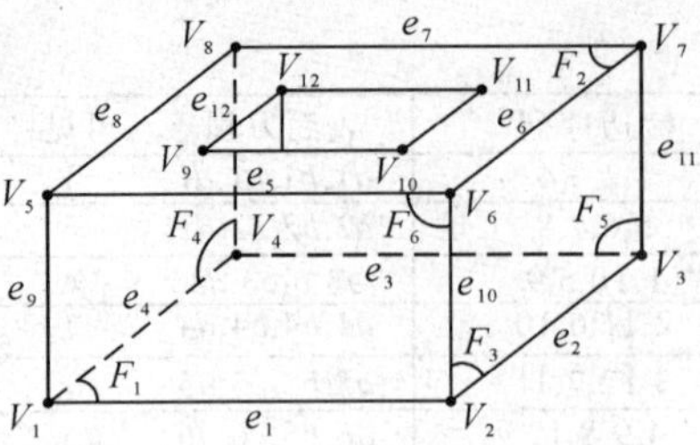

面表

面号	边号	内环
F_1	$E_1\ E_2\ E_3\ E_4$	0
F_2	$E_5\ E_6\ E_7\ E_8$	1
…	…	…
F_6	$E_1\ E_{10}\ E_5\ E_9$	0

棱边表

边号	顶点号
E_1	$V_1\ V_2$
E_2	$V_2\ V_3$
…	…
E_{12}	$V_4\ V_8$

顶点表

顶点号	$x\ \ y\ \ z$
V_1	$x_1\ y_1\ z_1$
V_2…	$x_2\ y_2\ z_2$
…	…
V_6	

图 4-6　表面模型应用举例

4.3.4　曲面建模的应用

随着计算机图形显示对于真实性、实时性和交互性要求的日益增强，几何设计对象向着多样性、特殊性和拓扑结构复杂性靠拢这一趋势的日益明显，图形工业和制造工业迈向一体化、集成化和网络化步伐的日益加快，激光测距扫描等三维数据采样技术和硬件设备的日益完善，曲面造型近几年得到了长足的发展，这主要表现在研究领域的急剧扩展和表示方法的开拓创新。

从研究领域来看，曲面造型技术已从传统的研究曲面表示、曲面求交和曲面拼接，拓展到曲面变形、曲面重建、曲面简化、曲面转换和曲面等距性等方面。

从表示方法来看，以网格细分(Subdivision)为特征的离散造型与传统的连续造型相比，大有后来居上的创新之势。

它不仅可以为设计、绘图提供几何图形信息，还可以为其他应用场合继续提供数据，例如当曲面设计完成以后，可以根据用户要求自动进行有限元网格的划分、三坐标或五坐标NC编程以及计算和确定刀具轨迹等。

4.4　实体模型

实体造型主要研究如何通过简单体素的拼合构造复杂形体，这样的模型被称为实体模型。与曲面建模相比，它能完整地表示物体的所有形状信息。可以无歧义地确定一个点是在物体外部、内部或表面上，这种模型能够进一步满足物性计算、有限元分析等应用的要求。

4.4.1　实体建模原理

实体建模技术是20世纪70年代后期、80年代初期逐渐发展完善并推向市场的。实体建模是利用一些基本体素，如长方体、圆柱体、球体、锥体、圆环体以及扫描体、放样体、旋转体、拉伸体等，通过集合运算（拼合或布尔运算，如求和、求差、求交）生成复杂形体的一种建模技术。实体建模主要包括两部分内容，即体素的定义与描述，以及体素之间的布尔运算。体素是一些简单的几何形体，它们可以通过少量参数进行描述，例如长方体可以通过长、宽、高定义其形状。

实体模型存在许多不同的数据结构，在这些数据结构中有一个共同点，即数据结构不仅记录了全部的几何信息，而且还记录了所有的点、线、面、体的拓扑信息。这就是实体模型与线框模型或表面模型的根本区别。

4.4.2 三维实体表示方法

三维实体表示法主要研究如何表达以及如何构造一个实体模型，用得最多的是实体几何构造法、边界表示法及扫描表示法。

1. 实体几何构造法（CSG：Constructive Solid Geometry）

CSG 法是一种用体素拼合构成物体的方法。它是目前最常见、最重要的方法之一。用 CSG 法表示一个物体可用二叉树的形式加以表达，如图 4-7 所示。

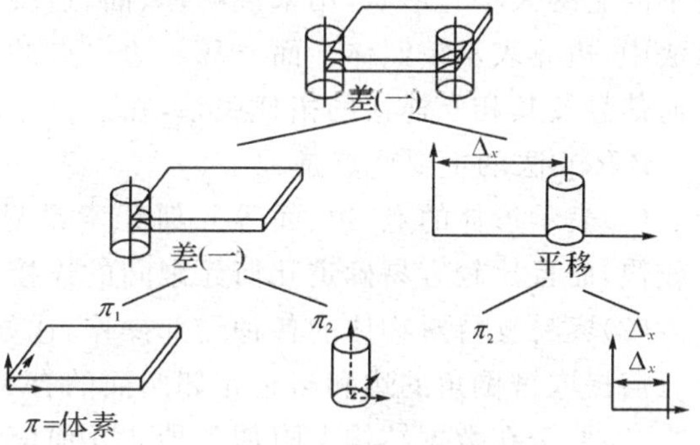

图 4-7 定义形体的 CSG 树

图 4-7 中 CSG 树的树叶分为两种，一种是基本体素，如长方体、圆柱等；另一种是体素作运动变换时的参数，如平移参数 ΔX 等。图中结点表示某种运算。有两类运算子，一类是运动运算子，如平移、旋转等；另一类是集合运算子，指并、交及差，分别用记号∪ *、∩ *、－ * 表示。

CSG 树中的每个子树都代表部分体素的组合，树根代表最终拼合成的物体。CSG 树可能是一颗不完全的二叉树，这取决于用户拼合物体时所设计的步骤。

CSG 树代表了 CSG 方法的数据结构，可以采用遍历算法进行拼合运算。CSG 树无二义性，但并不唯一，它的定义域取决于所用体素以及所允许的几何变换和正则集合运算算子。若体素是正则集，只要体素叶子是合法的，正则集的性质就保证了任何 CSG 树都是合法的正则集。

CSG 表示的优点有：

（1）数据结构比较简单，数据量比较小，内部数据的管理比较容易。

（2）CSG 表示可方便地转换成边界（B-Rep）表示。

（3）CSG 方法表示的形体的形状，比较容易修改。

CSG 表示的缺点有：

（1）对形体的表示受体素的种类和对体素操作种类的限制，也就是说，CSG 方法表示形体的覆盖域有较大的局限性。

（2）对形体的局部操作不易实现，例如，不能对基本体素的交线倒圆角。

（3）由于形体的边界几何元素（点、边、面）是隐含地表示在 CSG 中，故显示与绘制 CSG 表示的形体需要较长的时间。

2. 边界表示法(B-Rep: Boundary Representation)

边界表示(Boundary Representation)也称为 BR 表示或 B-Rep 表示,它是几何造型中最成熟、无二义的表示法。一个物体可以表达为它的有限数量的边界表面的集合,表面可能是平面,也可能是曲面。每个表面又可用它边界的边及顶点加以表示,如图 4-8 所示。

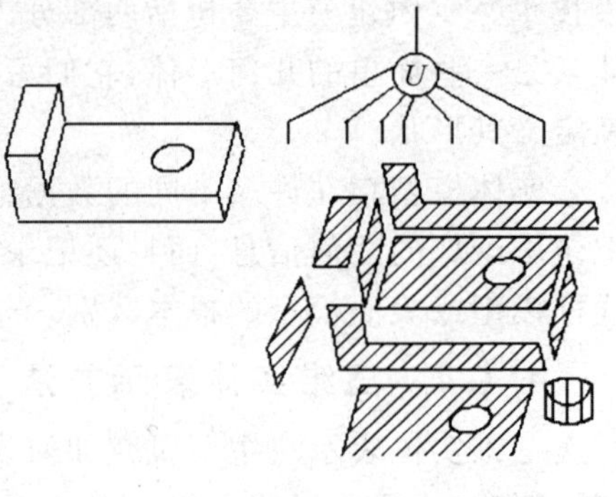

图 4-8　边界表示法模型

B-Rep 中要表达的信息分为两类。一类是几何数据,它反映物体的大小及位置,例如顶点的坐标值,面的数学表达式中的具体系数等。另一类是拓扑信息,拓扑是研究图形在形变与伸缩下保持不变的空间性质的一个数学分支,拓扑只关心图形内的相对位置关系而不问它的大小与形状,用来说明体、面、边及顶点之间连接关系的这一类信息。在边界表示法中,边界表示按照体－面－环－边－点的层次,详细记录了构成形体的所有几何元素的几何信息及其相互连接的拓扑关系,在进行各种运算和操作中,可以直接取得这些信息。

B-Rep 法的主要优点是:

(1)表示形体的点、边、面等几何元素是显式表示的,使得绘制 B-Rep 表示的形体的速度较快,而且比较容易确定几何元素间的连接关系;

(2)容易支持对物体的各种局部操作,比如进行倒角时,不必修改形体的整体数据结构,而只需提取被倒角的边和与它相邻两面的有关信息,然后,进行倒角运算就可以了;

(3)便于在数据结构上附加各种非几何信息,如精度、表面粗糙度等。

B-Rep 法的缺点是:

(1)B-Rep 法数据结构复杂,需要大量的存储空间,维护内部数据结构的程序比较复杂;

(2)修改形体的操作与 CSG 表示法相比难以实现;

(3)B-Rep 表示不一定对应一个有效形体,需要有专门的程序来保证 B-Rep 形体的有效和正则性。

由于 B-Rep 表示覆盖域大,原则上能表示所有的形体,而且易于支持形体的特征表示等,B-Rep 表示已成为当前 CAD/CAM 系统的主要表示方法。

3. CSG 与 B-rep 混合表示模型

通过上面的介绍可知,上述实体构造方法各有优缺点:形体表示以特征表示和构造的实体几何表示(CSG)最为方便,但是从计算机对形体的管理和操作运算角度看,以边界表示(B-Rep)最为实用。所以,近年来大型 CAD 系统都采用多种模型表示的方法。图 4-9 所示为一混合模型的典型架构。

CSG 模型中只定义了它所表示物体的构造方式,它既不存储顶点、棱边、表面等物体有关的边界信息,也未显式定义三维点集与所表示物体在空间的一一对应关系,所以 CSG 树又被称为物体的隐式模型和算法模型。CSG 树表示一个复杂实体时,常常比较简洁,它所表示物体的有效性是由基于物体(体素)的有效性和集合运算的正则性而自动得到保证。CSG 树的缺点是不适合对集合物体形状作局部的修改,而且在生成工程设计中常用的线框图时效率很低。在实际应用中,常常把 CSG 树与 B-rep 表示结合起来使用,相互补充。

在混合造型系统中,模型首先以 CSG 方法存储,在显示时同时生成 B-Rep 模型。CSG

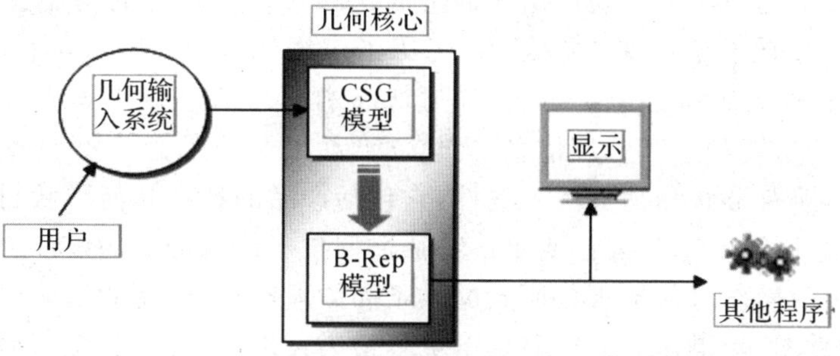

图 4-9 混合表示模型的典型架构

模型可以很容易的转换为 B-Rep 模型，但 B-Rep 模型转换为 CSG 模型却比较困难。

4. 扫描表示法

扫描表示法是基于一个基体(一般是一个封闭的平面轮廓)沿某一路径运动而产生形体。可见，扫描表示法需要两个分量，一个是运动的基体，另一个是基体运动的路径；如果是变截面的扫描，还要给出截面的变化规律。有三种扫描方式：平移、旋转和广义扫描。

图 4-10 给出了用平移扫描产生实体的例子，图 4-10(a)所示的是一圆环，通过平移操作产生如图 4-10(b)所示的空心管。使用这种方法，用户建立任意的二维图形以后，可用平移扫描产生各种等截面的物体。

图 4-11 所示是用旋转扫描产生一实体的例子。可以先定义一个平面图形，然后令此图形绕旋转轴旋转形成一个新的物体。用旋转扫描可以产生旋转对称体。

广义扫描将一个平面区域(该区域可以在运动过程中按一定的规则变化)沿任意的空间轨迹线移动，生成一个三维物体，如图 4-12 所示。广义扫描的造型能力很强，它完全包含平移扫描和旋转扫描。但由于广义扫描的集合构造算法非常复杂，因此，仍把平移扫描和旋转扫描从广义扫描中独立出来，单独处理。

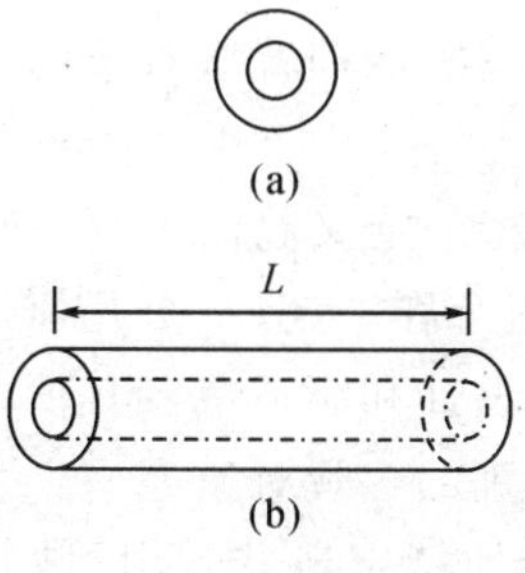

图 4-10 平移扫描

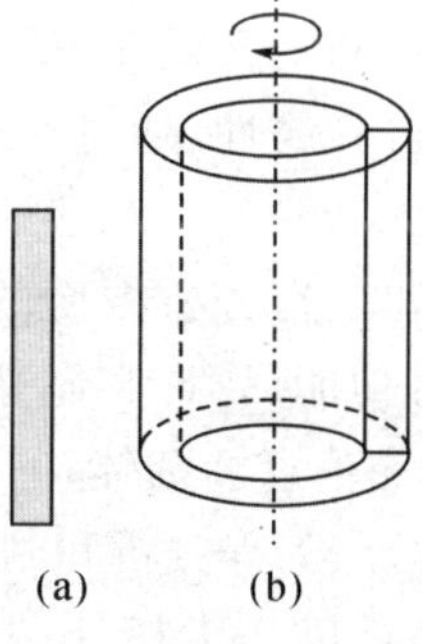

图 4-11 旋转扫描

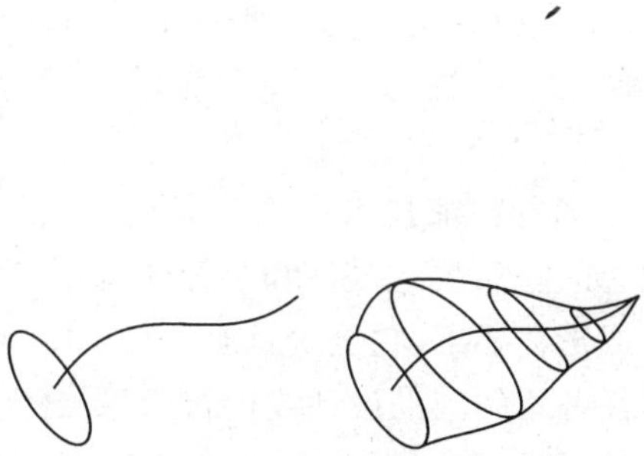

图 4-12 广义扫描

4.5 特征造型

特征造型是 CAD 建模方法的一个新里程碑，它是在 CAD/CAM 技术的发展和应用达到一定的水平，要求进一步提高生产组织的集成化和自动化程度的历史进程中孕育成长起来的。过去的CAD技术从二维绘图起步，经历了三维线框、曲面和实体造型发展阶段，都是着眼于完善产品的几何描述能力，即只描述产品的几何信息。特征造型则是着眼于更好地表达产品完整的功能和生产管理信息，为建立产品的集成信息模型服务。特征在这里作为一个专业术语，兼有形状和功能两种属性，它包括产品的特定几何形状、拓扑关系、典型功能、绘图表示方法、制造技术和公差要求。特征造型技术使得产品的设计工作在更高的层次上进行，设计人员的操作对象不再是原始的线条和体素，而是产品的功能要素。特征的引用直接体现了设计意图，使得建立的产品模型更容易为人理解和组织生产，为开发新一代的基于统一产品信息模型的CAD/CAPP/CAM集成系统创造了条件。

4.5.1 特征造型的特点

特征包括了产品的定义信息、与产品设计和制造有关的各种信息。特征概念的引入使设计意图更加直接体现，使得建立的产品模型更容易为人理解和组织生产。与传统的几何造型相比，它有着十分显著的优点：

(1)特征造型着眼于更好表达产品的完整技术和生产信息，为建立产品的集成信息模型服务。

(2)它使产品设计工作在更高的层次上进行，设计人员的操作对象是产品的功能要素，可以将更多的精力用于创造性构思上。

(3)有助于加强产品设计、分析、工艺准备、加工、检验各部门之间的联系，为开发新一代的基于统一产品信息模型的CAD/CAPP/CAM集成系统创造条件。

4.5.2 特征定义

目前对于CAD中特征的定义尚没有达到完全统一。在研究特征技术的过程中，国内外学者从不同的侧面、不同的角度，根据需要给特征赋予了不同的含义。最初的特征定义仅包含了几何意义，即主要是它的形状特征，但实际上特征应该包含更多、更广泛的含义和信息。由于特征源于设计、分析和制造等生产过程的不同阶段，因此对特征的认识也不尽相同，至今尚无统一的特征定义。目前较为通用的定义是1992年Brown所给出的：特征就是任何已被接受的某一个对象的几何、功能元素和属性，通过它们可以很好地理解该对象的功能、行为和操作。

随着特征技术由工艺规划向设计、检验和工程分析方面的拓展，特征定义趋向于更一般化，如：用于描述零件和装配体的语义组，它将功能、设计和制造信息组合在一起；一个几何形状或形体要素，它至少具有一种CIM功能；产品信息的载体，它可以在设计和制造或者其他工程任务之间辅助设计或进行通讯；任何用于设计、工程分析和制造的推理的客观对象等。

总之，特征是产品信息的集合，它不仅具有按一定拓扑关系组成的特定形状，且反映特定的工程语义，适宜在设计、分析和制造中使用。我们应该将特征理解为一个专业术语，它兼有形状和功能两种属性，从它的名称和语义足以联想其特定几何形状、拓扑关系、典型功能、绘图表示方法、制造技术和公差要求等。

4.5.3 特征的构成体系

目前特征的分类还没有统一的体制。一般来说，特征可分为造型特征和面向过程的特征。造型特征(又称为形状特征)是指那些实际构造出零件的特征，而面向过程的特征并不实际参与零件几何形状的构造。面向过程的特征可细分为：精度特征、技术要求特征、材料特征和装配特征等。

(1)造型特征(又称为形状特征)：零件上有一定拓扑关系的一组几何元素所构成的一个特定形状。它具有特定的功能及其特定的加工方法集。形状特征可以分为基本特征和附加特征。其中基本特征用于构造零件的主体形状(如圆柱体、圆锥体等)，附加特征用于对基本特征的局部修饰(如倒角、键槽、退刀槽、中心孔等)。附加特征附加于基本特征之上，则任何零件均由一个基本特征和若干个附加特征组合而成。

(2)精度特征：用于表达零件各要素尺寸公差、形状公差、位置公差和表面粗糙度等精度要求信息。需特别指出的是，一般形位公差除公差项目名、公差值、基准外，还应包含公差检测原则(如包容原则、最大实体原则等)。精度特征是形成零件质量指标的主要依据。

(3)管理特征：用于描述零件的管理信息，如标题栏中的设计者、批量、件数、零件与其他产品的借用与通用关系、日期、编码以及生产管理中 MRPII 所需信息，和设计过程管理，包括版本管理，使用者权限设定与管理，审定等，并为 PDM 提供所需的信息。

(4)技术特征：用于描述零件的性能、功能等相关信息。说明外观要求、搬运要求等无法在图纸上标注的要求，零件运行过程中工况条件(常规、极限)，载荷与约束条件，为 CAE 提供模拟信息，为性能实验、分析计算、优化，有限元前处理提供条件。

(5)材料特征：用于描述零件材料的类型、理化指标及热处理等特殊要求、表面处理的信息集合。

(6)装配特征：用于表达零件在装配过程中所需用的信息，如与其他零件之配合、配作等关系，装配尺寸链信息、父项子项的信息。为装配工艺提供必要的信息，如组成产品的零部件之间在装配中的关系可分为：

层次关系：机械产品是由具有层次关系的零部件组成的系统。

装配关系：包括描述实体模型几何元素之间直接关系的几何关系，比如平面贴合、点面接触相切；描述零部件之间高于几何层次的机械关系，如螺纹联接、键联接等；描述零部件之间运动关系(相对运动或传递运动)，如相对转动，齿轮传动等。

4.5.4 特征造型系统实现模式

常用的特征建模方法有以下三种：①交互特征标定；②特征识别；③基于特征设计。其中交互特征标定需要设计者输入大量的信息，自动化程度低，当零件形状非常复杂时，这种方法几乎难以实现零件的特征造型。目前在几何造型环境下建立特征模型主要采用后两种方法。一种方法是特征识别：首先建立一个几何模型，然后用程序处理这个几何模型，自动地发现并提取特征。另一种方法是基于特征的设计：直接用特征来定义零件的几何结构，几何模型可以由特征生成。图 4-13 所示为两种方法的示意图。

1. 特征识别

许多应用程序，如工艺规划、NC 编程、成组技术编码等所要求的输入信息包含几何构造和特征两方面。现已开发出各种技术方法，可以直接从几何模型数据库中获得这些输入信息。这些方法常被看作特征识别，它将几何模型的某部分与预定义的特征相比较，进而识别出相匹配的特征例。特征识别常包含以下几个过程：

(1)搜寻特征库，以匹配拓扑/几何模式。

(2)从数据库中提取已识别的特征。

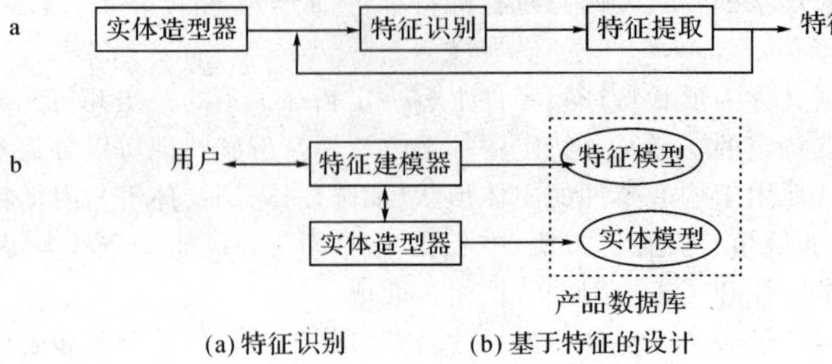

图 4-13　特征建模方法示意图

(3)确定特征参数(如孔直径,槽深度等)。

(4)完成特征的几何模型(边/面延展,封闭等)。

(5)将简单的特征组合,以获得高层特征。

特征识别中的关键技术主要有:匹配、构形元素(点、线、面等)生长、体积分解、从 CSG 树中识别特征等等。

2. 基于特征的设计

在基于特征的设计方法中,特征从一开始就加入在产品模型中,特征的定义被放入一个库中,通过定义尺寸、位置参数和各种属性值可以建立特征实例。

两种主要的基于特征的设计方法:

特征分割造型:零件模型是通过毛坯材料与特征的布尔运算创建的。利用移去毛坯材料的操作,将毛坯模型转变为最终的零件模型,设计和加工规划可以同时生成。

特征合成法:系统允许设计人员通过加减特征要素进行设计。首先通过一定的规划和过程预定义一般特征,建立一般特征库,然后对一般特征实例化,并对特征实例进行修改、拷贝、删除生成实体模型,导出特定的参数值等操作,建立产品模型。

4.5.5　基于特征的参数化造型系统

参数化设计(Parametric)设计(也叫尺寸驱动 Dimension-Driven)是 CAD 技术在实际应用中提出的课题,其主体思想是用几何约束、工程方程与关系来说明产品模型的形状特征,从而达到设计一簇在形状或功能上具有相似性的设计方案。目前能处理的几何约束类型基本上是组成产品形体的几何实体公称尺寸关系和尺寸之间的工程关系,因此参数化造型技术又称尺寸驱动几何技术。它不仅可使 CAD 系统具有交互式绘图功能,还具有自动绘图的功能。目前它是 CAD 技术应用领域内的一个重要的研究课题。利用参数化设计手段开发的专用产品设计系统,可使设计人员从大量繁重而琐碎的绘图工作中解脱出来,可以大大提高设计速度,并减少信息的存储量。

基于上述应用背景,国内外对参数化设计做了大量的研究,目前参数化技术大致可分为如下三种方法:

(1)基于几何约束的数学方法;

(2)基于几何原理的人工智能方法;

(3)基于特征模型的造型方法。

其中数学方法又分为初等方法(Primary Approach)和代数方法(Algebraic Approach)。

初等方法利用预先设定的算法，求解一些特定的几何约束。这种方法简单、易于实现，但仅适用于只有水平和垂直方向约束的场合。代数法则将几何约束转换成代数方程，形成一个非线性方程组，该方程组求解较困难，因此实际应用受到限制。人工智能方法是利用专家系统，对图形中的几何关系和约束进行理解，运用几何原理推导出新的约束，这种方法的速度较慢，交互性不好。特征造型方法是三维实体造型技术的发展，目前正在探讨之中。

参数化设计有一种参数驱动机制，它是基于对图形数据的操作，通过参数驱动机制，可以对图形的几何数据进行参数化修改，但是，在修改的同时，还要满足图形的约束条件，需要约束间关联性的驱动手段来约束联动，约束联动是通过约束间的关系实现的驱动方法。

参数驱动是基于对图形数据的操作，绘制图形的过程，就是在建立一个参数模型。绘图系统将图形映射到图形数据库中，设置出图形实体的数据结构，参数驱动时在这些结构中填写出不同内容，以生成所需要的图形。参数驱动是一种新的参数化方法，其基本特征是直接对数据库进行操作。因此它具有很好的交互性，用户可以利用绘图系统的全部交互功能修改图形及其属性，进而控制参数化的过程。与其他参数化方法相比较，参数驱动方法具有简单、方便、易开发和使用的特点，能够在现有的绘图系统基础上进行二次开发。

进入 20 世纪 90 年代，参数化技术变得逐步成熟起来，充分体现出在许多通用件、零部件设计上存在的简便易行的优势。从算法上来说，这是一种很好的设想。它主要具有以下特点：基于特征、全尺寸约束、全数据相关、尺寸驱动设计修改等。

基于特征的造型是以实体模型为基础，用一定设计或加工功能的特征为造型的基本单元来建立零、部件的几何模型。

全尺寸约束考虑了图形变动和工程应用有关的各种约束，可以广泛地表示工程设计情况，对方案设计十分有利。全约束、全数据相关有利于用代数联立方程组求解。

尺寸驱动采用预定义的方法建立图形的几何约束集，指定一组尺寸作为参数与几何约束集相联系，修改尺寸值就能修改图形。尺寸驱动的几何模型由几何元素、尺寸约束和拓扑约束组成。当修改某一尺寸时，系统自动检索该尺寸在尺寸链中的位置，找到相关的几何元素使它们按照新的尺寸进行调整，得到新的模型，接着检查所有几何元素是否满足约束条件。如不满足，则让拓扑约束不变，按尺寸模型递归修改几何模型，直到满足全部约束条件为止。将参数化造型与特征造型结合，构成了参数化特征造型方法，它使得形状、尺寸、公差、表面粗糙度等均能随时修改，最终达到修改零件的目的。

在 CAD 应用中，参数化设计应用越来越广，因此就出现了将参数化设计应用到特征设计中去，使得特征根据需求调整几何和拓扑信息，利用混合法来建立特征模型，这就是基于特征的参数化设计。

4.5.6 变量化设计

变量化设计是一种设计方法，采用约束驱动方式改变由几何约束和工程约束混合构成的几何模型。

变量化技术是在参数化的基础上所做的进一步改进后提出的设计思想。变量化造型的技术特点是保留了参数化技术基于特征、全数据相关、尺寸驱动设计修改的优点。但在约束定义方面做了根本性改变，除了包含参数化设计中的结构约束、尺寸约束、参数约束外，还允许设置工程约束，如面积、体积、强度、刚度、运动学、动力学等限制条件或计算方程，并将这些方程的约束条件与图形中的设计尺寸联系起来。

变量化技术将参数化技术中需定义的尺寸“参数”进一步区分为形状约束和尺寸约束，而不是像参数化技术那样只用尺寸来约束全部几何。采用这种的理由在于：在大量的新产品开发的概念设计阶段，设计者首先考虑的是设计思想及概念，并将其体现于某些几何形状之中。这些几何形状的准确尺寸和各形状之间的严格的尺寸定位关系在设计的初始阶段还很难完全确定，所以自然希望在设计的初始阶段允许欠尺寸约束的存在。此外在设计初始阶段，整个零件的尺寸基准及参数控制方式如何处理还很难决定，只有当获得更多具体概念时，一步步借助已知条件才能逐步确定怎样处理才是最佳方案。除考虑几何约束（Geometry Constrain）之外，变量化设计还可以将工程关系作为约束条件直接与几何方程联立求解，无须另建模型处理。

变量化设计可以用于公差分析、运动机构协调、设计优化、初步方案设计选型等，尤其是在概念设计阶段更显得得心应手。变量化技术既保持了参数化技术原有的优点，同时又克服了它的许多不利之处。它的成功应用，为CAD技术的发展提供了更大的空间和机遇。

4.6 思考与练习

1. 简述特征的分类与特征造型的特点。
2. 什么是变量化设计？它与参数化设计有何区别？
3. 常用的三维几何造型方法有哪几种？各有什么特点？
4. 何为图形的几何信息和拓扑信息？
5. 试比较B-Rep法与CSG法各自的原理和特点。
6. 用CSG法的思想分析成图4-14所示结构的三维造型，它由哪些基本体素构成，并画出它的CSG树。

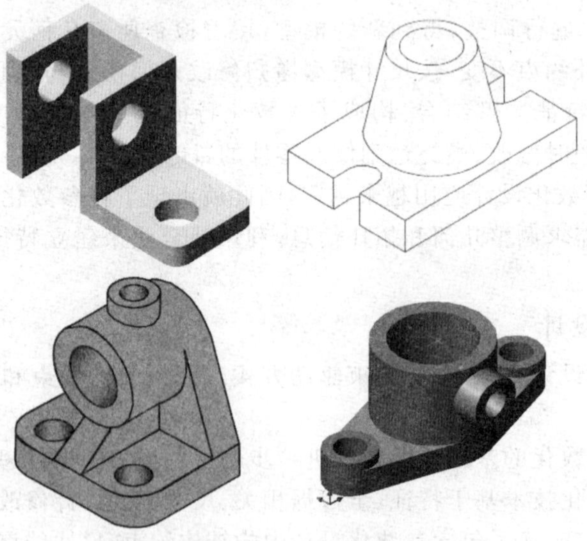

图4-14 习题6

第二篇　应用篇

第 5 章　UG NX 软件概述

5.1　UG NX 软件简介

5.1.1　UG NX 软件的发展历史

UG 的问世到现在经历了几十年，在这短短几十年里，UG NX 软件发生了翻天覆地的变化。主要历程如下：

1960 年，McDonnell Douglas Automation（现在的波音公司）公司成立。

1976 年，收购了 Unigraphics CAD/CAE/CAM 系统的开发商——United Computer 公司，UG 的雏形问世。

1983 年，UG 上市。

1989 年，Unigraphics 宣布支持 UNIX 平台及开放系统的结构，并将一个新的与 STEP 标准兼容的三维实体建模核心 Parasolid 引入 UG。

1993 年，Unigraphics 引入复合建模的概念，可以实体建模、曲线建模、框线建模、半参数化及参数化建模融为一体。

1996 年，Unigraphics 发布了能自动进行干涉检查的高级装配功能模块、最先进的 CAM 模块以及具有 A 类曲线造型能力的工业造型模块；它在全球迅猛发展，占领了巨大的市场份额，已经成为高端及商业 CAD/CAE/CAM 应用开发的常用软件。

1997 年，Unigraphics 新增了包括 WEAV（几何连接器）在内的一系列工业领先的新增功能。WEAV 这一功能可以定义、控制、评估产品模板，被认为是在未来几年中业界最有影响的新技术。

2000 年，Unigraphics 发布了新版本的 UG17，使 UGS 成为工业界第一个可以装载包含深层嵌入“基于工程知识”（KBE）语言的世界级 MCAD 软件产品的供应商。

2002 年，Unigraphics 发布了 UG NX1.0. 新版本继承了 UG18 的优点，改进和增加了许多功能，使其功能更强大，更完美。

2003 年，Unigraphics 发布了新版本 UG NX2.0。新版本基于最新的行业标准，它是一个全新支持 PLM 的体系结构。EDS 公司同其主要客户一起，设计了这样一个先进的体系结构，用于支持完整的产品工程。

2008 年 06 月，Siemens PLM Software 发布 NX6.0，建立在新的同步建模技术基础之上的 NX 6 将在市场上产生重大影响。同步建模技术的发布标志着 NX 的一个重要里程碑，并且向 MCAD 市场展示 Siemens 的郑重承诺。NX 6 将为我们的重要客户提供极大的生产力提高。

2009年10月,西门子工业自动化业务部旗下机构、全球领先的产品生命周期管理(PLM)软件与服务提供商Siemens PLM Software宣布推出其旗舰数字化产品开发解决方案NX™软件的最新版。NX 7.0引入了"HD3D"(三维精确描述)功能,即一个开放、直观的可视化环境,有助于全球产品开发团队充分发掘PLM信息的价值,并显著提升其制定卓有成效的产品决策的能力。此外,NX 7.0还新增了同步建模技术的增强功能。

5.1.2 UG NX软件的技术特点

UG NX不仅具有强大的实体造型、曲面造型、虚拟装配和产生工程图的设计功能,而且在设计过程中可以进行机构运动分析、动力学分析和仿真模拟,提高了设计的精确度和可靠性。同时、可用生成的三维模型直接生成数控代码,用于产品的加工,其处理程序支持多种类型的数控机床。另外、它所提供的二次开发语言UG/OPEN GRIP、UG/OPENAPI简单易学,实现功能多,便于用户开发专用的CAD系统。

具体来说,该软件具有以下特点:

(1)具有统一的数据库,真正实现了CAD/CAE/CAM各模块之间数据交换的无缝接合,可实施并行工程;

(2)采用复合建模技术,可将实体建模、曲面建模、线框建模、显示几何建模与参数化建模融为一体;

(3)基于特征(如:孔、凸台、型腔、沟槽、倒角等)的建模和编辑方法作为实体造型的基础,形象直观,类似于工程师传统的设计方法,并能用参数驱动;

(4)曲线设计采用非均匀有理B样线条作为基础,可用多样方法生成复杂的曲面,特别适合于汽车、飞机、船舶、汽轮机叶片等外形复杂的曲面设计;

(5)出图功能强,可以十分方便地从三维实体模型直接生成二维工程图。能按ISO标准标注名义尺寸、尺寸公差、形位公差汉字说明等,并能直接对实体进行局部剖、旋转剖、阶梯剖和轴测图挖切等,生成各种剖视图,增强了绘图功能的实用性;

(6)以Parasolid为实体建模核心,实体造型功能处于领先地位。目前著名的CAD/CAE/CAM软件均以此作为实体造型的基础;

(7)内嵌模具设计导引MoldWizard,提供注塑模向导、级进模向导、电极设计等,是模具业的首选;

(8)提供了界面良好的二次开发工具GRIP和UFUNC,是UGNX的图形功能与高级语言的计算机功能紧密结合起来;

(9)具有良好的用户界面,绝大多数功能都可以通过图标实现,进行对象操作时,具有自动推理功能,同时在每个步骤中,都有相应的信息提示,便于用户做出正确的选择。

5.1.3 UG NX软件的常用功能模块

UG NX系统由大量的功能模块组成,这些模块几乎涵盖了CAD/CAM/CAE各种技术。常用模块如图5-1所示。本书主要介绍基本环境、建模、制图以及装配四个模块,其重点是建模模块。

1. 基本环境模块(Gateway)

启动UG NX后,首先进入的就是Gateway模块。Gateway模块是UG NX的基础模块,它仅提供一些最基本的功能,如新建文件、打开文件,输入输出不同格式的文件、层的控制、视图定义等，因此是其他模块的基础。

2. 建模模块(Modeling)

该模块提供了构建三维模型的工具，包括：曲线工具、草图工具、成形特征、特征操作、曲面工具等。曲线工具、草图工具通常用来构建线框图；特征工具则完全整合基于约束的特征建模和显示几何建模的特性，因此可以自由使用各种特征实体、线框架构等功能；曲面工具是架构在融合了实体建模及曲面建模技术基础之上的超强设计工具，从而能设计出如工业造型设计产品般的复杂曲面外形。

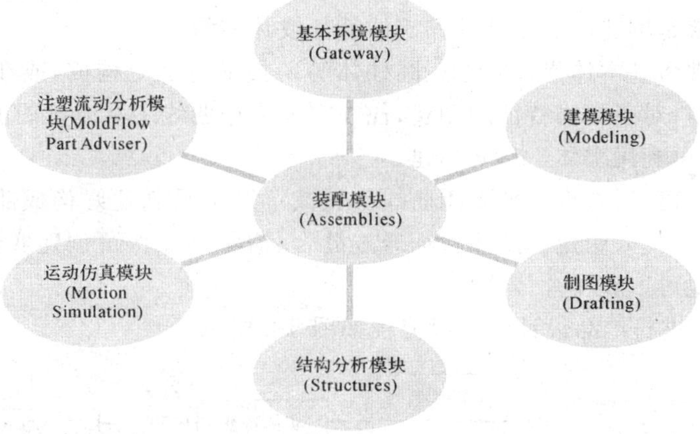

图 5-1 常用模块

3. 制图模块(Drafting)

该模块使设计人员能方便地获得与三维实体模型完全相关的二维工程图。三维模型的任何改变会同步更新工程图，不仅减少了因三维模型改变更新二维工程图的时间，而且能确保二维工程图与三维模型完全一致。

4. 装配模块(Assemblies)

该模块提供了并行的自上而下和自下而上的产品开发方法。在装配过程中可以进行零部件的设计、编辑、配对和定位，还可对硬干涉进行检查。

5. 结构分析模块(Structures)

该模块能将几何模型转换为有限元模型，可进行线性静力、标准模态与稳态热传递、线性屈曲分析，同时还支持对装配部件，包括间隙单元的分析，分析的结果可用于评估各种设计方案，优化产品设计，提高产品质量。

6. 运动仿真模块(Motion Simulation)

该模块可对二维或三维机构进行运动学分析、动力学分析和设计仿真，可以完成大量的装配分析，如干涉检查、轨迹包络等；还可以分析反作用力，并用图表示各构件位移、速度、加速度的相互关系等。

7. 注塑流动分析模块(MoldFlow Part Adviser)

使用该模型可以帮助模具设计人员确定注塑模的设计是否合理，检查出不合适的注塑模几何体并予以修正。

5.2 基于 UG NX 的产品设计流程

基于 UG NX 的产品设计流程，通常是先对产品的零部件进行三维建模，在此基础上再进行结构分析、运动分析等，然后再根据分析结果，对三维模型进行修正，最终将符合要求的产品模型定型。定型之后，可基于三维模型创建相应的工程图样，或进行模具设计和数控编程等。因此，用 UG NX 进行产品设计的基础和核心是构建产品的三维模型，而产品三维建模的构建其实质就是创建产品零部件的实体特征或片体特征。

实体特征通常由基本体素(如矩形、圆柱体等)、扫描特征等构成，或在它们的基础上通过布尔运算后获得；对于扫描特征的创建，往往需要先用曲线工具或草图工具创建出相应的引导线与截面线，再利用实体工具来构建。

片体特征的创建，通常也需要先用曲线工具或草图工具创建好构成曲面的截面线和引导线，再利用曲面工具来构建。片体特征通过缝合、增厚等操作可创建实体特征；实体特征通过析出操作等也可以获得片体特征。

使用 UG NX 进行产品设计的一般流程如图 5-2 所示。

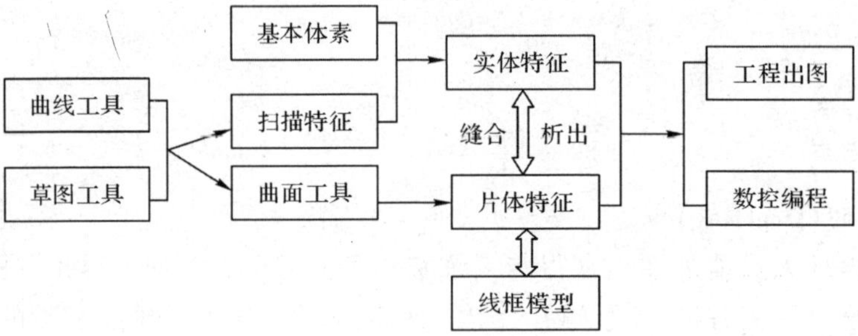

图 5-2　产品设计流程

5.3 UG NX 入门实例

本节将介绍一个简单零件的建模过程，通过对本例的学习与揣摩，读者可以快速认识与了解 UG NX6，掌握 UG NX 的一般造型思路和设计流程。

【例 5-1】完成图 5-3 所示模型，并根据三维模型创建相应的工程图纸。

1. 新建文件

按快捷键 Ctrl＋N，调出【新建文件】对话框。指定文件的存储位置、部件名及单位后单击【确定】按钮。

2. 规划与设置图层

(1)规划图层

本例是将二维截面线拉伸成实体，再在实体上添加详细特征，最后根据三维实体创建工

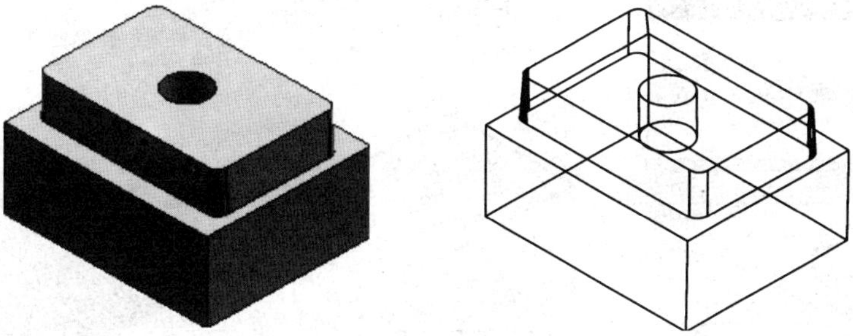

图 5-3　根据模型创建工程图纸

程图。故初步规划将二维截面线放置在第 41 层，实体放置在第 1 层，工程图纸放置在第 61 层。

(2)设置图层

按 Ctrl+L，调出【图层的设置】对话框；将【工作层】文本框中的数字改为 41，然后按回车键，即可将 41 层设置为工作层，按 MB2 退出对话框。

3. 创建二维截面线

单击【曲线】工具条中的【矩形】命令图标，弹出点构造器；在 *XC*、*YC*、*ZC* 三个文本框中输入坐标点(－50,40,0)后按 MB2，再次输入坐标(50,－40,0)并按 MB2，即可绘制出 100×80 的矩形框，如图 5-4 所示；单击对话框中的【取消】按钮退出对话框。

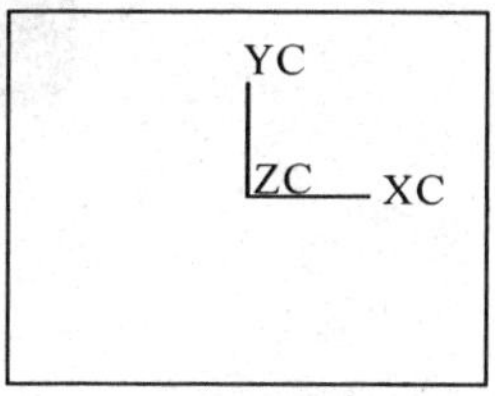

图 5-4　创建二维截面线

4. 创建基体

(1)将工作层切换到放置实体的层。

按 Ctrl+L 调出【图层的设置】对话框，将【工作层】文本框中的数字改为 1，然后按回车键，即可将第 1 层设置为工作层，按 MB2 退出对话框。

(2)创建拉伸体。

①单击【特征】工具条上的【拉伸】命令图标，或者选择菜单【插入】|【设计特征】|【拉伸】命令，或者直接按快捷键 X，弹出【拉伸】对话框，如图 5-4(a)所示。

②在选择条上的【曲线规则】下拉列表中选择【相连曲线】，再选择矩形轮廓线中的一条直线(即可选中矩形的四条边)。

③输入开始距离为 0，结束距离为 60，如图 5-4(b)所示。

④单击【确定】按钮，即可生成实体，如图 5-4(c)所示。

5. 绘制凸垫

(1)调用【垫块】命令。单击【特征】工具条上的【垫块】命令图标，或选择菜单【插入】|【设

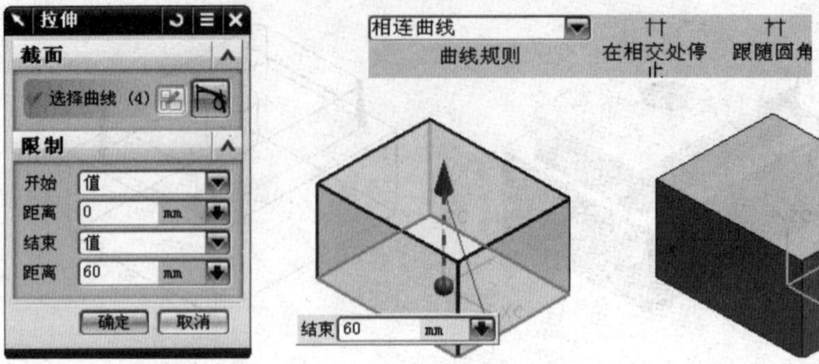

(a) (b) (c)

图 5-5 创建拉伸体

计特征】|【垫块】命令，弹出【凸垫】对话框，如图 5-6 所示。

(2)指定垫块的类型、放置面及参考线：单击对话框中的【矩形】按钮，弹出【矩形垫块】对话框，选择拉伸体的上表面作为矩形垫块的放置面。指定放置面后，系统弹出【水平参考】对话框，选择如图 5-7 所示拉伸体的实体边缘作为水平参考。

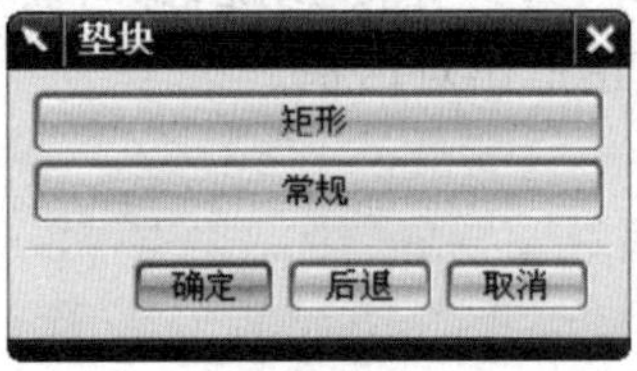

图 5-6 垫块对话框

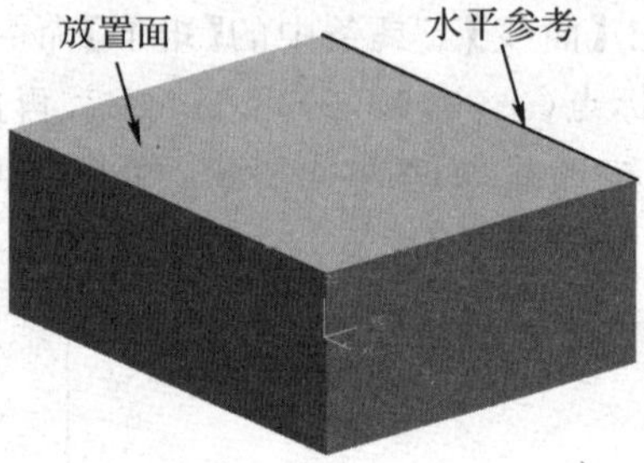

图 5-7 绘制垫块

(3)指定矩形垫块参数：指定水平参考线后，系统会接着弹出如图 5-8 所示的对话框，依次输入 90，60，20，5，2。

(4)定位凸台

①按 MB2 或单击【确定】按钮后，系统将弹出如图 5-9 所示的【定位】对话框。

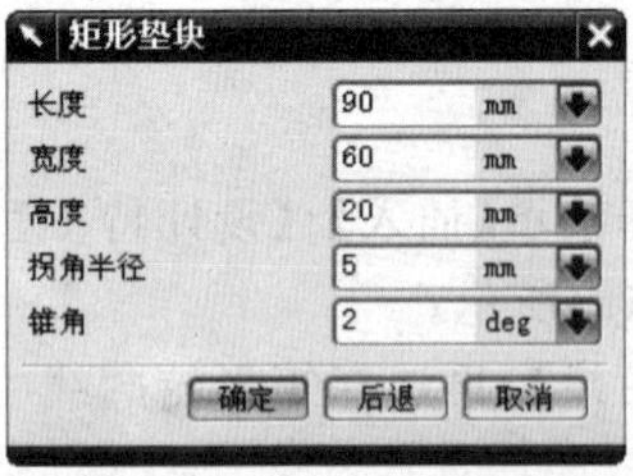

图 5-8 垫块对话框

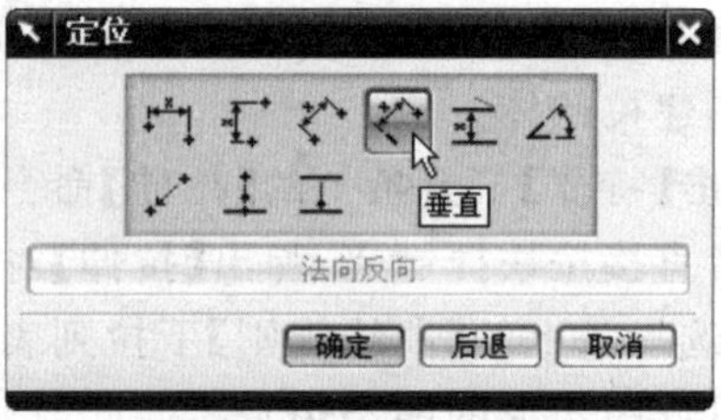

图 5-9 定位对话框

②单击对话框中的【垂直】按钮，然后依次选择图 5-10 所示的目标边 1 和工具边 1，在随后弹出的【创建表达式】对话框中输入 40。

③单击【确定】按钮后又回到【定位】对话框，再次单击【垂直】按钮，然后依次选择图5-10所示的目标边2和工具边2，在随后弹出的【创建表达式】对话框中输入50。

④单击【确定】按钮回到【定位】对话框，再次单击【确定】按钮，退出【定位】对话框。通过以上定位，将使矩形垫块位于底部拉伸体的中心位置，如图5-11所示。

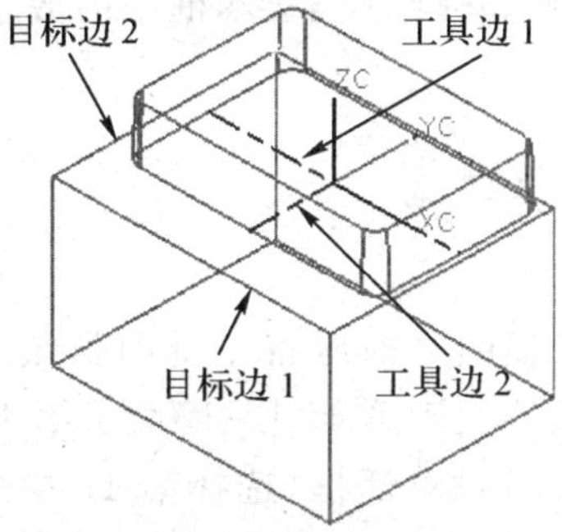

图5-10　选择目标与工具

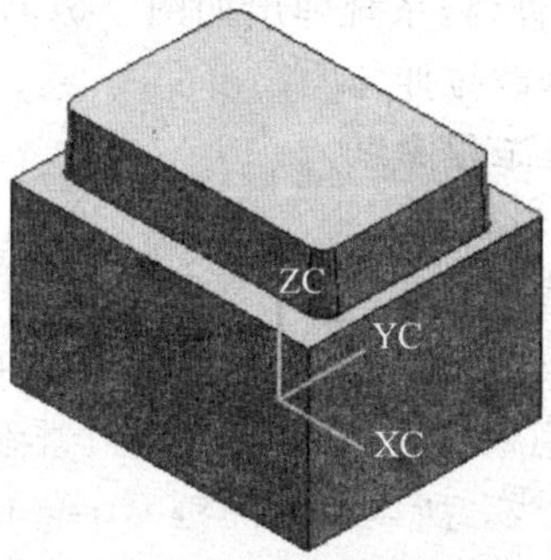

图5-11　定位凸台

6. 绘制简单孔

(1)调用【孔】工具：单击【成型特征】工具条上的【孔】图标，或选择菜单【插入】|【设计特征】|【孔】命令，弹出如图5-12(a)所示的【孔】对话框。

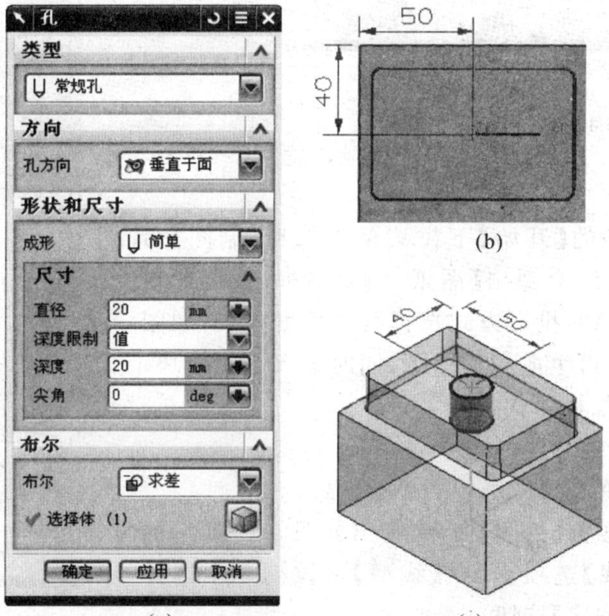

(a)

图5-12　创建孔

(2)指定孔类型及孔参数：在【类型】下拉列表中选择【常规孔】，在【形状和尺寸】组中的【成形】下拉列表中选择【简单】，然后在数值框中依次输入孔的参数，如图5-12(a)所示。

(3)指定孔放置面：选中凸台的上表面作为孔的放置面。

(4)指定圆孔中心：指定圆孔的放置面后，系统自动激活草图功能，并弹出【点】对话框；

先在任意位置创建一个点，然后为其标注尺寸，如图5-12(b)所示；单击工具条上的【完成草图】按钮，退出草图模块。

(5)单击【确定】按钮，即可创建指定参数的简单孔。

7. 编辑实体模型

双击拉伸体，系统弹出如图5-5(a)所示的对话框；将【结束】文本框中的数字改为40，按MB2即可修改拉伸体的高度。

8. 创建工程图纸

1)图层设置

(1)消隐图层。

为避免二维截面线对工程图的影响，在创建工程图之前应将二维图隐藏。可以用【隐藏】工具来隐藏二维截面线，但鉴于本例中二维截面线位于第41层，隐藏了第41层，就隐藏了二维截面线。所以按快捷键Ctrl+L调出【图层设置】对话框，选择第41层后，单击对话框上的【设为不可见】按钮，即可隐藏41层，从而达到隐藏二维截面线的目的。

(2)设置61层作为工程图放置层。

在【实用工具】条上的【工作图层】组合框中输入61，然后按回车键，即可将61层设置为工作层，如图5-13所示。

图5-13　实用工具工具条

2)创建工程图纸

在【标准】工具条的【开始】下拉菜单中选择【制图】命令，进入制图模块；系统会弹出【图纸页】对话框，单位选择毫米、图纸尺寸选择A3、投影方式选择第一角度投影，如图5-14所示；按MB2即可生成工程图纸，同时进入制图模块；再次按MB2退出添加视图状态。

3)工程图纸的参数设置

(1)指定隐藏线在工程图纸中的显示方式。

选择菜单【首选项】|【视图】命令，弹出如图5-15所示的对话框，选择【隐藏线】选项卡，在【线型】下拉列表中选择【虚线】线型后单击【确定】按钮。

图5-14　工程图纸对话框

(2)指定标注参数。

①选择菜单【首选项】|【注释】命令，弹出【注释首选项】对话框。

②单击【单位】选项卡，在单位下拉框中选择【毫米】后确定(指定标注单位为“毫米”)，如图5-16(a)所示。

③切换至【尺寸】选项卡，在精确至小数点后几位的设置下拉框中选择0(指定标注尺寸的数据类型：小数点后0位)，如图5-16(b)所示。

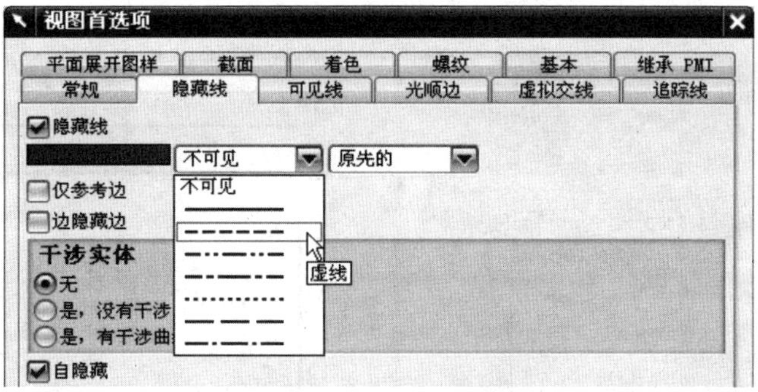

图 5-15　隐藏线首选项设置

④按 MB2 直到退出对话框。

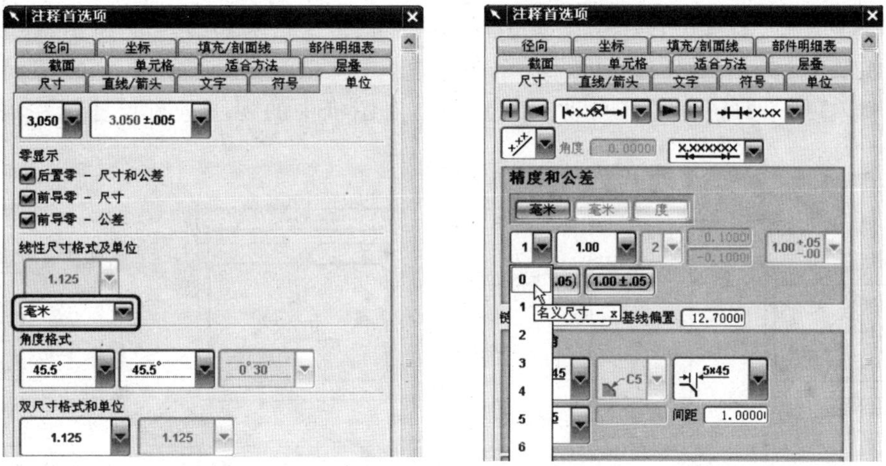

(a)　(b)

图 5-16　注释首选项

(3)设置视图边界。

选择菜单【首选项】|【制图】命令，弹出【制图首选项】对话框，切换到【视图】选项卡，取消选择【显示边界】复选框，如图 5-17 所示。

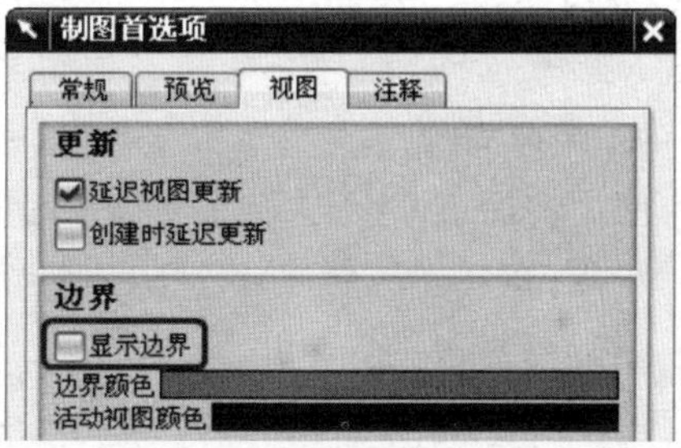

图 5-17　制图首选项

4)添加视图

(1)选择菜单【插入】|【视图】|【基本视图】命令，或单击【图纸】工具条中的【基本视图】命令图标，弹出如图 5-18 所示对话框。

(2)在下拉列表框中选择【TOP】作为输入模型,然后在图纸区中的适合位置按 MB1,即可将 TOP 视图引入到工程图中,如图 5-19 所示。

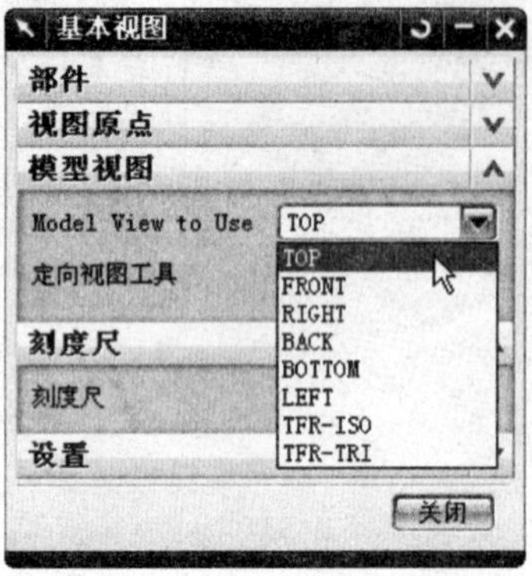

图 5-18 基本视图对话框

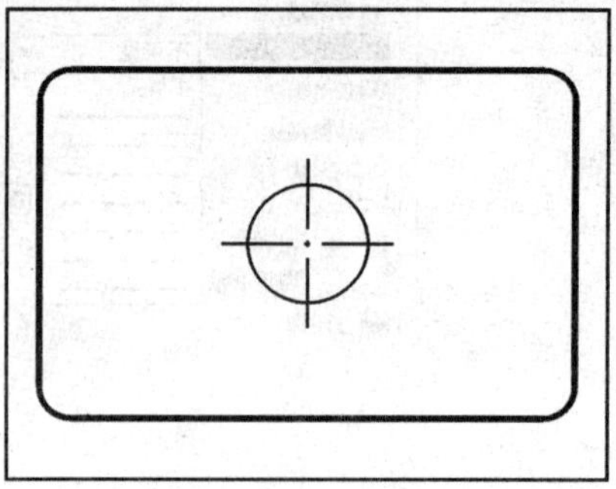

图 5-19 俯视图

(3)向下移动鼠标,在适合的位置按 MB1 即可生成俯视图;向右移动鼠标,在适合的位置按 MB1 即可生成右视图;按 MB2 退出视图添加状态。结果如图 5-20 所示。

5)标注尺寸

选择菜单【插入】|【尺寸】|【自动判断】命令,对图纸中的视图进行尺寸标注,如图 5-21 所示。

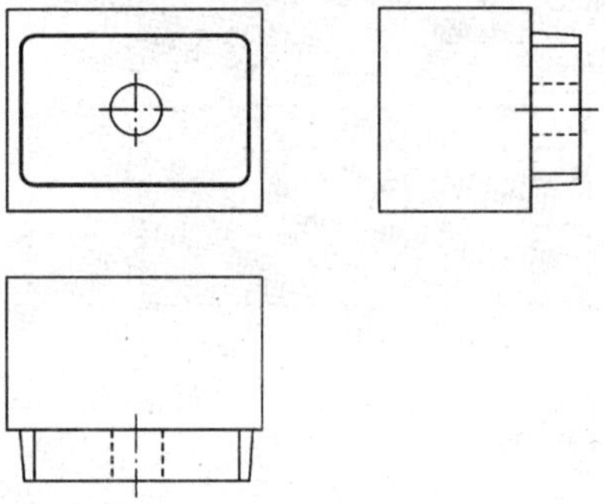

图 5-20 制图视图

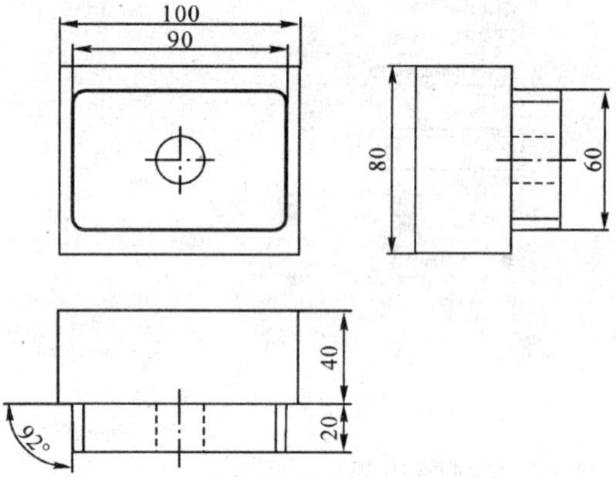

图 5-21 标注尺寸

9. 保存文件

使用快捷键 Ctrl+S,将绘制完的图形保存至硬盘。

注意:在建模过程中,每完成一项工作就应保存文件,以免由于突发事件,造成无谓的损失。

5.4 思考与练习

1. 简述 UG NX6 产品建模的典型流程。
2. 本章所讲述的入门实例用到了 UG NX6 中哪几个功能模块以及哪些命令?

第 6 章　UG NX 基本操作

6.1　UG NX 工作环境

6.1.1　UG NX 用户界面

1. 标准显示窗口

启动 UG NX 6.0 系统后，并新建一个【模型】类型的文件，即可进入到【建模】模块，其界面如图 6-1 所示。

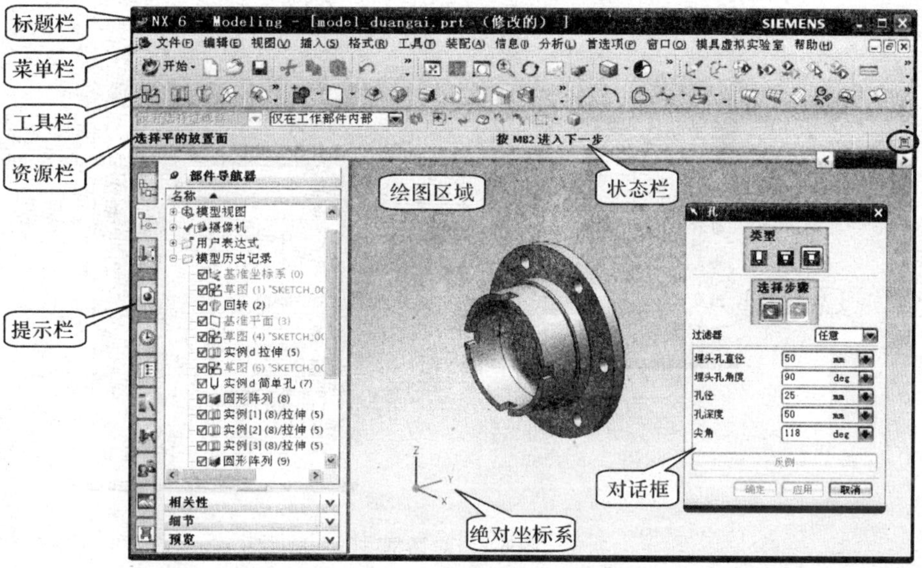

图 6-1　标准显示窗口

1）标题栏

标题栏的主要作用是显示应用软件的图标、名称、版本、当前工作模块以及文件名称等。

2）菜单栏

菜单栏由 13 个主菜单组成，几乎包含了所有的 UG NX 功能命令。与所有的 Windows 软件一样，单击任意一项主菜单，便可得到它的一系列子菜单。

3）工具栏

单击工具栏上的图标，即可调用相应的操作命令。在 UG NX 6.0 中，工具栏已按功能分成 20 多个工具条，同一类的操作命令放在一个工具条上。

4）资源栏

资源栏用于放置一些常用的工具，包括装配导航器、部件导航器、历史、角色等。部件导航器以树的形式记录了特征的建模过程。装配导航器显示装配树及其相应的操作。在导航器树形图的节点上右击，就会弹出相应的快捷菜单，因而可以方便地执行对该节点的操作，如显示尺寸，编辑参数，删除、抑制和隐藏体等。

5）绘图区域

创建、显示和修改 CAD 模型的区域。

绘图区域的背景颜色也是可以定制的，选择菜单【首选项】|【背景】，即可定制背景颜色。

6）对话框

对话框的作用是实现系统与用户的交互，属性的选择与参数的设置。对话框通常由动作按钮、下拉列表框、文本框等构成，如图 6-2 所示。

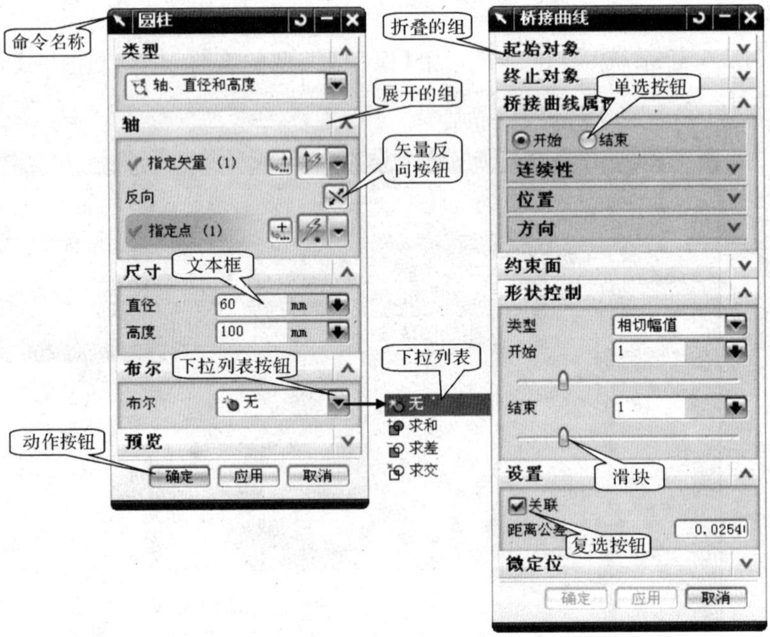

图 6-2　对话框

- 文本框：用于输入或显示文字或数值；
- 列表框：列出可以选择或操作的对象，其选项内容可能是文字也可能是图形；
- 矢量反向按钮：使当前的矢量反向；
- 单选按钮：在一组待选项中，只能同时选一个选项；
- 复选按钮：在一组待选项中，只能选一项；选中的选项，一般以“√”标识；
- 滑尺：用鼠标拖动，可获得某一数值或百分比值；
- 下拉列表按钮：单击该按钮，会弹出一下拉列表；
- 动作按钮：单击该按钮可以完成某个动作，或弹出另一个对话框，对话框中常用的动作按钮和它们的含义如表 6-1 所示。

表 6-1

按钮	含　义
【确定】	完成操和并关闭对话框或显现下一个对话框
【应用】	完成操作但不关闭对话框,可以继续使用该对话框
【后退】	回到上一个对话框或取消上一个选取的对象
【取消】	取消操作并关闭对话框

7)提示栏和状态栏

提示栏的作用是显示与操作相关的提示信息。在执行每个指令步骤时,系统均会在提示栏中显示使用者必须执行的动作,或提示使用者的下一个动作。

状态栏位于提示栏的右边,其作用是显示系统及图素的状态信息。如选择点时,系统会显示当前鼠标指针的点信息;系统执行某个指令之后,状态栏会显示该指令结束的信息。

2. 全屏幕显示窗口

单击图 1 右上角的全屏按钮,即可进入全屏幕显示窗口。利用全屏幕选项,当菜单栏、工具条、资源条以及选择条均被移除时,用户将在图形窗口拥有更多的屏幕空间。在全屏幕显示的情况下,通过【工具条管理器】可以访问菜单条和所有 UG NX 命令。利用全屏按钮可以使窗口在标准显示与全屏幕显示之间切换。

图 6-3 展示了全屏幕显示的 UG NX 窗口的基本组成。

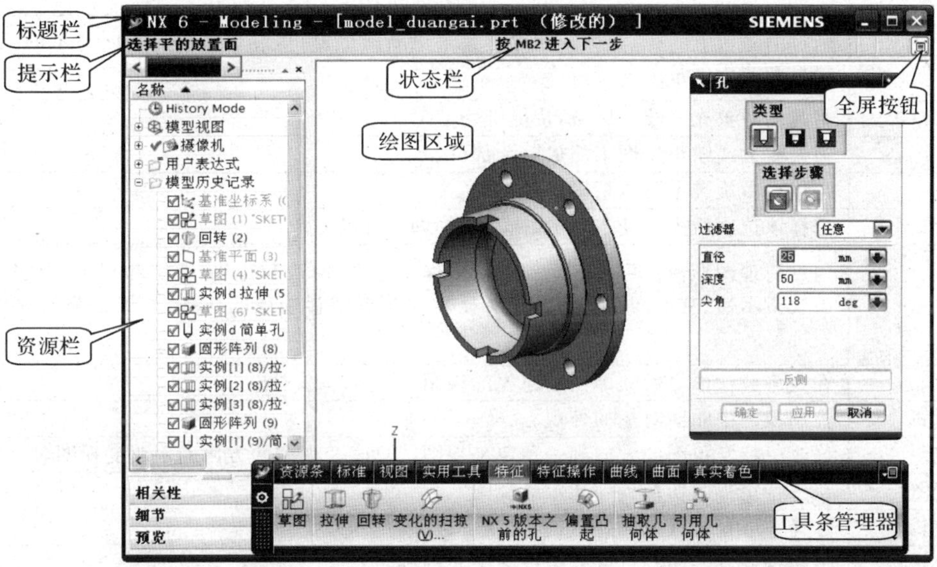

图 6-3　全屏显示

6.1.2　快捷菜单

UG NX 提供一组弹出式快捷菜单,右击后在光标位置显示一即时的命令列表。根据右击的对象类型的不同,出现的命令列表也不同。

1. 视图快捷菜单

右击图形窗口空白处,弹出如图 6-4 所示的视图快捷菜单。

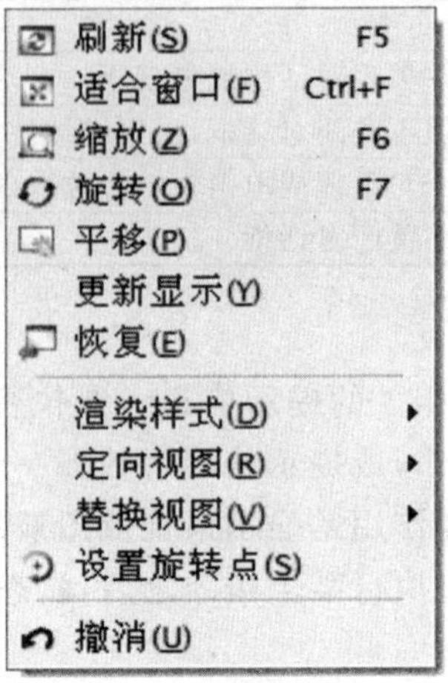

图 6-4　视图快捷菜单

视图快捷菜单中各选项的含义如表 6-2 所示。

表 6-2

选项	选项含义
刷新	通过消除留下的孔、隐藏或删除对象来更新图形窗口，它也可移除临时显示的项目，如星号和箭头矢量。
适合窗口	将几何对象充满绘图区域，快捷键为 Ctrl+F。
缩放	通过放大或缩小视图来缩放整个部件。
旋转	可以自由旋转也可以精确旋转视图。
平移	选择该选项后光标变成手形，拖动鼠标即可移动对象
更新显示	通过清理图形窗口更新显示。更新工作坐标系、曲线和边缘、草图和相关定位尺寸、自由度指示器、基准面和平面。更新显示也执行刷新选项的任务，如擦去临时显示和刷新屏幕。
恢复	在大多数探作之后立即恢复原先的视图。
渲染样式	控制视图中曲面对象的外观。
定向视图	修改一特定视图的方向到一预定义视图。只改变视图的方向而不改变视图名。
替换视图	从一特定视图切换到一预定义视图。
设置旋转点	选择一屏幕位置或捕捉点，以建立备选旋转中心.
清楚旋转点	消除备选旋转中心以恢复绕视图中心的旋转。
撤销	取消前一个探作。

2. 特定对象的快捷菜单

特定对象的快捷菜单允许用户快速执行在一选择对象上的操作。它比使用工具条或菜单栏更快，并仅显示相关命令。

图 6-5 分别给出了特征、组件、通用对象等特定对象的快捷菜单。

3. 辐射状菜单

辐射状菜单提供快速获取选项的另一种方法。当按下鼠标右键不放时，根据光标位置

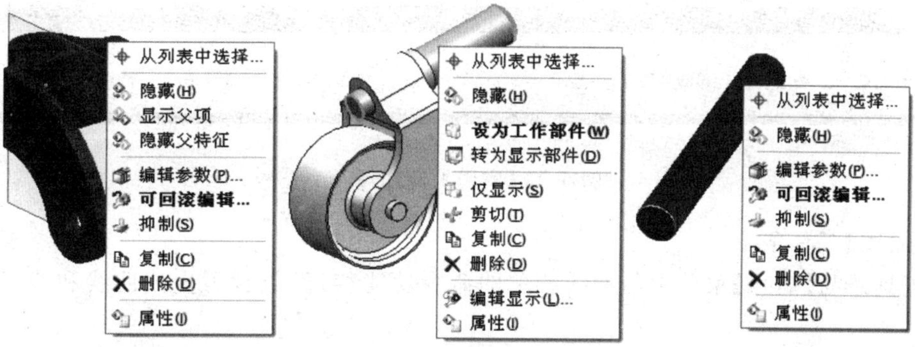

(a) 选择特征　　(b) 选择组件　　(c) 选择通用对象

图 6-5　特定对象快捷菜单

或所选对象的不同，出现一个围绕光标位置呈现 1～8 个图标的辐射状菜单，如图 6-6 所示。利用它可以快速获取所需的命令。

图 6-6　辐射状快捷菜单

6.1.3　常用工具条

UG NX 将常用的功能进行分类，形成二十多个工具条。工具条图标下可以显示或隐藏图标文字。对于初学者，最好参考本章 6.2.2 节“定制工具条”一节中介绍的方法显示常用工具条的图标文字；对软件操作较熟练的读者，则应隐藏图标文字，以扩大绘图区域。将鼠标指针置于工具栏图标按钮之上并停顿约 1 秒钟，也会出现该图标按钮功能的提示。

“建模”模块下常用的工具条如下。

1)【标准】工具条

【标准】工具条集成了大部分【文件】和【编辑】菜单中的常用命令，用来管理文件和模块。通常可通过定制，只保留【起始】按钮，其余操作命令由快捷键或从菜单中调用。

2)【视图】工具条

用来调整实体在视图中的位置、大小和显示模式。通常，视图的操作是通过鼠标右键弹出的快捷菜单及鼠标中键来实现的。

3)【实用工具】工具条

包括图层的设置、坐标系的显示以及实体的显示与隐藏等命令，如图 6-7 所示。通常应包括图层与坐标系操作的命令图标。

图 6-7 【实用工具】工具条

4)【曲线】工具条

该工具条与【插入】菜单中与曲线相关的命令功能相近，包含了生成曲线和曲线操作的命令。

5)【编辑曲线】工具条

与【编辑】菜单中【曲线】选项的某些功能相同。

6)【特征】工具条与【特征操作】工具条

与【插入】菜单的某些功能相近。

7)【编辑特征】工具条

【编辑特征】工具条包括【编辑特征参数】、【移动特征】和【移除参数】等。

8)【曲面】工具条与【编辑曲面】工具条

【曲面】工具条和【编辑曲面】工具条包含了构建曲面和曲面编辑的大部分命令。

9)【选择条】工具条

不同命令状态，【选择条】工具条上的图标会有所不同。如图 6-8(a)所示的是捕捉点时的选择条工具条，图 6-8(b)所示是选择截面线时的选择条工具条。

(a)

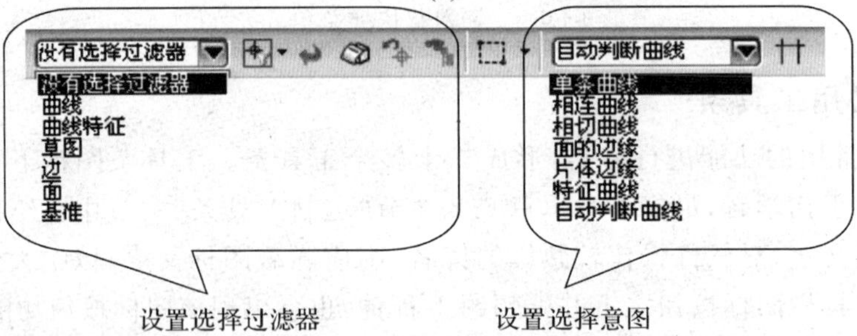

(b)

图 6-8 【选择条】工具条

6.2 环境定制

6.2.1 切换中英文界面

UG NX 提供了多种语言界面，语言界面的切换可通过修改操作系统的环境变量来实现。

切换中英文界面的步骤如下：

1)选择【开始】|【控制面板】|【性能与维护】|【系统】|【高级】|【环境变量】。

2)在【系统变量】列表框中找到【UGII_LANG】选项，单击【编辑】按钮(或直接用鼠标左键双击)，如图 6-9 所示。

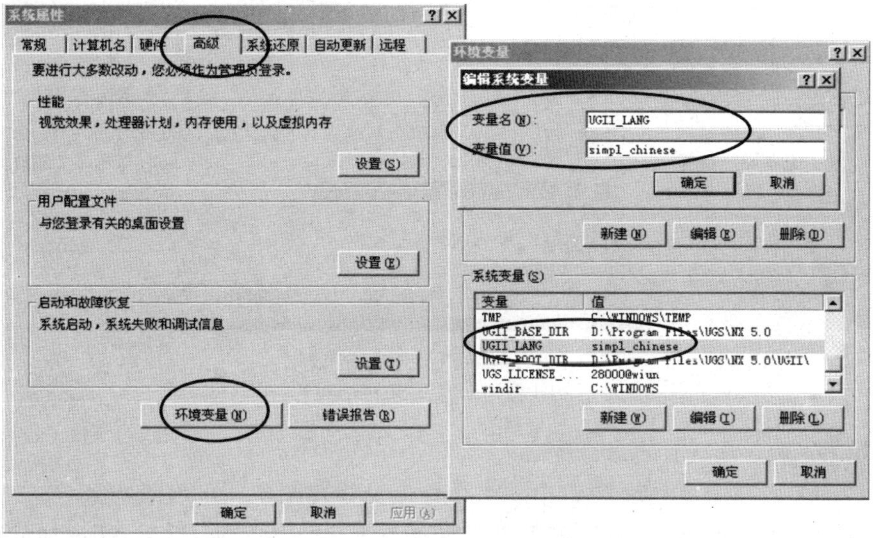

图 6-9　修改系统变量

3)将【变量值】改成 Simpl_Chinese 或 English(字母大小写均可，但千万不可输错)，单击【确定】按钮关闭对话框。重启 UG NX 后，就变成中文或英文界面。

6.2.2　定制工具条

通常从工具栏上调用命令的速度比从菜单中调用命令的速度快。但工具栏上的图标太多，会占用 UG NX 的绘图空间。因此应根据需要对工具栏进行定制，使工具栏上只显示最常用的工具条和命令图标。

1)定制工具条的位置

工具条可以嵌在工具栏内，也可以悬浮在绘图区域。嵌入式工具条可以放置在 UG NX 软件的四个周边，而浮动式工具条可以放置在视图区域的任意位置。

2)显示/隐藏工具条

在工具栏上单击鼠标右键，然后在快捷菜单中选择要显示或隐藏的工具条名称即可。在快捷菜单中选择【定制】，或系统菜单中选择【工具】|【定制】项，会弹出如图 6-10 所示的对话框，选中或取消选中【工具条】选项卡中的工具条复选框也可达到显示/隐藏工具条的目的。

3)显示/隐藏工具条中的命令名称

单击【自定义】对话框【工具条】列表框内的一个工具条，然后选中对话框右侧的【图标下面的文本】复选框。复选方框内有“√”符号的，则该工具条会同时显示了命令图标及相应命令名称，反之则仅显示命令图标，如图 6-10 所示。

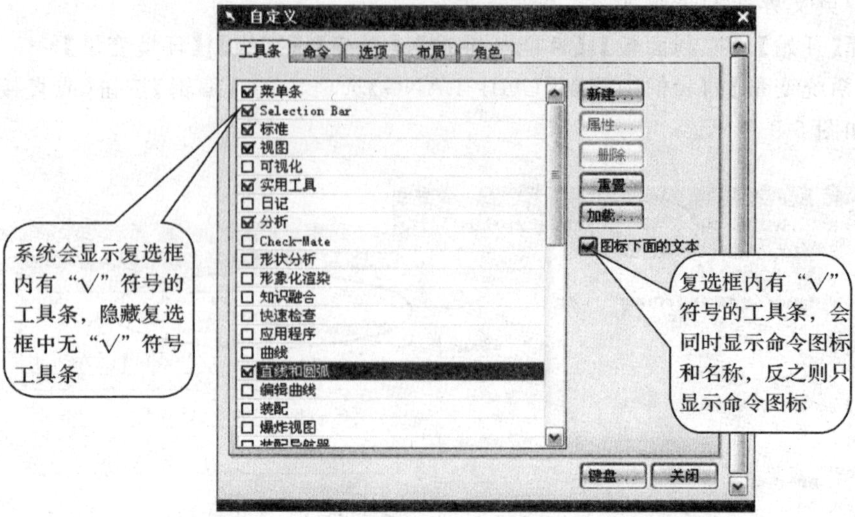

图 6-10　自定义对话框

4)显示/隐藏工具条上的命令图标

在工具条上增减命令是增加工作效率和合理安排视图空间的有效方式。

要更改工具条上的命令图标，可单击工具条右下角处的箭头，然后从【添加或移除按钮】菜单中选择要添加或移除的命令。例如要在【编辑曲线】工具条中添加【修剪角】图标，可单击【编辑曲线】工具条右下端的三角符号▼|【添加或删除按钮】|【编辑曲线】，然后在弹出菜单中单击图标名称【修剪角】，使之前部的复选框内出现√符号，如图 6-11 所示。

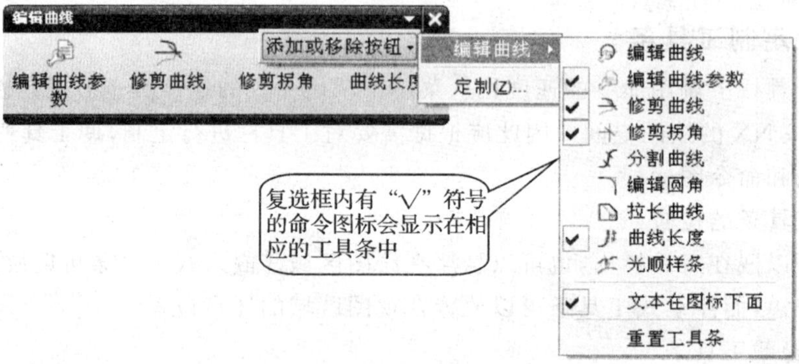

图 6-11　显示/隐藏工具条上命令

5)定制命令图标的大小

在如图 6-10 所示的【自定义】对话框中单击【选项】选项卡，切换到如图 6-12 所示的页面。

在该页面的下半部分可以设置工具条图标的大小以及菜单图标的大小，有：特别小、小、中和大四种选项，一般推荐使用“特别小”图标，以扩大绘图区域的工作空间。

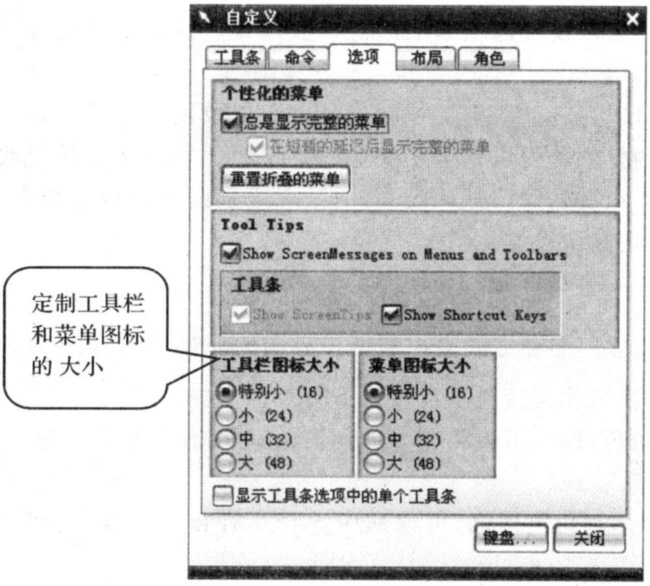

图 6-12　定制对话框

6.2.3　用户默认设置

使用用户默认设置可以定制 UG NX 的启动。许多功能和对话框的初始设置和参数都是由用户默认设置控制的。

选择【文件】|【实用工具】|【用户默认设置】命令，弹出如图 6-13 所示的【用户默认设置】对话框。

注意：不需要打开部件，也可启动【用户默认设置】对话框。

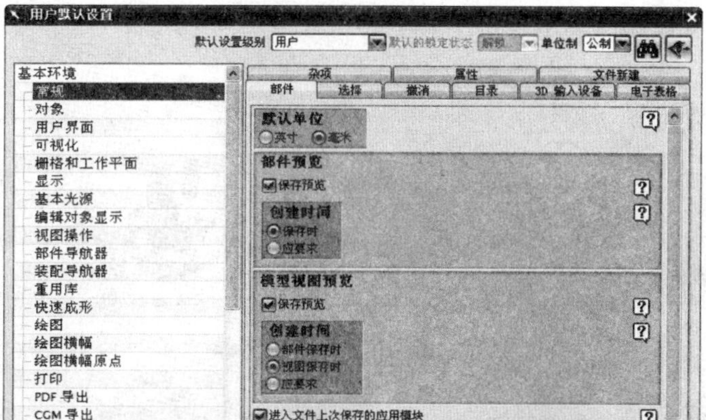

图 6-13　【用户默认设置】对话框

对话框左边的列表框中包含了所有的功能模块及其类别，用户选择相应模块及类别后，即可在对话框右边的参数设置选项卡中进行参数设置。参数设置完成后需要重启 UG NX 软件才能生效。

用户默认设置可以在三个级别上控制：站点、组以及用户。站点是最高级别，用户是最低级别。级别较高的管理者可以锁定那些他们不希望任何下属人员更改的用户默认设置。组级别可以锁定用户级别的用户默认设置，而站点级别则可以锁定组和用户级别的默认设置，用户级别不能锁定默认设置。

6.2.4 角色

使用角色可以用多种方式来控制用户界面的外观，例如菜单条上的显示项目、工具条上显示的按钮、按钮名称是否显示在按钮下方等。

当定义好一个角色以后，可以将其添加到面板，以方便与他人分享。

1. 角色样例

UG NX 提供了多种角色样例，可以从中选择适合自己需要的角色样例。角色面板中包括下列组：

1）系统默认：针对新用户和高级用户的普通角色，如图 6-14 所示。

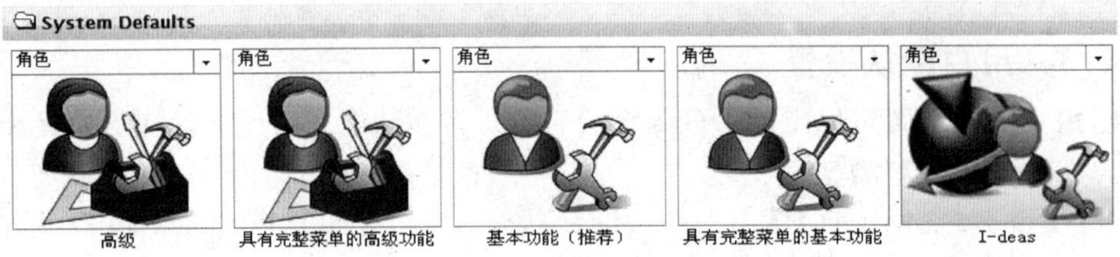

图 6-14　系统默认角色

2）行业特定：为各种行业配置的实例，如图 6-15 所示。

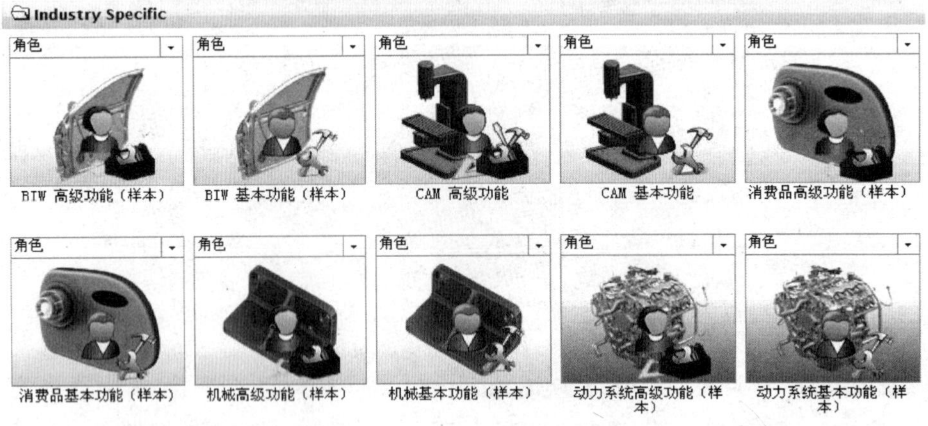

图 6-15　行业特定角色

3)用户：在保存一个或多个个人的配置之后出现，如图 6-16 所示。

图 6-16　用户角色

2. 创建角色

创建角色的步骤如下：

1)单击资源条上的【角色】选项卡。

2)在【角色】资源板中右键单击，并选择【新建角色用户】，如图 6-17 所示。

3)在【角色属性】对话框中，输入新角色的名称、描述并选择该角色可用的应用模块，如图 6-18 所示。

4)(可选)添加一个图像，该图像与角色名称一起显示在【角色】资源板中。图像的格式可以是 BMP 格式或 JPEG。

5)单击【确定】按钮后，新的用户角色将出现在【角色】资源板的【User】文件夹中。

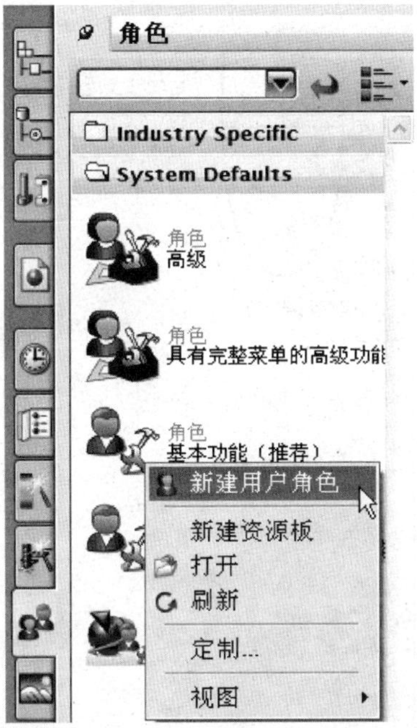

图 6-17　新建用户角色

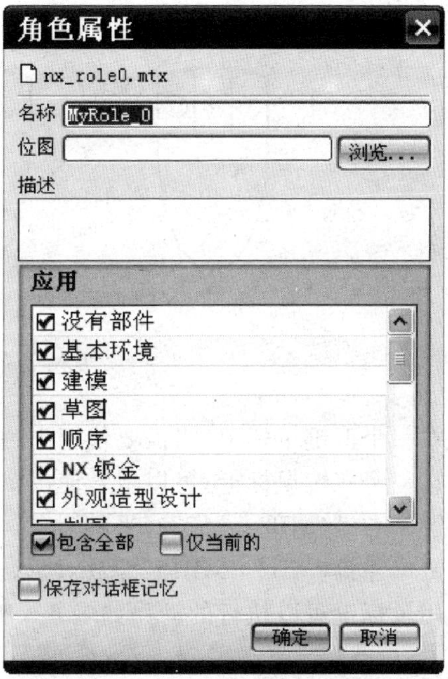

图 6-18　角色属性对话框

3. 使用角色

使用一个角色的步骤如下：

1)单击资源条上的【角色】选项卡。

2)单击需要的角色或将它拖放到图形窗口中，系统显示加载角色信息，如图 6-19 所示。

3)单击【确定】按钮。

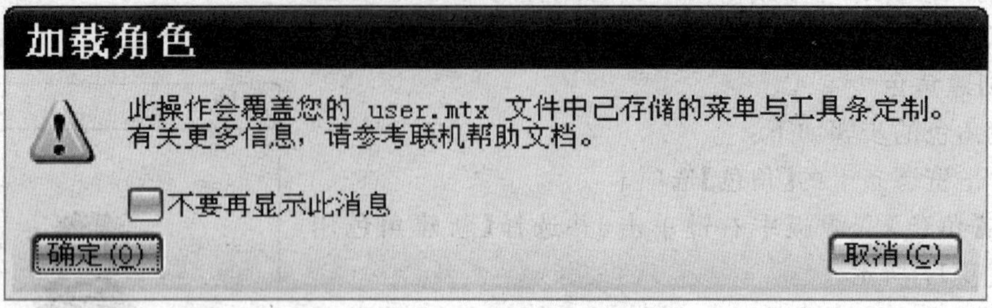

图 6-19　加载角色对话框

6.3　鼠标操作

通常使用的鼠标有三种配置类型，如图 6-20 所示。

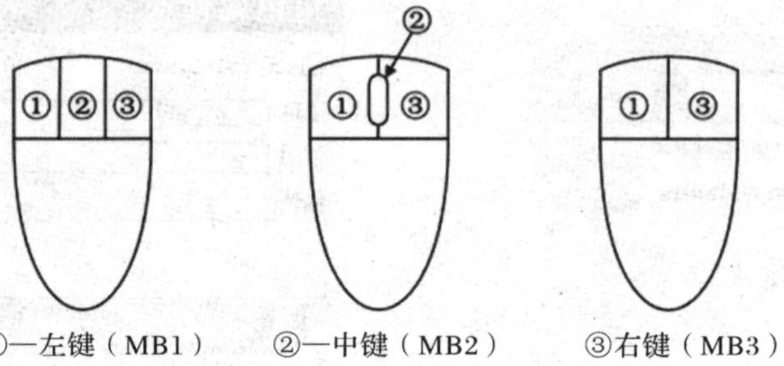

图 6-20　鼠标配置

1)在一个两键鼠标上，当需要使用中键时，同时使用左右键即可。

2)在一个三键鼠标上，可以组合使用鼠标键。

中键＋右键(MB2＋MB3)：平移对象。

中键＋左键(MB2＋MB1)：缩放对象。

使用鼠标键可以执行的动作如表 6-3 所示。

表 6-3

鼠标键	动　作
鼠标左键①	选择或拖拽对象
鼠标中键②	对话框打开时，按 MB2，相当于单击对话框上的默认按钮（一般情况下为【确认】按钮） 在图形窗口中按下 MB2 的同时拖动鼠标即可旋转几何体 按住 Ctrl ＋MB2 不放，拖动鼠标即可缩放几何体 按住 Shift 键＋MB2 不放，拖动鼠标即可平移几何体
鼠标右键③	显示各种功能的快捷菜单
旋转滚轮②	在图形窗口中缩放视图 在列表框中、菜单中和信息窗口中上下滚卷

6.4　对象选择

6.4.1　类选择器

使用类选择器可使用当前过滤器、鼠标手势以及选择规则来选择对象，这个工具要配合其他命令(如隐藏、删除等)同时使用。

类选择器对话框如图 6-21 所示。

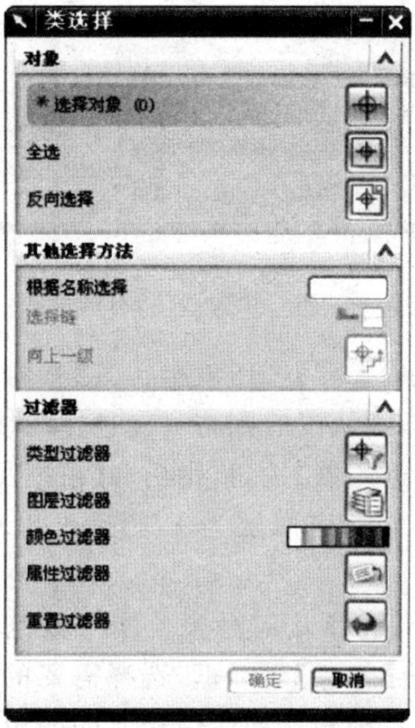

图 6-21　【类选择】对话框

类选择器对话框选项描述如表 6-4 所示。

表 6-4

选项	描　　述
对象	
选择对象	在绘图区手动选择对象。
全选	选取所有符合过乏虑条件的对象。如果不指定过滤器，系统将选取工作视图中所有处于显示状态的对象
反向选择	选取在绘图区中未被选中的并且符合过滤条件的所有对象。
过滤器	
类型过滤器	通过指定对象的类别来限制选择对象的范围。
图层过滤器	通过指定对象所在的层来限制选择对象的范围。
颜色过滤器	通过指定对象的颜色来限制选择对象的范围。
属性过滤器	通过指定对象的属性来限制选择对象的范围。
重置过滤器	取消之前设置的所有过滤方式，恢复到系统的缺省状态设置。

按快捷键 Ctrl+I 或 Ctrl+T 等，系统会自动弹出如图 6-22 所示的【类选择】对话框。

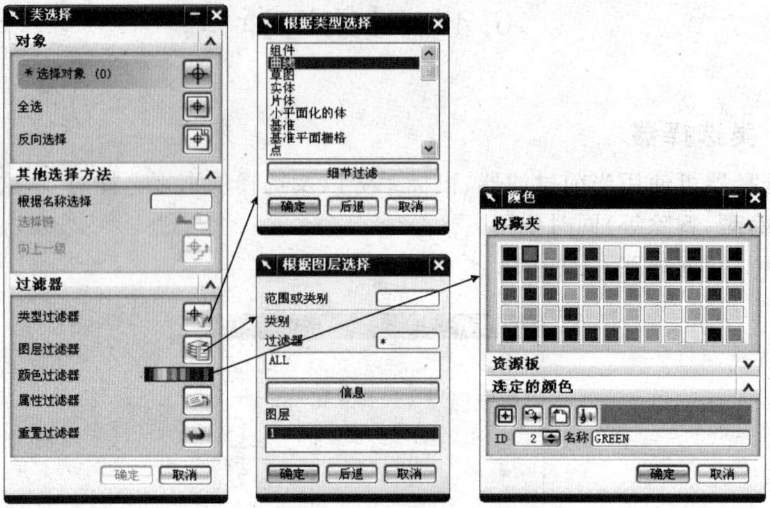

图 6-22 【类选择】对话框

(1)类型过滤器：单击【类型过滤器】按钮就会出现【根据类型选择】对话框，可在此对话框中指定几何对象类型：如曲线，确认以后则将只能选择曲线元素。

(2)图层过滤器：单击【图层过滤器】按钮，则出现【根据图层选择】对话框，可在此对话框中指定几何对象所在的工作层，如指定图层为 1，则确认以后将只能选择位于图层 1 上的元素。

(3)颜色过滤器：根据颜色来选择几何对象。使用颜色特征来选择几何对象的方法如下：单击【颜色过滤器】按钮，弹出【颜色】对话框，选择需要的颜色（或者单击【继承】图标，再选择与所需颜色相同的几何体，系统会自动取得相应的颜色），确认以后将只能选择到与指定颜色相同的几何对象。

通过指定【类选择】对话框中的过滤器，能大大提高选择的效率。

6.4.2 选择条

使用选择条工具可以使用一些规则来指定支持设计意图的对象集合。

如图 6-23 所示为选择条。

图 6-23 选择条

图 6-24 所示为另一种选择条。通过设置选择条中的“过滤器”和“选择意图”，有助于快速选择对象。

“过滤器”主要是限定几何对象的类型、颜色、所在图层等要素；“选择意图”主要体现在

(a)

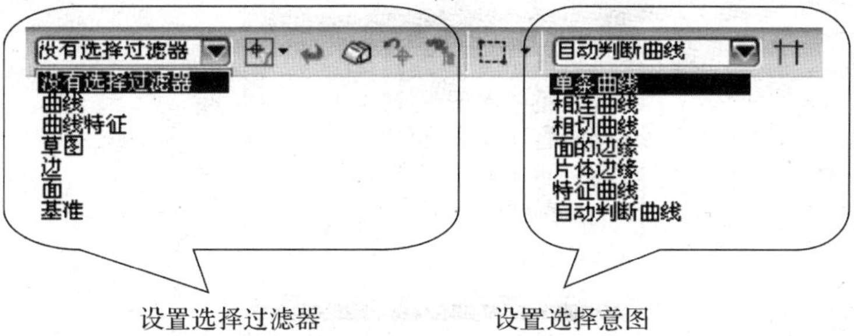

(b)

图 6-24　选择条

是选择单个对象还是多个对象。

“选择意图”部分图标只有当选择类型为多个表面或曲线时，系统才会显示。

1）曲线选择意图

- 单个曲线：一次仅选择单条曲线。
- 已连接的曲线：选择首尾相连的一组曲线中的任一条曲线，则整组曲线被自动选中。
- 相切曲线：选择一组相切曲线中的任一条曲线后，则整组曲线被自动选中。
- 面的边：选择实体的一个面，则该面的边界被自动选中。
- 片体边缘：选择一个曲面，则该曲面的边界被自动选中。

2）曲面选择意图

- 单个面：一次仅选择鼠标选择的单个面。
- 区域面：该选项下，需要指定种子面与边界面，系统自动选中种子面（含）以外、边界面以内的一个连续区域。
- 相切面：该选项下，选择一组相切曲面中的任一曲面后，则整组曲面被自动选中。
- 相邻面：该选项下，系统自动选中与所选择面相邻的面。

6.4.3　快速拾取

当选择对象时，在选择球内常常有多个对象存在，利用【快速拾取】功能可以方便地浏览这些候选对象。

如果在选择球位置上有多于一个的可选对象，光标停留几秒后将变为【快速拾取指示器】，如图 6-25 所示。

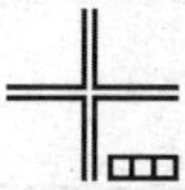

图 6-25　快速拾取指示器

此光标提示在那个位置有多于一个的可选对象，单击左键 MB1，弹出如图 6-26 所示的【快速拾取】对话框。可以在对话框中选择对象，鼠标在名称上移动，相应的对象就会高亮显示，单击名称，相应对象就会被选中。

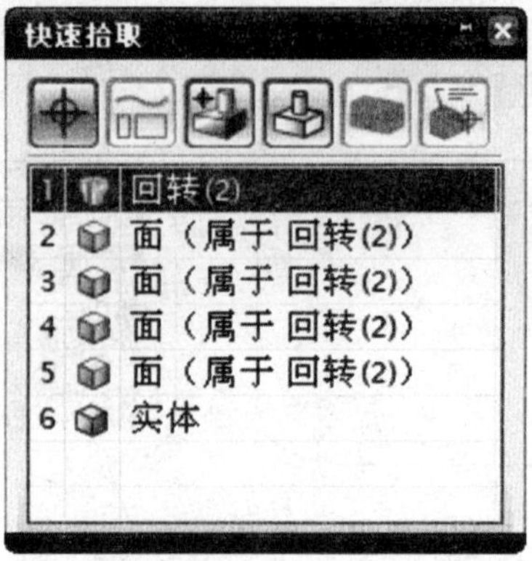

图 6-26 【快速拾取】对话框

6.4.4 选择首选项

选择菜单【首选项】|【选择】命令，弹出如图 6-27 所示的【选择首选项】对话框。

1. 高亮显示预设置

当移动光标经过对象时，它们会以预选颜色高亮显示。默认预选是激活的，可通过取消选择【高亮显示滚动选择】命令关闭它，如图 6-27 所示。

预览高亮颜色由菜单【首选项】|【可视化】|【颜色设置】下的预选颜色设置决定，如图 6-28所示。

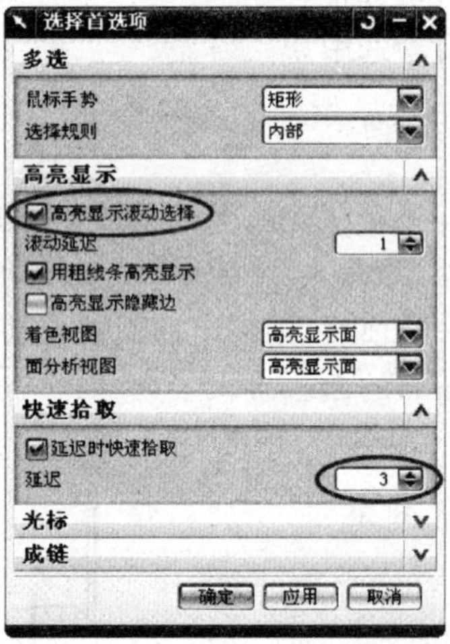

图 6-27 【选择首选项】对话框

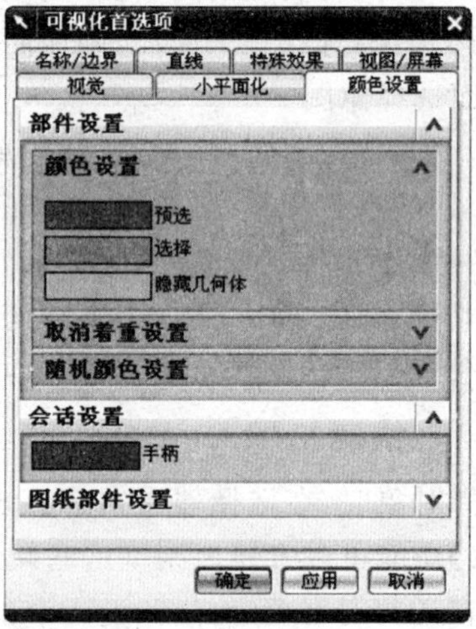

图 6-28 【可视化首选项】对话框

2. 快速拾取预设置

可以改变让【快速拾取指示器】光标出现而必须静止停留的时间量，如图 6-27 所示。在【快速拾取】一栏中，改变【延迟】值(秒)即可。

6.5 图层与组

6.5.1 图层

一、工作图层

使用工作图层命令可以显示当前的工作图层或重新指定工作图层。

(1)在 UGNX 共有有 256 个图层,这 256 个图层都可以作为工作图层。

(2)在默认情况下,第一层作为工作图层。

(3)工作图层只是对以后创建的对象进行一个设置,对前面已经创建的对象并不能改变其位置。

(4)如图 6-29 所示,在图层设置对话框中业可以设置工作图层。

二、图层设置

使用图层类别命令可以创建和编辑类别,将一些有相同特征的图层组合成一个类别,对类别的操作将应用于所有图层。图层类别对话框如图 6-30 所示。

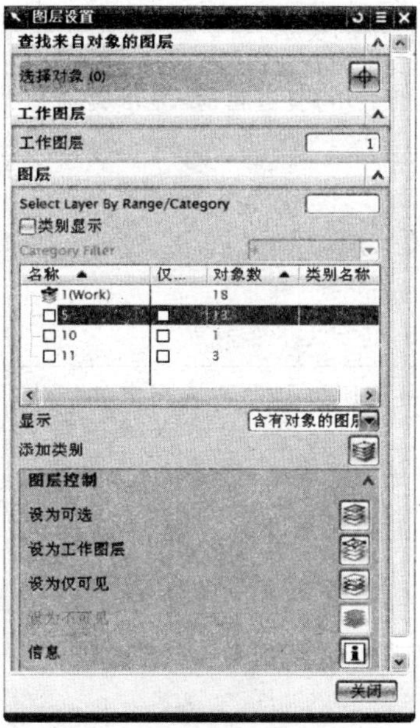

图 6-29 【工作图层】对话框

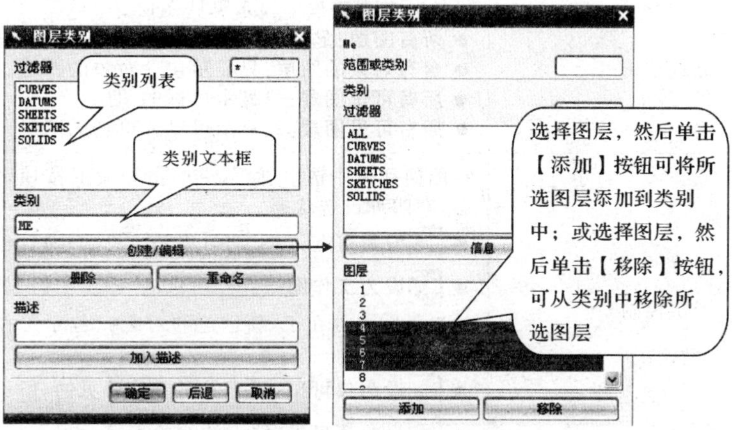

(a) (b)

图 6-30 【图层类别】对话框

UG NX 中最多可使用 256 个图层,要提高图层的操作效率,应对图层进行分组。

- 类别文本框:显示所选类别名称或输入所创建的类别的名称(不支持中文)。
- 创建/编辑按钮:单击该按钮前,需要在【类别】文本框中输入类别名称。如果输入的名称是已存在的类别名称,则进行编辑操作,反之则创建新的类别。单击【创建/编辑】按钮,可以向类别中添加或移除图层。

- 删除/重命名：用于删除类别或重命名类别。
- 描述文本框：用于显示或输入对类别的描述。类别的描述亦不支持中文。
- 加入描述：输入对类别的描述后需单击【加入描述】按钮即可为类别添加描述文字。

图层设置对话框选项描述如表 6-5 所示。

表 6-5

选项	描　　述
工作图层	
工作图层	显示当前的工作图层。还可以通过键入 1 到 256 之间的数字来设置新的工作图层。 工作图层是在其上创建对象的图层。一次只能在一个图层上进行工作，且只能在工作图层上进行。 默认情况下，图层 1 是工作图层。工作图层始终是可见且可选择的。
图层	
Select Layer By Range/Category（按范围/类别选择图层）	通过输入数字范围，或输入类别名称来选择某一范围的图层。
类别显示	若选择该复选框，将显示按类别名称分组的图层；反之，则显示一系列的单个图层。
Category Filter（类别过滤器）	在选中【类别显示】时可用，用于控制出现在列表框中的类别。
图层/类别树列表	显示所有图层和其当前状态的列表。当选中【类别显示】复选框时，显示类别和所有关联图层的列表。
显示	可控制在列表框中显示哪些图层。 ● **所有图层**：显示包括 12～56 层在内的所有图层。 ● **含有对象的图层**：只显示包含对象的图层。 ● **所有可选图层**：只显示可选的图层 ● **所有可见图层**：只显示可见或可选的图层
图层控制	在图层列表中选中层后，一单击相应的按钮，即可将所选层设置成指定的层状态，有四种可选状态。 ● **设为可选**：层上的对象是可见的，而且也能被选择和编辑。 ● **设为工作图层**：与“可选的”图层类似，其上对象也是可见、可选、可被编辑的。不同之处在于，新创建的对象只位于工作层上，且在一个部件文件中只有一个工作层。 ● **设为仅可见**：层上的对象是可见的，但不能选择，也不能进行其他操作。 ● **设为不可见**：层上的对象不显示。
设置	
显示前全部适合	在更新显示前控制系统是否重新计算新的视图比例。

三、图层在视图中可见

使用图层在视图中可见命令可以控制图层对特定视图的显示状态。

对于任何新 NX 部件，所有图层均在所有视图中自动可见。可以通过将图层的状态设为可见或不可见来控制任意图层针对所有视图的可见性。这被称为“全局”图层状态。

也可通过将图层的状态设为只针对特定视图可见或不可见来控制图层在该视图中的可见

性，这称为图层屏蔽。将图层设为对给定视图不可见时，无论该图层可见性如何设置，在该图层上创建的任何几何体都将在该视图中永远不可见。即使该图层设置为工作图层也是如此。

设置个别图层在特定视图中的可见性的操作步骤如下：

(1)选择【格式】|【在视图中可见】命令。

(2)从视图列表中选择一个视图名称。如果当前显示单个视图布局，则将只有一个视图名称可用。

(3)单击【确定】按钮查看所有图层和这些图层针对该视图的当前状态的列表。

(4)从列表中选择任意图层，然后单击对话框上的【可见】和【不可见】按钮来将该图层的状态设为可见或不可见。或者，可以双击图层来更改可见性状态。

(5)单击【确定】或【应用】按钮以接受针对视图的所有图层可见性更改。

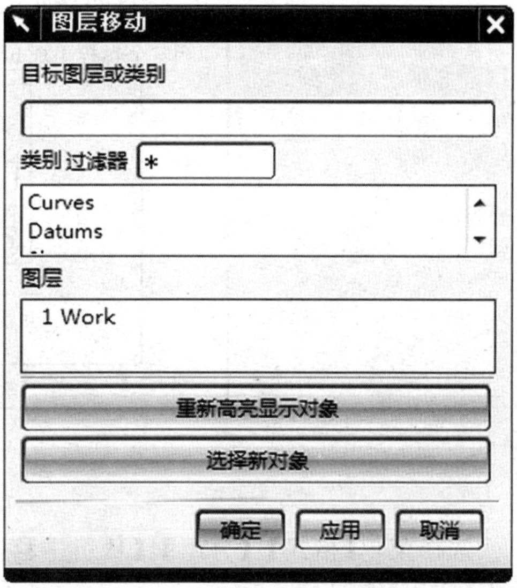

图 6-31 【图层移动】对话框

四、图层移动

使用移动至图层命令可以把对象从一个图层移出并放置到另一个图层。

图层移动对话框如图 6-31 所示。

图层移动对话框选项描述如表 6-6 所示。

表 6-6

选项	描　　述
目标图层或类别	输入要移动对象到的图层。
类别过滤器	显示可用的类别名称。
图层	显示可选择的图层。
重新高亮显示对象	高亮显示要移动的对象。
选择新对象	重新选择对象。

6.5.2 组

可将多个独立的几何元素如草图、曲线、实体、曲面等组合成一个组(Group)。同组的几何元素可位于不同的图层、类别。组也可作为其他组的成员，如图 6-32 所示。

(1)新建组

选择菜单【格式】|【分组】|【新建组】，在【新建组】对话框中输入组名称后，选择几何元素，按 MB2 或单击【应用】按钮。

(2)添加到组

选择菜单【格式】|【分组】|【添加到组】，然后选择组(直接选择组中的一个对象即可)，再选择要添加到组中的对象后，按 MB2 或单击【应用】按钮。

(3)从组中移除

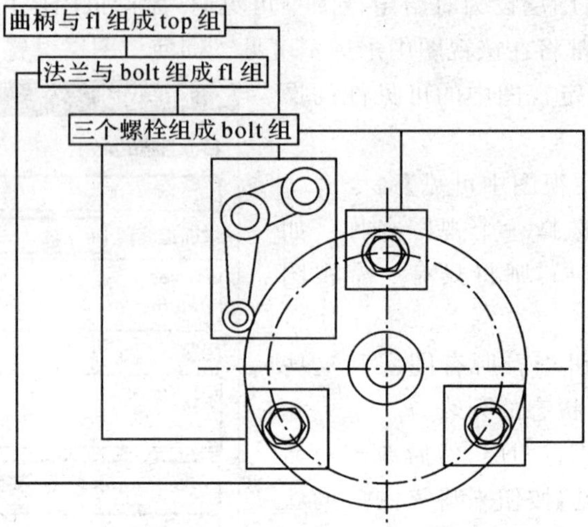

图 6-32　组

选择菜单【格式】|【分组】|【从组中移除】，选择要从组中删除的几何元素后，按 MB2 或单击【应用】按钮。

(4)取消分组

选择菜单【格式】|【分组】|【取消分组】，选择组中的任一成员后，按 MB2。

6.5.3　特征分组

多个独立的特征如倒圆角、倒角、孔等特征可组合成一个特征集。运用【特征分组】工具可以从特征集中移除特征，也可以将特征添加到组中。

选择菜单【格式】|【分组】|【特征分组】，弹出如图 6-33 所示的【特征集】对话框。

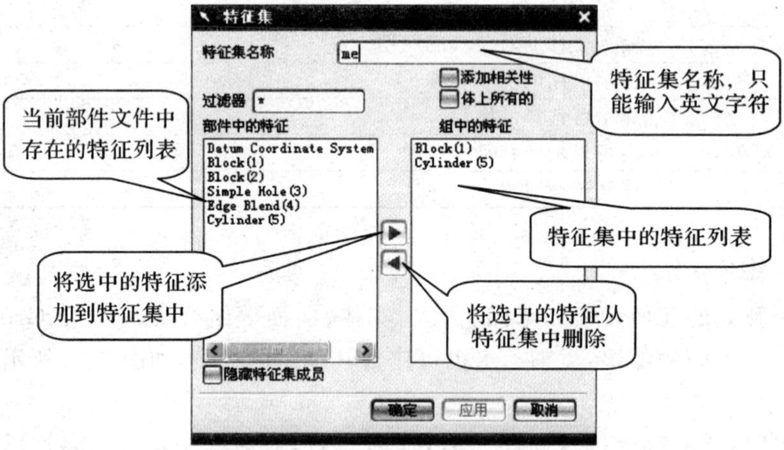

图 6-33　【特征分组】对话框

(1)创建特征集

在【特征集名称】文本框中输入特征集名称，在【部件中的特征】列表框中选择要加入到特征集中的特征，并单击将所选特征添加到【组中的特征】列表框中，最后按 MB2 或单击【应用】按钮。

(2)编辑特征集

在 UG NX 中,特征集是作为单一特征看待的。因此,特征集会在部件导航器中作为一个节点存在。选择该节点,就可以选中该特征集。双击部件导航器中的特征集节点,会弹出【特征集】对话框,在对话框中添加/删除组中的特征即可。

6.6 坐标系

6.6.1 原点

选择该命令后,系统弹出点对话框,提示用户选择一个点。指定一点后,当前工作坐标系的原点就移到指定点的位置,而坐标系的矢量方向保存不变,如图 6-34 所示。

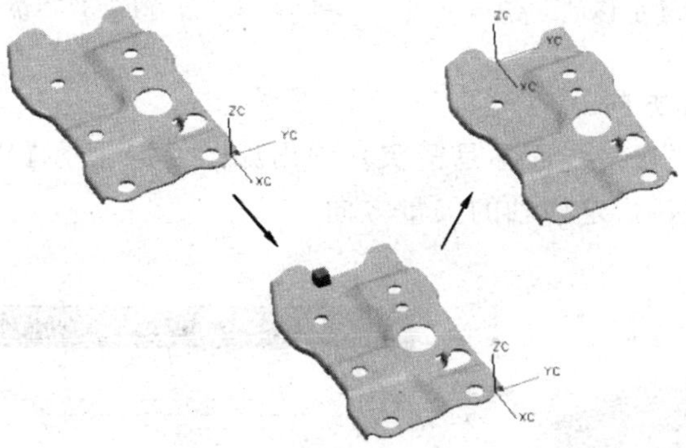

图 6-34 WCS 原点

6.6.2 动态

使用 WCS 动态命令可以使用手柄操控 WCS 的位置和方向。选择该命令后,工作坐标系被激活,出现一些控制钮,即原点、移动柄和旋转球,如图 6-35 所示。

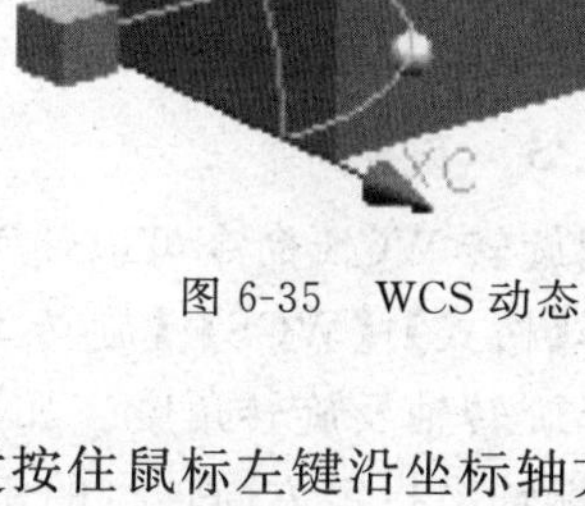

图 6-35 WCS 动态

【功能选项】

使用此命令可以进行如下 4 种操作:

1. 改变坐标系原点位置

坐标系原点默认处于高亮显示状态,用鼠标选取一点即可移动坐标系的位置,其方法同【原点】相同。

2. 沿坐标系移动

如图 6-36 所示,用鼠标选取移动柄,这时可在【距离】文本框中通过直接输入数字来改变坐标系,也可以通过按住鼠标左键沿坐标轴方向拖动坐标系。

3. 绕某坐标轴旋转

如图 6-37 所示,用鼠标选取旋转球,这时可在【角度】文本框中通过直接输入数字来改变坐标系，也可以通过按住鼠标左键在屏幕上旋转坐标系。在旋转过程中，为便于精确定位，可以设置补偿单位如 45，这样每隔 45 个单位角度，系统自动捕捉一次。

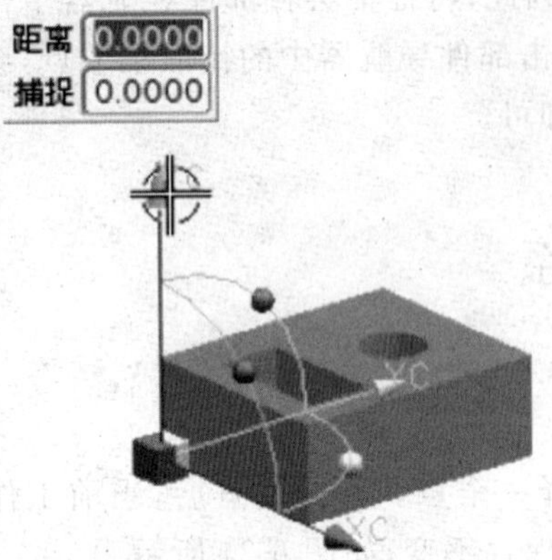

图 6-36　沿坐标系移动

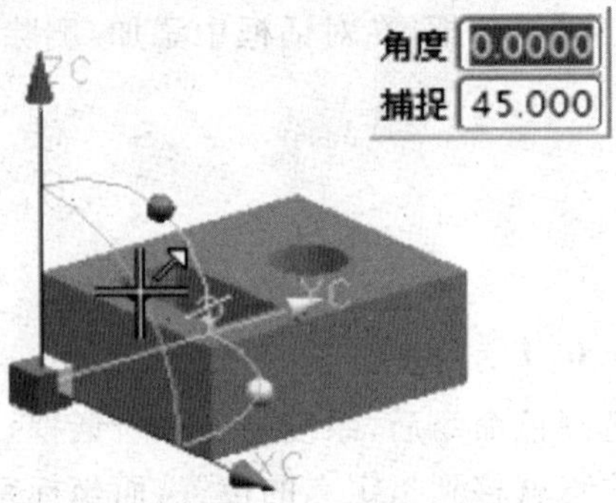

图 6-37　绕某坐标轴旋转

4. 指定某轴的矢量方向

用鼠标选取轴线(注意是线而不是箭头)，弹出如图 6-38 所示【WCS 动态】对话框，这时可以通过矢量构造器重新指定该轴的矢量方向。

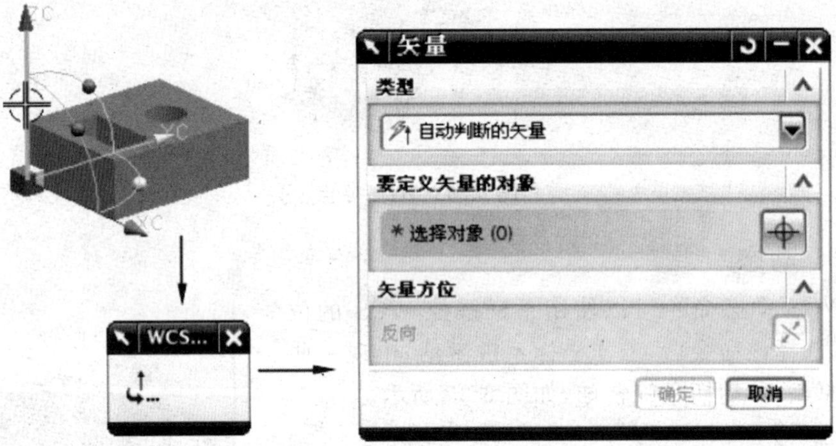

图 6-38　指定某轴的矢量方向

6.6.3　旋转

使用旋转 WCS 命令可以使 WCS 绕其中的一个轴旋转一定角度。

选择【格式】|【WCS】|【旋转 WCS】命令，弹出如图 6-39 所示的对话框。

选择旋转轴及旋转角度。如选取"＋YC 轴：ZC→XC"，并在【角度】栏中输入一个数值(表示坐标轴沿指定方向转过的角度，如输入 90)，单击【确定】按钮即可完成坐标的旋转，如图 6-40 所示。

笛卡尔坐标系符合"右手螺旋法则"，所以旋转方向可由"右手螺旋法则"来确定。以"＋ZC 为旋转轴"为例，竖起右手拇指且使之与 ZC 正轴方向一致，正的旋转角度就是将坐标系

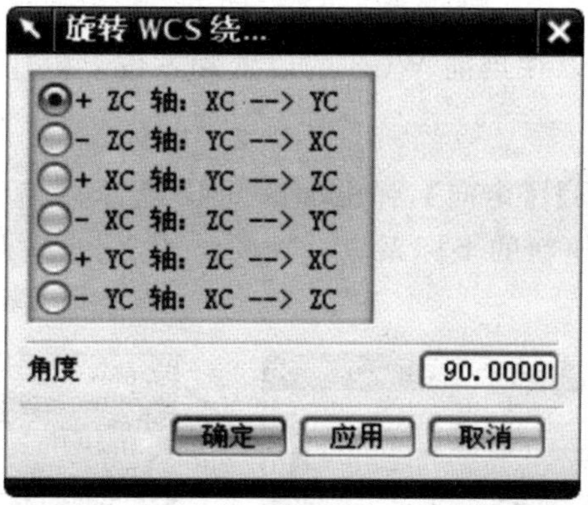

图 6-39　旋转 WCS

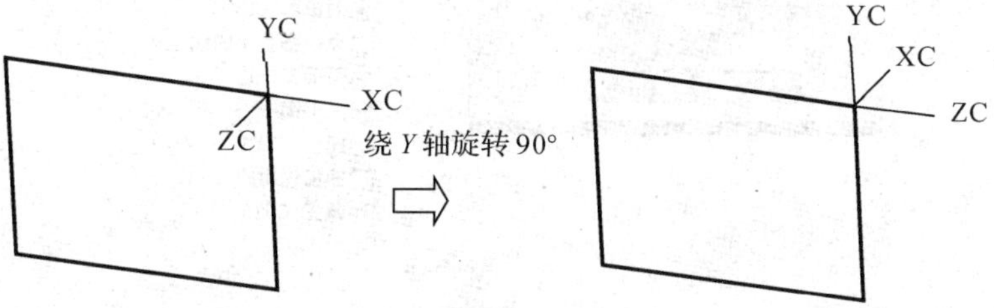

图 6-40　旋转 WCS

以＋ZC 轴为旋转轴，沿右手四指弯曲的方向旋转指定的角度。

按 MB2 或单击对话框中的【确定】按钮，都不会退出对话框，其作用相当于单击了【应用】按钮。欲要退出对话框，请单击对话框的【取消】按钮。

6.6.4　显示

使用显示 WCS 命令可以显示或不显示工作坐标系，如图 6-41 所示。

图 6-41　显示/隐藏 WCS

（1）该命令是个开关性的命令。当其处于按下的状态时，在当前绘图区显示工作坐标系。如果关闭该命令，绘图区就不会显示工作坐标系。

（2）显示工作坐标系的默认快捷键为 W，我们可以通过快捷键 W 来快速切换在当前绘图区是否显示工作坐标系。

6.6.5 保存

使用存储 WCS 命令可以在当前 WCS 的位置和方位上创建一个坐标系对象 CSYS。

6.6.6 定向

选择菜单【格式】|【WCS】|【定向】，弹出如图 6-42 所示的坐标构造器，利用坐标系构造器，可以选择坐标元素或构建新的坐标系。

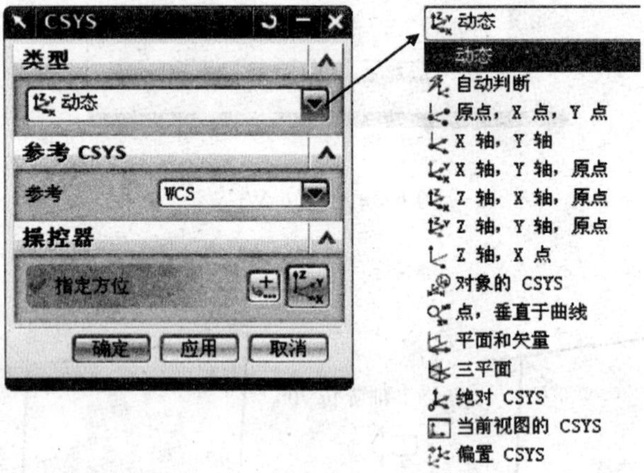

图 6-42 定向 WCS

1. 自动判断

系统根据用户的操作创建相应的 WCS。

在自动判断方式中，用得最多的是选择矩形的平面，坐标系原点自动位于平面的中心，X 轴平行于长边，Y 轴平行于短边。如果是圆平面，坐标系中心自动位于圆中心，但 X 轴和 Y 轴不能确定。

2. 原点，X 点，Y 点

"原点，X 点，Y 点"(Origin，X-Point，Y-Point)方式需要指定 3 点。第一点为坐标原点，第一点指向第二点的方向为 X 轴的正向，从第二点至第三点按右手定则确定 Z 轴的正向。

调用坐标构造器，并选择【原点，X 点，Y 点】方式；依次指定 3 点；按 MB2 或单击【应用】按钮即可构造坐标系，如图 6-43 所示。

3. X 轴，Y 轴

"X 轴，Y 轴"(X-Axis，Y-Axis)方式需要指定两个矢量。两矢量的交点作为坐标原点，第一个矢量方向为 X 轴正向，从第一个矢量至第二个矢量由右手定则确定 Z 轴的正向。调用坐标构造器，并选择【X 轴，Y 轴】方式；指定第一个矢量(如选择边缘 1)和第二个矢量(如选择边缘 2)；按 MB2 或单击【应用】按钮即可构造坐标系，如图 6-44 所示。

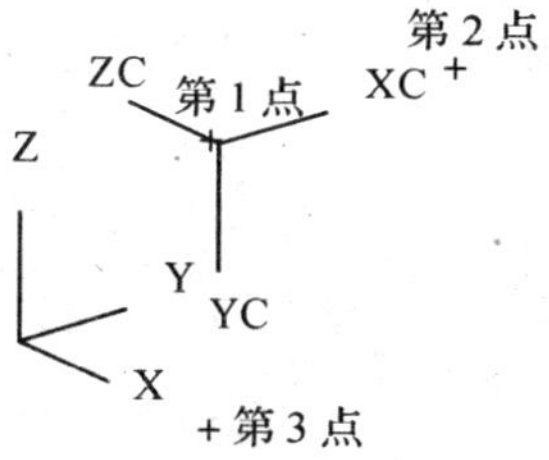

图 6-43　通过原点，X 点，Y 点创建

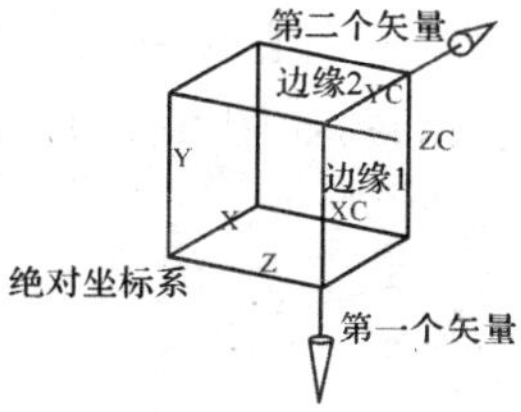

图 6-44　通过 X 轴 Y 轴创建

4. X 轴，Y 轴，原点

“X 轴，Y 轴，原点”(X-Axis，Y-Axis，Origin)方式需指定两个矢量和一点。第一个矢量为 X 轴的正向，从第一个矢量至第二个矢量由“右手法则”确定 Z 轴的正向，指定的点作为坐标原点。

调用坐标构造器，并选择【X 轴，Y 轴，原点】”方式；指定第一个矢量(如选择边缘 1)、第二个矢量(如选择边缘 2)和一点；按 MB2 即可构造坐标系，如图 6-45 所示。

5. Z 轴，X 点

“Z 轴，X 点”(Z-Axis，X-Point)方式需要指定一个矢量和一个点。Z 轴为给定的矢量方向，X 轴正向为与给定矢量垂直且指向定义点的方向，Y 轴的方向由 Z 轴至 X 轴按右手定则确定，三矢量的交点作为坐标原点。

调用坐标构造器，并选择【Z 轴，X 点】方式；分别指定一个矢量(如选择边缘 1)和一点；按 MB2 即可构造坐标系，如图 6-46 所示。

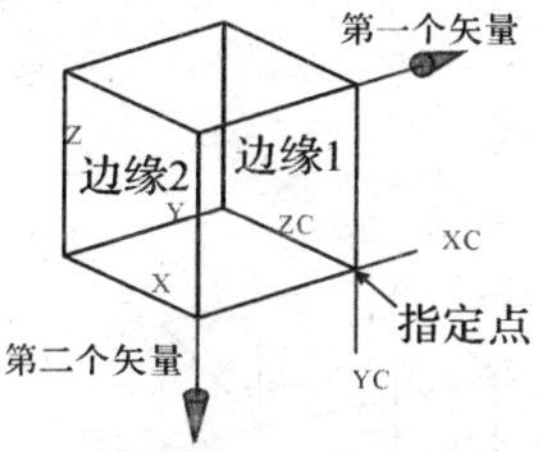

图 6-45　通过 X 轴，Y 轴，原点创建 WCS

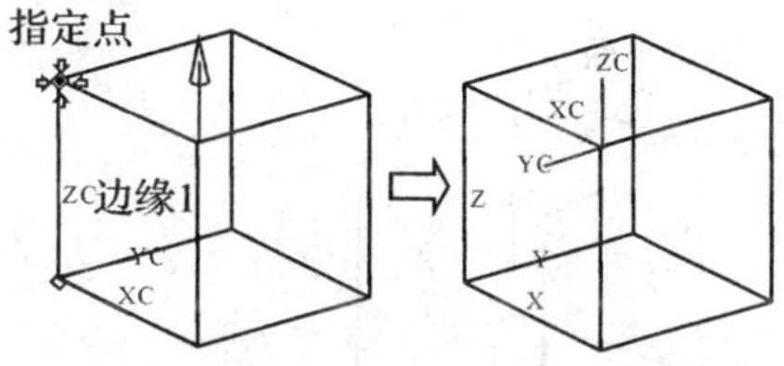

图 6-46　通过 Z 轴，X 点创建 WCS

6. 坐标系对象(CSYS of Object)

“坐标系对象”(CSYS of Object)方式需要选择一条平面曲线或一个实体表面(平面)，实体表面或平面曲线所在的面即为新的坐标系的 XOY 平面。坐标系的中心为平面曲线或实体表面的中心，X 方向为水平方向，Y 方向为铅垂方向。

调用坐标构造器，并选择【坐标系对象】方式，选择平面曲线或实体表面(平面)，按 MB2 即可构造坐标系，如图 6-47 所示。

7. 点，垂直于曲线

“点，垂直于曲线”(Point，Perpendicular Curve)方式是根据所选曲线及曲线上的一个指定点创建一个新的坐标系。

调用坐标构造器，选择【点，垂直于曲线】方式，并选择一条曲线和曲线上的一点，按 MB2 即可构造一坐标系，如图 6-48 所示。

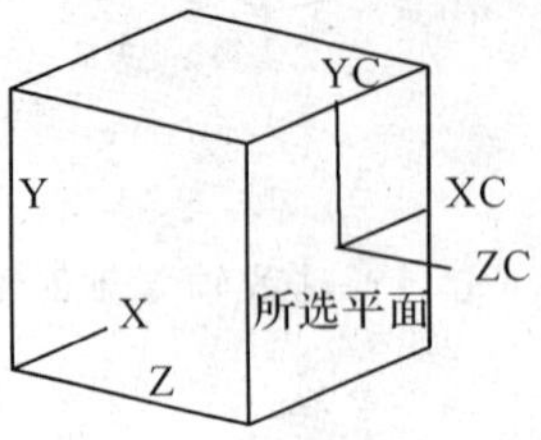

图 6-47　坐标系对象

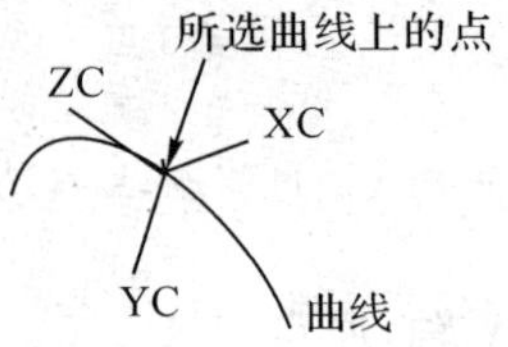

图 6-48　点，垂直于曲线

8. 平面和矢量

"平面和矢量"(Plane and Vector)方式需要指定一个平面和一个矢量。X 轴为平面法向，Y 轴为所指定的矢量在平面内的投影，原点为指定矢量与平面交点。

调用坐标构造器，并选择【平面和矢量】方式，选择一个平面并指定一个矢量，按 MB2 即可构造坐标系，如图 6-49 所示。

9. 三平面

"三平面"(Three Plane)方式是根据所选择的三个平面来定义坐标系。

调用坐标构造器，并选择【三平面】方式，依次选择三个平面；按 MB2 即可构造坐标系，如图 6-50 所示。

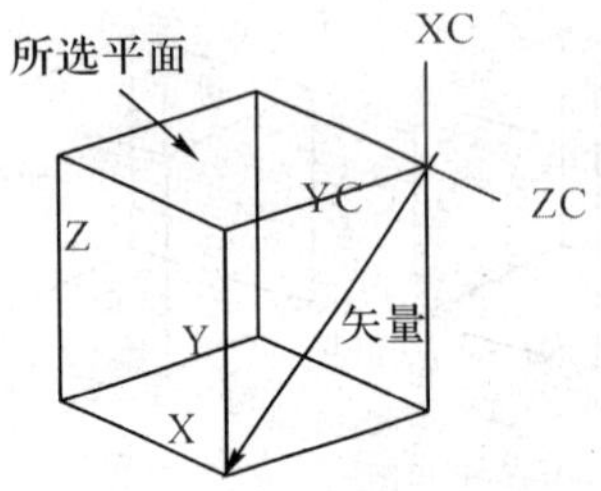

图 6-49　平面和矢量

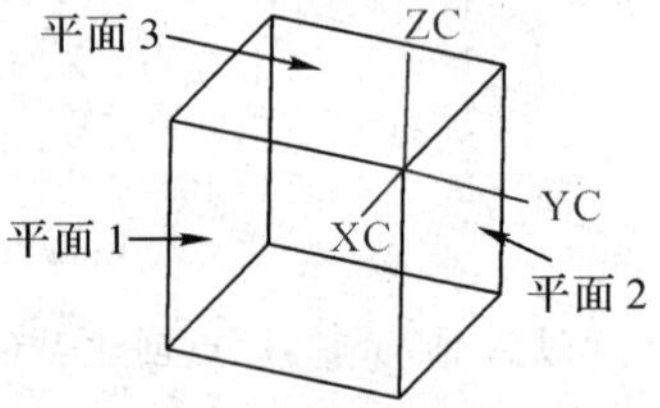

图 6-50　三平面

10. 偏置 CSYS

"偏置坐标"(Offset From CSYS)方式是通过指定 X、Y、Z 轴方向的偏置值来定义一个新的坐标系，该方式下可选择已存在的坐标。

11. 绝对 CSYS

"绝对坐标"(Absolute CSYS)方式是在绝对坐标(0,0,0)处重新创建一个坐标，通过此功能可将坐标系恢复到初始状态。

12. 当前视图的 CSYS

利用"当前视图的坐标系"(CSYS of Current View)方式所创建的坐标系的 XC 轴平行于当前视图的底,YC 轴垂直于视图的底,原点位于当前视图的中心。

6.7 基本元素的创建

6.7.1 点

使用点构造器可通过点对话框在三维空间指定点和创建点对象和位置的标准方法。点构造器通常配合其他命令使用。如图 6-51 所示为点对话框。

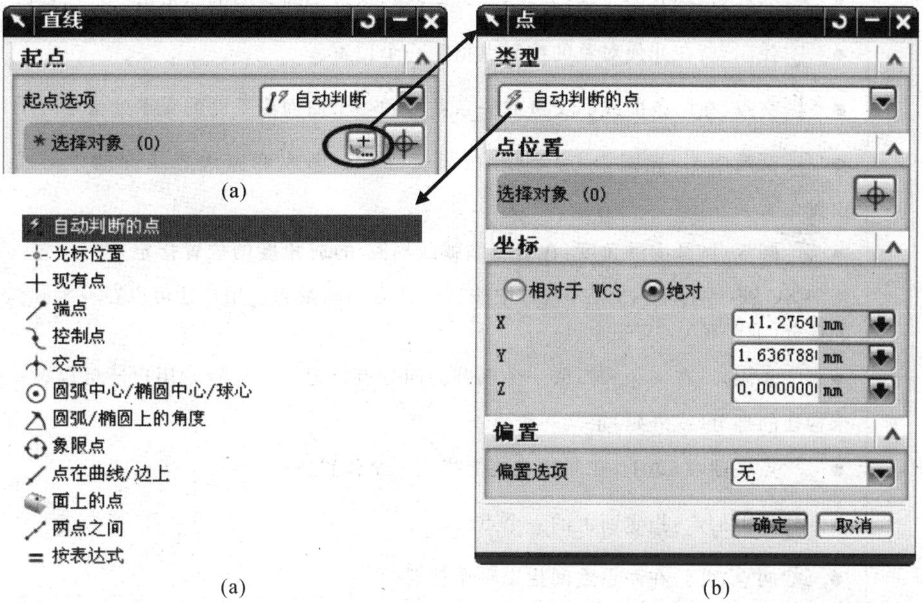

图 6-51 【点】对话框

点对话框的选项描述如表 6-7 所示。

6.7.2 矢量

在 UG 建模过程中,经常用到矢量构造器来创建矢量,比如实体构建时的生成方向、投影方向、特征生成方向等。矢量构造器存在于特征创建的对话框中。单击某些对话框中的矢

量构造器图标,即可弹出【矢量】构造器对话框,如图 6-52 所示。

矢量定义的类型有很多种,如图 6-52 所示。【矢量】对话框的【类型】下拉列表中的各矢量定义类型的含义如下。

表 6-7

选项	描述
类型	
类型	指定点创建方法。 ● 自动判断的点；根据选择指定要使用的点选项。系统傀用单个选择来指定点，所以自动推断的选项被局限于光标位置、已存点、端点、控制点以及圆弧/椭圆中心。 ● 光标位置：在光标的位置指定一个位置。位置位于 WCS 的平面中。 ● 现有点：通过选择一个现有点对苏来指定一个位置。通过选择一个现有点，使用该选项在现有点的顶部创建一个点或指定一个位置。在现有点的顶部创建一个点可能引起迷惑，因为用户将看不到新点，但这是从一个工作图层得到另一个工作图层的点的拷贝的最快的方法。 ● 端点；在现有的直线、圆弧、二次曲线以及其他曲线的端点指定一个位置。 ● 控制点：在儿何对象的控制点指定一个位置。 ● 交点：在两条曲线的交点或一条曲线和一个曲面或平面的交点处指定一个位置。 ● 圆弧中心/椭圆中心/球心：在圆弧、椭圆、圆或椭圆边界或球的中心指定一个位置。 ● 圆弧/椭圆上的角度：在沿着圆弧或椭圆 的成角度的位置指定一个位置。软件从正向 XC 轴参考角度，并在 WCS 中按逆时针方向测量它。用户还可以在一个圆弧未构建的部分（或外延）定义一个点。 ● 象限点：在一个圆弧或一个椭圆的四分点指定一个位置。用户还可以在一个圆弧未构建的部分（或外延）定义一个点。 ● 点在曲线/边上；在曲线或边上指定一个位置。 ● 面上的点：指定而上的一个点。 ● 两点之间：在两点之间指定一个位置。 ● 按表达式：使用点类型的表达式指定点。
点位置	
选择对象	用于选择点
坐标	
相对于 WCS	指定相对于工作坐标系（WCS）的点。您可编辑下面的 XC、YC 和 ZC 值。要使该选项可用，必须取消选定【设置】下的【关联】复选框。
绝对	指定相对于绝对坐标系的点。可编辑下面的 X、Y 和 Z 值。要使该选项可用，必须取消选定【设置】下的【关联】复选框。
X、Y 和 Z	指定点坐标。要为点添加引用、函数或公式，可使用参数输入选项。
设置	
关联	使该点成为关联而不是固定的，使其以参数关联到其父特征。如果编辑非关联点，它将在【类型】列表中显示为【固定】。部件导航器将关联点显示为【点】将非关联点显示为【固定点】。

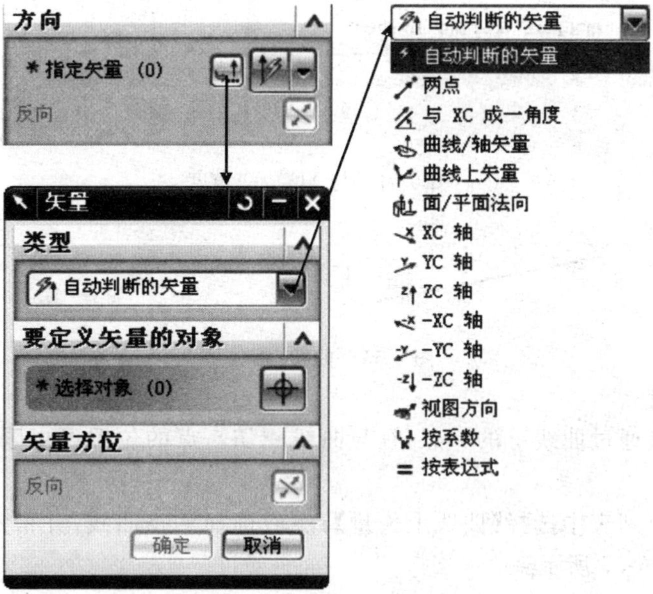

图 6-52 矢量构造器

1. 自动判断

系统根据用户所选择的几何图形自动推断并生成的相应矢量。

2. 两点矢量

所创建的矢量通过指定的两点，且其方向由第一点指向第二点。

在【类型】下拉列表中选择【两点】，然后指定两点，即可生成矢量，如图 6-53 所示。

图 6-53 两点矢量

3. 与 XC 成一角度

所创建的矢量位于 XC-YC 平面内，且与 XC 轴成指定的角度。

在【类型】下拉列表中选择【与 XC 成一角度】，然后在【相对于 XC-YC 平面中 XC 的角度】选项区域中的【角度】文本框中输入角度值，按 MB2 即可生成矢量，如图 6-54 所示。

4. 曲线/轴矢量

根据所选的边缘或曲线来定义矢量。若选取的是直线，则矢量方向是由选择点指向其距离最近的端点；若选取的是圆或圆弧，则矢量通过圆心，并垂直于圆所在的平面。

在【类型】下拉列表中选择【曲线/轴矢量】，然后选择一条边界线（或一条直线），即可生成矢量，如图 6-55 所示。

图 6-54　与 XC 成一角度

图 6-55　曲线/轴矢量

5. 曲线上矢量

所创建的矢量通过曲线上的一点，且与曲线相切。点的位置可由限定弧长或者弧长百分比来确定。

在【类型】下拉列表中选择【曲线上矢量】；然后选择一条曲线，并指定曲线上的一点，即可生成矢量，如图 6-56 所示。

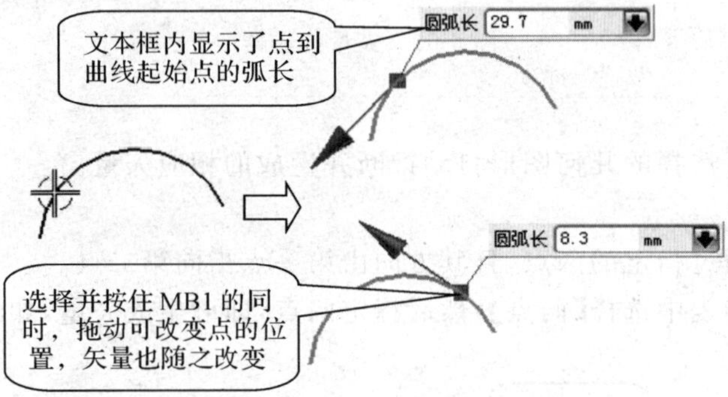

图 6-56　曲线上矢量

6. 面/平面法向

所创建的矢量与所选择的平面、基准平面的法线或圆柱面的轴线平行。

在【类型】下拉列表中选择【面/平面法向】，然后选择一个面，即可生成矢量，如图 6-57 所示。

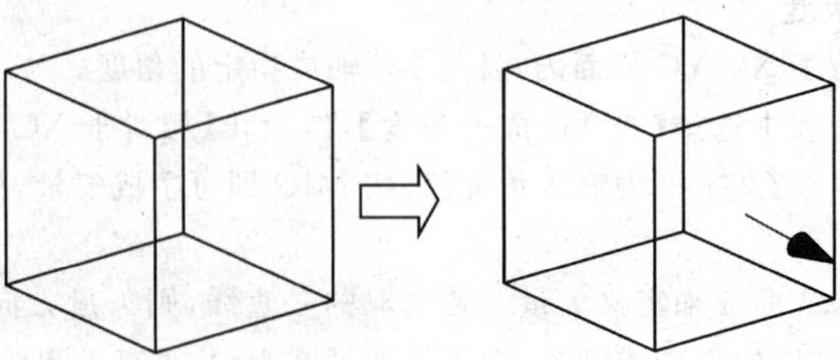

图 6-57　面/平面法向

7. XC 轴

指定一个与现有 CSYS 的 XC 轴或 X 轴平行的矢量。

8. 视图方向

指定与当前工作视图平行的矢量。

9. 按系数

不同的坐标系,矢量的系数不同。通常采用笛卡尔坐标。在笛卡尔坐标系下,确定一个矢量,需要输入三个分量值(I,J,K)。例如在笛卡尔坐标系下要创建“Z 轴的正方”向矢量,只需将(I,J,K)的值设置为(0,0,1);要创建“Z 轴的负方向”矢量,只需将(I,J,K)的值设置为(0,0,- 1)。

10. 按表达式

选择现有矢量表达式,以使用表达式值来创建矢量。

6.7.3 平面

使用【平面】工具可以创建无边界的平面对象。创建的平面在 UG NX6 系统中用一个 3∶4∶5 的直角三角形符号表示,如图 6-58 所示。平面对象一般用作辅助平面,如基准平面、参考平面、裁切平面等。

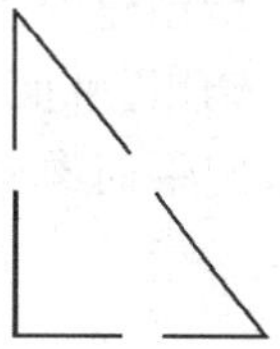

图 6-58 平面

注意:平面对象是非关联的,且不显示在【部件导航器】中。平面对象符号的比例是固定的。

单击【曲线】工具条上的平面图标,弹出如图 6-59 所示的【平面】对话框。【平面】对话框的【类型】下拉列表中的各平面定义类型的含义如下。

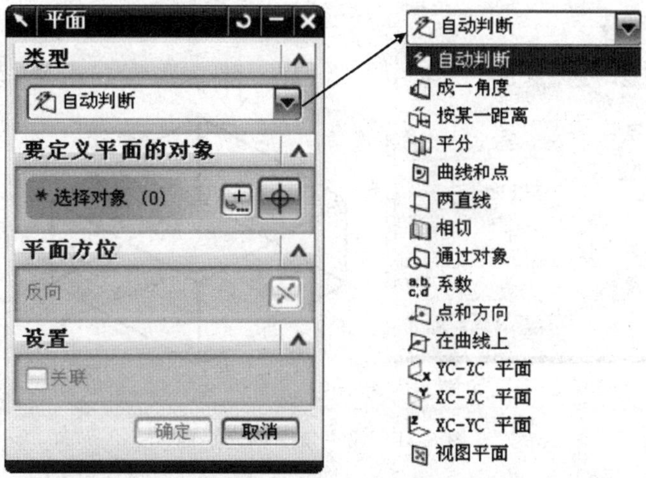

图 6-59 【平面】对话框

1. 自动判断

根据用户选择的对象,自动判断并生成平面。如图 6-59 所示,选择两个圆柱体的侧面后,会自动创建一平面,如图 6-60(a)所示。但由于与两个圆柱面相切的平面有 4 个,通过单击【平面】对话框中【平面方位】组的【备选解】图标,可在这 4 个平面中进行切换,如图 6-60(b)、(c)、(d)所示。切换到正确位置后,按 MB2 即可创建平面。

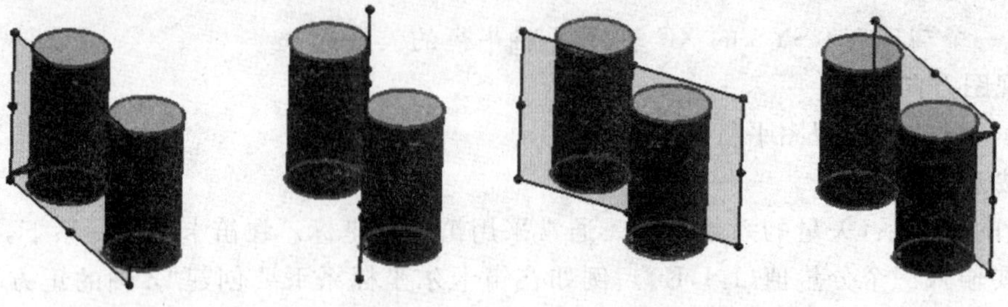

图 6-60　自动判断

2. 成一角度

所创建的平面通过指定的轴，且与指定的平面成指定的角度。

调用【平面】工具后，弹出图 6-57 所示对话框；在【类型】下拉列表中选择【成一角度】，然后指定平面参数：参考平面、通过的轴、与平面的夹角，按 MB2，如图 6-61 所示。

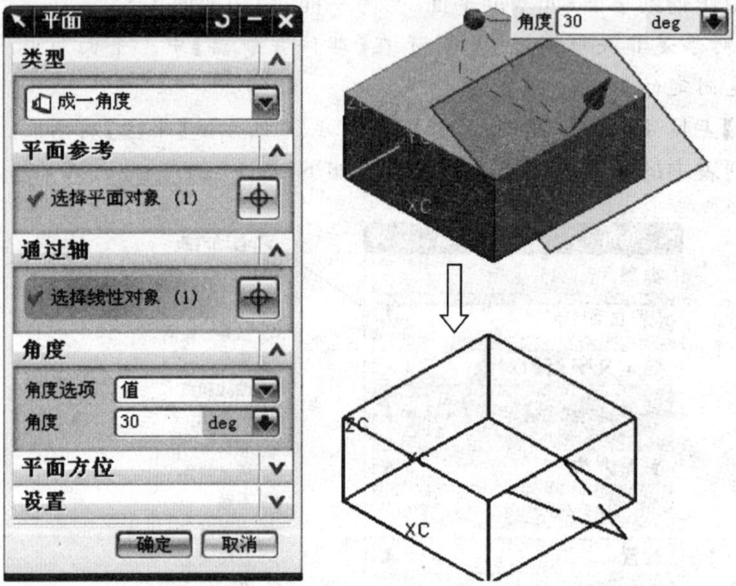

图 6-61　成一角度创建平面

3. 按某一距离

所创建的平面与指定的面平行，其间隔距离由用户指定。需要指定两个参数：参考平面、距离值，如图 6-62 所示。

参考平面可以直接选择【平面】对话框中的 XC-YC 平面、ZC-YC 平面、XC-ZC 平面。

4. 曲线和点

其子类型有：曲线和点、一点、两点、三点、点和曲线/轴、点和平面/面等。常用的有三点、曲线和点。

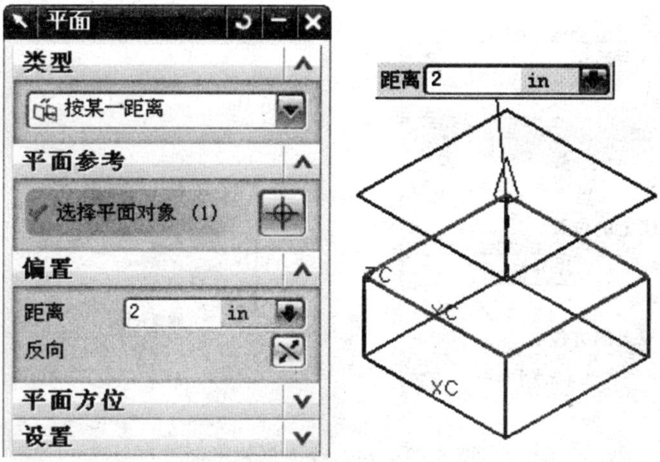

图 6-62　按某一距离创建平面

三点方式下只需任意选择三点，即可创建通过所选三点的平面。

“曲线和点”方式则创建一个通过指定的点，且与所选择的曲线垂直的平面。需要指定两个参数：平面通过的点、平面垂直的曲线，如图 6-63 所示。

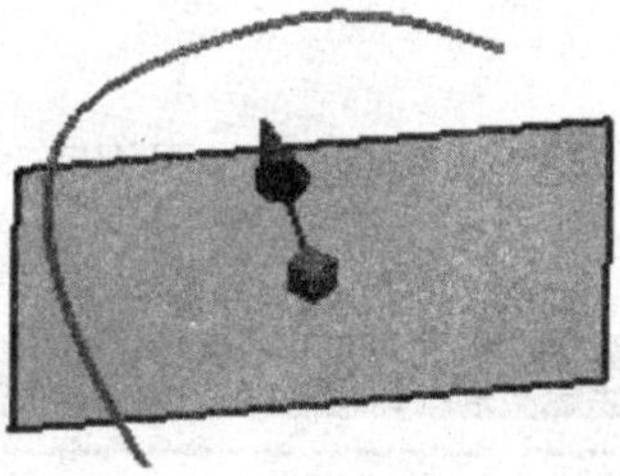

图 6-63　曲线和点

5. 两直线

根据所选择的两直线创建平面。若两条直线共面，则所创建的平面通过指定的两条直线；反之，则所创建的平面通过第一条直线，且与第二条直线平行。

6. 在曲线上

所创建的平面通过曲线上的一点，且与曲线垂直，如图 6-64 所示。曲线上的位置可通过在【曲线上的位置】组中设置弧长或百分比来确定。

7. 固定平面

固定平面是指 XC-YC、YC-ZC、XC-ZC 三个主平面，在【类型】下拉列表中选择其一即可创建相应的平面。

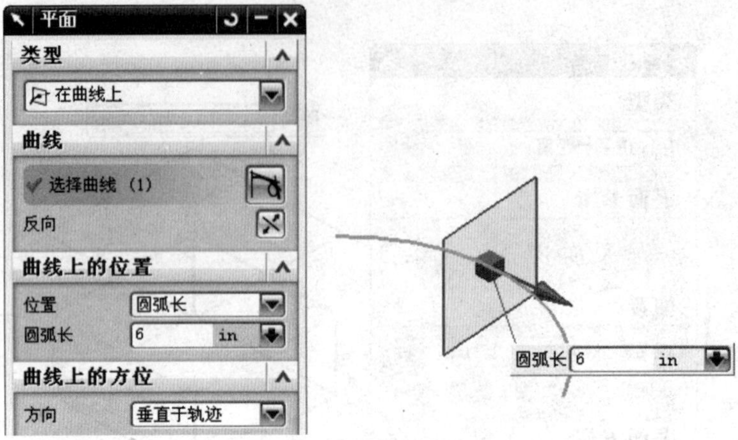

图 6-64　在曲线上创建平面

6.8　几何变换

随着 UGNX 软件在设计领域内的普及，其个别模块也在不断更新。变换与移动对象在早期版本中是一个整体，自 6.0 版本开始各自独立，在操作上更加灵活方便。

6.8.1　变换

变换命令如图 6-65 所示属于标准工具条。主要用于对选择的对象进行缩放、镜像、阵列、拟合等操作。

图　6-65

例 6-1　刻度尺

将实体帽部按原有比例放大一倍，缩放点为帽部顶面的圆心，如图 6-66 所示。

(1)打开 Translate1. prt，然后按快捷键 Ctrl+T 调用【变换】命令。

(2)选择转换对象：实体帽部，然后单击鼠标中键，弹出【变换】对话框。

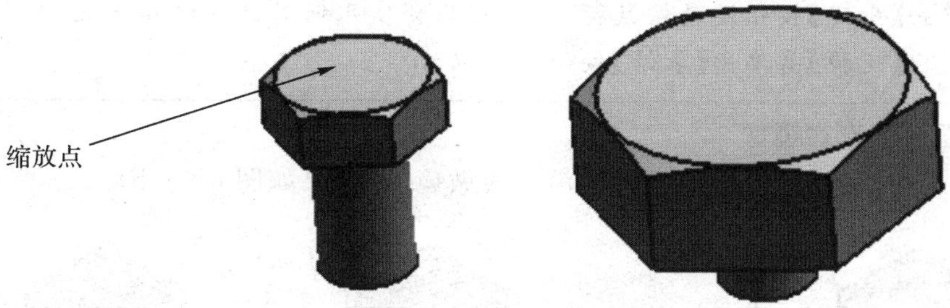

图 6-66

(3)选择转换方式:【刻度尺】,系统接着弹出要求选择缩放点对话框。

(4)拾取帽部圆心,弹出【刻度尺比例】对话框,如图 6-67 所示。

图 6-67

(5)输入刻度尺比例值为 2,点击确定,对话框显示如图 6-68 所示。

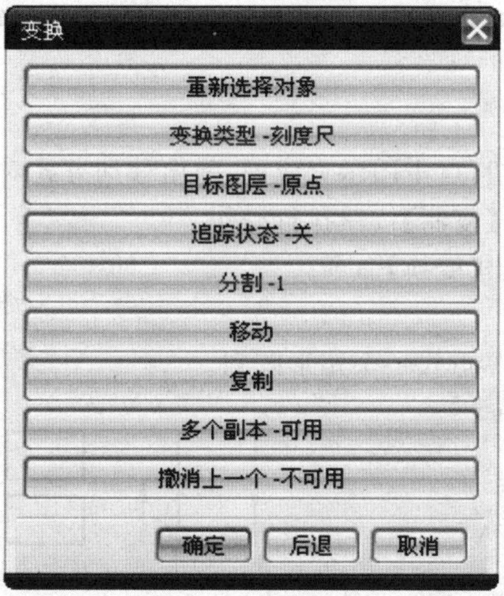

图 6-68

(6)选择移动方式:单击【移动】按钮,点击子对话框中移除参数按钮执行操作。

(7)单击【取消】按钮退出【变换】命令。

无论是单击【确定】按钮还是按鼠标中键，都只会使几何对象再运算一次，而不会退出对话框。要退出【变换】需单击【取消】按钮才可以。

例 6-2　通过一直线镜像

以复制方式将如图 6-69(a)所示实体沿直线做镜像，结果如图 6-69(b)。

图 6-69

(1)打开 Translate2. prt，然后使用快捷键 Ctrl ＋ T 调用【变换】命令。

(2)选择欲转换的对象：实体，然后单击鼠标中键，弹出【变换】对话框。

(3)选择转换方式：【通过一直线镜像】，弹出【选择直线】对话框，如图 6-70 所示。

图 6-70

(4)选择现有的直线按钮，点击图示直线段，弹出移动方式对话框。

(5)选择移动方式：单击【复制】按钮执行操作。

(6)单击【取消】按钮退出【变换】命令。

例 6-3　矩形阵列

使图 6-71 中的矩形在 A 点作一个矩形阵列。

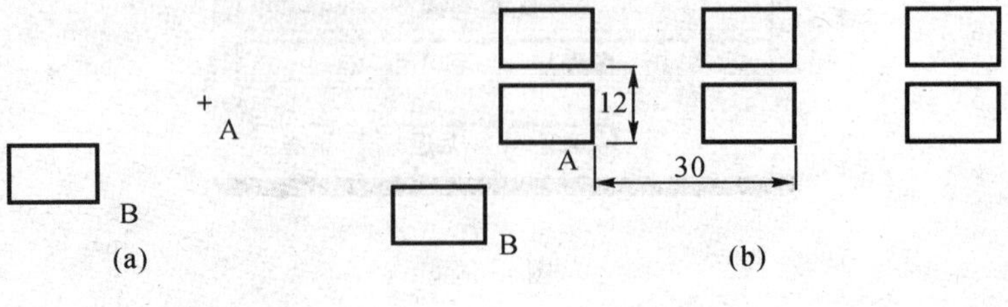

图 6-71

(1)打开 Translate3. prt,然后使用快捷键 Ctrl+T,调用【变换】命令。

(2)选择欲转换的对象:选择矩形,然后单击鼠标中键,弹出【变换】对话框。

(3)选择转换方式:单击【矩形阵列】按钮。

(4)指定矩形阵列参考点:选择 B 点。

(5)选择阵列原点:选择 A 点。

(6)在【变换】对话框中输入阵列参数,如图 6-72 所示。

图 6-72

(7)选择移动方式:单击【复制】按钮。

(8)单击【取消】按钮,退出转换命令。

例 6-4　环形阵列

将图 6-73(a)中矩形相对 A 点处作圆周阵列,结果如图 6-73(b)。

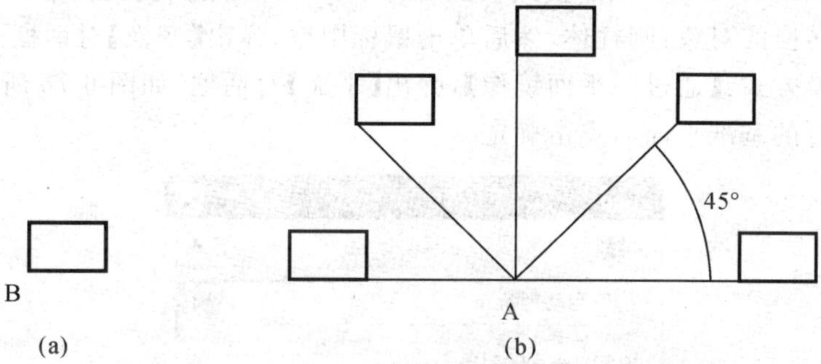

图 6-73

(1)打开 Translate4. prt,然后使用快捷键 Ctrl+T,调用【变换】命令。

(2)选择欲转换的对象:选择矩形,然后单击鼠标中键,弹出【变换】对话框。

(3)选择转换方式:单击【圆形阵列】按钮。

(4)指定圆形阵列参考点:选择 B 点。

(5)指定环形阵列中心:选择 A 点。

(6)输入圆形阵列参数,如图 6-74 所示。

(7)选择移动方式:单击【复制】按钮。

(8)单击【取消】按钮,退出变换操作。

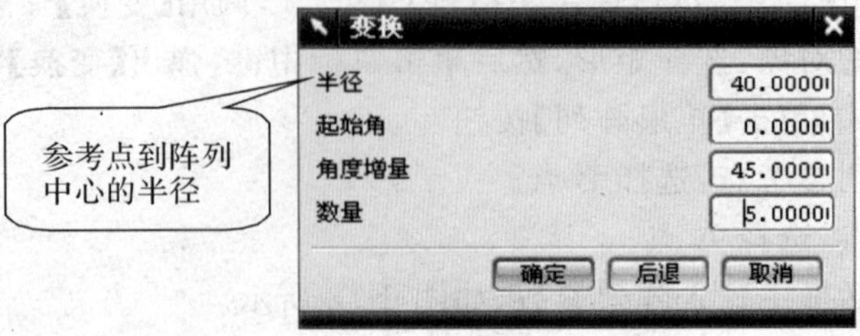

图 6-74

例 6-5　通过一平面镜像

以复制方式将如图 6-75(a)圆柱体沿平面做镜像，结果如图 6-75(b)所示。

图 6-75

(1)打开 Translate5. prt，然后使用快捷键 Ctrl + T 调用【变换】命令。

(2)选择欲转换的对象：圆柱体，然后单击鼠标中键，弹出【变换】对话框。

(3)选择转换方式：【通过一平面镜像】，弹出【平面】对话框，如图 6-76 所示。

(4)选择现有的基准平面后点击确定。

图 6-76

(5)选择移动方式:单击【复制】按钮执行操作。

(6)单击【取消】按钮退出【变换】命令。

6.8.2 移动对象

使用移动对象命令如图 6-77 所示可对选择的对象进行多达 9 种类似变换的编辑,分别是距离、角度、点之间的距离、径向距离、点到点、根据三点旋转、将轴与矢量对齐、CSYS 到 CSYS、动态等。变换的结果可具有参数关联性,可动态改变编辑效果。

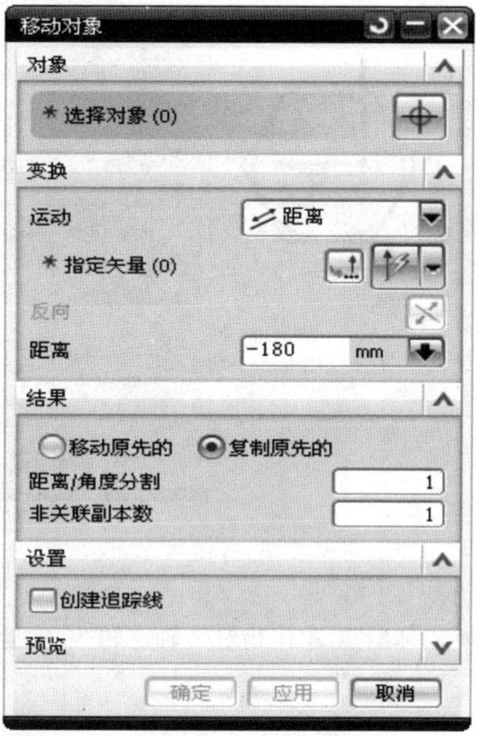

图 6-77

例 6-6 距离

以复制方式将实体沿 X 方向移动距离为 100,如图 6-78 所示。

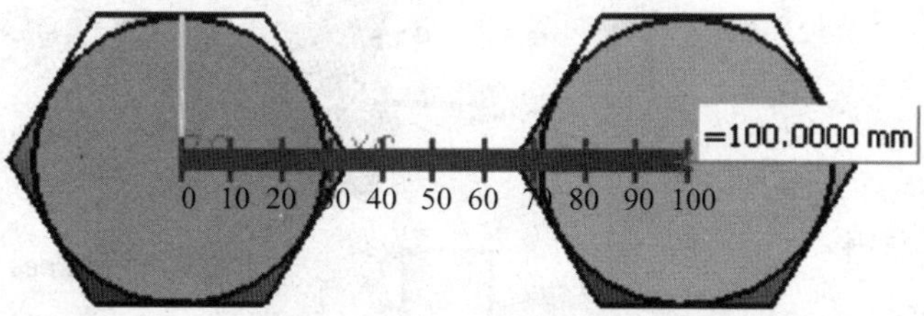

图 6-78

(1)打开 Move Object1. prt,然后按快捷键 Ctrl+Shift+M 调用【移动对象】命令。

(2)选择对象为实体;运动方式为距离;指定矢量栏后会出现预览轴,选择 X 轴;距离值为100,如方向相反可点击反向按钮进行调整;选择复制原先的按钮。此时软件会出现预览效果,点击确定,完成平移操作。设置参数如图 6-79 所示。

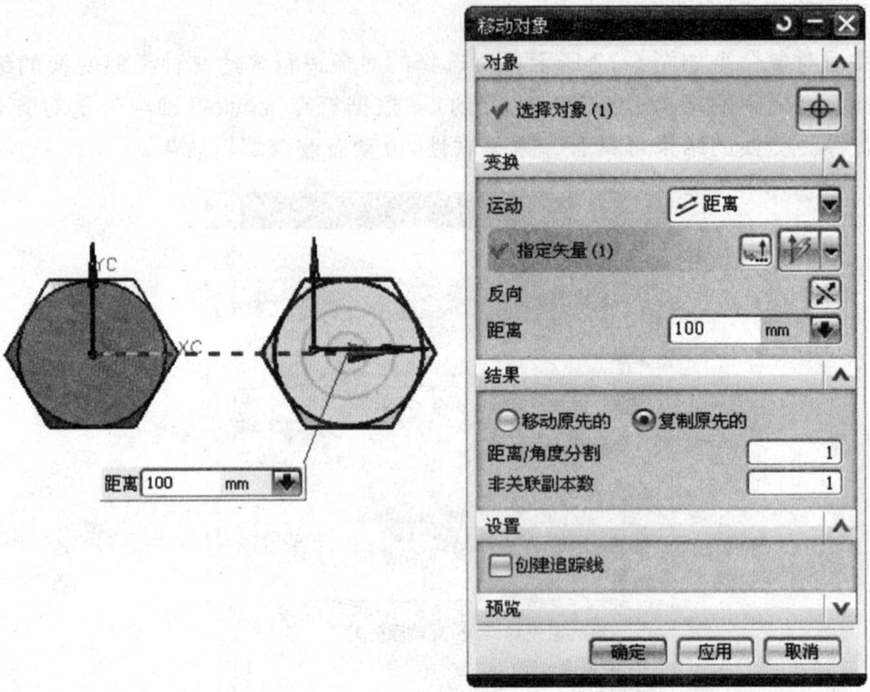

图 6-79

例 6-7　角度

以复制方式将如图 6-80 实体沿点 A 作相对 Z 轴旋转 70 度运动。

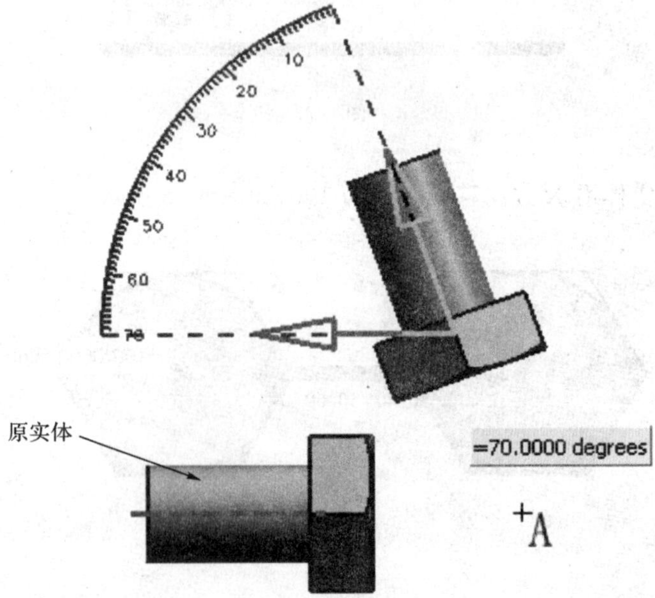

图 6-80

(1)打开 Move Object2. prt,然后使用快捷键 Ctrl+Shift+M 调用【移动对象】命令。

(2)选择对象为实体;运动方式为角度;指定矢量栏后会出现预览轴,选择 Z 轴;指定轴点为 A;角度值为 70,如方向相反可点击反向按钮进行调整;选择复制原先的按钮。此时软件会出现预览效果,点击确定,完成旋转操作。设置参数如图 6-81 所示。

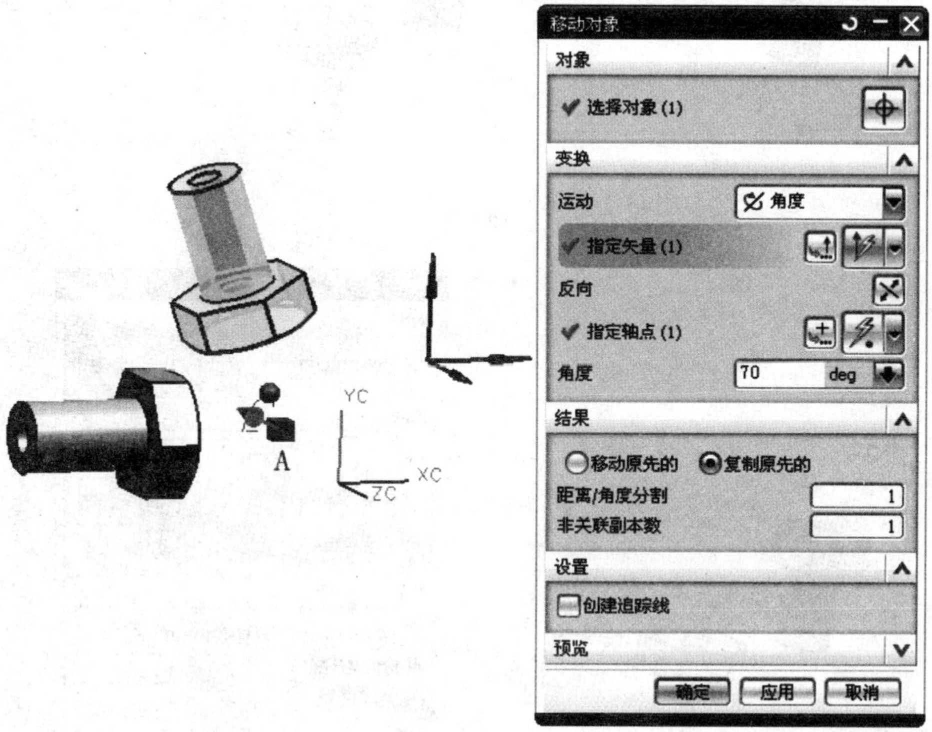

图 6-81

需要注意的是结果中的距离/角度分割与非关联副本数的概念。这么说吧,距离/角度分割值假如为 3,则代表的是角度值 3 分之一的旋转运动。非关联副本数假如为 2,则出现 2 个副本,第一个副本旋转角度为单倍;第二个副本旋转角度为双倍。

例 6-8　点到点

以复制方式将图 6-82(a)中各元素(坐标系、直线、基准平面、实体等)从点 A 复制至点 B,结果如图 6-82(b)所示。

(1)打开 Move Object3. prt,然后使用快捷键 Ctrl+Shift+M 调用【移动对象】命令。

(2)选择对象为除去点外所有对象;运动方式为点到点;指定出发点为圆心 A;指定终止点为 B;选择复制原先的按钮。此时软件会出现预览效果,点击确定,完成点到点的移动操作。设置参数如图 6-83 所示。

例 6-9　CSYS 到 CSYS

将图 6-84(a)中圆柱与立方体作坐标系 CSYS 的对齐,结果如图 6-84(b)所示。

(1)打开 Move Object4. prt,然后使用快捷键 Ctrl+Shift+M 调用【移动对象】命令。

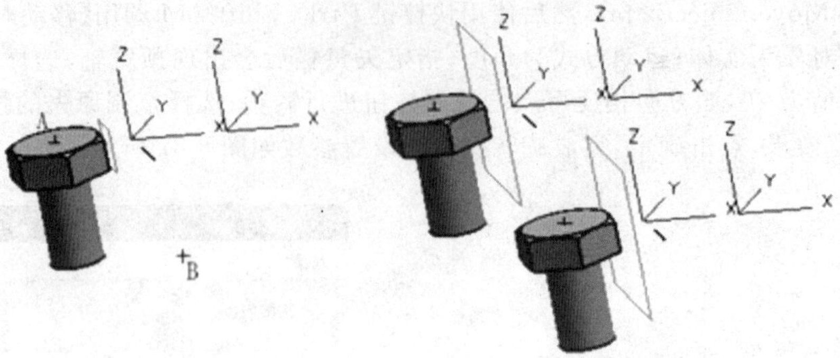

(a) (b)

图 6-82

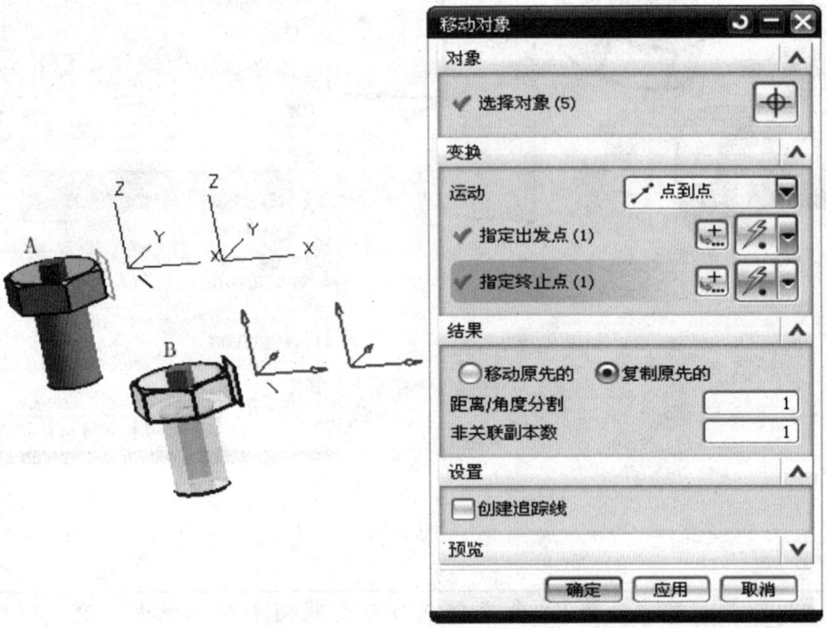

图 6-83

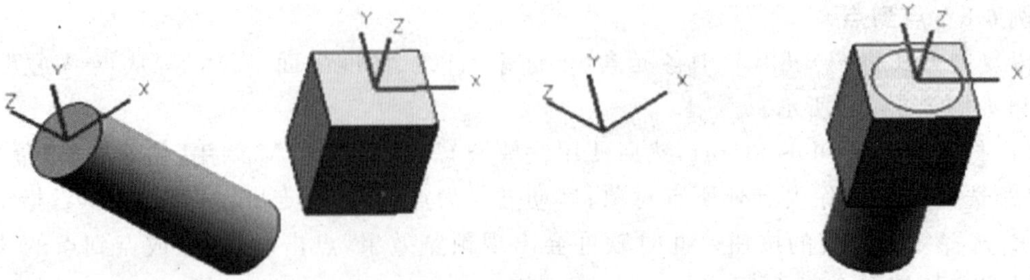

(a) (b)

图 6-84

(2)选择对象为圆柱体;运动方式为 CSYS 到 CSYS;指定从 CSYS 选择圆柱体的坐标系;指定到 CSYS 选择立方体的坐标系;选择移动原先的按钮。此时软件会出现预览效果,点击确定,完成坐标系之间的对齐操作。设置参数如图 6-85 所示。

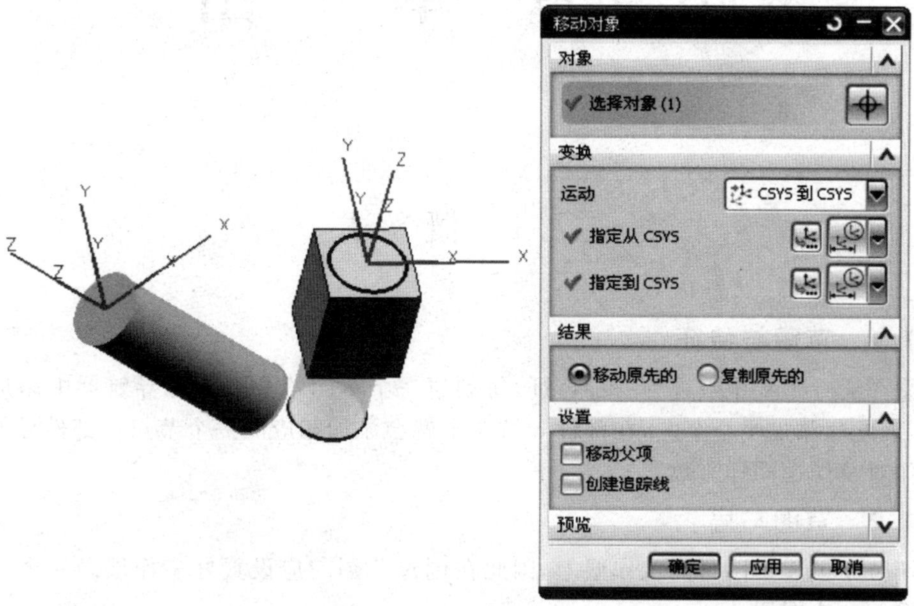

图 6-85

6.9 思考与练习

1. 使用 UG NX 的一般流程包含哪些步骤?
2. 如何使用鼠标达到缩放、旋转和平移视图的效果?
3. 如何切换工作层?要将几何对象移动到指定图层应如何操作?
4. 请将工作坐标系的 XC-YC 平面切换成 XC-ZC 平面。
5. 打开 ch6\Layer. prt 文件,并将图层 31、61、62 设置为不可见。

第7章 草 图

7.1 概 述

7.1.1 草图与特征

草图在 UG NX 中被视为一种特征，每创建一个草图均会在部件导航器中添加一个草图特征，因此每添加一个草图，在部件导航器中就会添加相应的一个节点。部件导航器所支持的操作对草图也同样有效。

7.1.2 草图与层

草图位于创建草图时的工作层上，因此在创建草图前应设置好工作层。一个草图必须且只能属于一个图层。

当某一草图被激活时，系统自动将工作层切换到草图所在的图层。

当退出草图状态时，若图 7-1 所示的【保持图层状态】设置为关，系统会自动将工作层切换回草图激活前的工作层，否则草图所在层仍为工作层。

当曲线添加到激活的草图中时，这些曲线也被自动移至草图所在的图层。

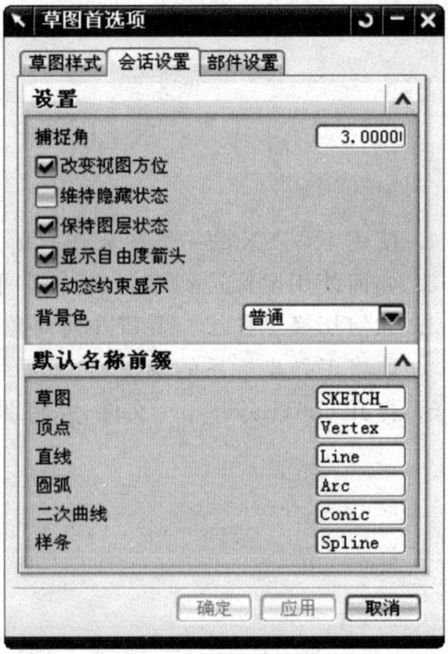

图 7-1 草图首选项

7.1.3 草图功能简介

草图功能总体上可以分为四类：创建草图对象、约束草图、对草图进行各种操作和草图管理。其实，这四项功能本质上就是应用【草图生成器】和【草图工具】工具条上的命令进行的一系列操作。如利用【草图工具】上的命令在草图中创建草图对象（如一个多边形）、设置尺寸约束和几何约束等。当用户需要修改草图对象时，可以用【草图工具】中的命令进行一些操作（如镜像、拖曳等）。另外，还要用到"草图管理"（一般通过【草图生成器】上的各种命令）对草图进行定位、显示和更新等。

7.1.4 草图参数预设置

草图参数预设置是指在绘制草图之前，设置一些操作规定。这些规定可以根据用户自己的要求而个性化设置，但是建议这些设置能体现一定的意义，如曲线的前缀名最好能体现出曲线的类型。

选择【首选项】|【草图】命令，会弹出如图 7-2 所示的草图参数预设置对话框。

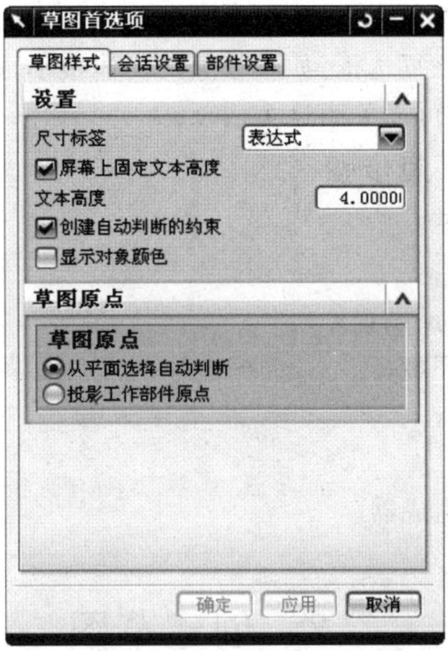

草图样式选项卡

图 7-2 草图参数预设置对话框

(1)尺寸标签：标注尺寸的显示样式。共有三种方式：表达式、名称和值，如图 7-3 所示。

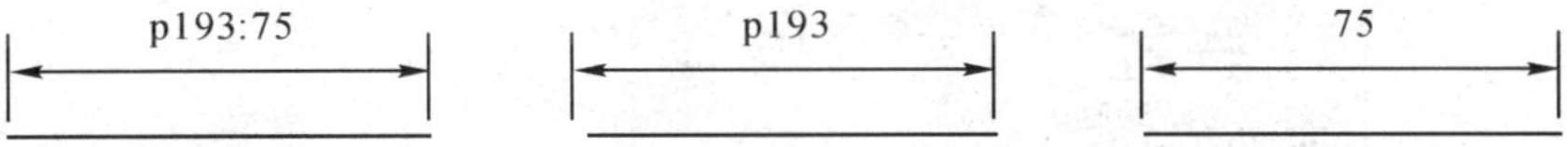

(a) 表达式　(b) 名称　(c) 值

图 7-3 尺寸标签

(2)屏幕上固定文本高度：在缩放草图时会使尺寸文本维持恒定的大小。如果清除该选项并进行缩放，则会同时缩放尺寸文本和草图几何图形。

(3)文本高度：标注尺寸的文本高度。

(4)创建自动判断的约束：选择后将自动的创建一些可以由系统判断出来的约束。

(5)捕捉角：设置捕捉角的大小。在绘制直线时，直线与 XC 或者 YC 轴之间的夹角小于捕捉角时，系统会自动将直线变为水平线或者垂直线，如图 7-4 所示。默认值为 3°，可以指定的最大值为 20°。如果不希望直线自动捕

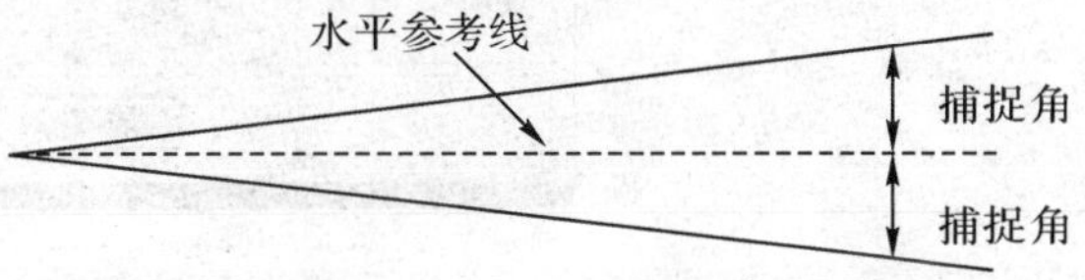

图 7-4 捕捉角

捉到水平或垂直位置，则将捕捉角设置为零。

(6)改变视图方位：选中该复选框，当草图被激活后，草图平面改变为视图平面；退出激活状态时，视图还原为草图被激活前的状态。

(7)保持图层状态：选中该复选框，激活一个草图时，草图所在的图层自动成为工作图层；退出激活状态时，工作图层还原到草图被激活前的图层。如果不选中该复选框，则当草图变为不激活状态时，这个草图所在的图层仍然是工作图层。

(8)显示自由度箭头：选中该复选框，激活的草图以箭头的形式来显示自由度。

(9)动态约束显示：选中该复选框，如果相关几何体很小，则不会显示约束符号。要忽略相关几何体的尺寸查看约束，可以关闭这个选项。

7.1.5 创建草图的一般步骤

绘制草图的一般步骤如下：

(1)新建或打开部件文件；

(2)检查和修改草图参数预设置；

(3)创建草图，进入草图环境；

(4)创建和编辑草图对象；

(5)定义约束；

(6)完成草图，退出草图生成器。

7.2 创建草图

7.2.1 在平面上

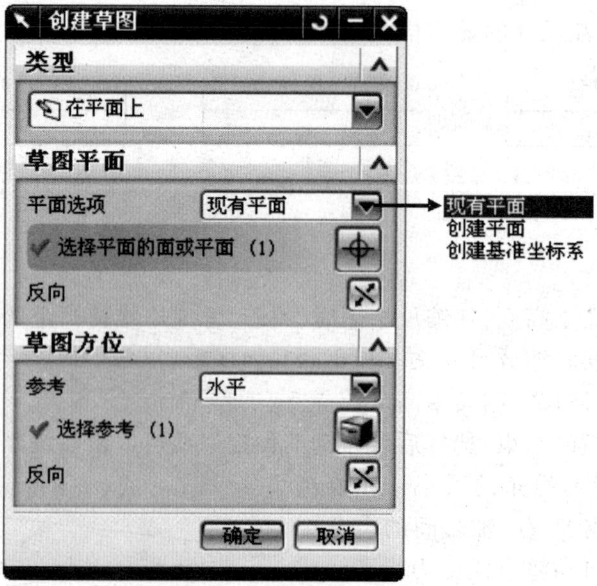

图 7-5 在平面上创建草图

创建草图对话框"在平面上"选项描述如图表 7-1 所示。

表 7-1 创建草图对话框"在平面上"选项描述

选项	描 述
类型	
在平面上	在现有的平面、新的平面或 CSYS 中绘制草图。
草图平面	
平面选项	确定如何定义目标平面。有 3 种定义目标平面的方式: ● **现有平面**:在现有的曲面或平面上绘制草图。 ● **创建平面**:创建新的参考平面。 ● **创建基准坐标系**使用【CSYS 构造器】创建一个关联的基准坐标系,随后可以使用该坐标系来定义草图平面。
反向	使草图平面的法向反向。
草图方位	
参考	将草图的参考方向设置为水平或竖直。
选择参考	为草图指定水平参考或竖直参考。任何添加到草图的水平或竖直约束将关联到这个参考方向。
反向	使水平参考竖直参考的方向反向。

7.2.2 在轨迹上

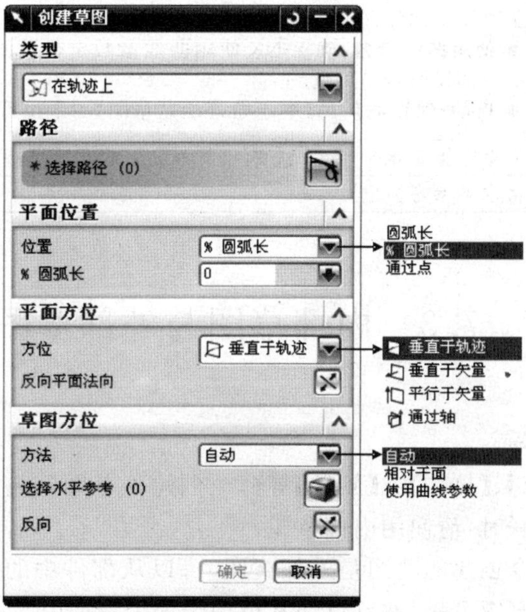

图 7-6 在轨迹上创建草图

创建草图对话框"在平面上"选项描述如图表 7-2 所示。

表 7-2 创建草图对话框"在轨迹上"选项描述

选项	描　述
类型	
在轨迹上	在轨迹上绘制草图
路径	
选择路径	选择目标轨迹。轨迹中可以包含多个相切连续的线段。可以选择曲线、片体或实体的边作为目标轨迹。
平面位置	
位置	指定如何定义草图平面在轨迹中的位置。 ● **%圆弧长**:用距离轨迹起点的百分比指定平面位置。 ● **圆弧长**:用距离轨迹起点的单位数量指定平面位置。 ● **通过点**:用光标或通过指事实上 X 和 Y 坐标的方法来选择平面位置。
平面方位	
方位	指定草图平面的方向。 ● **垂直于轨迹**:将草图平面设置为与要在其上绘制草图的轨迹垂直。 ● **垂直于矢量**:将草图平面设置为与指事实上的矢量垂直。 ● **平行于矢量**:将草图平面设置为于指定的矢量平行。 ● **通过轴**:使草图平面与指定的轴对齐。
反向平面法向	使草图平而后反向反向。
草图方位	
方法	● **相对于面**:将草图定向到自动判断或者明确选定的面。选择的轨迹位置决定了草图平面法向的方向。 ● **使用曲线参数**:确保 NX 使用曲线参数定位草图,即使轨迹是边或面上特征的一部发时也是如此。 ● **自动**:保留默认的【基于轨迹绘制草图】的定位行为。
选择水平参考	为草图指定水平参考,选择一个面、边、基准轴或基准平面。
反向	将水平参考方向。

7.3　内部草图与外部草图

7.3.1　基本概念

根据【变化的扫掠】、【拉伸】或【旋转】等命令创建的草图都是内部草图。如果希望使草图仅与一个特征相关联时,请使用内部草图。

单独使用草图命令创建的草图是外部草图,可以从部件中的任意位置查看和访问。使用外部草图可以保持草图可见,并且可使其可用于多个特征中。

7.3.2　内部草图和外部草图之间的区别

1)内部草图只能从所属主特征访问。外部草图可以从部件导航器和图形窗口中访问。

2)除了草图的所有者,不能打开有任何特征的内部草图,除非使草图外部化。一旦使草图成为外部草图,则原来的所有者将无法控制该草图。

7.3.3 使草图成为内部的或外部的

以一个基于内部草图的【拉伸】为例。

1)要外部化一个内部草图,可在部件导航器中的【拉伸】上单击右键,并选择【使草图为外部的】,草图将放在其原来的所有者前面(按时间戳记顺序),如图 7-7(b)所示。

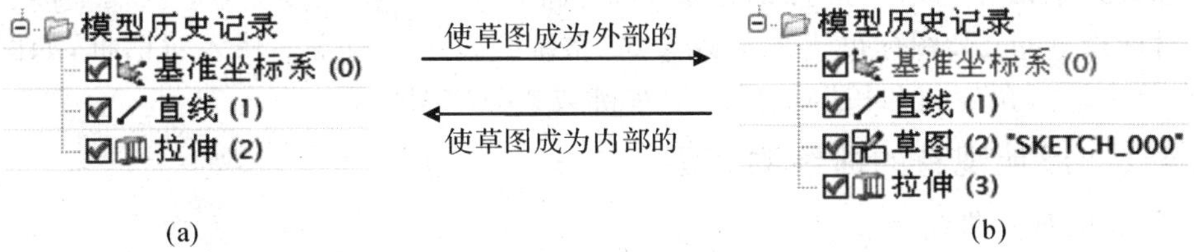

图 7-7 草图内外转换

2)要反转这个操作,可右键单击原来的所有者,然后选择【使草图为内部的】,结果如图 7-7(a)所示。

3)要编辑内部草图,执行以下操作之一:

l 在部件导航器中单击右键【拉伸】,选择【编辑草图】。

l 双击【拉伸】,在【拉伸】对话框中,单击【绘制截面】图标。

7.4 创建草图对象

7.4.1 自由手绘草图曲线

单击【草图曲线】工具条中的命令图标,就会弹出相应的工具条,如图 7-8 所示。工具条的左侧为对象类型,右侧为点的输入模式。

图 7-8 草图曲线工具条

利用【轮廓加工】工具可绘制直线和圆弧(在对象类型中选择相应的图标即可),且以线串方式进行绘制,即上一条曲线的终点为下一条曲线的起点。

草图曲线的绘制方法与曲线绘制方法基本相同,最大的区别在于使用草图工具绘制时,不必太在意尺寸是否准确,只需绘制出近似轮廓即可。近似轮廓线绘制完成后,再进行尺寸约束、几何约束,即可精确控制它们的尺寸、形状、位置。关于绘制草图曲线的功能,本书不再赘述,而只对草图中点的输入作简单说明。在草图中,可用以下三种方式输入点。

光标点:直接单击鼠标左键。当光标移动到特殊点时,系统会自动捕捉到这些特殊点并且高亮显示。

坐标模式(Coordinate Mode):坐标模式是采用直角坐标方式输入 X、Y 坐标来确定点。

单击图标可进入坐标模式，系统会显示一直角坐标输入对话框，如图 7-9(a)所示，在其中输入 XC、YC 值后按回车键或 MB2 键。

(a) 直角坐标输入对话框　(b) 极坐标输入对话框

图 7-9　输入点方式

参数模式(Parameter Mode)：参数模式是采用极坐标方式输入相对于当前点的角度和长度值来确定目标点。单击图标可进入参数模式，系统会显示一极坐标输入对话框，如图 7-9(b)所示，在其中输入角度值和长度值后按回车键或 MB2 键即可。

7.4.2　添加现有的曲线到草图

1. 添加现有的曲线

【添加现有的曲线】(Add Existing Curves)就是将图形窗口中曲线工具创建的曲线或点添加到草图中。对象添加到草图后不具有任何约束，但颜色将由绿色变为青色。需要注意的是，对象添加到草图后，其空间位置不发生任何变化，即并不一定位于草图所在的平面上。

添加现有曲线的步骤如下。

(1)选择草图工具对话框中的【添加现有的曲线到草图】图标。

(2)在图形窗口中选取要添加到当前草图的曲线或点。

(3)按 MB2 或单击【应用】按钮。

2. 将对象投影到草图

将对象投影到草图(Project)是指将曲线、实体或片体的边缘线添加到草图工作平面上，成为草图对象。与“添加曲线到草图”方式不同的是，以【将对象投影到草图】添加到草图中去的对象将位于草图平面上。

“将对象投影到草图”的操作步骤与“添加现有的曲线”的操作步骤相同。

7.5　约束草图

7.5.1　自由度

草图的约束状态分为欠约束、完全约束和过约束三种。为了定义完整的约束而不是过约束或欠约束，读者应该了解草图对象的自由度，如图 7-10 所示。

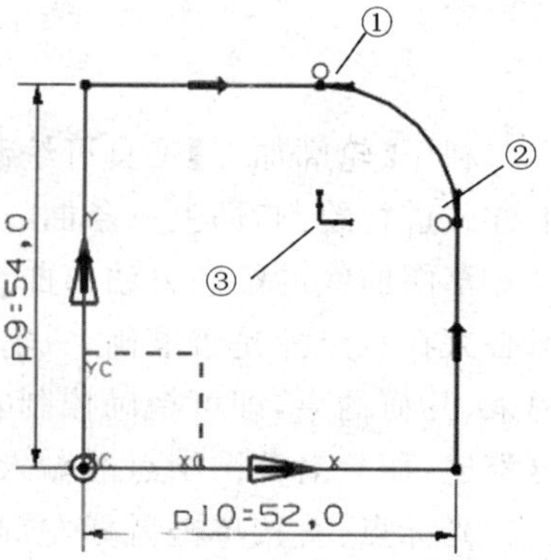

图 7-10　自由度

① 此点仅在 X 方向上可以自由移动；

② 此点仅在 Y 方向上可以自由移动；

③ 此点在 X 和 Y 方向上都可以自由移动。

图 7-11　给出了一般对象的自由度(尚未添加约束)：

① 点：有两个自由度，即沿 X 和 Y 方向移动；

② 直线：四个自由度，每端两个；

③ 圆：三个自由度，圆心两个，半径一个；

④ 圆弧：五个自由度，圆心两个，半径一个，起始角度和

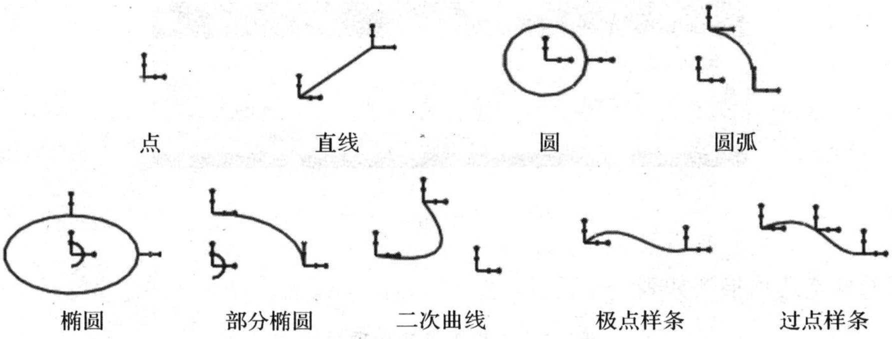

图 7-11　一般对象的自由度

终止角度两个；

⑤ 椭圆：五个自由度，两个在中心，一个用于方向，主半径和次半径两个；

⑥ 部分椭圆：七个自由度，两个在中心，一个用于方向，主半径和次半径两个，起始角度和终止角度两个；

⑦ 二次曲线：六个自由度，每个端点有两个，锚点有两个；

⑧ 极点样条：四个自由度，每个端点有两个；

⑨ 过点样条：在它的每个定义点处有两个自由度。

注意：调用了【约束】命令后，系统会在未约束的草图曲线定义点处显示自由度箭头符号，也就是相互垂直的红色小箭头，红色小箭头会随着约束的增加而减少。当草图曲线完全约束后，自由度箭头也会全部消失，并在状态栏中提示"草图已完全约束"。

7.5.2　几何约束

使用几何约束可以约束草图对象为垂直、水平、固定等，和尺寸约束配合使用可以将草图对象完全固定下来，如图 7-12 所示。

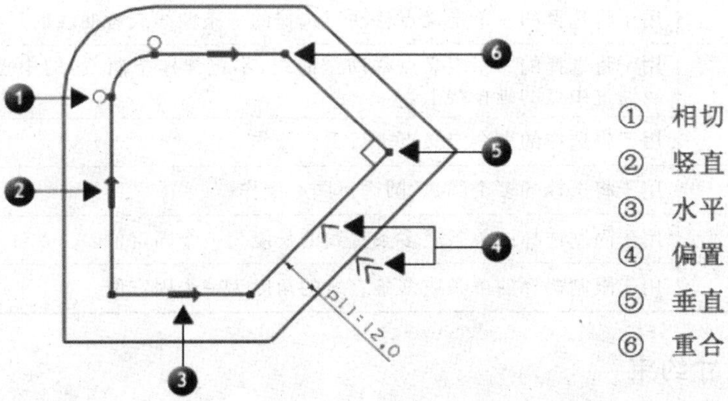

图 7-12　几何约束

约束工具条如图 7-13 所示，显示的约束类型根据选择对象的不同而不同。

图 7-13　约束工具条

约束工具条选项描述如表 7-3 所示。

表 7-3　约束工具条选项描述

选项	描　述
固定	用于固定端点、圆心和样条定义点的位置，或者固定圆、圆弧和椭圆的半径，也可以固定直线的角度。可以同时选择多个对象进行固定。
完全固定	用于将选择的单个或多个草图对象进行完全固定操作，消除对象所有的自由度。
水平	用于将选择的单条或多条直线进行水平操作，水平方向由草图创建时的水平参考，决定
竖直	用于将选择的单条或多条直线进行竖直操作，竖直方向与草图创建时的水平参考垂直。
共线	用于将选择的多条直线进行共线操作，约束后的多条直线对象位于一条直线上。
相切	用于将选择的直线与圆弧、直线与样条曲线、圆弧与圆弧、圆弧与样条曲线、样条曲线与样条曲线之间进行相切约束。
平行	用于将选择的多条直线进行平行操作。
垂直	用于将选择的两条直线进行垂直操作。
等长	用于限制选择的多条直线长度相等。
等半径	用于限制选择的多个圆弧、圆的半径值相等。
点在曲线	用于将选择的一个定义点移动至选择的一条曲线或者曲线的延长线上。
中点	用于将选择的一个定义点移动至曲线(不包含样条曲线)的中点或者垂直于曲线通过中点的延长线上。
重合	用于将选择的多个定义点进行重合操作。
同心	用于将选择的多个圆弧、圆进行同心操作。
恒定长度	用于限制选择的单条或多条直线的长度为一个固定值。
固定角度	用于限制选择的单条或多条直线的角度为一个固定值。

7.5.3　尺寸约束

使用尺寸约束命令可以限制草图对象的长度、距离、半径、直径、角度等，这些尺寸参数可以任意修改，达到参数化设计目地，如图 7-14 所示。

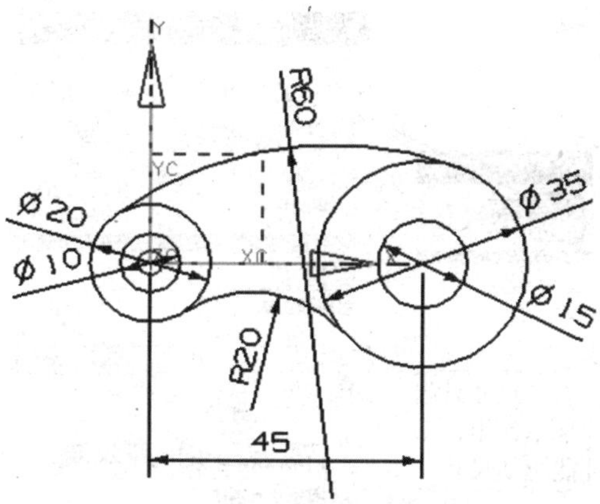

图 7-14　尺寸

草图尺寸命令如图 7-15 所示。

图 7-15　草图尺寸类型

如图表 7-4 所示为草图尺寸选项描述。

表 7-4　草图尺寸类型描述

选项	描　述
自动判断的尺寸	根据光标位置，系统自动判断适合的标注方式。
水平	标注水平方向的长度或距离。
竖直	标注竖直方向的长度或距离。
平行	标注两点或斜线之间的距离。
垂直	标注点到直线的距离。
成角度	标注两直线间的角度。
直径	标注圆或圆弧的直径。
半径	标注圆或圆弧的半径。
周长	标注一个或多个对象的周长。该值并不显示，可以通过【尺寸】对话框查看。
附着尺寸	将尺寸与它引用的几何体分离并将其附着到所指定的其他几何体。

如图 7-16 所示为尺寸对话框。

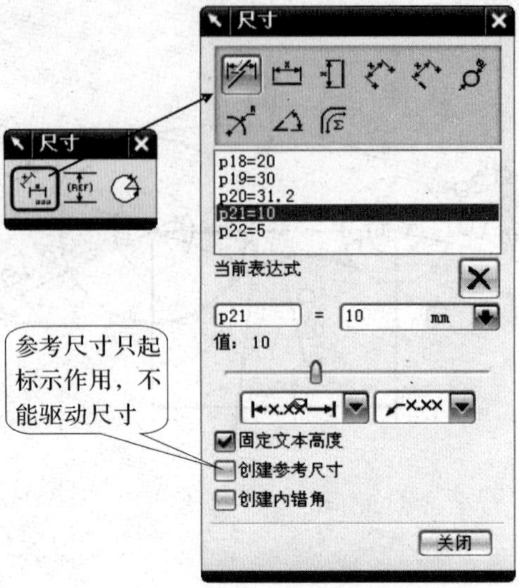

图 7-16　尺寸对话框

尺寸对话框选项描述如表 7-5 所示。

表 7-5　快速修剪对话框选项描述

选项	描　　述
尺寸命令	在对话框顶部的图标可以方位用于创建自动判断的或显示式尺寸的命令。
表达式列表	列出当前草图中所有尺寸的名称和值。
当前表达式	用于编辑选定尺寸的名称和值。从表达式列表或图形窗口中选择尺寸。
移除高亮显示的 ☒	用于删除当前选定的尺寸。从图形窗口或表达式列表选择尺寸，然后单击此按钮。
尺寸放置	指定放置尺寸的方式，共有 3 种放置方式。 ● 自动放置 ● 手工放置，箭头在内 ● 手工放置，箭头在外
指引线方向	指定指引线从尺寸文本延伸的方向。 ● 指引线从左侧指过来 ● 指引线从右侧指过来
固定文本高度	如果选择此复选框，则缩放草图时会使尺寸文本维持恒定的大小。如果取消选择此复选框，则在缩放的时候，会同时缩放尺寸文本和草图几何图形。
创建参考尺寸	选择此复选框，以创建参考尺寸。
创建内错角	计算草图曲线之间的最大尺寸时，激活此选项。如图 7-17 所示显示了选择此复选框和取消选择此复选框时的相同尺寸。

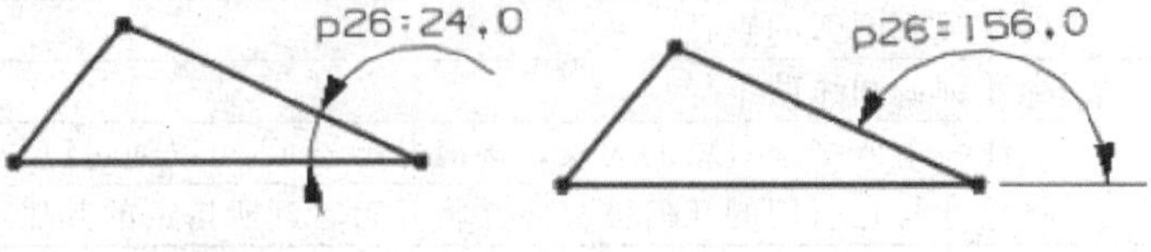

图 7-17　创建内错角

7.5.4 约束技巧与提示

1. 建立约束的次序

对于建立约束的次序有以下几点建议：

1)添加几何约束：固定一个特征点。

2)按设计意图添加充分的几何约束。

3)按设计意图添加少量尺寸约束(会频繁更改的尺寸)。

2. 约束状态

草图的约束状态有三种：

1)欠约束状态

在约束创建过程中，系统对欠约束的曲线或点显示自由度箭头，并在提示栏显示“草图需要 N 个约束”，且默认情况下部分约束的曲线为栗色。

2)完全约束状态

当完全约束一个草图时，在约束创建过程中自由度箭头不会出现，并在提示栏显示“草图已完全约束”，且默认情况下几何图形更改为浅绿色。

3)过约束状态

当对几何对象应用的约束超过了对其控制所需的约束时，几何对象就过约束了。在这种情况下，提示栏显示“草图包含过约束的几何体”，且与之相关的几何对象以及任何尺寸约束的颜色默认情况下都会变为红色。

约束也会相互冲突。如果发生这种情况，则发生冲突的尺寸和几何图形的颜色默认情况下会变为洋红色。因为根据当前给定的约束不能对草图求解，系统将其显示为上次求解的情况。

3. 约束技巧

尽管不完全约束草图也可以用于后续的特征创建，但最好还通过尺寸约束和几何约束完全约束特征草图。完全约束的草图可以确保设计更改期间，解决方案能始终一致。针对如何约束草图以及如何处理草图过约束，可以参照以下技巧：

(1)一旦遇到过约束或发生冲突的约束状态，应该通过删除某些尺寸或约束的方法以解决问题。

(2)不要使用负值尺寸。在计算草图时，“草图生成器”仅使用尺寸的绝对值。

(3)尽量避免零值尺寸。用零值尺寸会导致相对其他曲线位置不明确的问题。零值尺寸在更改为非零尺寸时，会引起意外的结果。

(4)避免链式尺寸。尽可能尝试基于同一对象创建基准线尺寸。

(5)用直线而不是线性样条来模拟线性草图片段。尽管它们从几何角度看上去是相同的，但是直线和线性样条在草图计算时是不同的。

7.6 草图操作

7.6.1 编辑曲线

使用编辑曲线命令可以编辑已生成的几何对象的参数，编辑对象一般为：直线、圆弧和圆、椭圆、样条，如图 7-18 所示。

编辑曲线对话框如图 7-19 所示。

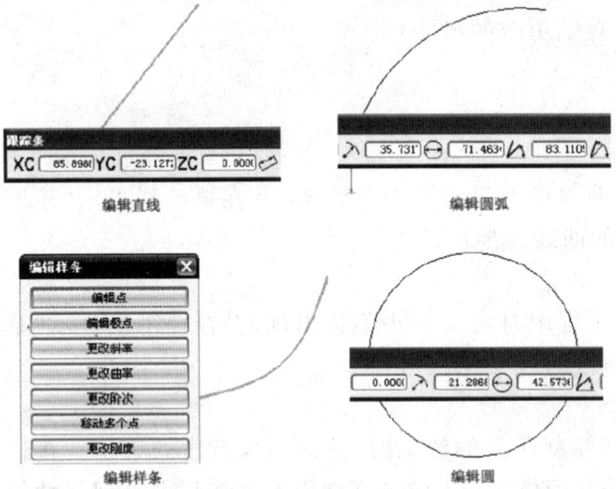

图 7-18　编辑曲线

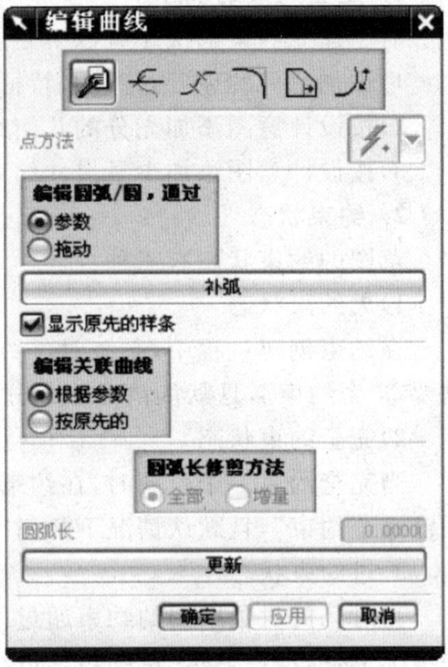

图 7-19　编辑曲线对话框

7.6.2　编辑定义线串

使用编辑定义线串命令可将对象(曲线、边和面)添加到定义特征的线串，或将其从该线串中移除，如图 7-20 所示。

编辑线串对话框如图 7-21 所示。

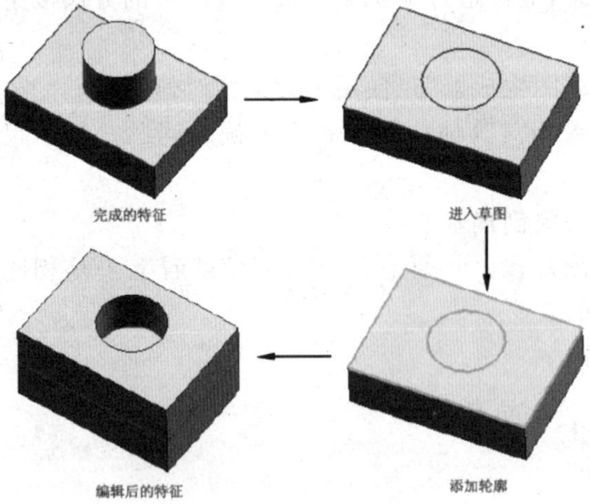

图 7-20　编辑定义线串

图 7-21　编辑线串对话框

7.6.3　偏置曲线

使用偏置曲线命令可以对当前装配中的曲线链、投影曲线或者曲线/边进行偏置，并使用偏置约束来约束几何对象，如图 7-22 所示。

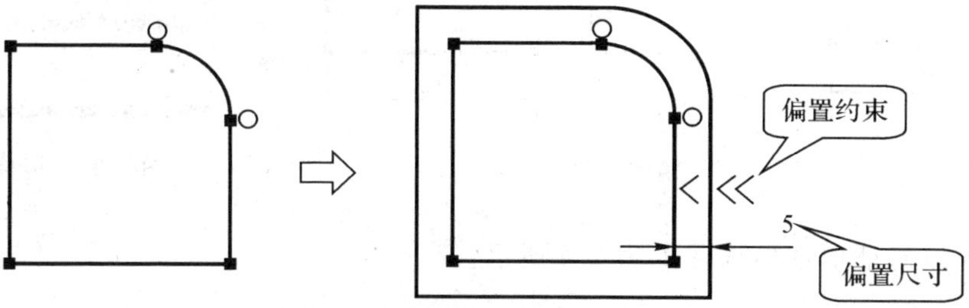

图 7-22　偏置曲线

偏置曲线曲线对话框如图 7-23 所示。

图 7-23　偏置曲线对话框

7.6.4　镜像曲线

使用镜像曲线命令可以通过指定的草图直线创建草图几何体的镜像副本，如图 7-24 所示。

镜像曲线对话框如图 7-25 所示。

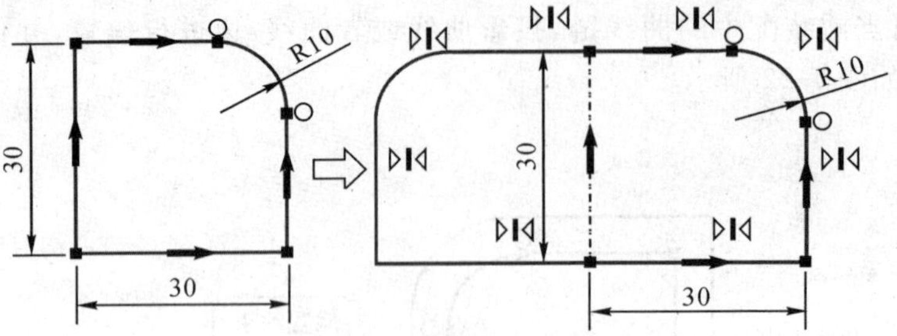

图 7-24　镜像曲线

图 7-25　镜像曲线对话框

镜像曲线对话框选项描述如表 7-6 所示。

表 7-6　镜像曲线对话框选项描述

选项	描　　述
镜像中心线	
选择中心线	指定镜像中线。
要镜像的曲线	
选择曲线	指定一条或多条要镜像的草图曲线。草图生成器会自动为每条曲线分配一个镜像约束。
设置	
转换要引用的中心线	如果选择此复选框，则在镜像操作完成后，镜像中心线变为参考线；反之，镜像中心线保持不变。

【功能要点】

(1)将镜像几何约束▷|◁应用到所有几何图形。

(2)将中心线转换成参考线，如图 7-24 所示。

7.7　草图管理

7.7.1　草图名

UG 在创建草图时会自动进行名称标注。用草图名称命令可以重定义草图名称，也可以改变激活的草图。

如图 7-26 所示，草图名称包括三个部分：草图＋阿拉伯数字＋“SKETCH_阿拉伯数字”。修改时只可修改最后一部分。

图 7-26　草图名

【功能要点】

1. 命名草图

命名草图的方法大致有3种。

(1)从【草图生成器】工具条

在【草图生成器】工具条中选择草图名称,输入新名称并按Enter键。

图7-27 草图生成器工具条

(2)从【草图属性】对话框

在草图环境中选择【草图】|【属性】命令,在如图7-28所示的【草图属性】对话框中单击【常规】选项卡,在【名称】字段输入新的名称,单击【确定】。

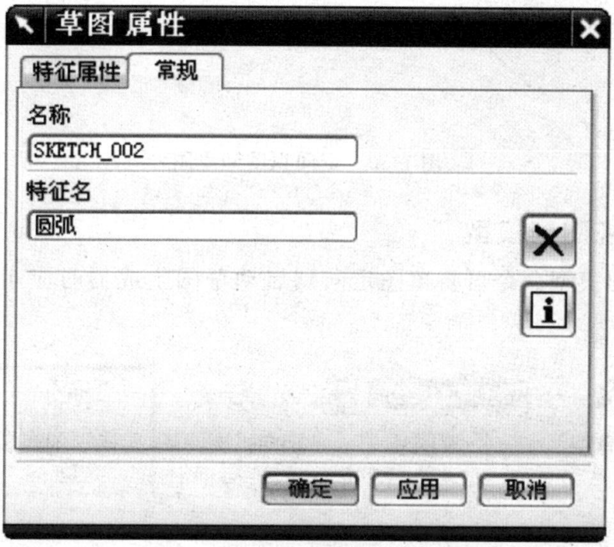

图7-28 草图属性对话框

(3)从部件导航器

在某个草图特征上单击右键,然后选择属性,在【名称】字段输入新的名称。或者在某个草图特征上单击右键,然后选择重命名。

2. 切换草图

单击图2所示的【草图名】下拉箭头,可以在同一个文件里面切换草图。

3. 重命名草图

只能重命名外部草图,不能重命名内部草图。

7.7.2 定向视图到草图

使用定向视图到草图命令可以直接从草图平面的法线方向进行查看，如图 7-30 所示。

图 7-29　定向视图到草图命令

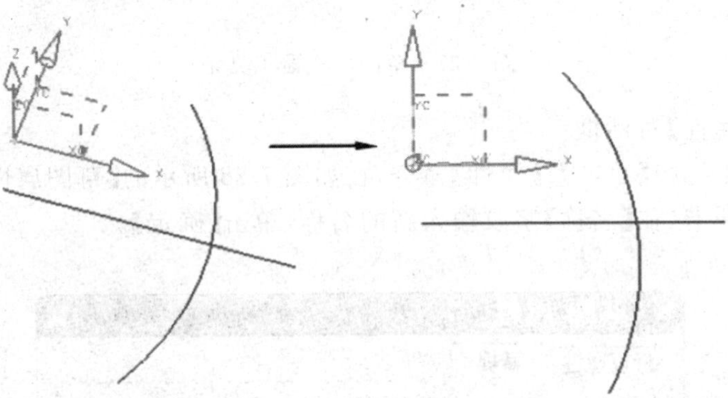

图 7-30　定向视图到草图

7.7.3 定向视图到模型

使用定向视图到模型命令可将草图定向到启动草图生成器时应用的部件的视图，如图 7-32 所示。

图 7-31　定向视图到模型命令

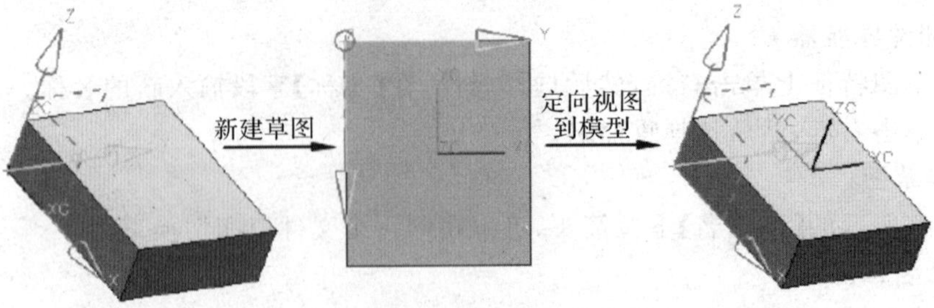

图 7-32　定向视图到模型

7.7.4　重新附着

使用重新附着命令可以将现有的草图移到另一个平面、平的面或轨迹上，如图 7-33 所示。重新附着特征如与现有特征相冲突，会出现错误提示。

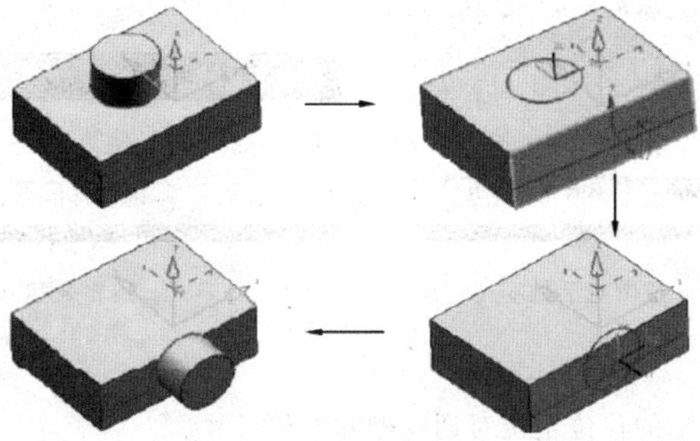

图 7-33　重新附着草图

重新附着草图对话框如图 7-34 所示。

图 7-34　重新附着草图对话框

7.7.5　创建定位尺寸

使用定位尺寸命令可以按照与外部对象的相对位置来定位草图，在包含任何外部对象或 抽取对象的尺寸/几何约束的草图中，不能创建定位尺寸。

定位尺寸选项如图 7-35 所示。

图 7-35　定位尺寸选项

1. 创建定位尺寸

用于创建定位尺寸，常将草图作为相对于已有几何体(边界、基准平面和基准轴)的刚体加以定位。选择这个命令时，会弹出如图 7-36 所示的定位对话框。

2. 编辑定位尺寸

使用如图 7-37 所示的编辑表达式对话框进行选择和编辑。

图 7-36　定位对话框

图 7-37　编辑表达式对话框

3. 删除定位尺寸

使用如图 7-38 所示的移位定位对话框删除定位尺寸。

图 7-38　删除定位尺寸对话框

4. 重新定义定位尺寸

选择此选项时，任何现有的尺寸都会显示并是可选的。根据选择的尺寸，会显示相应的对话框并提示重新选择定位几何体。

7.7.6　评估草图

使用评估草图命令可评估当前草图。只有延迟评估打开时，此选项才是活动的。

7.7.7　更新模型

更新模型，以反映草图的改变。如果离开草图环境，模型也被更新。

7.8　草图绘制实例

7.8.1　垫片零件草图的绘制

本例绘制的是一金属垫片草图，如图 7-39 所示为金属垫片的图纸。

绘制垫片零件草图的步骤如下：

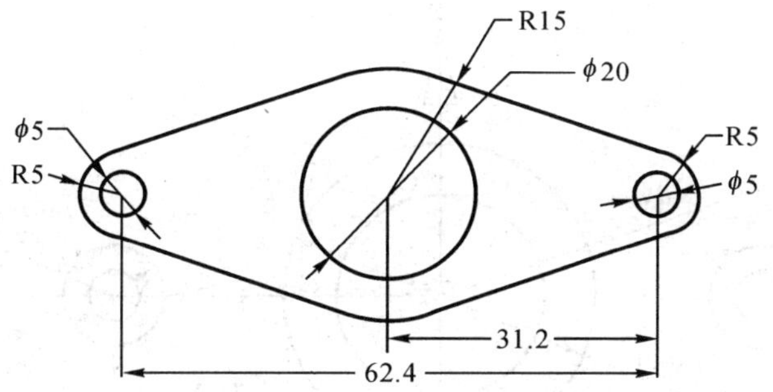

图 7-39

1)新建文件,单击【特征】工具条上的【草图】命令图标,进入草图生成器。

2)确定整个草图的定位中心,如图 7-40 所示。

3)绘制同心圆,如图 7-41 所示。

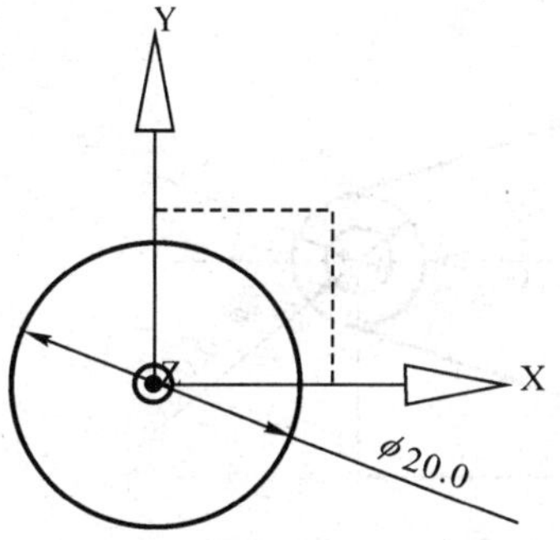

图 7-40

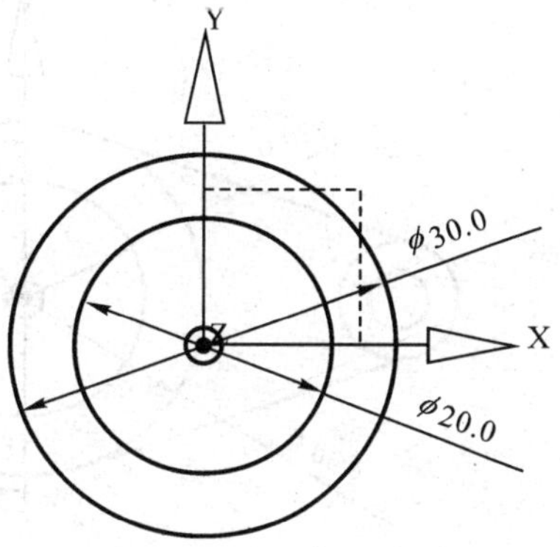

图 7-41

4)绘制两个同心圆,如图 7-42 所示。

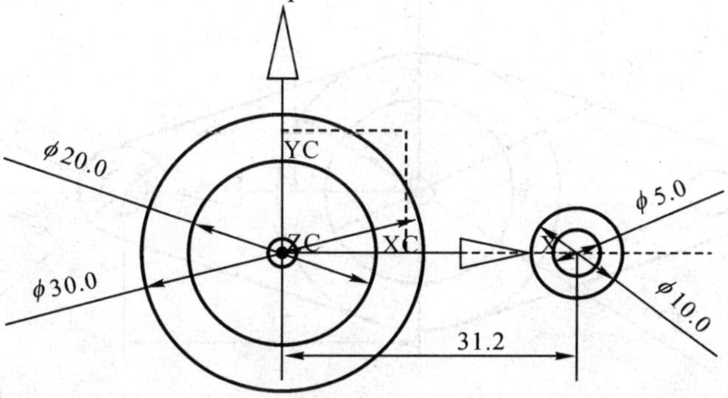

图 7-42

5)镜像同心圆,结果如图 7-43 所示。

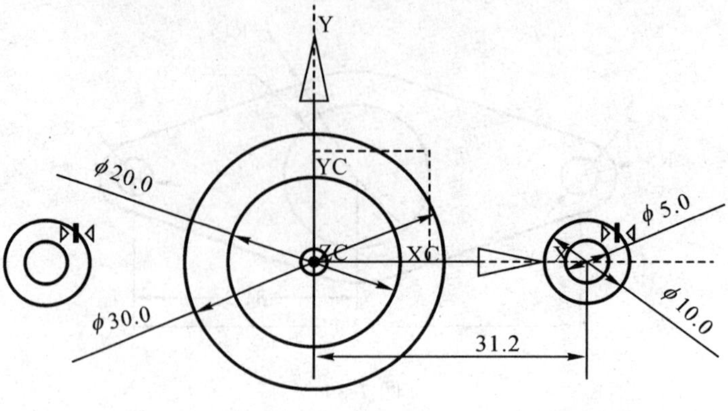

图 7-43

6)使用【直线】工具绘制 4 条相切线,如图 7-44 所示。

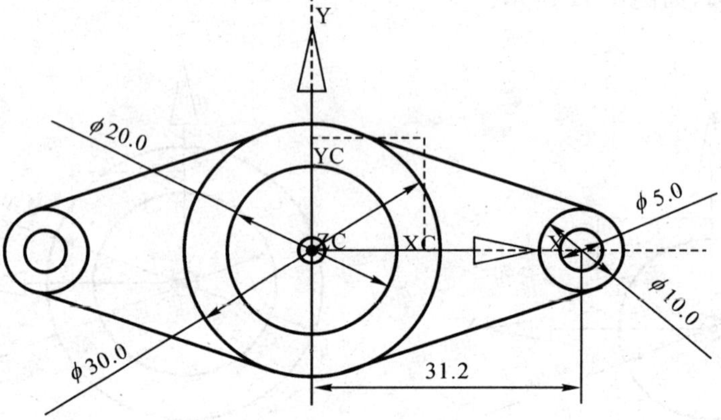

图 7-44

7)调用【快速修剪】工具,将草图中多余的曲线修剪掉,结果如图 7-45 所示。

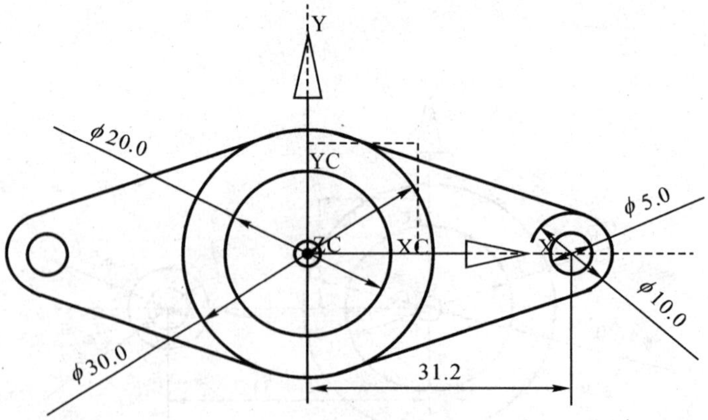

图 7-45

8)单击【草图生成器】工具条上的【完成草图】命令图标,退出草图环境。

7.8.2 吊钩零件草图的绘制

本例绘制的是一吊钩零件草图，如图 7-46 所示为吊钩零件的图纸。

绘制吊钩零件草图的步骤如下：

1)新建文件，单击【特征】工具条上的【草图】命令图标，进入草图生成器。

2)确定整个草图的定位中心，如图 7-47 所示。

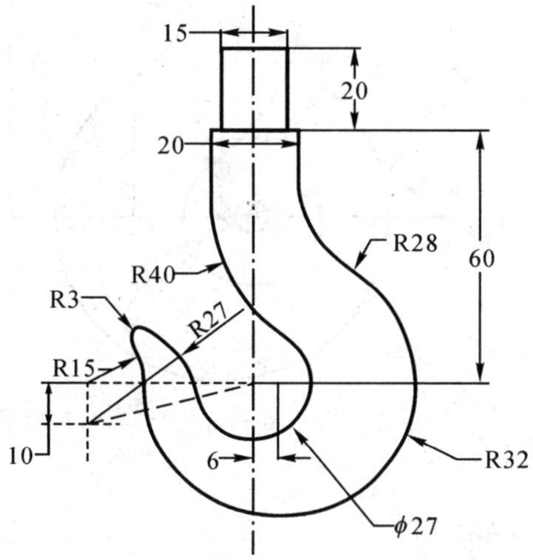

图 7-46

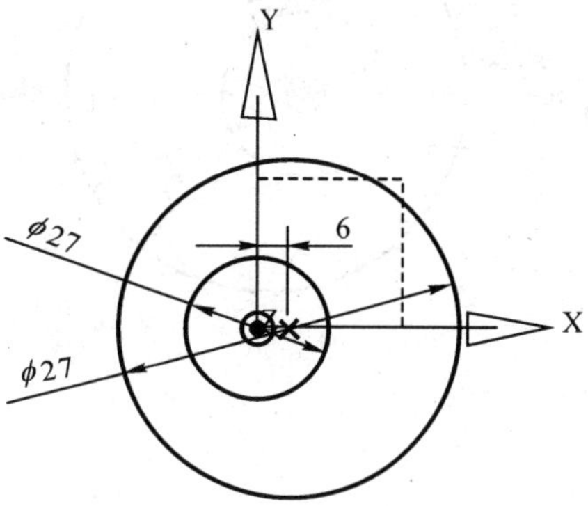

图 7-47

3)绘制矩形并添加约束，如图 7-48 所示。

4)倒圆角，如图 7-49 所示。

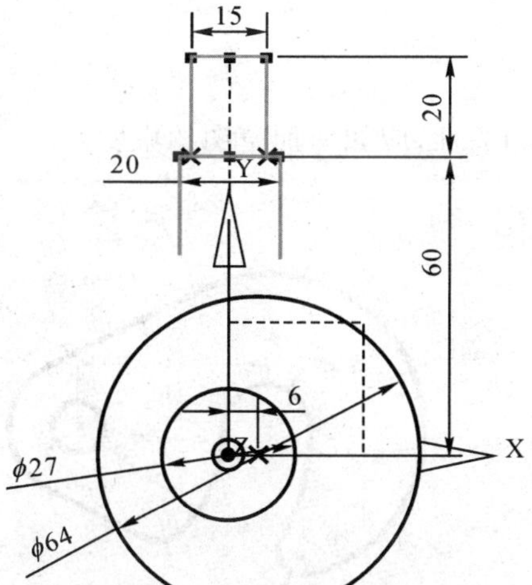

图 7-48

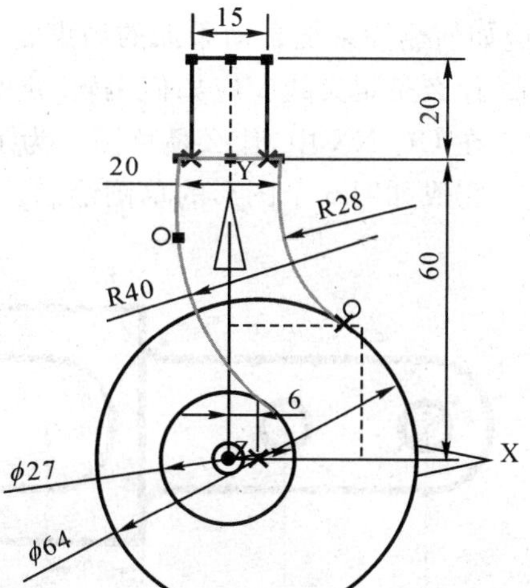

图 7-49

5)绘制两段圆弧,如图 7-50 所示。

6)修剪曲线并倒圆角,如图 7-51 所示。

7)单击【草图生成器】工具条上的【完成草图】图标,退出草图环境。

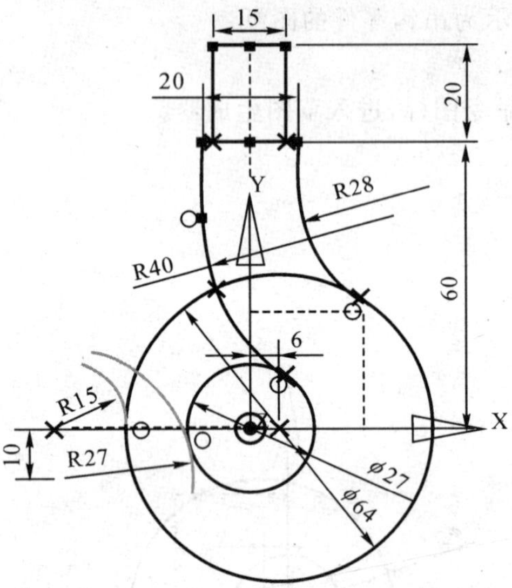

图 7-50

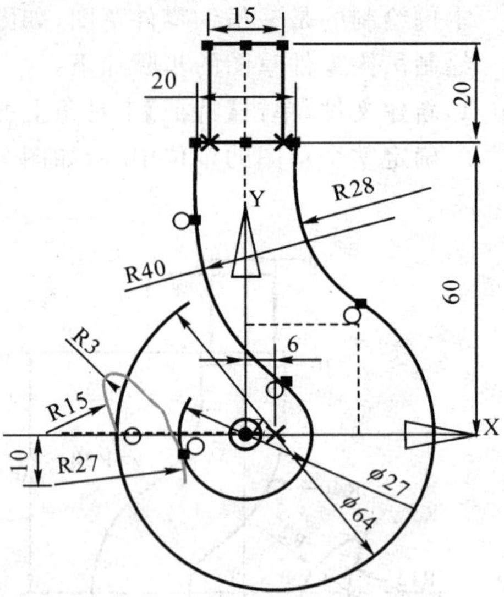

图 7-51

7.9 思考与练习

1. 什么是草图?与"曲线"工具相比,用"草图"工具绘制二维图有何优缺点?

2. 请简述创建草图的基本步骤。

3. 什么是"自动约束"?应如何设置"自动约束"类型?应如何检查系统自动添加的约束?应如何删除系统自动添加的约束?

4. 什么是定义线?应如何编辑"定义线"?

5. 在 UG NX 中,什么是草图?为了保证模型相关性,应如何加草图约束?

6. 完成如图 6 个图形的草图绘制。

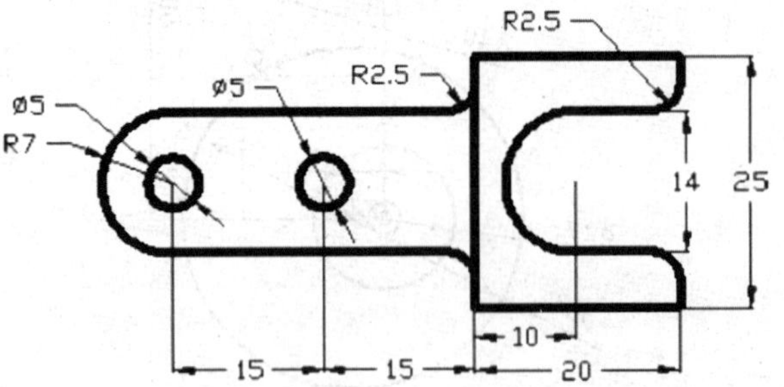

图 7-52

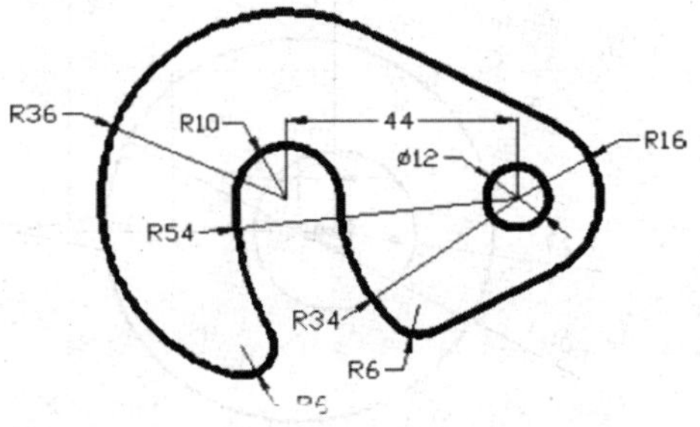

图 7-53

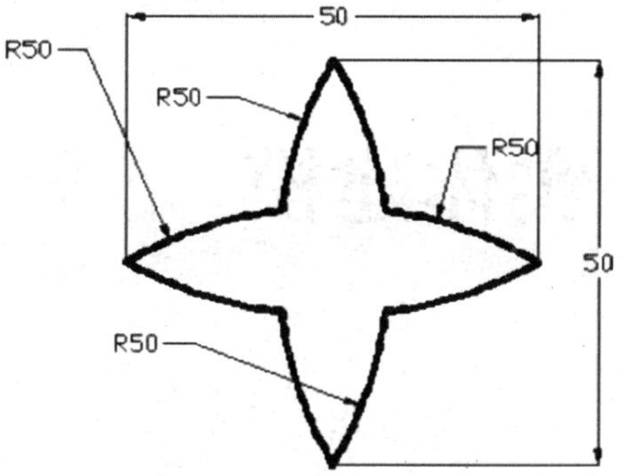

图 7-54

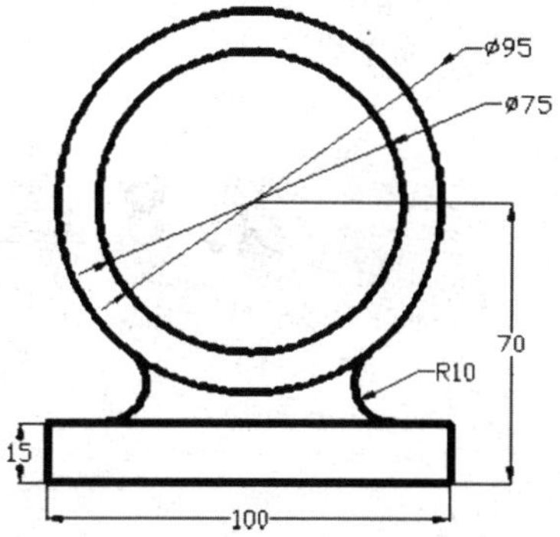

图 7-55

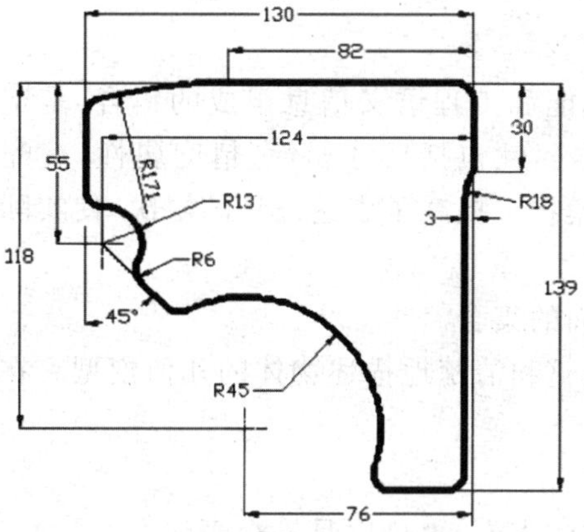

图 7-56

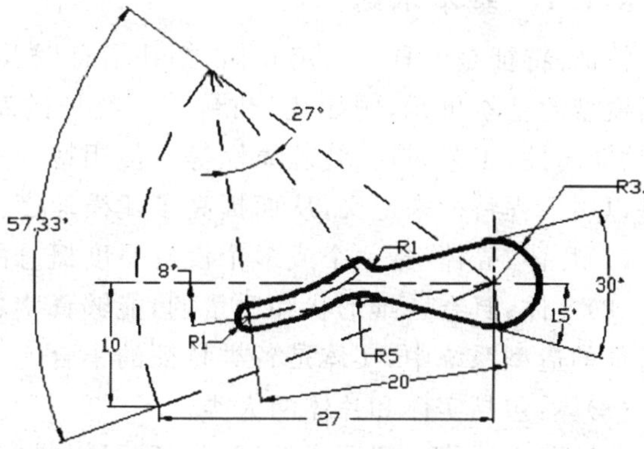

图 7-57

第 8 章　实体建模

8.1　概　述

8.1.1　基本术语

特征:特征是由具有一定几何、拓扑信息以及功能和工程语义信息组成的集合,是定义产品模型的基本单元,例如孔、凸台等。特征的基本属性包括尺寸属性、精度属性、装配属性、功能属性、工艺属性、管理属性等。使用特征建模技术提高了表达设计的层次,使实际信息可以用工程特征来定义,从而提高了建模速度。

(1)片体、壳体:指一个或多个没有厚度概念的面的集合。

(2)实体:具有三维形状和质量的,能够真实、完整和清楚地描述物体的几何模型。在基于特征的造型系统中,实体是各类特征的集合。

(3)体:包括实体和片体两大类。

(4)面:由边缘封闭而成的区域。面可以是实体的表面,也可以是一个壳体。

(5)截面线:即扫描特征截面的曲线,可以是曲线、实体边缘、草图。

(6)对象:包括点、曲线、实体边缘、表面、特征、曲面等。

8.1.2　UG NX 特征的分类

在 UG NX 中,特征可分为三大类:

(1)参考几何特征:在 UG NX 中,三维建模过程中使用辅助面、辅助轴线等是一种特征,这些特征就是参考几何特征。由于这类特征在最终产品中并没有体现,所以又称为虚体特征。

(2)实体特征:零件的构成单元,可通过各种建模方法得到,比如拉伸、旋转、扫掠、孔、倒角、圆角、拔模以及抽壳等,如图 8-1 所示。

图 8-1　实体特征

(3)高级特征:高级特征包括通过曲线建模、曲面建模等生成的特征。

本章将详细介绍参考几何特征、实体特征这两类特征的创建方法与编辑方法。

8.1.3　UG NX 实体特征工具

UG NX 实体特征工具包括建模特征、特征操作和特征编辑。

1. 建模特征

建模特征是 UG NX 构造实体特征的主要方法，包括：

(1)扫描特征：通过拉伸、旋转截面线或沿引导线扫掠等方法创建实体，所创建的实体与截面线相关。

(2)成形特征：在一个已存在的实体模型上，添加具有一定意义的特征，如孔、旋转槽、腔体、凸台等。用户还可以用“自定义特征”的方式建立部件特征库，以提高建模速度。

(3)参考特征：包括基准平面及基准轴两个参考特征，主要起辅助创建实体的作用。

(4)体素特征：利用基本体素(长方体、圆柱、圆锥、球)等快速生成简单几何体。

建模特征工具分布于【插入】菜单中的【设计特征】、【扫掠】中。建模特征工具也可从【特征】工具条中调用。【特征】工具条如图 8-2 所示。

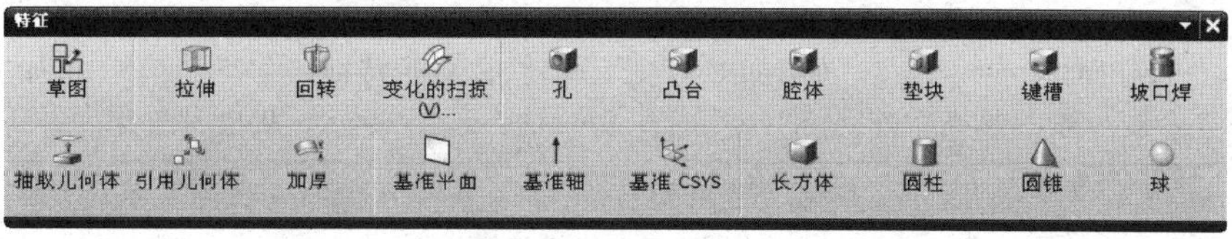

图 8-2 【特征】工具条

2. 特征操作

对实体进行修饰操作，如拔模、实体倒圆角、抽壳及执行布尔操作等。“特征操作”工具集中在菜单【插入】中的【组合体】、【修剪】、【偏置/缩放】以及【细节特征】中。特征操作工具也可从【特征操作】工具条中调用。【特征操作】工具条如图 8-3 所示。

图 8-3 【特征操作】工具条

3. 特征编辑

特征编辑包括编辑特征参数、编辑定位尺寸、移动特征、特征重排序、删除特征等。特征编辑工具集中在菜单【编辑】|【特征】中。特征编辑工具也可从【特征编辑】工具条中调用。【特征编辑】工具条如图 8-4 所示。

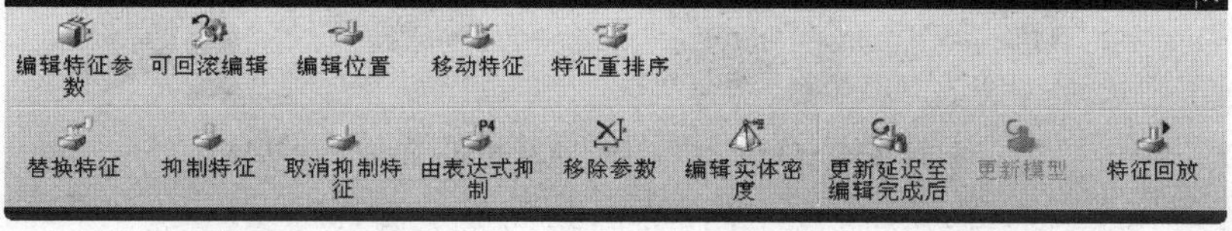

图 8-4 【特征编辑】工具条

8.1.4 建模流程

UG 的特征建模实际上是一个仿真零件加工的过程，如图 8－5 所示，图中表达了零件加工与特征建模的一一对应关系。

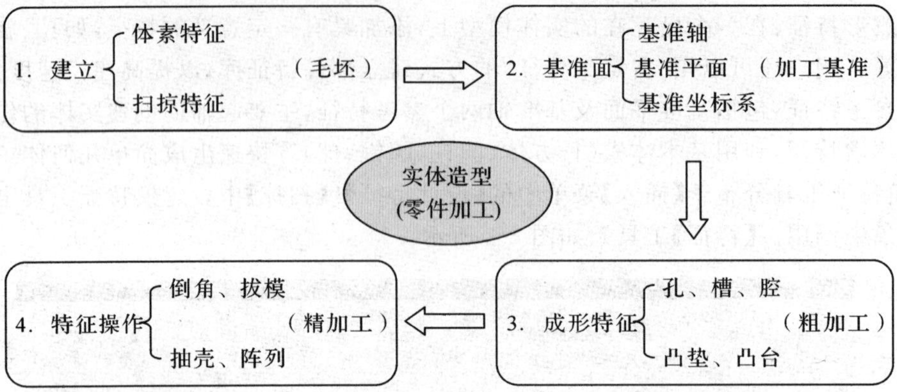

图 8-5 建模流程

8.2 布尔操作

8.2.1 求和布尔操作

用求和布尔命令可将两个或多个工具实体的体积组合为一个目标体，如图 8-6 所示。目标体和工具体必须重叠或共享面，这样才会生成有效的实体。

使用此命令可以：

(1)使用一组实体作为工具。

(2)随意保存并保留未修改的目标体和工具体副本。

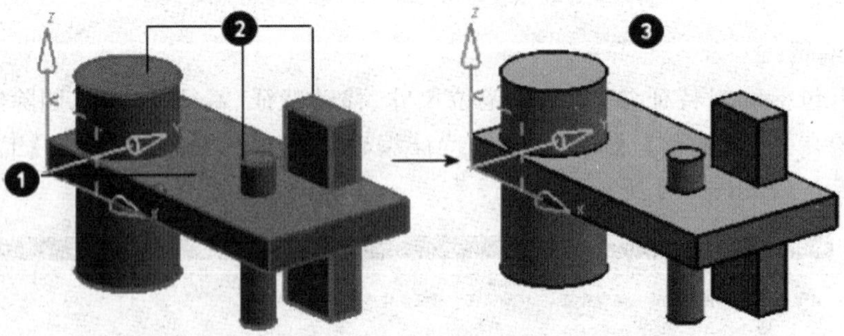

目标实体 (1) 与一组工具体 (2) 相加，形成一个实体

图 8-6 布尔求和示意图

求和对话框如图 8-7 所示。

图 8-7 【布尔求和】对话框

8.2.2 求差布尔操作

使用求差命令可从目标体中移除一个或多个工具体的体积。

使用求差命令可以：

(1)可以选择一组实体作为工具，如图 8-8 所示。

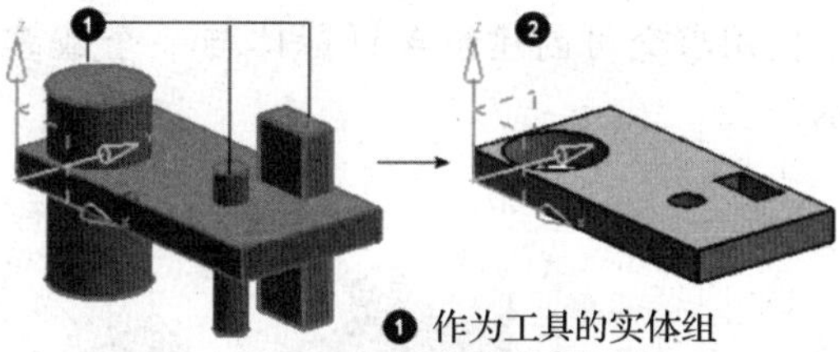

图 8-8 可以选择一组实体作为工具

(2)如果选择一个片体作为工具体，其结果就是一个保持了所有区域的完全参数化的“求差”特征。

(3)如果工具体将目标体完全拆分为多个实体，则所得实体为参数化特征，如图 8-9 所示。

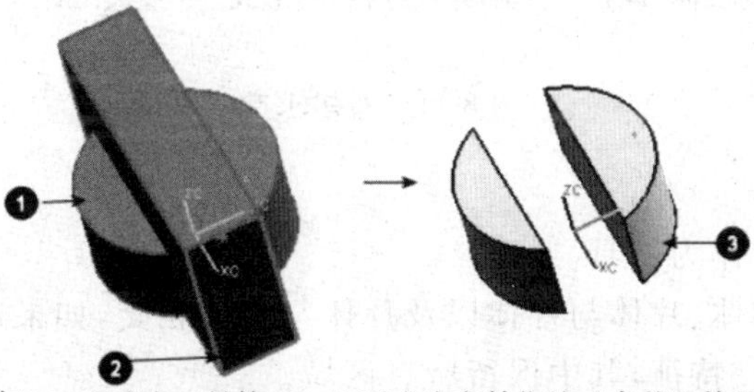

从目标 (1) 中减去工具体 (2), 从而成为参数化的“求差”特征 (3)

图 8-9 工具体将目标体完全拆分为多个实体

注意：被减去目标体的地方可能留有空白的区域。

求差对话框如图 8-10 所示。

图 8-10 【求差】对话框

8.2.3 求交布尔操作

使用求交可创建包含目标体与一个或多个工具体的共享体积或区域的体，如图 8-11 所示。

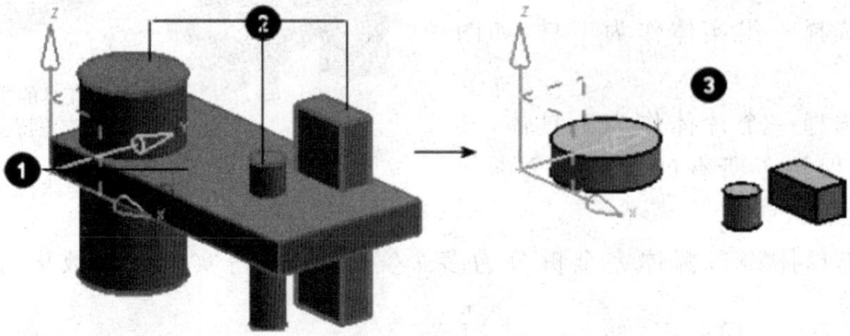

目标实体 (1) 和一组工具体 (2) 相交，形成三个参数化的体 (3)

图 8-11 布尔求交

使用求交命令可以：

(1)可以使用一组体作为工具。

(2)可以将实体与实体、片体与片体以及片体与实体相交，如果选择片体作为工具体，则结果将是完全参数化相交特征，其中保留所有区域。

(3)如果工具体将目标体完全分割为多个实体，则所得实体为参数化特征。

正常结果为包含目标体与所有工具体实体的相交体积的实体。

求交对话框如图 8-12 所示。

图 8-12 【求交】对话框

8.3 基准特征

8.3.1 基准轴

【基准轴】命令定义了一线性参考，以帮助我们建立其他对象，如基准平面、旋转特征和圆形阵列等。图 8-13(a)所示是一个应用基准轴的示例。

基准轴与矢量的创建方法基本相同，其区别在于：

(1)基准轴在 UG NX 中作为特征存在(每个基准轴在【部件导航器】中都会有一个节点)；

(2)矢量表示一个方向，基准轴则除能表示方向外，还含有位置的信息。如：矢量 YC 仅表示平行于 YC 轴；而基准轴 YC 则不仅表示该轴平行于 YC 轴，而且还表示通过坐标原点。

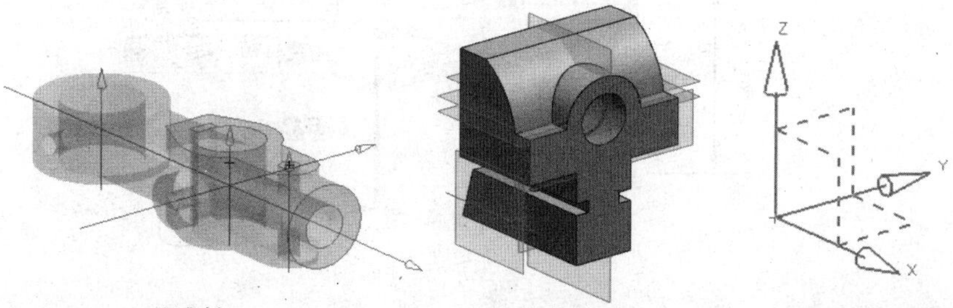

(a) 基准轴　　(b) 基准平面　　(c) 基准坐标系

图 8-13 基准轴

8.3.2 基准面

通过【基准面】命令可以建立一平面的参考特征，以帮助定义其他特征。图 8-13(b)所示是一个应用基准面的示例。

基准平面与平面的创建方法基本相同，其区别主要在于【基准平面】工具创建的平面是作为特征处理的，每创建一个基准平面，在【部件导航器】中都会增加一个相应的节点。

8.3.3 基准坐标系

通过【基准坐标系】命令可以创建关联的坐标系，它包含一组参考对象，如图 8-13(c)所示。可以利用参考对象来关联地定义下游特征的位置与方向。

一个基准坐标系包括下列参考对象：

(1)整个基准 CSYS

(2)三个基准平面

(3)三个基准轴

(4)原点

可以更改基准坐标系的显示尺寸。每个基准坐标系都可具有不同的显示尺寸。显示大小由比例因子参数控制，1 为基本尺寸。如果指定比例因子为 0.5，则得到的基准坐标系将是正常大小的一半。如果指定比例因子为 2，则得到的基准坐标系将是正常比例大小的两倍。

8.4 扫掠特征

8.4.1 拉伸

使用【拉伸】命令可以沿指定方向扫掠曲线、边、面、草图或曲线特征的 2D 或 3D 部分一段直线距离，由此来创建体如图 8-14 所示。拉伸过程中需要指定截面线、拉伸方向、拉伸距离。

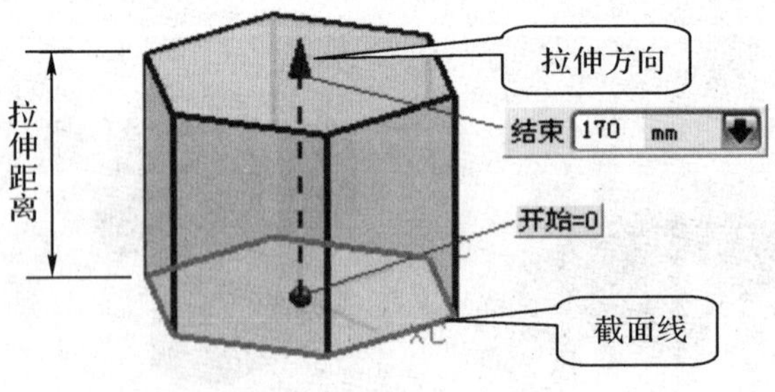

图 8-14 拉伸示意图

单击【特征】工具条上的【拉伸】命令图标，弹出如图 8-15 所示的对话框。该对话框中各选项含义如下所述。

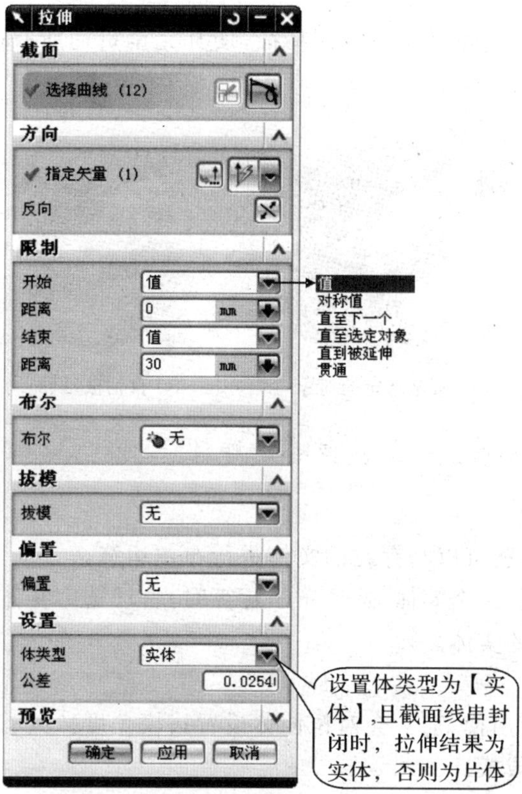

图 8-15 【拉伸】对话框

1. 截面

指定要拉伸的曲线或边。

(1)绘制截面:单击此图标,系统打开草图生成器,在其中可以创建一个处于特征内部的截面草图。在退出草图生成器时,草图被自动选作要拉伸的截面。

(2)选择曲线:选择曲线、草图或面的边缘进行拉伸。系统默认选中该图标。在选择截面时,注意配合【选择意图工具条】使用。

2. 方向

指定要拉伸截面曲线的方向。默认方向为选定截面曲线的法向,可以通过【矢量构造器】和【自动判断】类型列表中的方法构造矢量。

单击反向按钮,或直接在矢量方向箭头上双击,可以改变拉伸方向。

3. 限制

定义拉伸特征的整体构造方法和拉伸范围。

(1)值:指定拉伸起始或结束的值。

(2)对称值:开始的限制距离与结束的限制距离相同。

(3)直至下一个:将拉伸特征沿路径延伸到下一个实体表面,如图 8-16(a)所示。

(4)直至选定对象:将拉伸特征延伸到选择的面、基准平面或体,如图 8-16(b)所示。

(5)直到被延伸:截面在拉伸方向超出被选择对象时,将其拉伸到被选择对象延伸位置为止，如图 8-16(c)所示。

(6)贯通：沿指定方向的路径延伸拉伸特征，使其完全贯通所有的可选体，如图 8-16(d)所示。

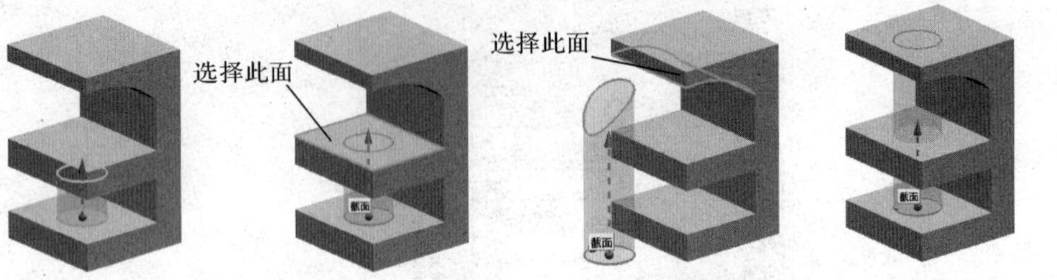

(a) 直至下一个　(b) 直至选定的对象　(c) 直到被延伸　(d) 贯通

图 8-16　限制

4. 布尔

在创建拉伸特征时，还可以与存在的实体进行布尔运算。

如果当前界面只存在一个实体，选择布尔运算时，自动选中实体；如果存在多个实体，则需要选择进行布尔运算的实体。

5. 拔模

在拉伸时，为了方便出模，通常会对拉伸体设置拔模角度。共有 6 种拔模方式。

(1)无：不创建任何拔模。

(2)从起始限制：从拉伸开始位置进行拔模，开始位置与截面形状一样，如图 8-17(a)所示。

(3)从截面：从截面开始位置进行拔模，截面形状保持不变，开始和结束位置进行变化，如图 8-17(b)所示。

(4)从截面-非对称角度：截面形状不变，起始和结束位置分别进行不同的拔模，两边拔模角可以设置不同角度，如图 8-17(c)所示。

(5)从截面-对称角度：截面形状不变，起始和结束位置进行相同的拔模，两边拔模角度相同，如图 8-17(d)所示。

(6)从截面匹配的终止处：截面两端分别进行拔模，拔模角度不一样，起始端和结束端的形状相同，如图 8-17(e)所示。

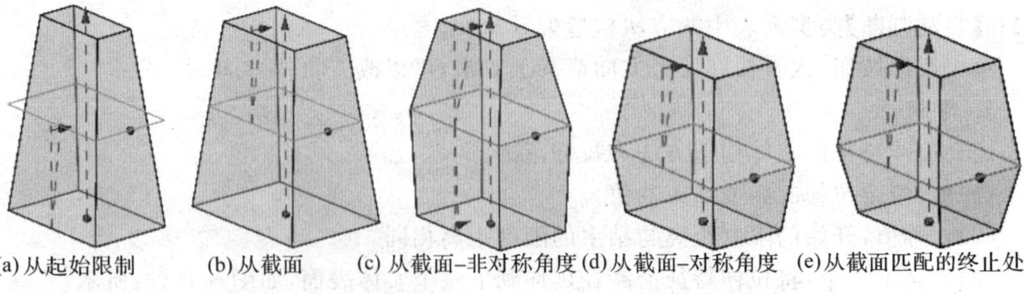

(a) 从起始限制　(b) 从截面　(c) 从截面-非对称角度　(d) 从截面-对称角度　(e) 从截面匹配的终止处

图 8-17　拔模

6. 偏置

用于设置拉伸对象在垂直于拉伸方向上的延伸，共有四种方式。

(1)无：不创建任何偏置。

(2)单侧：向拉伸添加单侧偏置，如图 8-18(a)所示。

(3)两侧：向拉伸添加具有起始和终止值的偏置，如图 8-18(b)所示。

(4)对称：向拉伸添加具有完全相等的起始和终止值(从截面相对的两侧测量)的偏置，如图 8-18(c)所示。

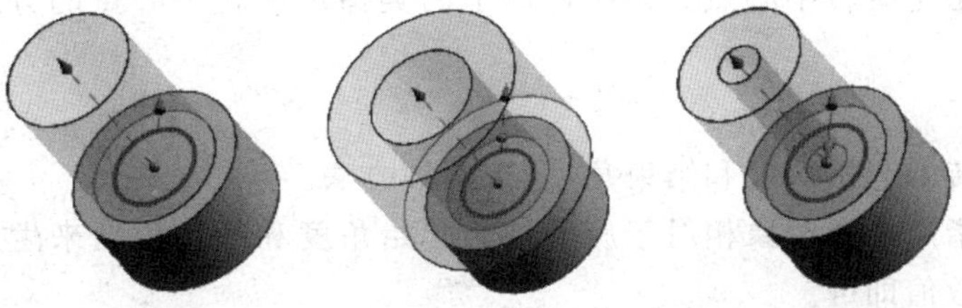

(a) 单侧　(b) 两侧　(c) 对称

图 8-18　偏置

7. 设置

用于设置拉伸特征为片体或实体。要获得实体，截面曲线必须为封闭曲线或带有偏置的非闭合曲线。

8.4.2 回转

使用【回转】可以使截面曲线绕指定轴回转一个非零角度，以此创建一个特征，如图8-19所示。

单击【特征】工具条上的【回转】命令图标，弹出如图 8-20 所示的对话框。该对话框中各选项含义如下所述。

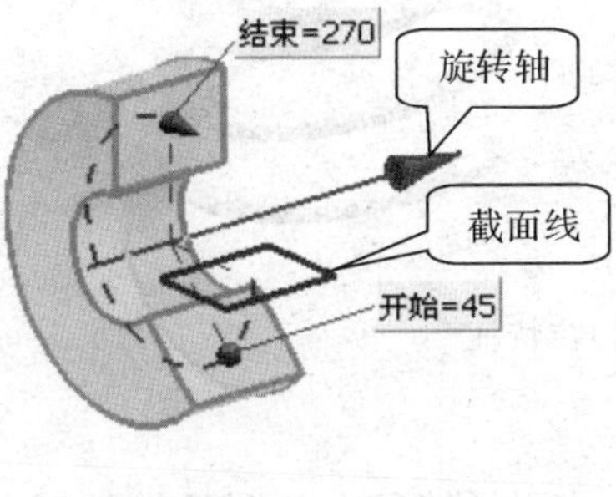

图 8-19　回转

图 8-20　回转对话框

1. 截面

截面曲线可以是基本曲线、草图、实体或片体的边，并且可以封闭也可以不封闭。截面曲线必须在旋转轴的一边，不能相交。

2. 轴

指定旋转轴和旋转中心点。

(1)指定矢量：指定旋转轴。系统提供了两类指定旋转轴的方式，即【矢量构造器】和【自动判断】。

(2)指定点：指定旋转中心点。系统提供了两类指定旋转中心点的方式，即【点构造器】和【自动判断】。

3. 限制

用于设定旋转的起始角度和结束角度，有两种方法。

(1)值：通过指定旋转对象相对于旋转轴的起始角度和终止角度来生成实体，在其后面的文本框中输入数值即可。

(2)直至选定对象：通过指定对象来确定旋转的起始角度或结束角度，所创建的实体绕旋转轴接于选定对象表面。

4. 偏置

用于设置旋转体在垂直于旋转轴方向上的延伸。

(1)无：不向回转截面添加任何偏置。

(2)两侧：向回转截面的两侧添加偏置。

5. 设置

在体类型设置为实体的前提下，以下情况将生成实体：a. 封闭的轮廓；b. 不封闭的轮廓，旋转角度为 360 度；c. 不封闭的轮廓，有任何角度的偏置或增厚。

8.4.3 沿引导线扫掠

通过沿一引导线串(路径)扫掠一开口或封闭边界草图、曲线、边缘或表面建立一单个实体或片体，如图 8-21 所示。

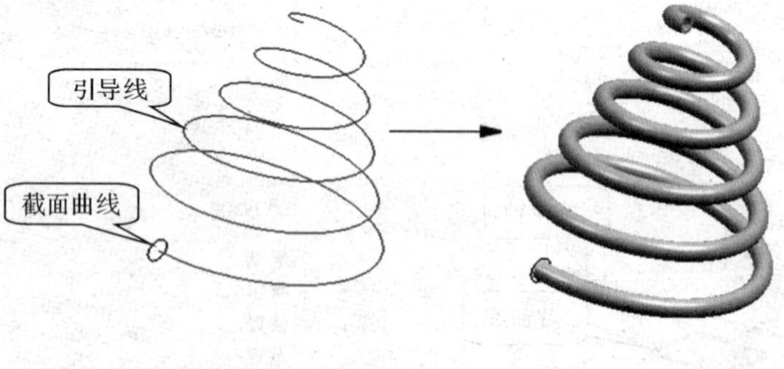

图 8-21　沿导引线扫掠特征

沿引导线扫掠对话框如图 8-22 所示。

1. 如果引导路径上两条相邻的线以锐角相交，或引导路径上的圆弧半径对于截面曲线而言太小，将无法创建扫掠特征。换言之，路径必须是光顺的、切向连续的。

2. 满足以下情况之一将生成实体：

(1)导引线封闭，截面线不封闭；

(2)截面线封闭，导引线不封闭；

(3)截面进行偏置。

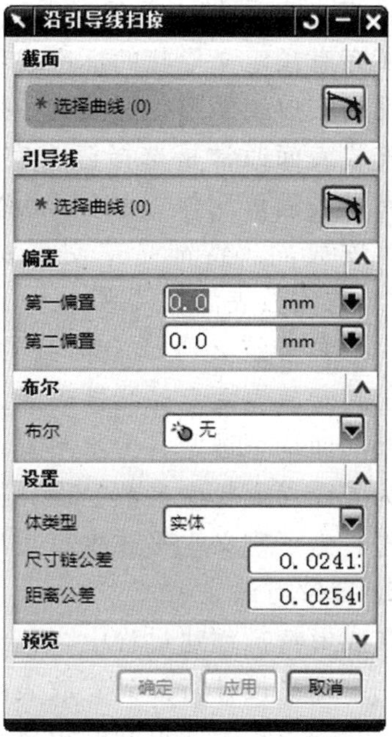

图 8-22　沿引导线扫掠对话框

8.4.4　管道

使用【管道】命令可以通过沿着一个或多个相切连续的曲线或边扫掠一个圆形横截面来创建单个实体。

管道有两种输出类型：

(1)单段：在整个样条路径长度上只有一个管道面(存在内直径时为两个)。这些表面是 B 曲面，如图 8-23(b)所示。

(2)多段：多段管道用一系列圆柱和圆环面沿路径逼近管道表面，如图 8-23(c)所示。其依据是用直线和圆弧逼近样条路径(使用建模公差)。对于直线路径段，把管道创建为圆柱。对于圆形路径段，创建为圆环。

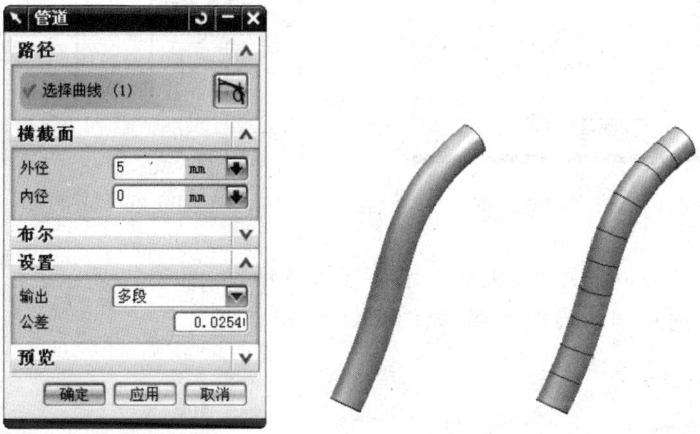

(a)　(b)　(c)

图 8-23　管道

8.5　成型特征

8.5.1　成形特征概述

为方便读者学习后续内容，现对成形特征中的常用术语及创建成形特征的一般步骤作详细介绍

1. 安放表面和水平参考

所有有预定义形状的标准成形特征都需要一个安放表面。除沟槽外，其他所有标准成形特征的安放表面都是平面的；对于沟槽特征，安放表面则必须是柱面或锥面。

安放表面通常是选择已有实体的表面，如果没有平表面可用作安放面，可以使用基准平面作为安放面。特征是正交于安放表面建立的，并且与安放表面相关联。

水平参考定义特征坐标系的 X 轴。任一可投射到安放表面上的线性边缘、平表面、基准轴或基准面均可被定义为水平参考。

图 8-24　安放平面和水平参考

为了定义有长度参数的设计特征（如键槽、矩形腔与矩形凸垫）的长度方向，需要定义水平参考。为了定义水平或垂直类型的定位尺寸，也需要水平参考，如图 8-24 所示。

2. 定位方法

在成形特征创建过程中，都会有特征的定位方式。定位尺寸是沿安放面测量的距离值，它们用来定义设计特征到安放表面的正确位置。常用的定位方式如图 8-25 所示。

(1)水平：指定两点间的距离，沿一选择的水平参考测量，如图 8-26 所示。

图 8-25　定位方法对话框

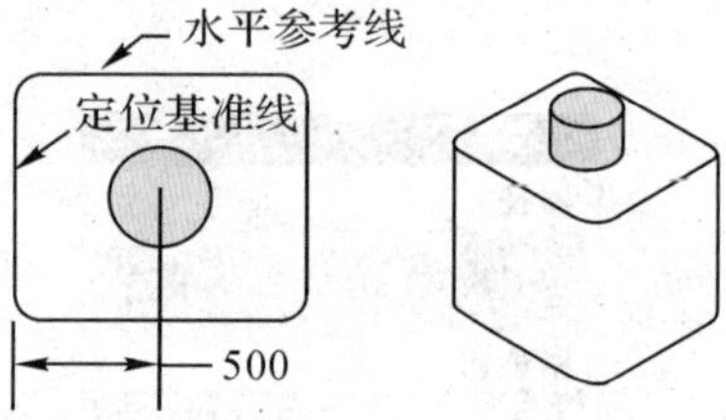

图 8-26　水平

(2)竖直：指定两点间的距离，正交于水平参考测量，如图 8-27 所示。

(3)平行：指定两点间的最短距离，如图 8-28 所示。

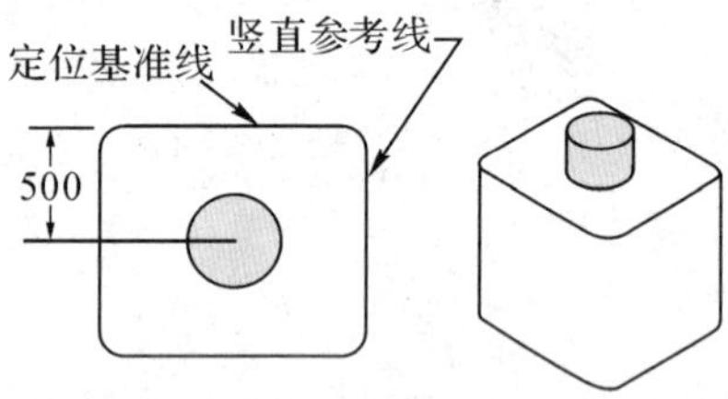

图 8-27　竖直

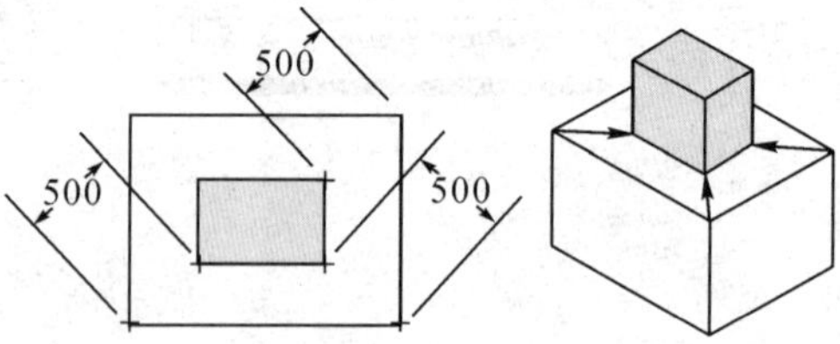

图 8-28　平行

(4)垂直：指定一线性边缘、基准面或轴与一点间的最短距离，如图 8-29 所示。

(5)按一定距离平行：指定线性边缘与平行的另一线性边缘、基准面或轴在一给定距离上，如图 8-30 所示。

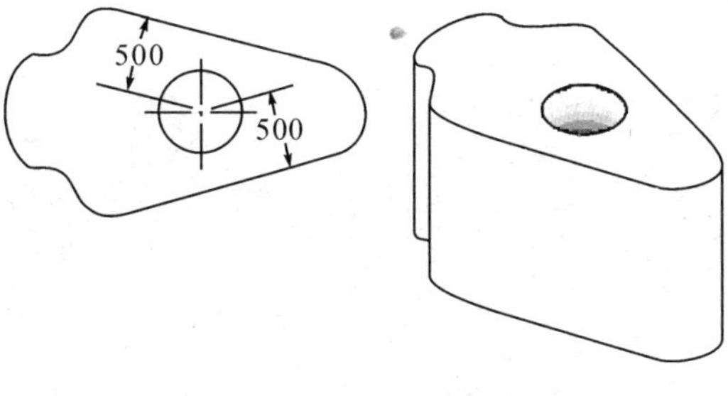

图 8-29　垂直

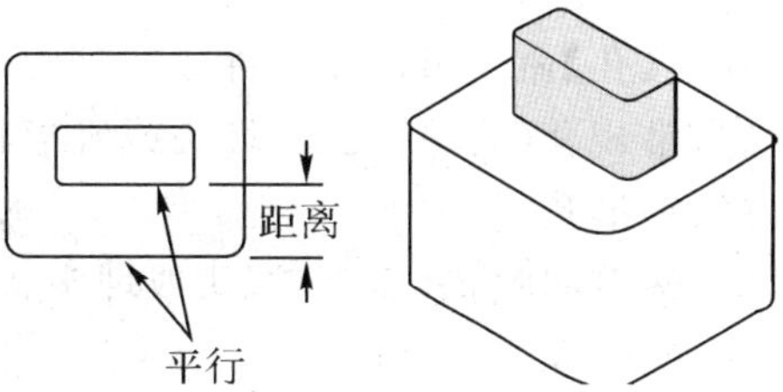

图 8-30　按一定距离平行

（6）角度：以给定角度，在特征的线性边和线性参考边之间创建定位约束尺寸，如图 8-31 所示。

（7）点到点：指定两点间的距离为零，如图 8-32 所示。

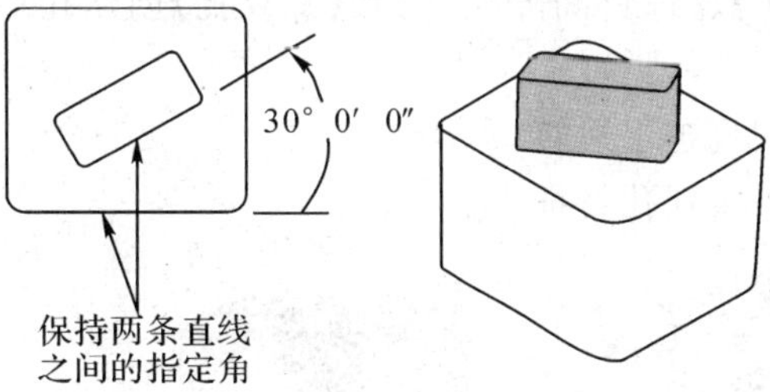

图 8-31　角度

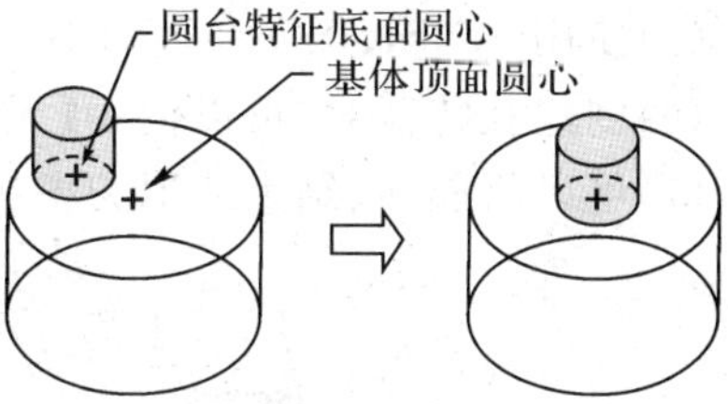

图 8-32　点到点

（8）点到线：指定一线性边缘、基准面或轴与一点间的距离为零，如图 8-33 所示。

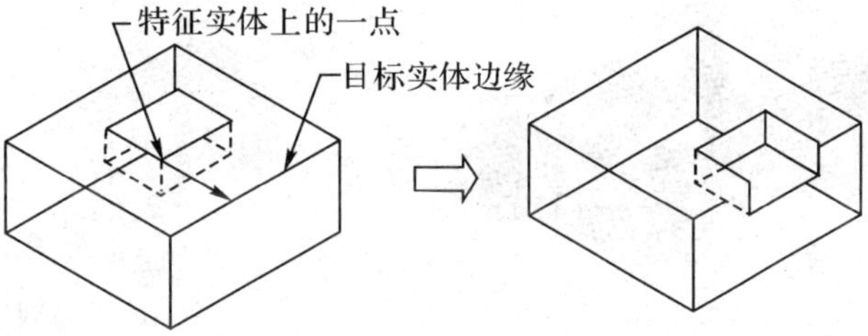

图 8-33　点到线

（9）线到线：指定线性边缘与平行的另一线性边缘、基准面或轴的距离为零，如图 8-34 所示。

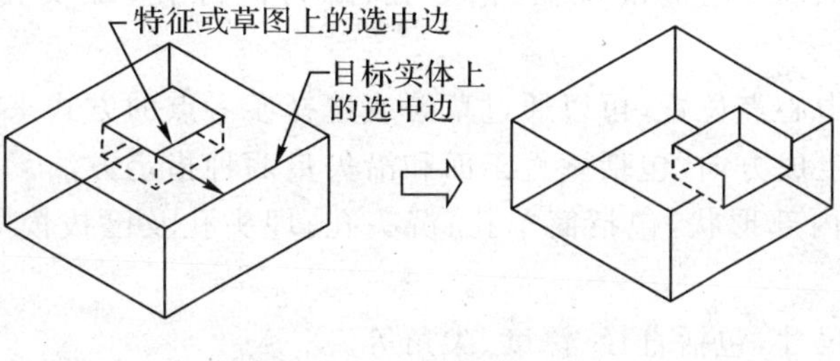

图 8-34　线到线

8.5.2 孔

通过【孔】命令可以在部件或装配中添加以下类型的孔特征：

(1)常规孔(简单、沉头、埋头或锥形状)

(2)钻形孔

(3)螺钉间隙孔(简单、沉头或埋头状)

(4)螺纹孔

(5)系列(部件或装配中一系列多形状、多目标体、对齐的孔)

此命令与【NX5 版本之前的孔】的区别主要有：

(1)可以在非平面上创建孔，可以不指定孔的放置面。

(2)通过指定多个放置点，在单个特征中创建多个孔。

(3)通过【指定点】对孔进行定位，而不是利用【定位方式】对孔进行定位。

(4)通过使用格式化的数据表为【钻形孔】、【螺钉间隙孔孔】和【螺纹孔】创建孔特征。

(5)使用 ANSI、ISO、DIN、JIS 等标准。

(6)创建孔特征时，可以使用【无】和【求差】布尔运算。

(7)可以将起始、结束或退刀槽倒斜角添加到孔特征上。

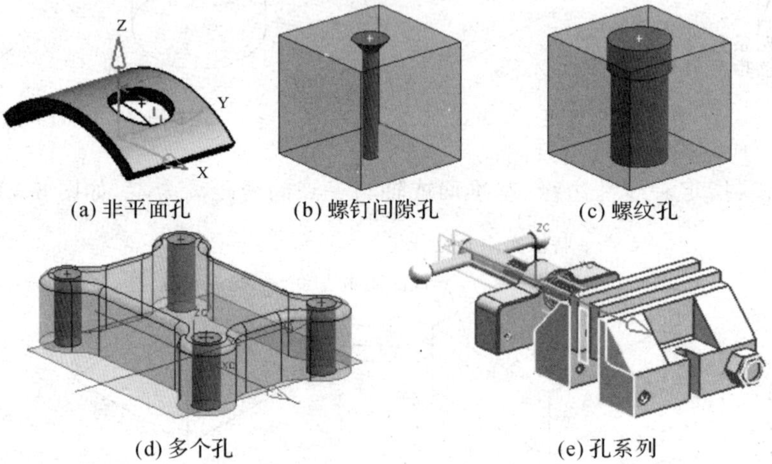

图 8-35　各种类型孔

单击【特征】工具条上的【孔】命令图标，弹出如图 8-36 所示的对话框，该对话框中各选项的含义如下。

(1)类型：孔的种类，包括常规孔、钻形孔、螺钉间隙孔、螺纹孔和孔系列，如图 8-41 所示。

(2)位置：孔的中心点位置，可以通过草绘或选择参考点的方式来获得。

(3)方向：孔的生成方向，包括垂直于面和沿矢量两种指定方法。

(4)成形：孔的内部形状，包括简单孔、沉头孔、埋头孔及已拔模等形状的孔，如图 8-37 所示。

(5)尺寸：孔的尺寸，包括直径、深度、尖角等。

(6)直径：孔的直径；

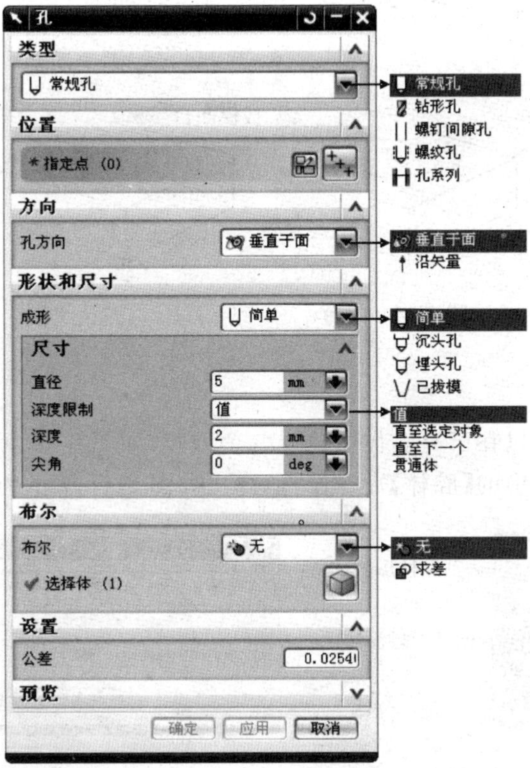

图 8-36 孔对话框

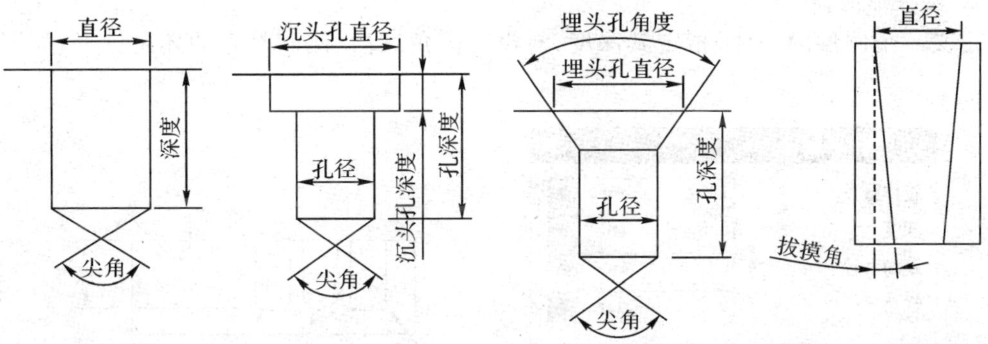

(a) 简单孔　(b) 沉头孔　(c) 埋头孔　(d) 锥形孔

图 8-37 孔成型

(7)深度限制：孔的深度方法，包括值、直至选定对象、直至下一个和贯通体。

(8)深度：孔的深度，不包括尖角。

8.5.3 凸台

使用凸台可以在平的表面或基准平面上创建凸台，如图 8-38 所示。

凸台对话框如图 8-39 所示。凸台的锥角允许为负值。

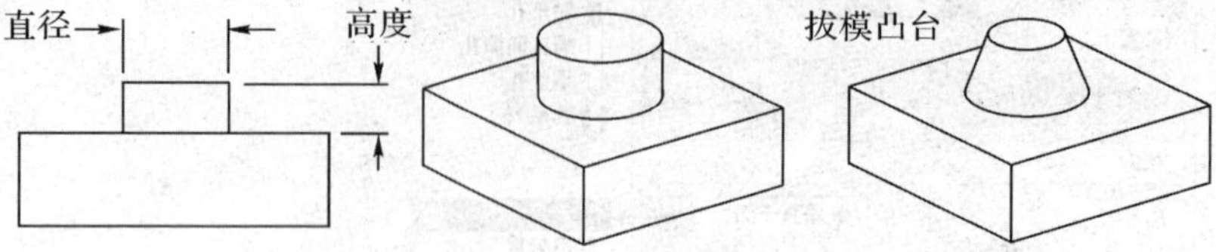

图 8-38　凸台

图 8-39　凸台对话框

8.5.4　腔体

通过【腔体】命令可以在已存实体中建立一个型腔，如图 8-40 所示。

单击【特征】工具条中的【腔体】命令图标，弹出如图 8-41 所示的对话框。

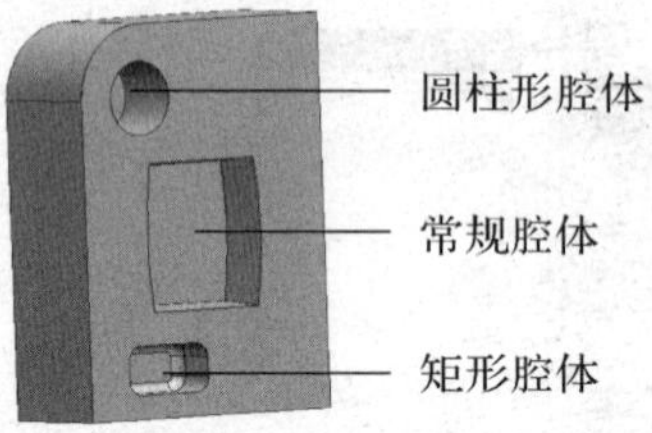

图 8-40　腔体

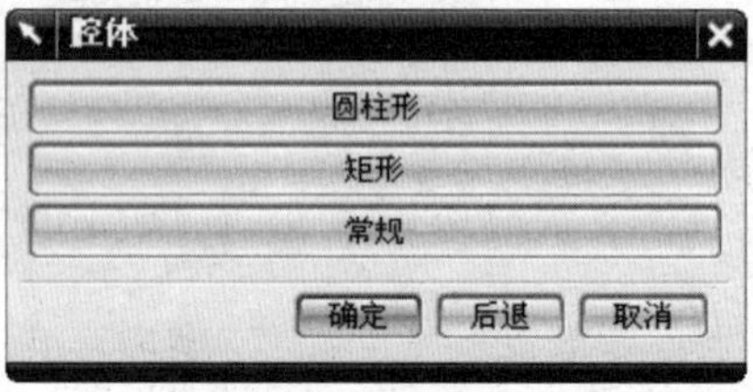

图 8-41　腔体对话框

腔体共有三种类型，下面分别介绍。

1. 圆柱形腔体

定义一个圆形的腔体，指定其深度，有没有圆角底面，侧面是直的还是锥形，如图 8-42 所示。

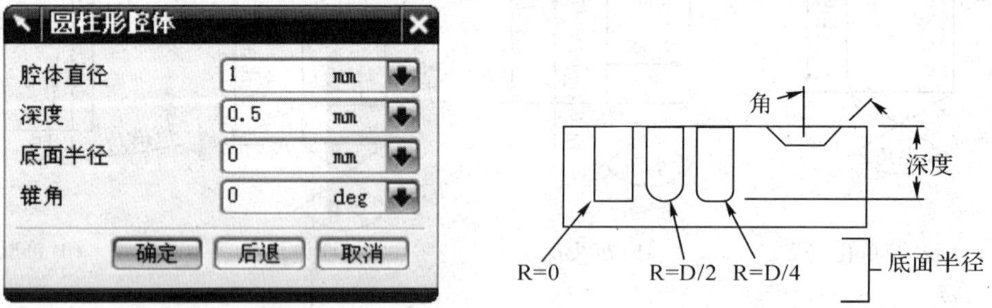

图 8-42　圆柱体腔体

2. 矩形腔体

定义一个矩形的腔体，指定其长度、宽度和深度，拐角处和底面上有没有圆角，侧面是直的还是带锥度的，如图 8-43 所示。

拐角半径必须大于等于底面半径。

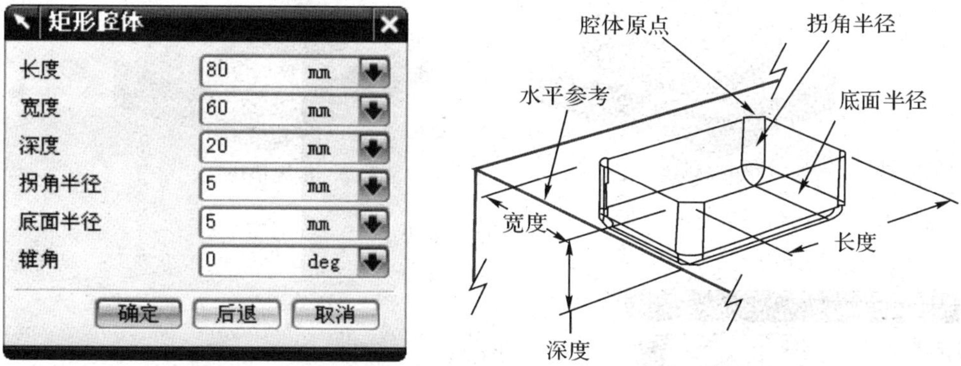

图 8-43　矩形腔体

3. 常规腔体

在实体特征上创建一个一般类型的腔体。

常规腔体具有如下特性：

(1)常规腔体的放置面可以是自由曲面，而不像其他腔体选项那样，要严格地是一个平面。

(2)腔体的底部定义有一个底面，如果需要的话，底面也可以是自由曲面。

(3)可以在顶部和/或底部通过曲线链定义腔体的形状。曲线不一定位于选定面上，如果没有位于选定面，它们将按照选定的方法投影到面上。

(4)曲线没有必要形成封闭线串，也可以是开放的，甚至可以让线串延伸出放置面的边。

(5)在指定放置面或底面与腔体侧面之间的半径时，可以将代表腔体轮廓的曲线指定到腔体侧面与面的理论交点，或指定到圆角半径与放置面或底面之间的相切点。

(6)腔体的侧面是定义腔体形状的理论曲线之间的直纹面。如果在圆角切线处指定曲线，系统将在内部创建放置面或底面的理论交集。

在【腔体】对话框中单击【常规】按钮，弹出如图 8-44 所示的对话框。

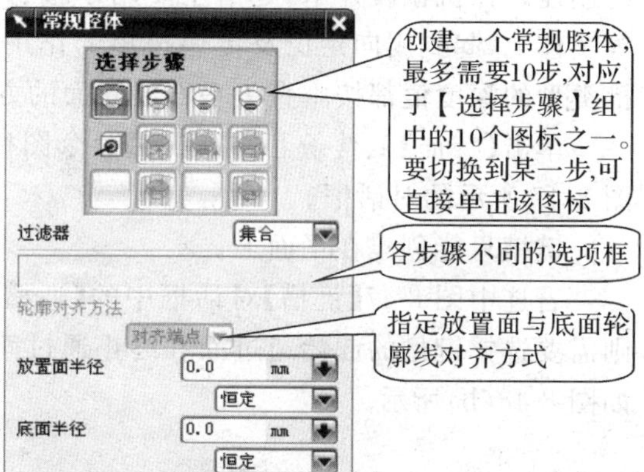

图 8-44　常规腔体对话框

8.5.5　垫块

使用【垫块】命令可以在一已存实体上建立一垫块或常规垫块，如图 8-45 所示。

垫块共有两种，下面分别介绍。

1. 矩形垫块

定义一个有指定长度、宽度和高度，在拐角处有指定半径，具有直面或斜面的垫块，如图 8-46 所示。矩形垫块的创建步骤与矩形腔体类似。

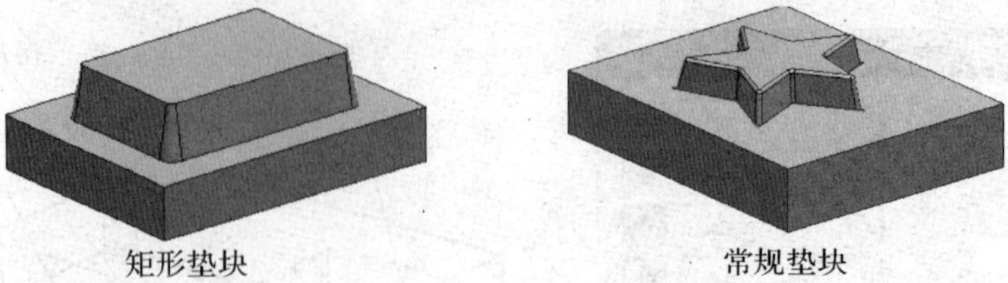

图 8-45　垫块

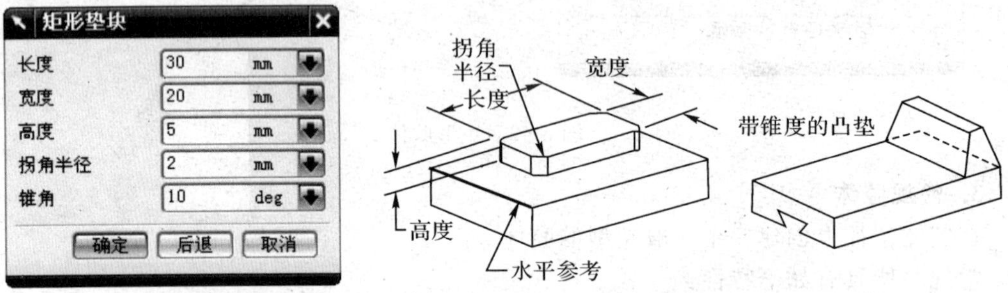

图 8-46　矩形垫块

2. 常规垫块

定义一个比矩形垫块选项具有更大灵活性的垫块。常规垫块的特性和创建方法与常规腔体类似，故此处不再赘述。

【腔体】的功能刚好与【垫块】相反，【腔体】是剔除材料，而【垫块】是添加材料。

8.5.6　键槽

使用【键槽】命令可以满足建模过程中各种键槽的创建。在机械设计中，键槽主要用于轴、齿轮、带轮等实体上，起到周向定位及传递扭矩的作用。所有键槽类型的深度值都按垂直于平面放置面的方向测量。

单击【特征】工具条上的【键槽】命令图标，弹出如图 8-47 所示的对话框。

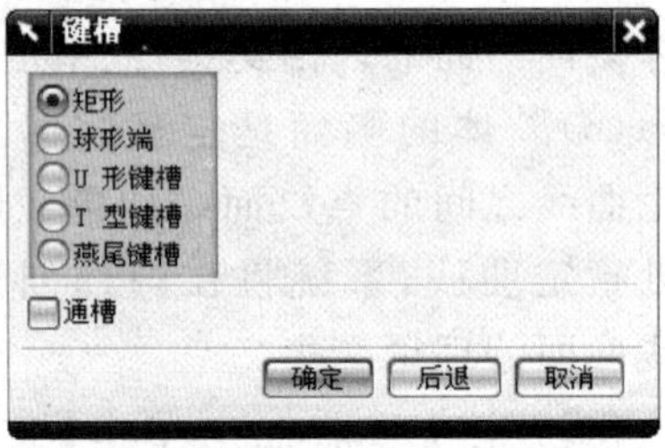

图 8-47　【键槽】对话框

键槽只能创建在平面上。

若选中图 8-47【键槽】对话框中的【通槽】复选框，则需要选择键槽的起始通过面和终止通过面（不需再设置键槽的长度），所创建的矩形键槽如图 8-48(b)所示。

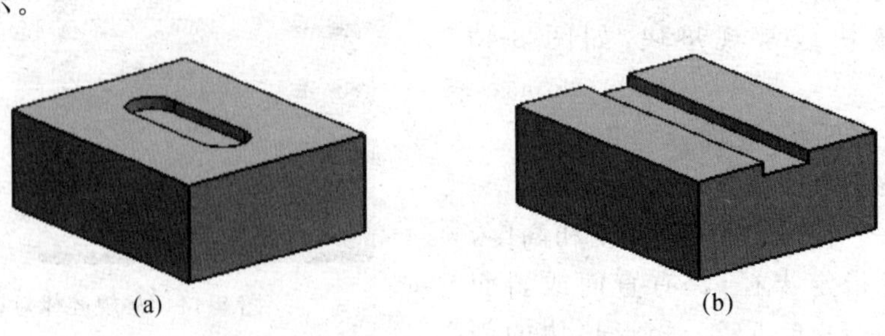

图 8-48　键槽

键槽共有五种类型，下面分别介绍。

1. 矩形

沿着底边创建有锐边的键槽，如图 8-49 所示。

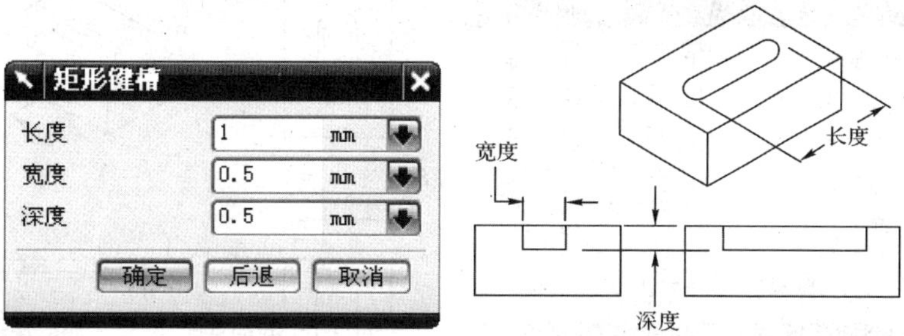

图 8-49　矩形键槽对话框

2. 球形端

创建保留有完整半径的底部和拐角的键槽，如图 8-50 所示。

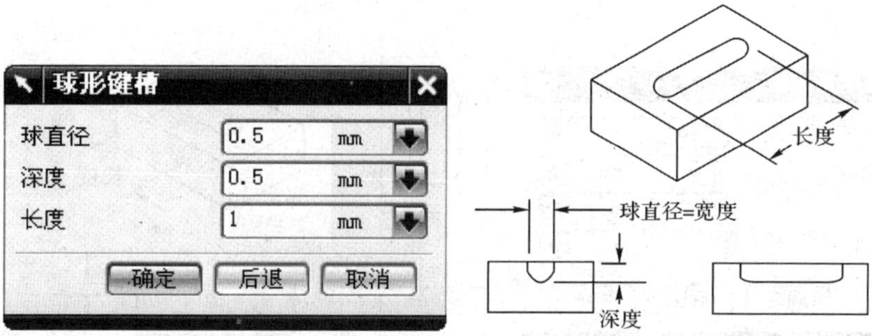

图 8-50　球形端

槽宽等于球直径（即刀具直径）。槽深必须大于球半径。

3. U 形键槽

创建有整圆的拐角和底部半径的键槽，如图 8-51 所示。

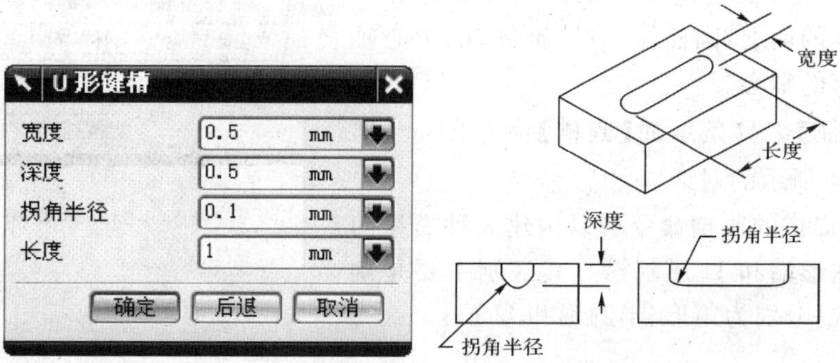

图 8-51　U 形键槽

4. T形键槽

创建一个横截面是倒T的键槽，如图8-52所示。

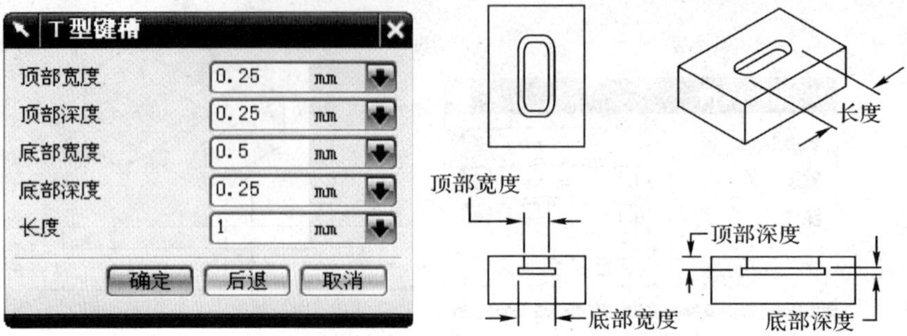

图8-52　T形键槽

5. 燕尾槽

创建燕尾槽型的键槽。这类键槽有尖角和斜壁，如图8-53所示。

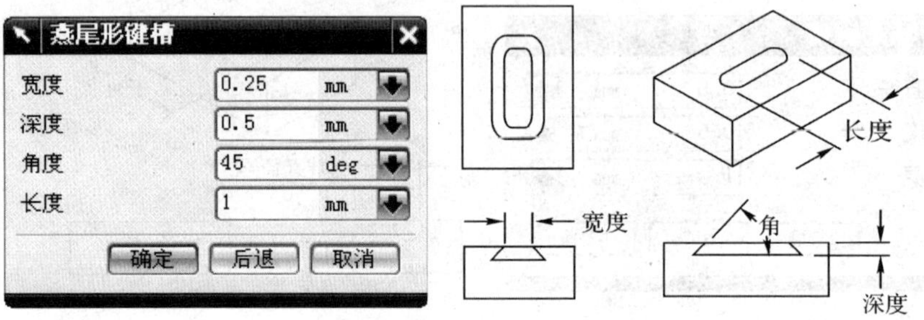

图8-53　燕尾槽

8.5.7　割槽

“割槽”工具用于在回旋体表面上创建一个旋转槽特征。需注意的是旋转槽工具只能创建在圆柱体或圆锥体的面上，圆柱体（或圆锥体）的中心轴线为旋转槽面的轴心。

单击【特征】工具条中的【割槽】命令图标，弹出如图8-54所示的对话框。

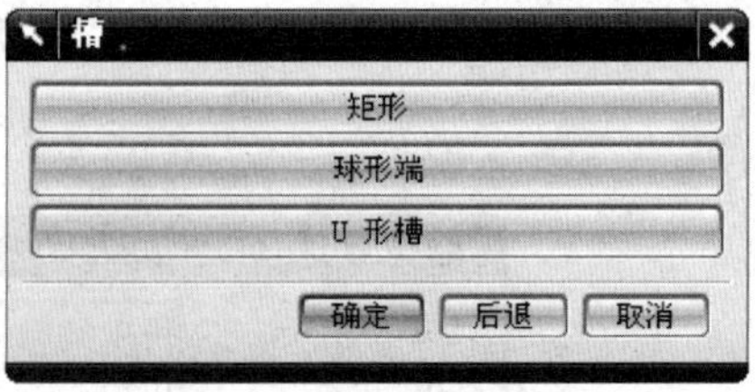

图8-54　槽对话框

UG NX提供的割槽命令可以构建3种类型的割槽：矩形、球形端和U形割槽。其区别主要是割槽的截面形状（分别为矩形、半圆形和U形）。

(1)球形端槽

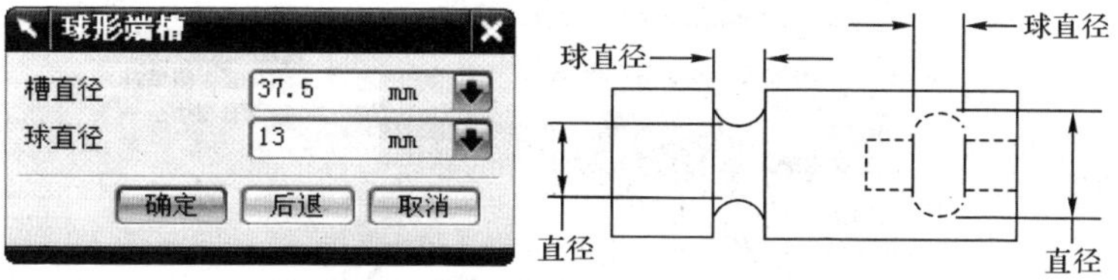

图 8-55　球形端槽

(2)矩形槽

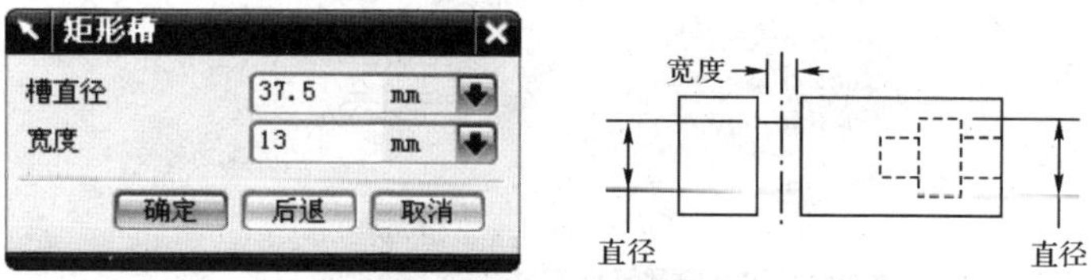

图 8-56　矩形槽

(3)U 形槽

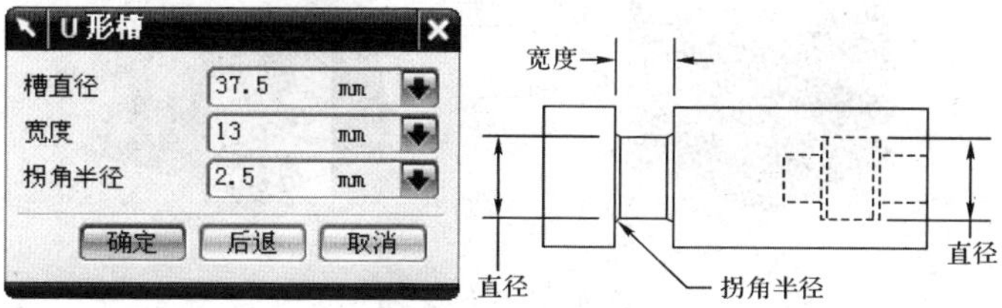

图 8-57　U 形槽

8.6　特征操作

8.6.1　拔模

使用【拔模】命令可以将实体模型上的一张或多张面修改成带有一定倾角的面。拔模操作在模具设计中非常重要，若一个产品存在倒拔模的问题，则该模具将无法脱模。

单击【特征操作】工具条中的【拔模】命令图标，弹出如图 8-58 所示的对话框。

共有四种拔模操作类型：【从平面】、【从边】、【与多个面相切】以及【至分型边】，其中前两种操作最为常用。

1. 从平面

从固定平面开始，与拔模方向成一定的拔模角度，对指定的实体进行拔模操作，如图 8-59所示。所谓固定平面是指该处的尺寸不会改变。

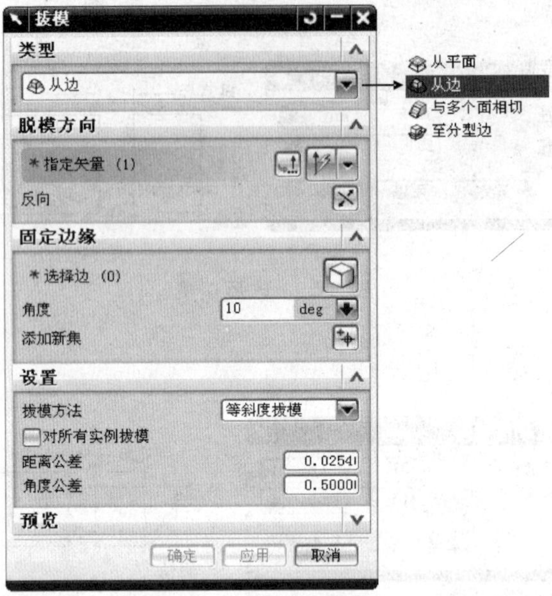

图 8-58 【拔模】对话框

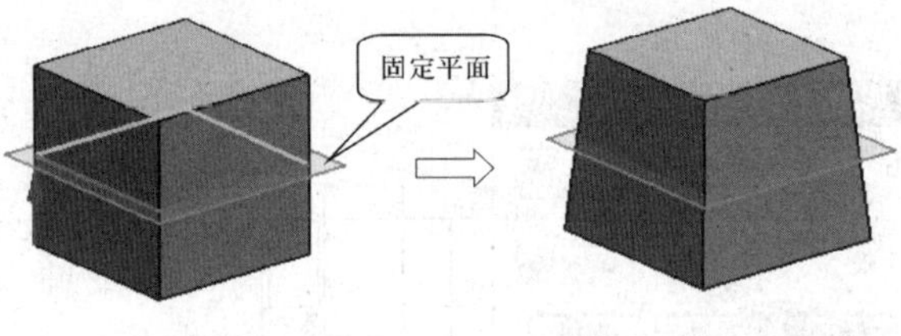

图 8-59 从平面

2. 从边

从一系列实体的边缘开始，与拔模方向成一定的拔模角度，对指定的实体进行拔模操作，如图 8-60 所示。

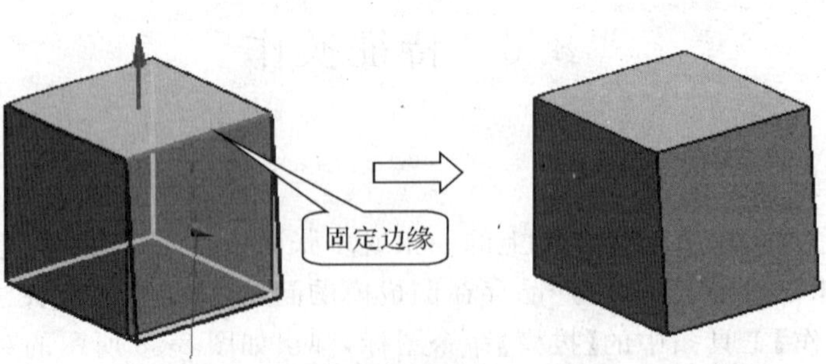

图 8-60 从边

3. 与多个面相切

与多个面相切：如果拔模操作需要在拔模操作后保持要拔模的面与邻近面相切，则可使用此类型。此处，固定边缘未被固定，而是移动的，以保持选定面之间的相切约束，如图 8-

61 所示。选择相切面时一定要将拔模面和相切面一起选中,这样才能创建拔模特征。

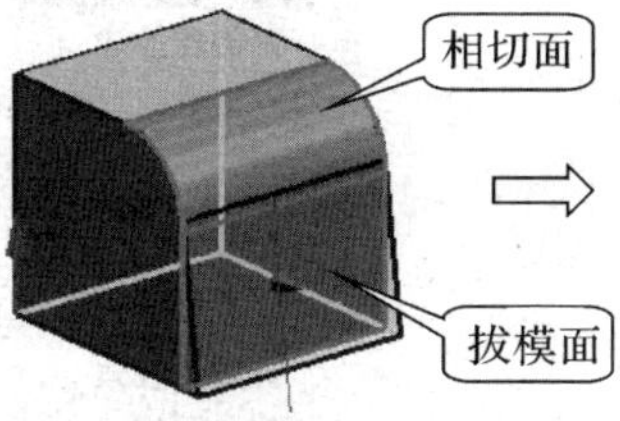

图 8-61　与多个面相切

4. 至分型边

主要用于分型线在一张面内,对分型线的单边进行拔模,如图 8-62 所示。在创建拔模之前,必须通过"分割面"命令用分型线分割其所在的面。

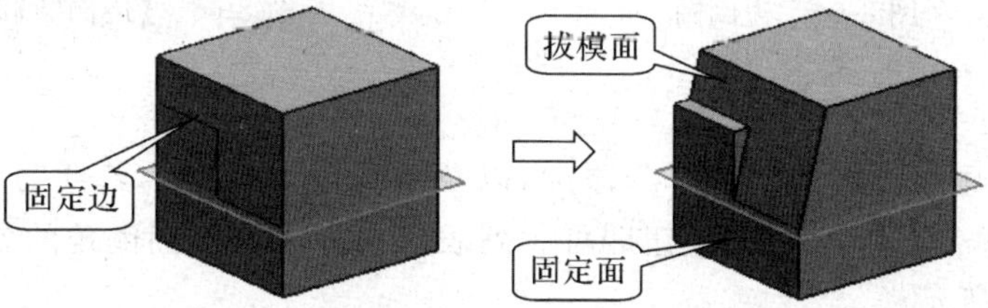

图 8-62　至分型边

8.6.2　倒斜角

使用【倒斜角】命令可以将一个或多个实体的边缘截成斜角面。

倒斜角有三种类型:对称、非对称、偏置和角度,如图 8-63 所示。

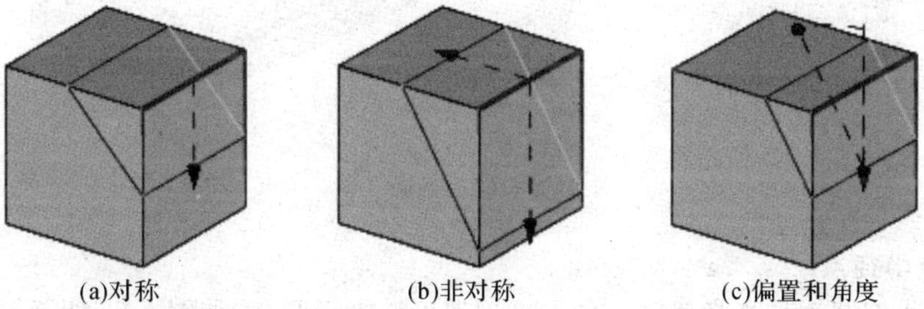

图 8-63　倒斜角

8.6.3　边倒圆

通过【边倒圆】命令可以使至少由两个面共享的边缘变光顺。倒圆时就像沿着被倒圆角的边缘滚动一个球,同时使球始终与在此边缘处相交的各个面接触。

倒圆球在面的内侧滚动会创建圆形边缘(去除材料),在面的外侧滚动会创建圆角边缘(添加材料),如图 8-64 所示。

单击【特征】工具条上的【边倒圆】命令图标,弹出如图 8-65 所示的对话框。该对话框中各选项含义如下所述。

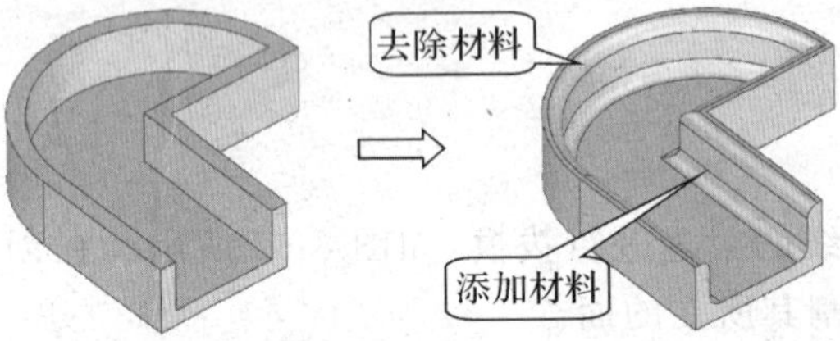

图 8-64　边倒圆

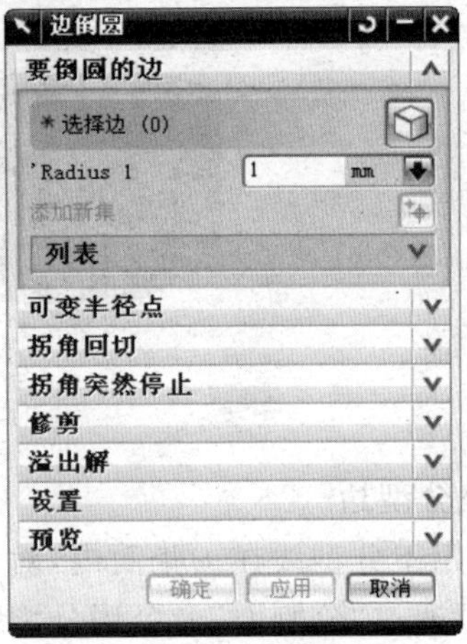

图 8-65　【边倒圆】对话框

1. 要倒圆的边

此选项区主要用于倒圆边的选择与添加，以及倒角值的输入。若要对多条边进行不同圆的倒角处理，则单击【添加新集】按钮即可。列表框中列出了不同倒角的名称、值和表达式等信息，如图 8-66 所示。

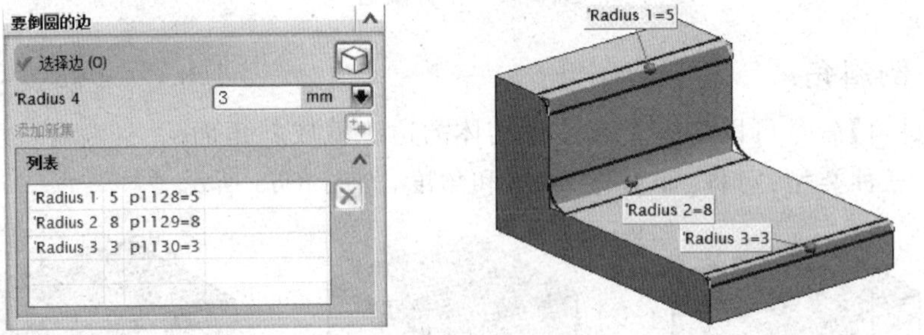

图 8-66　要倒圆的边

2. 可变半径点

通过向边倒圆添加半径值唯一的点来创建可变半径圆角，如图 8-67 所示。

3. 拐角回切

在三条线相交的拐角处进行拐角处理。选择三条边线后，切换至拐角栏，选择三条线的交点，即可进行拐角处理。可以改变三个位置的参数值来改变拐角的形状，如图 8-68 所示。

4. 拐角突然停止

使某点处的边倒圆在边的末端突然停止，如图 8-69 所示。

5. 修剪

可将边倒圆修剪至明确选定的面或平面，而不是依赖软件通常使用的默认修剪面，如图 8-70 所示。

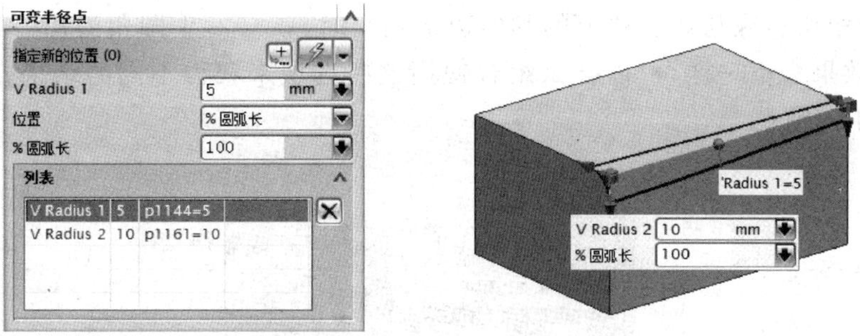

图 8-67 可变半径点

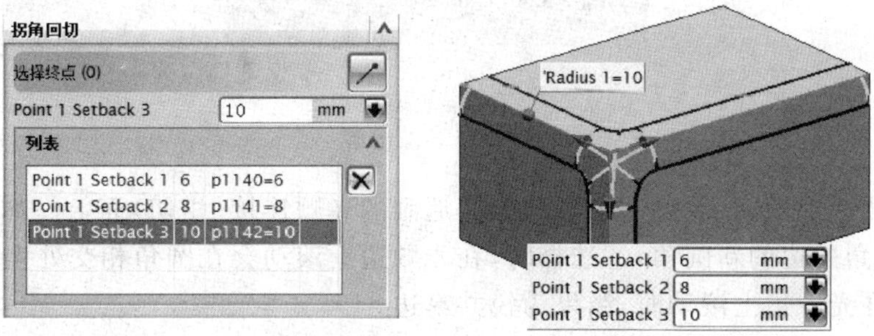

图 8-68 拐角回切

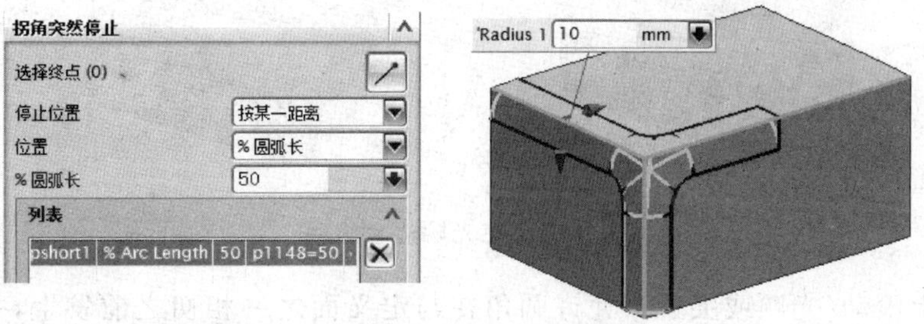

图 8-69 拐角突然停止

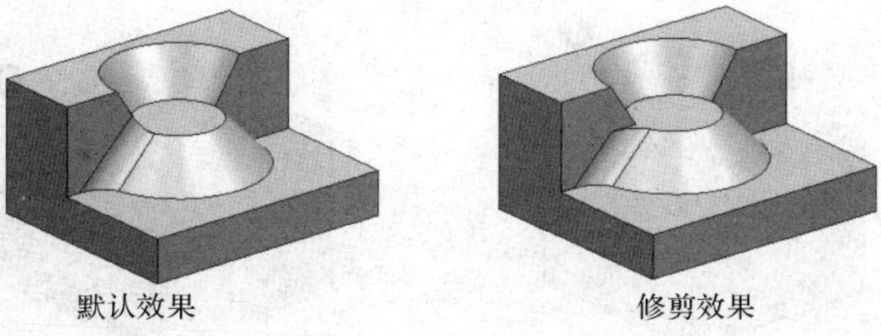

默认效果　　修剪效果

图 8-70 修剪

6. 溢出解

当圆角的相切边缘与该实体上的其他边缘相交时，就会发生圆角溢出。选择不同的溢出解，得到的效果会不一样，可以尝试组合使用这些选项来获得不同的结果。如图 8-71 所示为【溢出解】选项区。

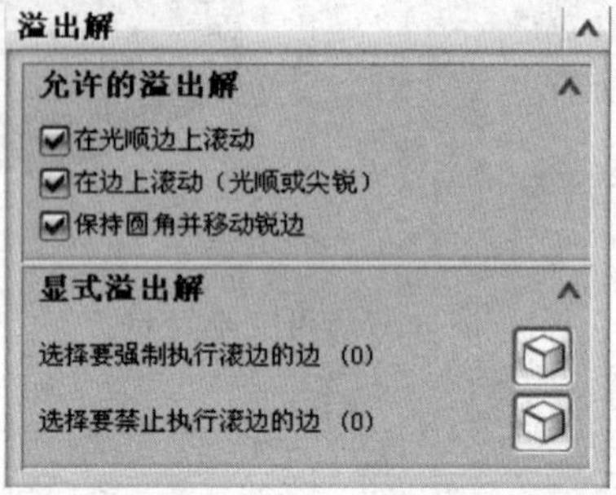

图 8-71　溢出解

(1)在光顺边上滚动：允许圆角延伸到其遇到的光顺连接(相切)面上。如图 8-72 所示，①溢出现有圆角的边的新圆角；②选择时，在光顺边上滚动会在圆角相交处生成光顺的共享边；③未选择在光顺边上滚动时，结果为锐共享边。

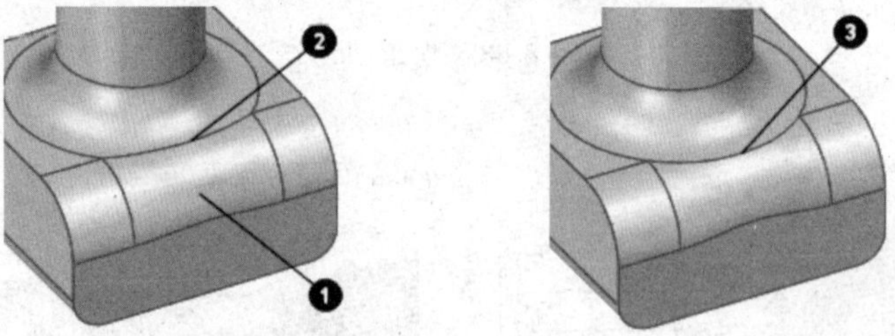

图 8-72　在光顺边上滚动

(2)在边上滚动(光顺或尖锐)：允许圆角在与定义面之一相切之前发生，并展开到任何边(无论光顺还是尖锐)上。如图 8-73 所示，①选择在边上滚动(光顺或尖锐)时，遇到的边不更改，而与该边所在面的相切会被超前；②未选择在边上滚动(光顺或尖锐)时，遇到的边

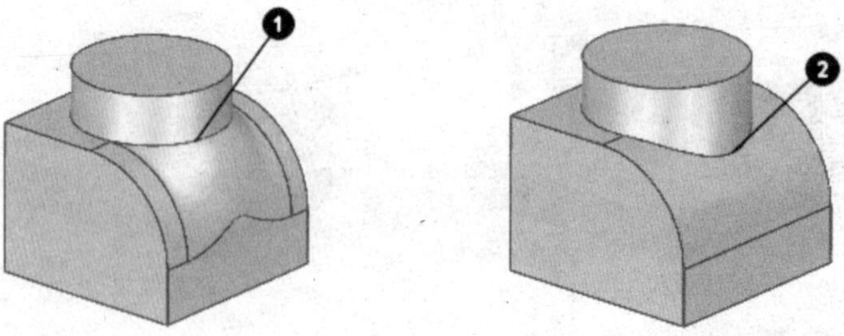

图 8-73　在边上滚动

发生更改，且保持与该边所属面的相切。

(3)保持圆角并移动锐边：允许圆角保持与定义面的相切，并将任何遇到的面移动到圆角面。如图 8-74 所示，①选择在锐边上保持圆角选项的情况下预览边倒圆过程中遇到的边；②生成的边倒圆显示保持了圆角相切。

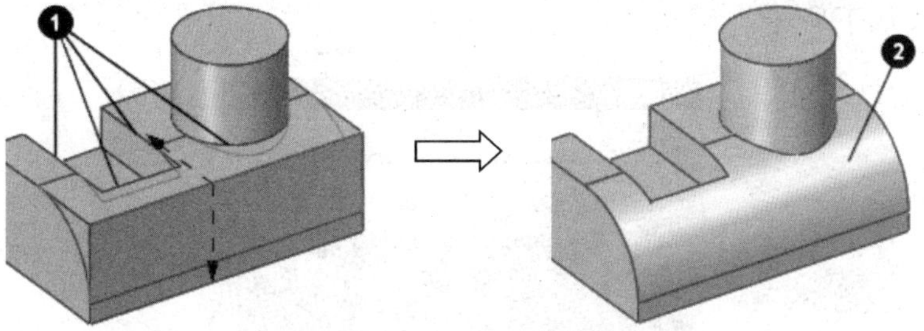

图 8-74　保持圆角并移动锐边

7. 设置

【设置】选项区主要是控制输出操作的结果。

(1)对所有实例倒圆：对所有实例特征同时倒圆角。

(2)凸/凹 Y 处的特殊圆角：使用该复选框，允许对某些情况选择两种 Y 型圆角之一，如图 8-75 所示。

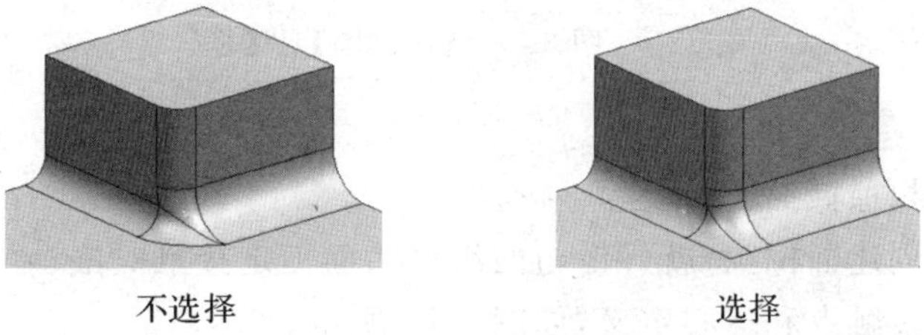

图 8-75　凸/凹 Y 处的特殊圆角

(3)移除自相交：在一个圆角特征内部如果产生自相交，可以使用该选项消除自相交的情况，增加圆角特征创建的成功率。

(4)拐角回切：在产生拐角特征时，可以对拐角的样子进行改变，如图 8-76 所示。

图 8-76　拐角回切

8.6.4 面倒圆

使用【面倒圆】命令可以在两个(组)面之间添加相切倒圆角面,圆角半径可以是恒定的、由规律控制或由相切控制线来控制。面倒圆角操作可以在实体或曲面间进行。

单击【特征操作】工具条中的【面倒圆】命令图标,弹出如图 8-77 所示的对话框。该对话框中各选项含义如下所述。

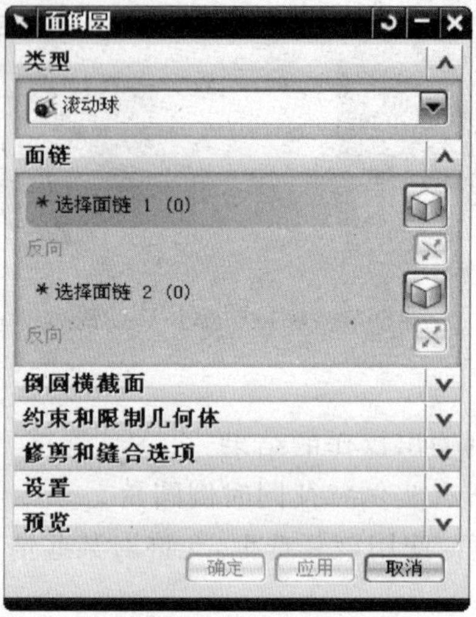

图 8-77 【面倒圆】对话框

1. 类型

有滚动球和扫掠截面 2 种类型。

(1)滚动球:创建面倒圆,就好像与两组输入面恒定接触时滚动的球对着它一样,倒圆横截面平面由两个接触点和球心定义,如图 8-78 所示。

(2)扫掠截面:沿着脊线扫掠横截面,倒圆横截面的平面始终垂直于脊线,如图 8-79 所示。

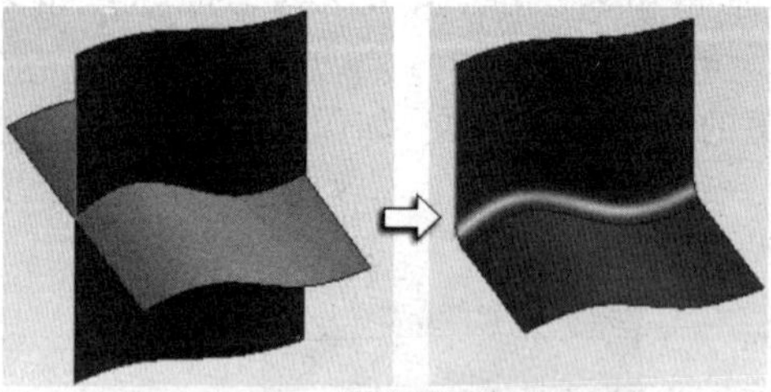

滚动球

图 8-78 滚动球

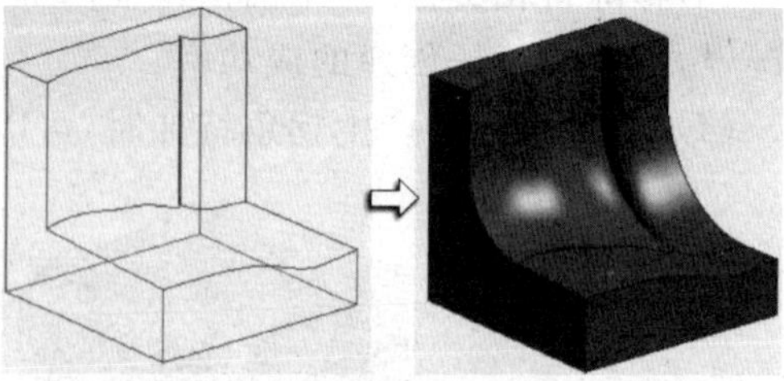

扫掠截面

图 8-79 扫掠截面

2. 面链

可以是一张面,也可以是多张面,在选择时可以通过【选择意图工具条】辅助选择。选择后,面的法向应指向圆角中心;可以双击箭头或单击【反向】图标更改面的法向。

3. 倒圆横截面

有【圆形】和【二次曲线】两种横截面形状。

(1)圆形:这种形状就等于一个球沿着两面集交线滚过所形成的样子,如图 8-80(a)所示。

(2)二次曲线:这种类型倒出来的圆角截面是一个二次曲线,相对来说圆角形状比较复杂,可控参数也比较多,如图 8-80(b)所示。

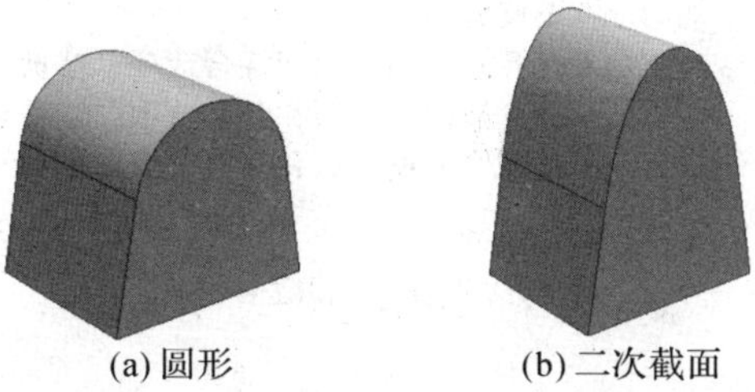

图 8-80　倒圆横截面

4. 约束和限制几何体

(1)选择重合边:如果要倒圆通过一边缘代替相切到定义面组,可以选择此复选框。如图 8-81 所示,圆角半径大于台阶 1 的高度,就需要利用重合边倒圆角。

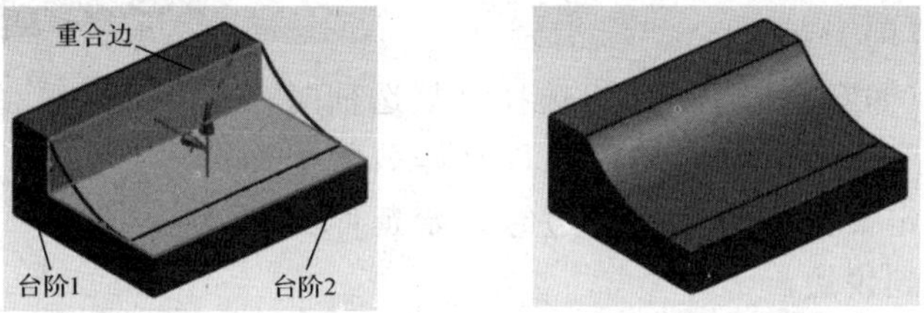

图 8-81　选择重合边

(2)选择相切曲线:如图 8-82 所示,假设要创建一个面倒圆,沿着曲线 1 与曲线 1 所在的面相切,并与面 2 相切,这时就要用到【选择相切曲线】。

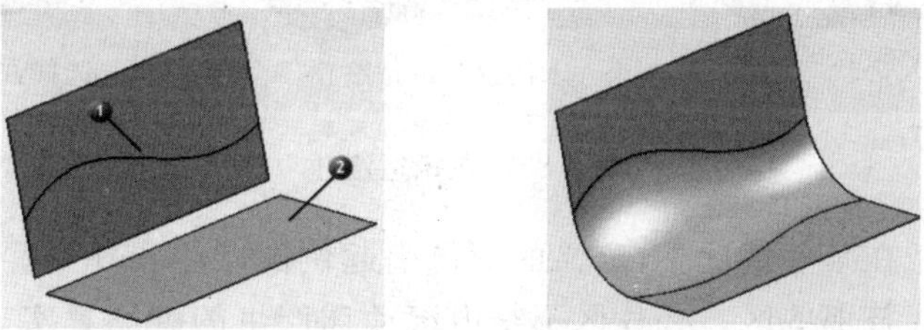

图 8-82　选择相切曲线

(3)相切曲线:若相切曲线在第一组面链上,则选择【在第一条链上】;反之,选择【在第二条链上】。

5. 修剪和缝合选项

利用这些选项规定是否以及让系统怎样自动地修剪和/或缝合倒圆到部件中,如图8-83所示。

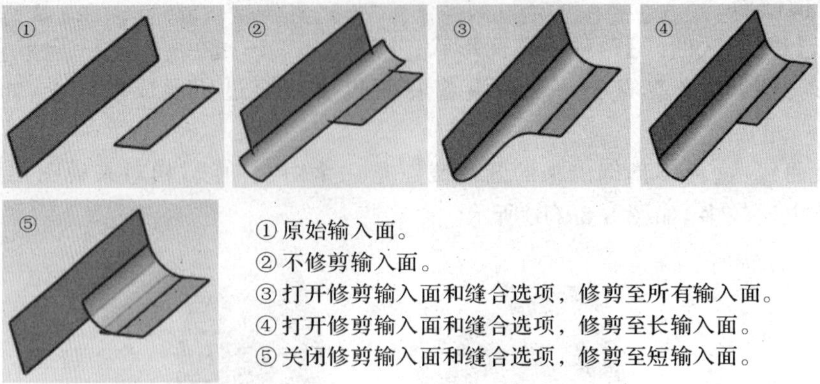

图 8-83　修剪和缝合选项

6. 设置

(1)相交时添加相切面：为每个面链选择最小面数。然后，面倒圆会根据需要自动选择其他相切面，以继续在部件上进行倒圆。如图 8-84 所示，面倒圆自动沿相切面选择倒圆，但在面 1 处停止，因为它不相切。此选项仅当【类型】设置为【滚动球】时才可用。

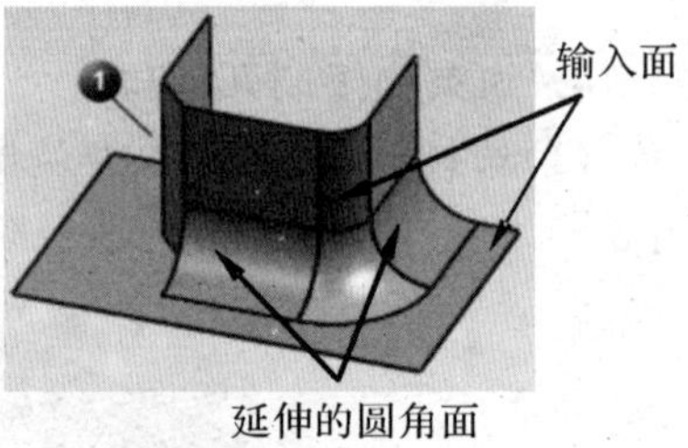

图 8-84　相交时添加相切面

(2)在锐边终止：如图 8-85 所示，不选择该复选框时，创建倒圆就像凹口不存在一样，然后使用凹口来修剪这个面；选择该复选框时，从定义面的最后一个边缘开始延伸倒圆，这样，倒圆就不会遇到锐边。

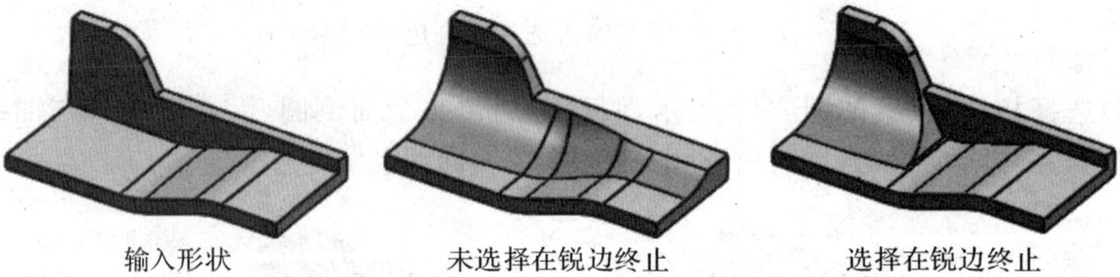

图 8-85　在锐边终止

(3)移除自相交：在某些情况下，定义的面链引起倒圆产生自相交。利用此选项可以让系统自动用一补片代替那些区。补片区不是由滚动球产生的倒圆真实表示，但它相切到它连接的所有面。此选项仅当【类型】设置为【滚动球】时才可用。

8.6.5　软倒圆

通过软倒圆命令可以创建其横截面形状不是圆弧的圆角，这可以帮助避免出现有时与圆弧倒圆相关的生硬的“机械”外观。这个功能可以对横截面形状有更多的控制，并允许创建比其他圆角类型更美观悦目的设计。调整圆角的外形可以产生具有更低重量或更好应力阻力属性的设计。

8.6.6 镜像体和镜像特征

使用【镜像特征】命令可以用通过基准平面或平面镜像选定特征的方法来创建对称的模型。而使用【镜像体】命令可以用基准平面镜像部件中的整个体。

8.6.7 修剪体

使用修剪体可以使用一个面或基准平面修剪一个或多个目标体。选择要保留的体的一部分，并且被修剪的体具有修剪几何体的形状。

修剪体对话框如图 8-86 所示。

图 8-86 修剪体对话框

1. 法矢的方向确定保留目标体的哪一部分。矢量指向远离保留的体的部分，如图 8-87 所示。

2. 当使用面修剪实体时，面的大小必须足以完全切过体。

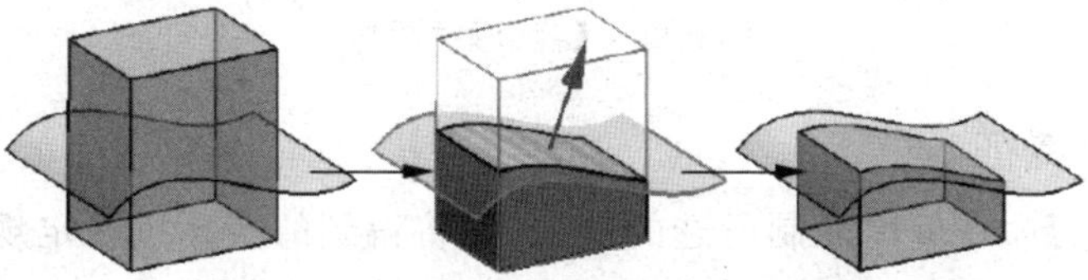

图 8-87 修剪体

8.6.8 缝合

将两个或更多片体连结成一个片体，如图 8-88 所示。如果这组片体包围一定的体积，则创建一个实体。选定片体的任何缝隙都不能大于指定公差，否则将获得一个片体，而非实体。

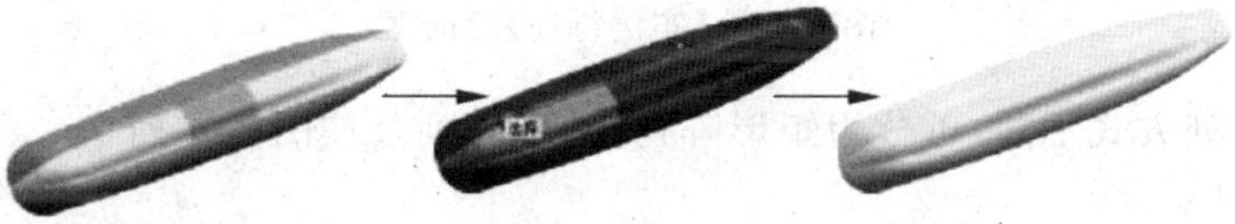

图 8-88 缝合片体

如果两个实体共享一个或多个公共面，还可以缝合这两个实体，如图 8-89 所示。不过，实体的缝合使用布尔求和命令更加方便。

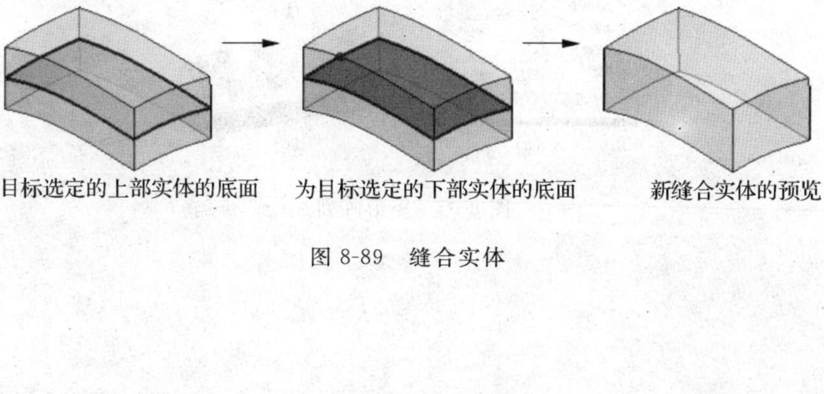

图 8-89 缝合实体

缝合对话框如图 8-90 所示。

图 8-90 【缝合】对话框

8.6.9 实例特征

使用【实例特征】命令可以复制所选的特征，并将得到的实例按一定规律进行排列。单击【特征操作】工具条上的【实例特征】命令图标，弹出如图 8-91 所示的对话框。

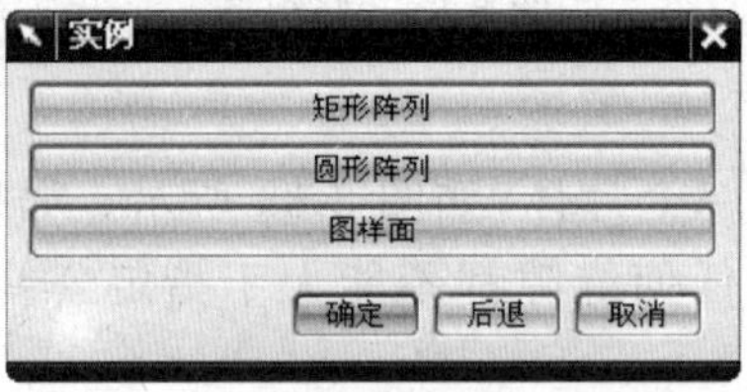

图 8-91 【实例特征】对话框

按实例的排列方式不同，可分为矩形阵列、圆形阵列及按图样排列。

1. 矩形阵列

将指定的特征平行于 XC 轴和 YC 轴复制成二维或一维的矩形阵列，如图 8-92 所示。

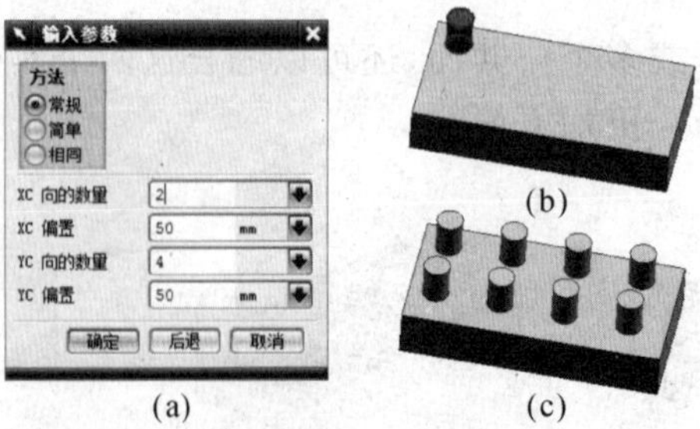

(a) (b) (c)

图 8-92 矩形阵列

2. 圆形阵列

将指定的特征绕指定轴线复制成环形阵列，如图 8-93 所示。

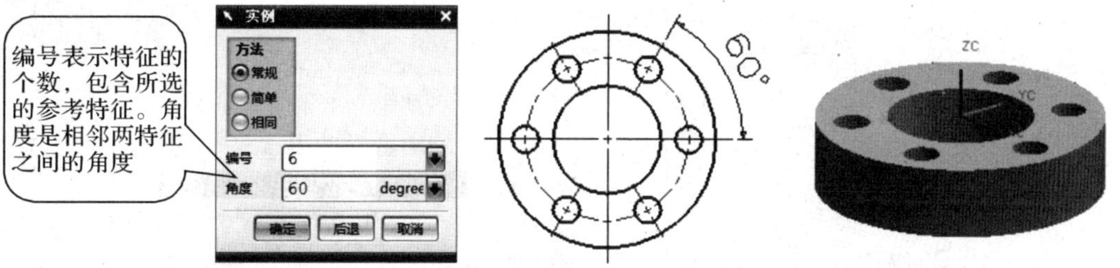

图 8-93　圆形阵列

3. 图样面

对面对象进行阵列和镜像，建立面集的副本，如图 8-94 所示。图样面共有矩形图样、圆形图样、反射三种类型。

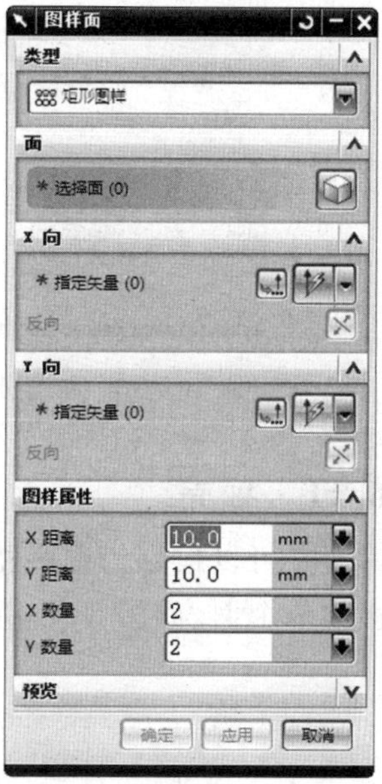

图 8-94　【图样面】对话框

8.6.10　螺纹

使用螺纹可以在具有圆柱面的特征上创建符号螺纹或详细螺纹，如图 8-95 所示。这些特征包括孔、圆柱、凸台以及圆周曲线扫掠产生的减去或者增添部分。

“符号螺纹”的计算量小，生成及显示快，推荐使用。“详细螺纹”看起来更真实，但由于计算量大，导致生成及显示缓慢，建议不要使用。

符号螺纹对话框和详细螺纹对话框分别如图 8-96、图 8-97 所示。

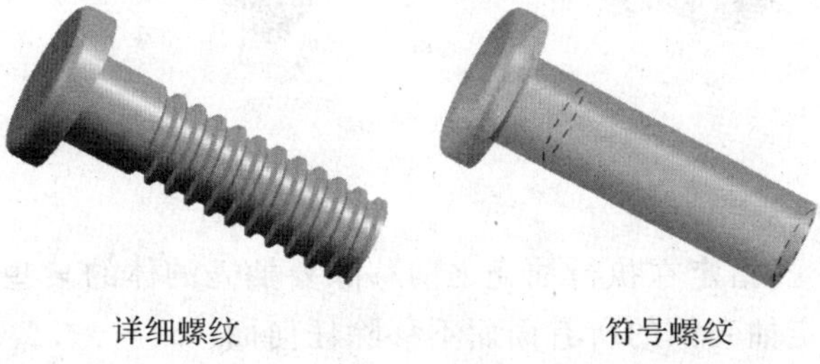

详细螺纹　　符号螺纹

图 8-95　螺纹

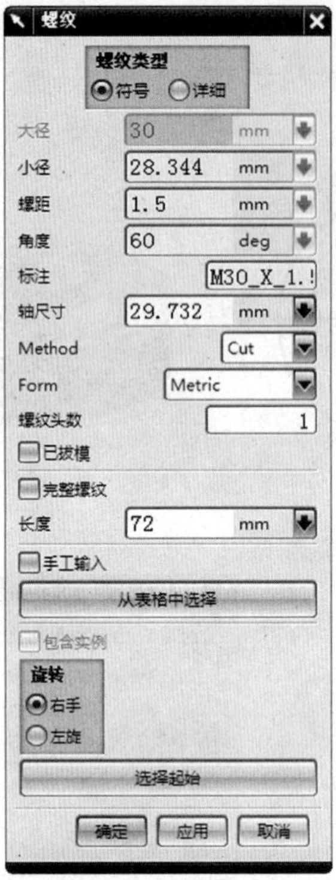

图 8-96　符号螺纹

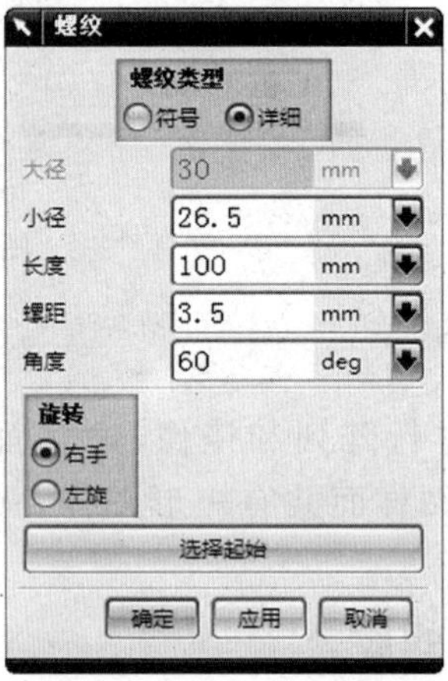

图 8-97　详细螺纹

8.6.11　抽壳

使用抽壳可以根据为壁厚指定的值抽空实体或在其四周创建壳体，也可为面单独指定厚度并移除单个面，如图 8-98 所示。

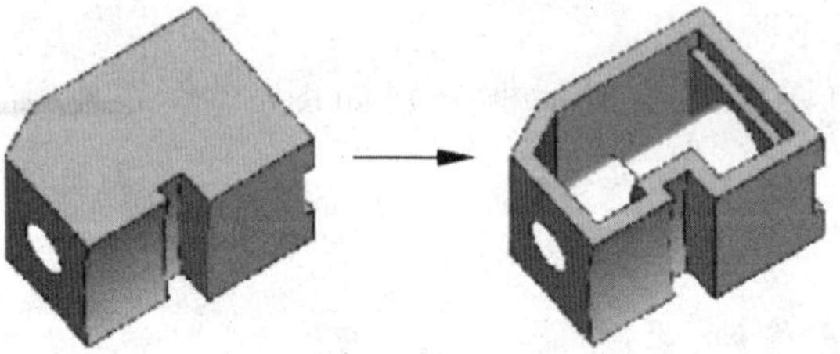

图 8-98　抽壳

抽壳的类型有 2 种：

1. 移除面，然后抽壳：指定在执行抽壳之前移除要抽壳的体的某些面。

2. 抽壳所有面：指定抽壳体的所有面而不移除任何面。

壳单元对话框如图 8-99 所示。

8.6.12　偏置面

使用偏置面可以沿面的法向偏置一个或多个面。

偏置面对话框如图 8-100 所示。

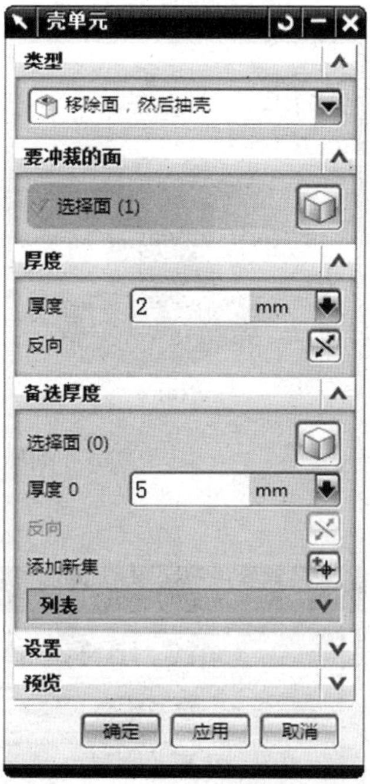

图 8-99　壳单元对话框

图 8-100　【偏置面】对话框

1. 如果体的拓扑不更改，可以根据正的或负的距离值偏置面。正的偏置距离沿垂直于面而远离实体方向的矢量测量，如图 8-101 所示。

2. 也可以对片体进行偏置，但片体的偏置后原片体就不存在了，如图 8-102 所示。

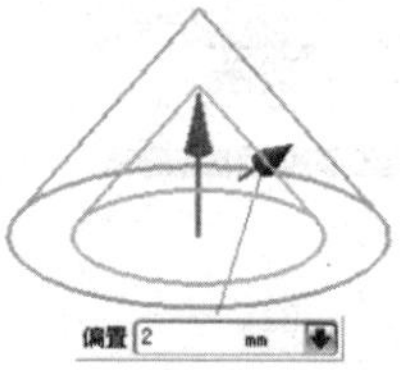

图 8-101　体偏置

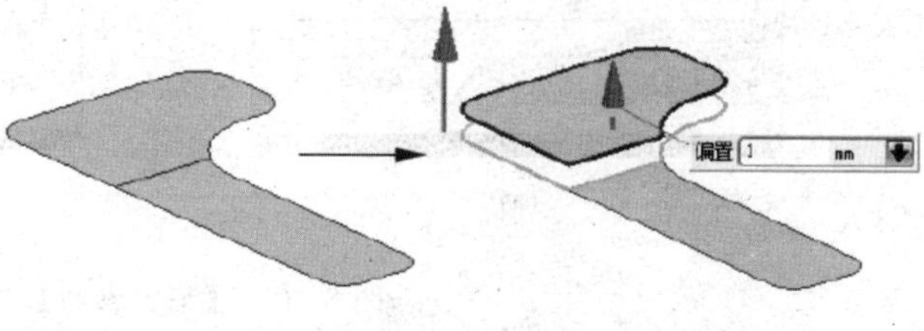

图 8-102　片体偏置

3. 如图 8-103 所示，选择中间的筋板侧面进行偏置，如果偏置距离为负，且绝对值大于厚度，则筋板消失。通常使用这种方法来去除错误的小特征。

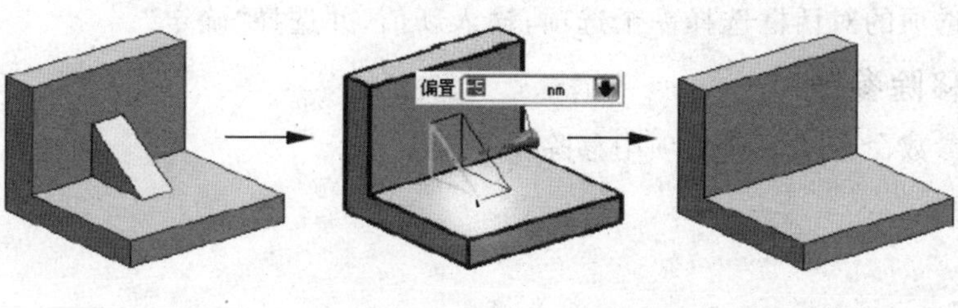

图 8-103　偏置面去除小特征

8.7 编辑特征

8.7.1 编辑特征参数

使用编辑特征参数可以在创建特征时使用的方法和参数值的基础上编辑特征。如图 8-104 所示,更改了孔的直径值。

(a) (b)

图 8-104 编辑特征参数

编辑参数对话框如图 8-105 所示。

要编辑各个特征的参数,请执行以下步骤:

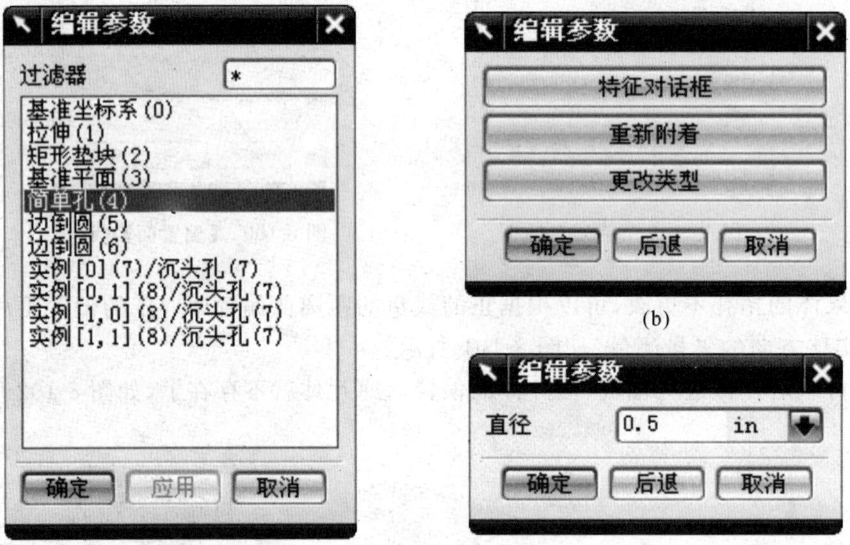

(a) (b) (c)

图 8-105 【编辑参数】对话框

1. 从图形区域或从“编辑参数”选择对话框选择要编辑的特征。特诊参数值显示在图形区域。还会出现有相应的“编辑参数”选项的对话框。

2. 在图形区域选择一个尺寸,然后在“输入新表达式”对话框中输入一个新值。或者从有“编辑参数”选项的对话框选择一个选项,输入新值,并选择“确定”。

8.7.2 移除参数

使用移除参数命令从下列各项中移除所有参数:

(1)实体

(2)片体

(3)曲线和点

在将参数从与特征关联的曲线和点移除之后,曲线和点成为非关联的。这样做可以帮助缩短更新时间,且在正在重新设计部件时有用。

移除参数对话框如图 8-106 所示。

【功能要点】

1. 此命令不支持草图曲线。

2. 当删除参数以后，丢失了到最大轮廓线的横截面和尺寸。

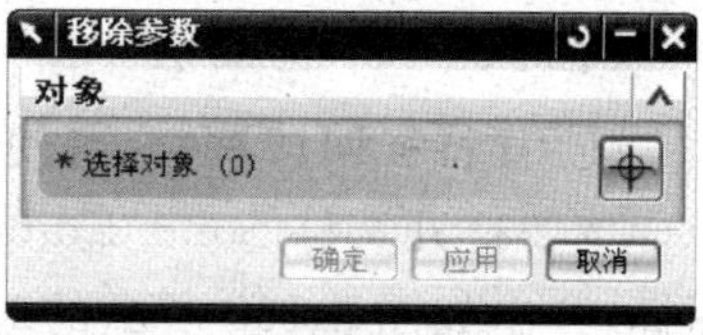

图 8-106　移除参数对话框

8.7.3　抑制特征

通过【抑制特征】命令可以抑制选取的特征，即暂时在图形窗口中不显示特征。这有很多好处：

1)减小模型的大小，使之更容易操作，尤其当模型相当大时，加速了创建、对象选择、编辑和显示时间。

2)在进行有限元分析前隐藏一些次要特征以简化模型，被抑制的特征不进行网格划分，可加快分析的速度，而且对分析结果也没多大的影响。

3)在建立特征定位尺寸时，有时会与某些几何对象产生冲突，这时可利用特征抑制操作。如要利用已经建立倒圆的实体边缘线来定位一个特征，就不必要删除倒圆特征，新特征建立以后再取消抑制被隐藏的倒圆特征即可。

抑制特征对话框如图 8-107 所示。

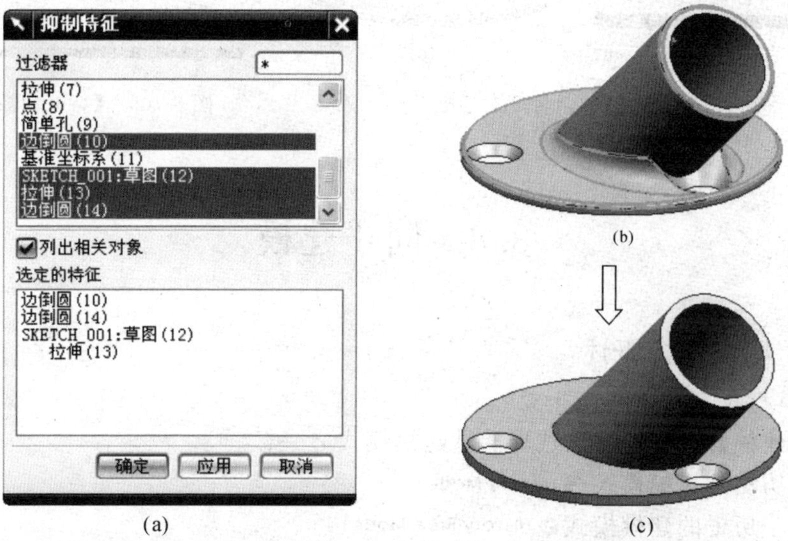

抑图 8-107　【抑制特征】对话框

8.7.4　取消抑制特征

使用取消抑制特征可以检索先前抑制的特征。在“特征选择”对话框中会显示所有抑制特征的列表，提示用户选择要取消抑制的特征，如图 8-108 所示。

取消抑制特征对话框如图 8-108 所示。

8.7.5 特征回放

使用【特征回放】命令可使用户清晰地观看实体创建的整个过程。

例如打开文件 Solid_Edit_Feature.prt 后，单击【编辑特征】工具条中的【特征回放】命令图标，弹出如图 8-109 所示的对话框。不断单击对话框中的【步进】按钮，视图区域就会逐步显示该实体的创建过程。

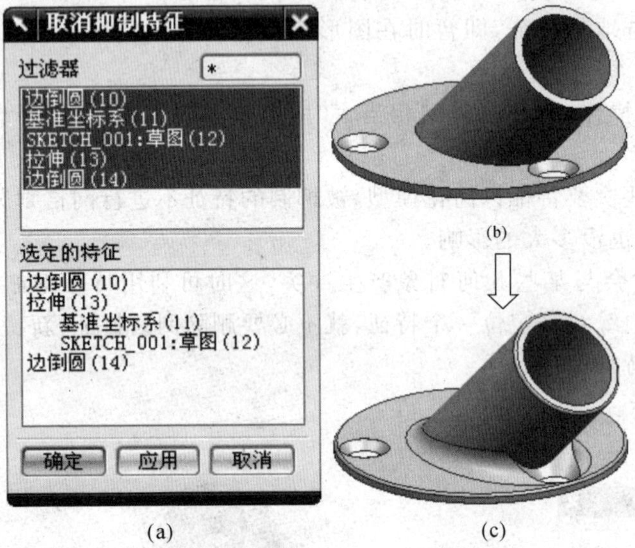

图 8-108　取消抑制特征对话框

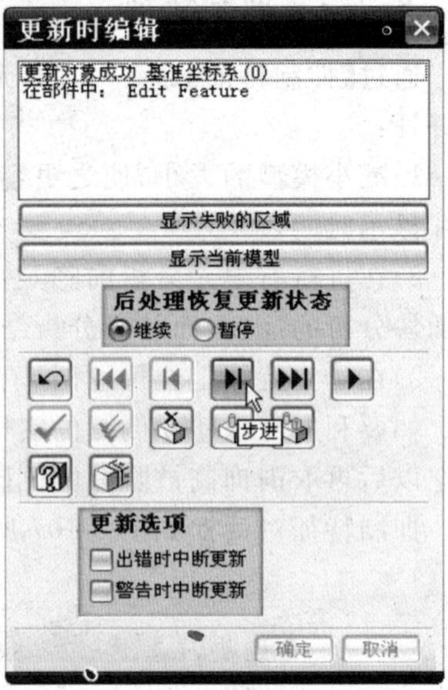

图 8-109　【特征回放】对话框

8.8　同步建模

8.8.1　同步建模概述

(一)建模模式

在使用【建模】模块时，可以选择两种建模模式之一：

(1)基于历史的建模模式 History Mode

(2)独立于历史的建模模式 History-Free Mode

1. 基于历史的建模模式

基于历史的建模模式利用一种显示在部件导航器中有时序的特征树，创建与编辑模型。这是传统的基于历史的建模模式，也是 UG NX 设计中的主要模式。

图 8-110 所示接管的建模模式是一种基于历史的模式，它是一个相关参数化模型。

2. 独立于历史的建模模式

独立于历史的建模模式是一种独立于历史的设计方法，设计改变仅强调修改模型的当前状态，并用同步关系维护存在于模型中的几何条件。在此模式下，仅建立不依附顺序结构的同步特征，而没有一个排列好的特征顺序。

图 8-110　基于历史的模式

同步特征是一个在独立于历史模式中建立和存储的特征。同步特征仅修改局部几何体，无须更新和回放全程特征树。这意味着设计人员可以比在历史模式中更快地编辑特征。

图 8-111 所示模型的建模模式是独立于历史的建模模式，它利用同步建模方法添加角度尺寸，从而改变两个面之间的位置。

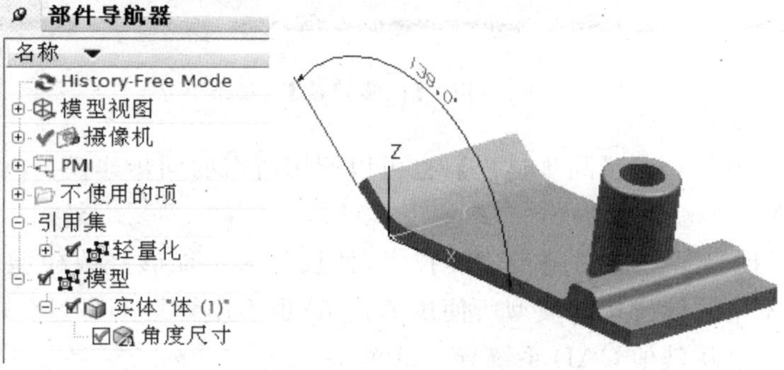

图 8-111　独立于历史的建模模式

3. 两种建模模式的切换

可以通过下列方法切换建模模式：

1)选择【插入】|【同步建模】|【历史记录模式】或【无历史记录模式】命令。

2)选择【首选项】|【建模】|【建模首选项】|【编辑】|【建模模式】|【历史记录模式】或【无历史记录模式】，如图 8-112 所示。

3)在【部件导航器】中右键单击【历史记录模式】节点并选择【历史记录模式】或【无历史记录模式】，如图 8-113 所示。

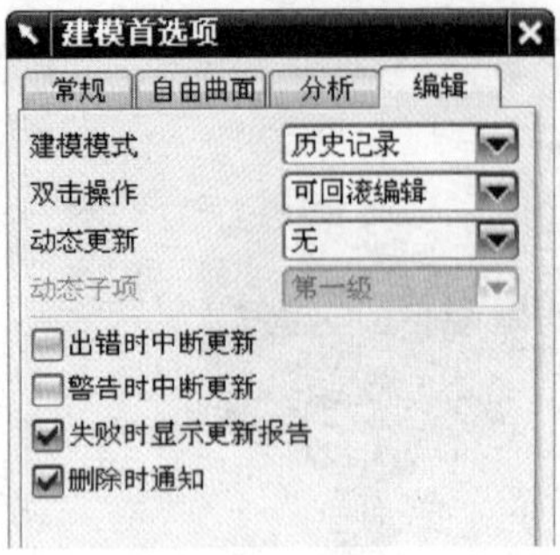

图 8-112 【建模首选项】对话框

图 8-113 部件导航器

（二）同步建模工具

利用同步建模功能可以实现很多操作，如图 8-114 所示为【同步建模】工具条。

图 8-114 【同步建模】工具条

此外，通过菜单【插入】|【同步建模】，也可以调用所需的同步建模工具。

（三）同步建模技术

UG NX6.0 提供了独特的同步建模技术，使设计人员能够修改模型，而不用管这些模型来自哪里；也不用管创建这些模型所使用的技术；也不用管是 UG NX 的参数化模型或非参数化模型，或者是从其他 CAD 系统导入的模型。

利用其直接处理任何模型的能力，大大减少了浪费在重构或转换几何模型上的时间。此外，设计者能利用参数化特征而不受特征历史的限制。

同步建模主要适用于由解析面（如平面、圆柱、圆锥、球、圆环）组成的模型。这并不意味着必须是“简单”部件，因为具有成千上万个面的模型也是由这些类型的面组成的。

8.8.2 同步建模功能

（一）尺寸

类似于【草图】中的尺寸约束，不同的是【草图】驱动的对象是曲线，而【同步建模】驱动的对象是面。

（1）线性尺寸：通过将线性尺寸添加至模型并修改其值来移动一组面。

（2）角度尺寸：通过将角度尺寸添加至模型并更改其值来移动一组面。

（3）径向尺寸：通过添加径向尺寸并修改其值来移动一组圆柱面或球面，或者具有圆周边的面。

（二）偏置区域

通过【偏置区域】命令可以在单个步骤中偏置一组面或整个体，并重新生成相邻圆角。

【偏置区域】在很多情况下和【特征操作】工具条中的【偏置面】效果相同，但碰到圆角时会有所不同，如图 8-115 所示。

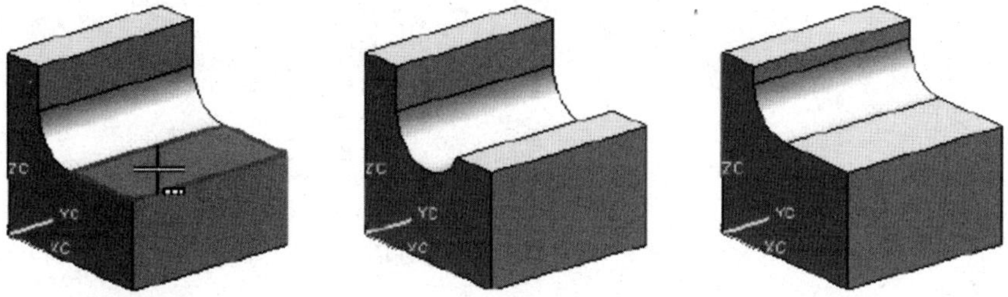

图 8-115　偏置区域

（三）删除面

使用【删除面】命令可删除面，并可以通过延伸相邻面自动修复模型中删除面留下的开放区域，还能保留相邻圆角。

（四）替换面

使用【替换面】命令可以用一个或多个面代替一组面，并能重新生成光滑邻接的表面。

（五）调整面的大小

使用【调整面的大小】命令可以改变柱面、锥面或球面的直径，并自动更新相邻倒圆面。该命令有如下作用：

(1)更改一组圆柱面，使它们具有相同的直径，或相同的半角。

(2)更改一组球面，使它们具有相同的直径。

(3)更改任意参数，重新创建相连圆角面。

（六）调整圆角大小

使用【调整圆角大小】命令可以改变圆角面的半径，而不考虑它们的特征历史记录。

改变圆角大小不能改变实体的拓扑结构，也就是不能多面或者少面，且半径必须大于 0。

需要注意的是，选择的圆角面必须是通过圆角命令创建的，如果系统无法辨别曲面是圆角时，将创建失败。

（七）移动面

通过移动面命令可以移动一个或多个面并自动地调整相邻的倒圆面，常用于样机模型的快速调整。

单击【同步建模】工具条上的【移动面】命令图标，弹出【移动面】对话框，如图 8-116 所示。

(1)选择面：选择一个或多个要移动的面。

(2)面查找器：在几何体上寻找与已选择面存在某种几何关系的面。

(3)运动：提供移动已选择面的方法，包括距离-角度、距离、角度、点之间的距离、径向距离、点到点、根据三点旋转、将轴与矢量对齐、CSYS 到 CSYS 等。

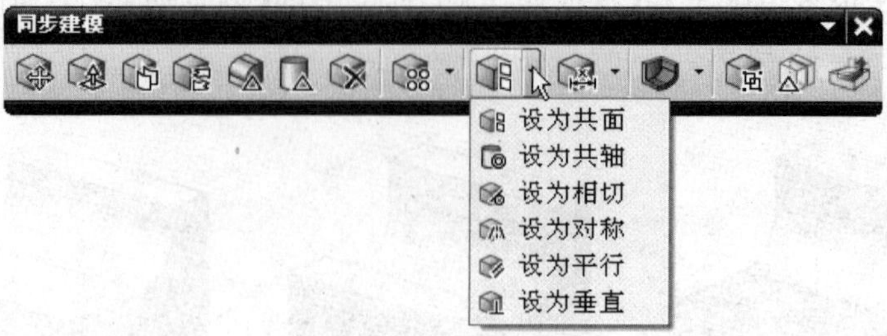

图 8-116 【移动面】对话框

(八)约束面

利用“约束面”命令可以通过添加与另一个面的几何约束，来移动选择的面。

如图 8-117 所示为【同步建模】工具条上的“约束面”选项。

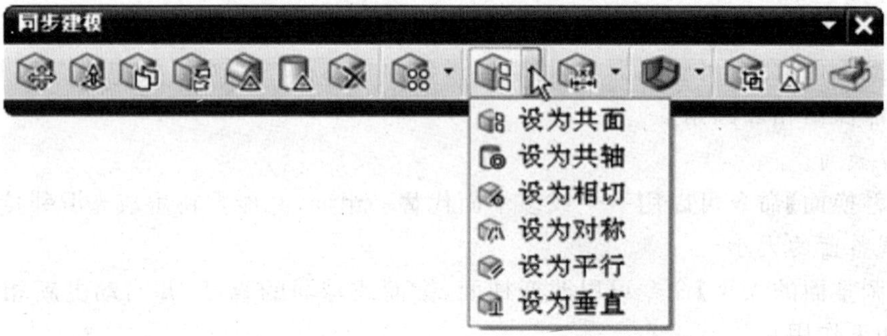

图 8-117 【同步建模】工具条上的“约束面”选项

(1)设为共面：使一个面与另一个面或基准面共面。

(2)设为共轴：使一个面的轴与另一个面的轴或基准轴同轴。

(3)设为相切：使一个面与另一个面或基准面相切。

(4)设为对称：依据对称平面使一个面成为另一个面的对称面。

(5)设为平行：使一个平面平行于另一个平面或基准面。

(6)设为垂直：使一个平面垂直于另一个平面或基准面。

(九)重用面

在同步建模技术中，如果需要改变面的功能，可以使用“重用面”功能。

“重用面”功能包括复制面、剪切面、粘贴面、镜像面和图样面，如图 8-118 所示。

(1)复制面：在一个实体中复制一组面，并保持原面组完整无缺。可以将复制的面组粘贴到同一个体或不同体中。

(2)剪切面：从实体中复制一组面，然后从实体中删除那些面，并修复留在模型中的开口区。此命令是复制与删除的组合。

(3)粘贴面：粘贴一个面组到目标体上。本质上说，这是一个布尔运算，其中的片体与另一实体结合。

(4)镜像面：复制面集，关于平面对其进行镜像，并将其粘贴到同一个实体或片体中。

(5)图样面：创建面或面集的矩形、圆形或镜像图样，并将它们添加到实体上。

图 8-118　重用面

8.9　实体建模实例

8.9.1　连接件

根据图 8-119 所示的图纸，完成连接件的建模。

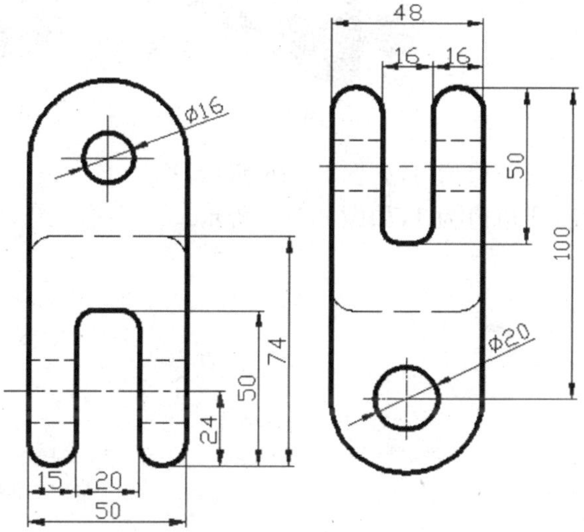

图 8-119

由于篇幅限制，这里仅介绍大致的步骤。

操作步骤如下：

1）在 XC-YC 平面创建如图 8-120 所示的草图轮廓。

2）在 YC-ZC 平面创建第二个草图，如图 8-121 所示，完成后的效果如图 8-122 所示。

3）以步骤（1）创建的草图轮廓为截面曲线，创建拉伸特征，【限制】方式为【对称】，“拉伸值”为 24，如图 8-123 所示。

4）以步骤（2）创建的草图轮廓为截面曲线，创建拉伸特征，【限制】方式为【对称】，“拉伸值”为 25，如图 8-124 所示。

5)调用【求交】工具求出两个实体共有的部分,如图 8-125 所示。

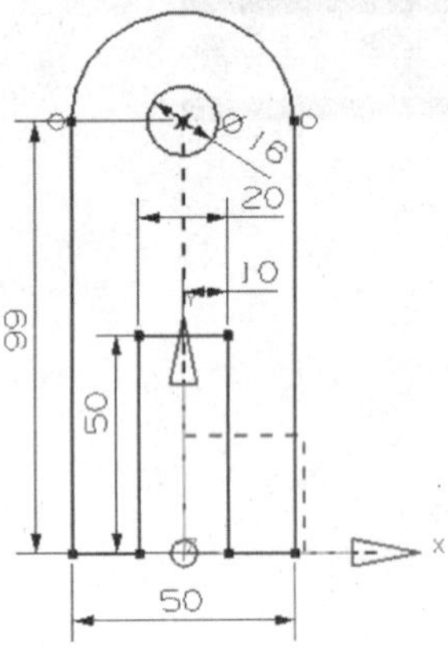

图 8-120

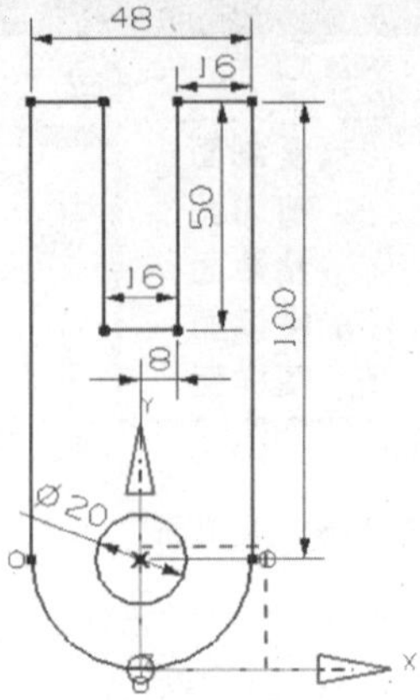

图 8-121

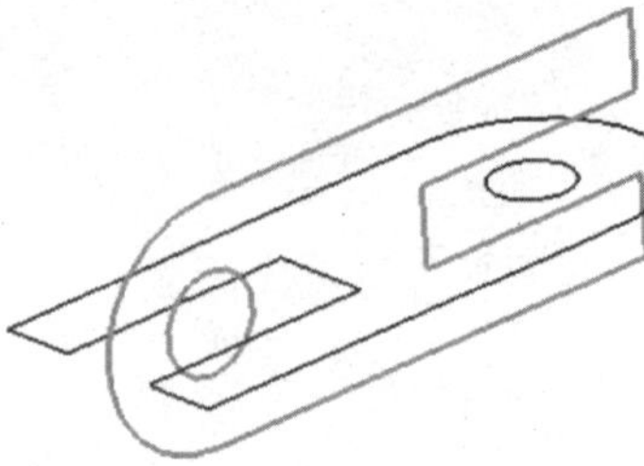

图 8-122

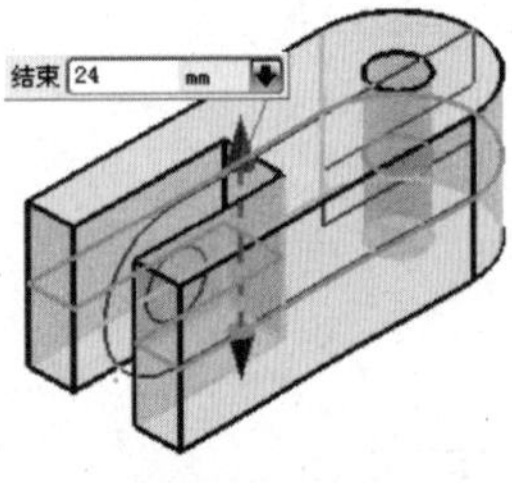

图 8-123

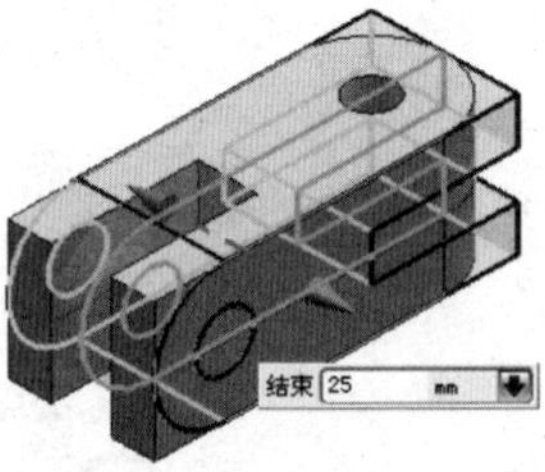

图 8-124

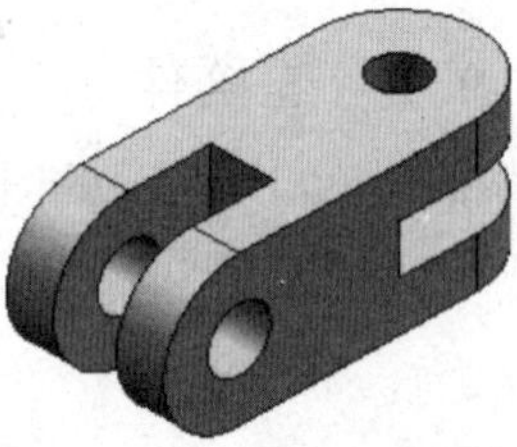

图 8-125

6)创建边倒圆特征,圆角值为 6,如图 8-126 所示。

7)创建边倒圆特征,圆角值为 1,如图 8-127 所示。

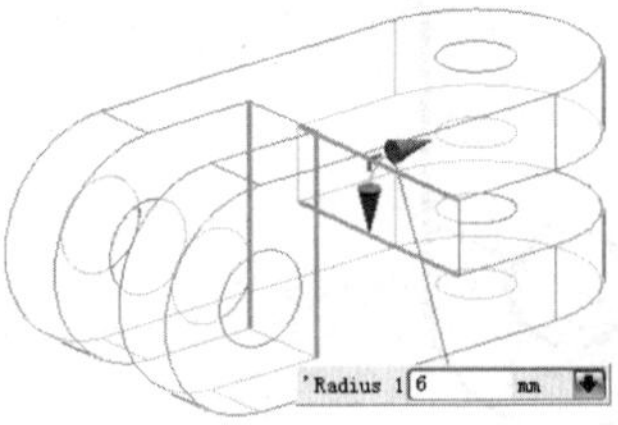

图 8-126

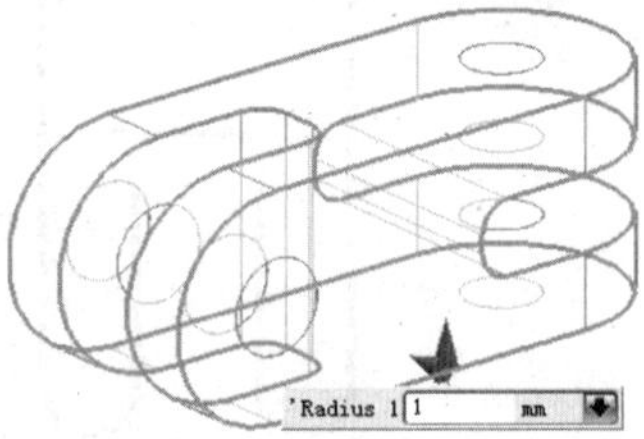

图 8-127

8)创建倒斜角特征,如图 8-128 所示。

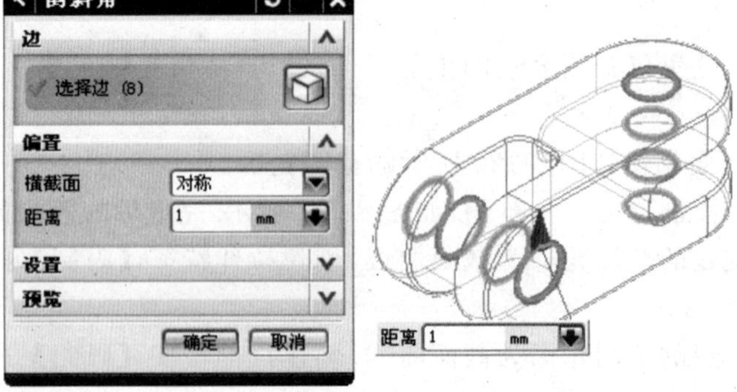

图 8-128

8.9.2 轴零件

根据图 8-129 所示的图纸，完成轴零件的建模。

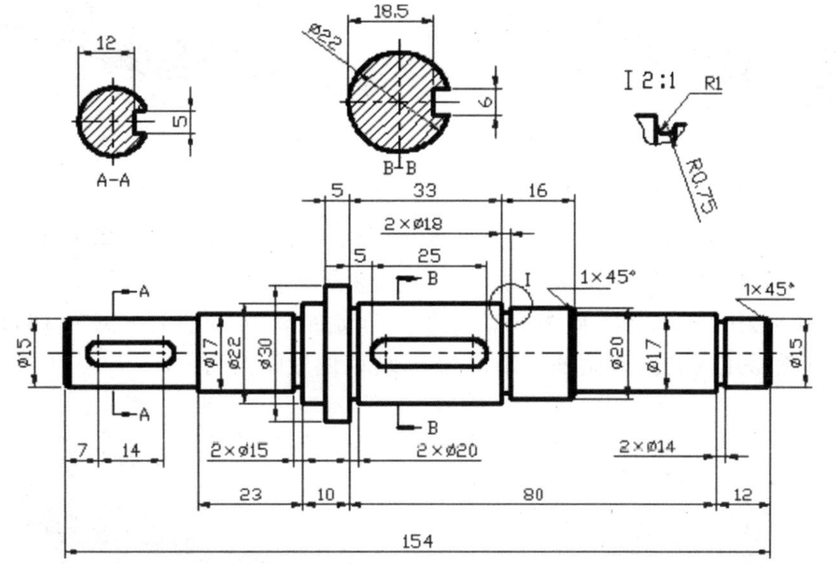

图 8-129

由于篇幅限制，这里仅介绍大致的步骤。

操作步骤如下：

1)新建部件文件。

2)创建一个圆柱体，【类型】为【轴、直径和高度】，直径为 30，高度为 154，轴向方向为 Y 轴，如图 8-130 所示。

3)通过【拉伸】工具修剪体，如图 8-131 所示，起始距离为 0，结束距离为 29，设置【布尔】为【求差】、偏置为【两侧】，开始偏置距离为 0，结束偏置距离为－7.5。

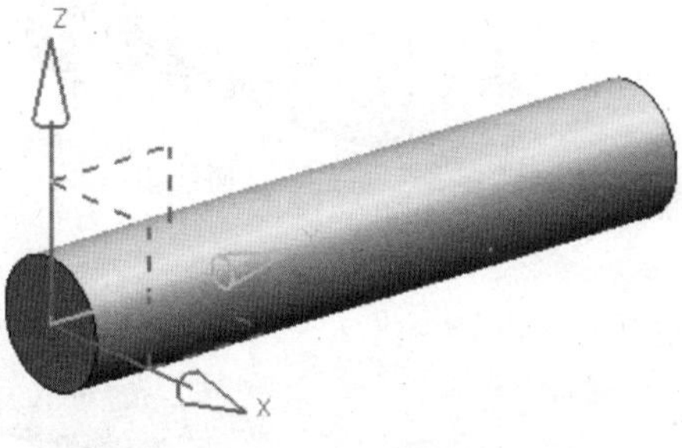

图 8-130

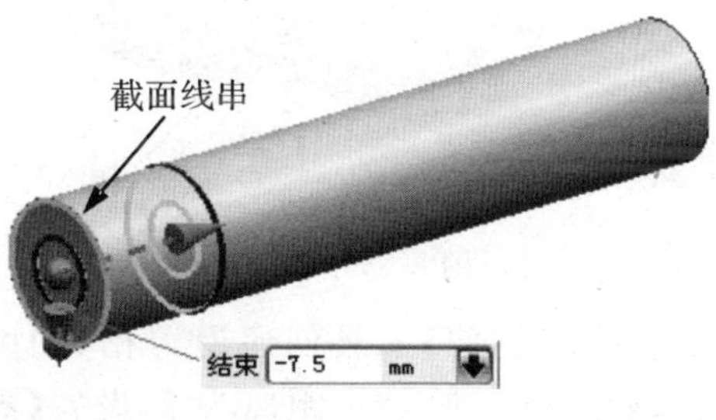

图 8-131

4)通过【拉伸】工具修剪体，如图 8-132 所示，起始距离为 0，结束距离为 23，设置【布尔】为【求差】、【偏置】为【两侧】，开始偏置距离为 0，结束偏置距离为－6.5。

5)通过【拉伸】工具修剪体，如图 8-133 所示，起始距离为 0，结束距离为 5，设置【布尔】为【求差】、【偏置】为【两侧】，开始偏置距离为 0，结束偏置距离为－4。

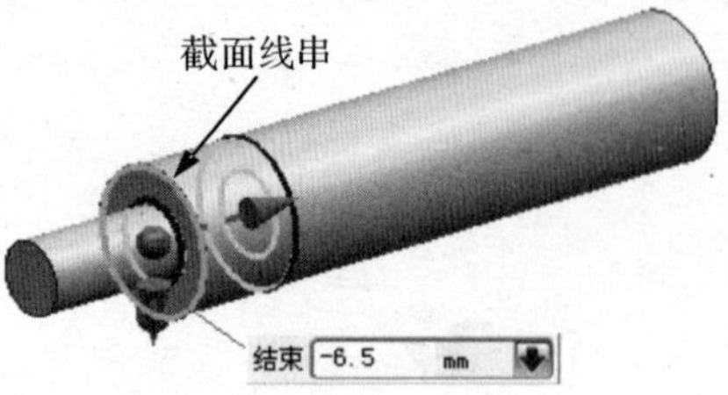

图 8-132

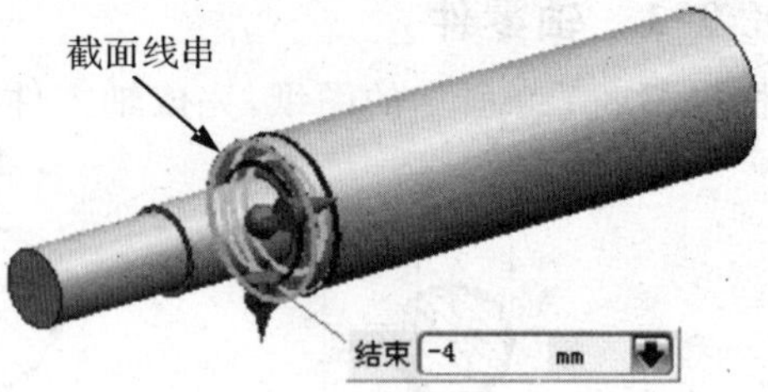

图 8-133

6)通过【拉伸】工具修剪体,如图 8-134 所示,起始距离为 5,结束距离为 38,设置【布尔】为【求差】、【偏置】为【两侧】,开始偏置距离为 0,结束偏置距离为－4。

7)通过【拉伸】工具修剪体,如图 8-135 所示,起始距离为 0,结束距离为 16,设置【布尔】为【求差】、【偏置】为【两侧】,开始偏置距离为 0,结束偏置距离为－5。

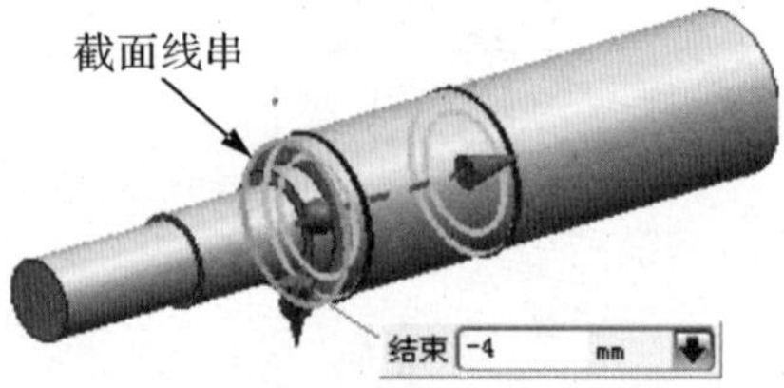

图 8-134

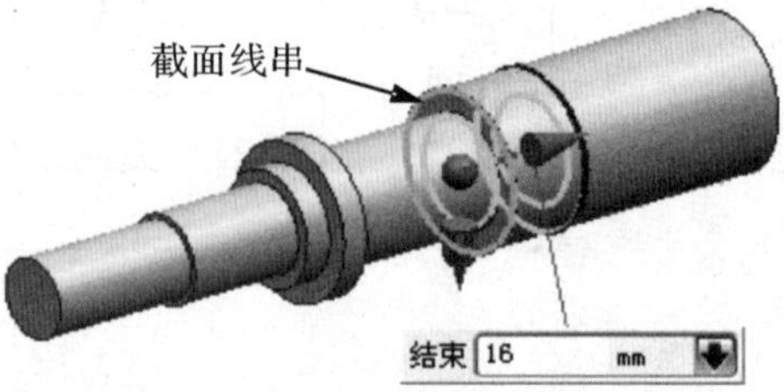

图 8-135

8)通过【拉伸】工具修剪体,如图 8-136 所示,起始距离为 0,结束距离为 31,设置【布尔】为【求差】、【偏置】为【两侧】,开始偏置距离为 0,结束偏置距离为－6.5。

9)通过【拉伸】工具修剪体,如图 8-137 所示,起始距离为 0,结束距离为 12,设置【布尔】为【求差】、【偏置】为【两侧】,开始偏置距离为 0,结束偏置距离为－7.5。

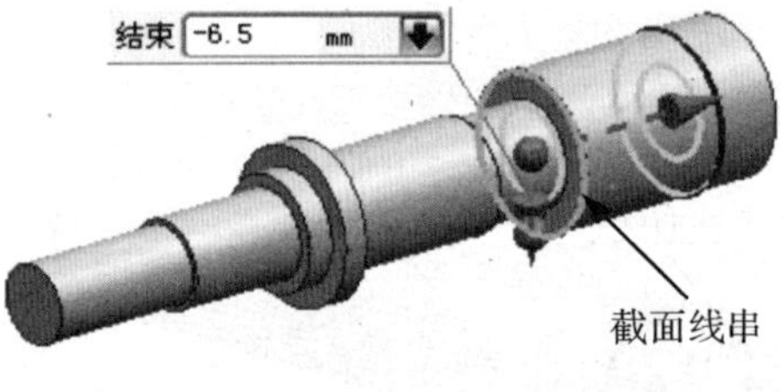

图 8-136

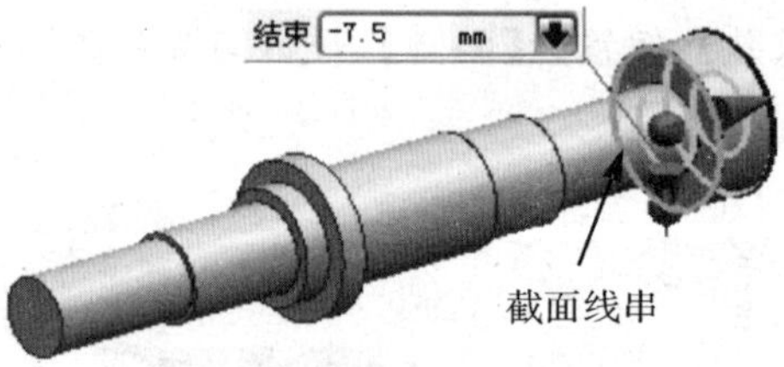

图 8-137

10)通过【拉伸】工具创建退刀槽,如图 8-138 所示,起始距离为 0,结束距离为 2,设置【布尔】为【求差】、【偏置】为【两侧】,开始偏置距离为 0,结束偏置距离为－3.5。

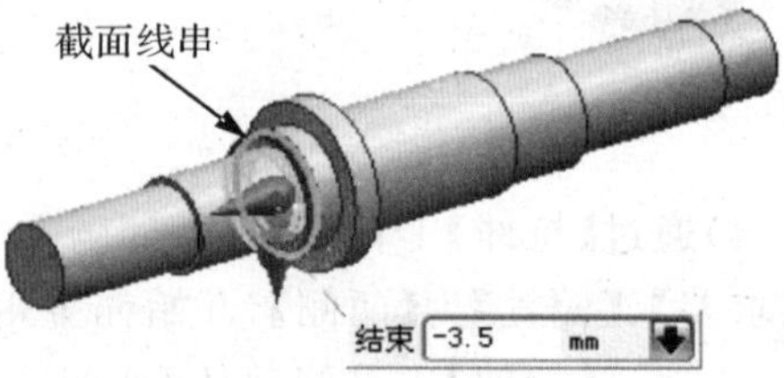

图 8-138

11)通过【拉伸】工具创建退刀槽,如图 8-139 所示,起始距离为 0,结束距离为 2,设置【布尔】为【求差】、【偏置】为【两侧】,开始偏置距离为 0,结束偏置距离为－3.5。

12)通过【拉伸】工具创建退刀槽，如图 8-140 所示，起始距离为 0，结束距离为 2，设置【布尔】为【求差】、【偏置】为【两侧】，开始偏置距离为 0，结束偏置距离为－5。

13)通过【拉伸】工具创建退刀槽，如图 8-141 所示，起始距离为 0，结束距离为 2，设置【布尔】为【求差】、【偏置】为【两侧】，开始偏置距离为 0，结束偏置距离为－1.5。

图 8-139

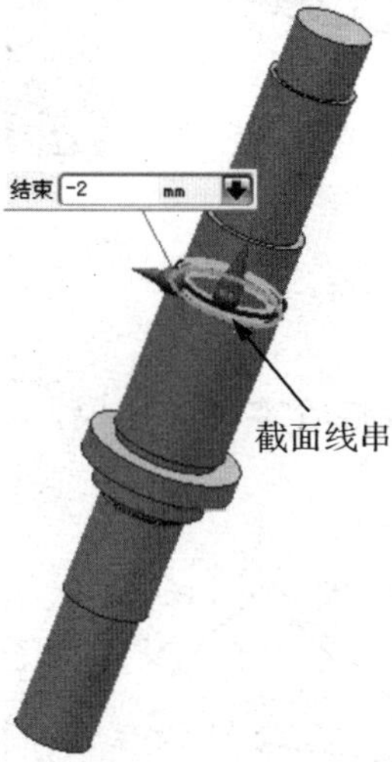

图 8-140

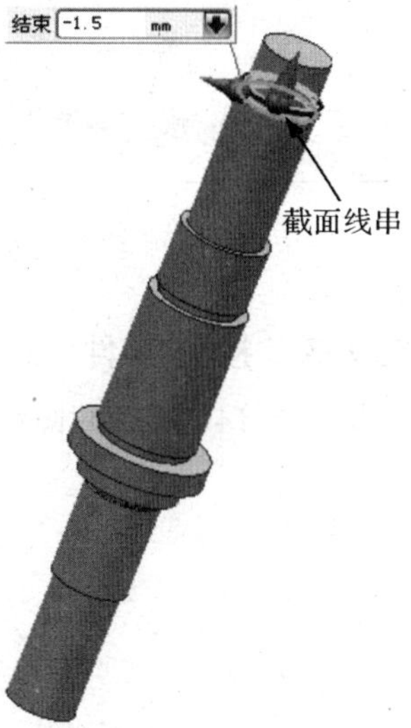

图 8-141

14)将基准坐标系的 XY 平面向上偏置 7.5 得到一个基准平面。

15)创建矩形键槽，其长度、宽度和深度分别为 19、5 和 3，放置面为上一步创建的基准平面，定位尺寸如图 8-142 所示，键槽短中心线距 Z-X 平面为 14，键槽长中心线距 Y-Z 平面为 0。

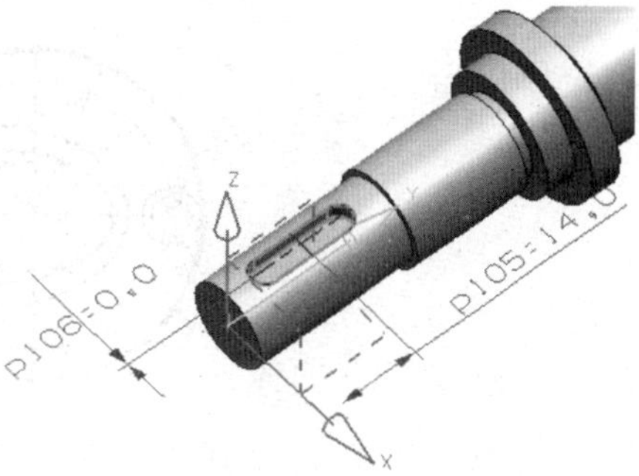

图 8-142

16)将基准坐标系的 XY 平面向上偏置 11 得到一个基准平面。

17)创建矩形键槽，其长度、宽度和深度分别为 19、5 和 3，放置面为上一步创建的基准平面，定位尺寸如图 8-143 所示，键槽短中心线距 Z-X 平面为 79.5，键槽长中心线距 Y-Z 平面为 0。

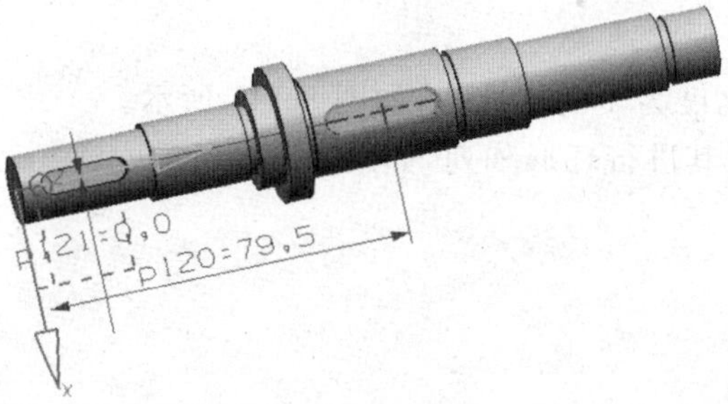

图 8-143

18)创建倒斜角和边倒圆修饰特征,如图 8-144、图 8-145 所示。

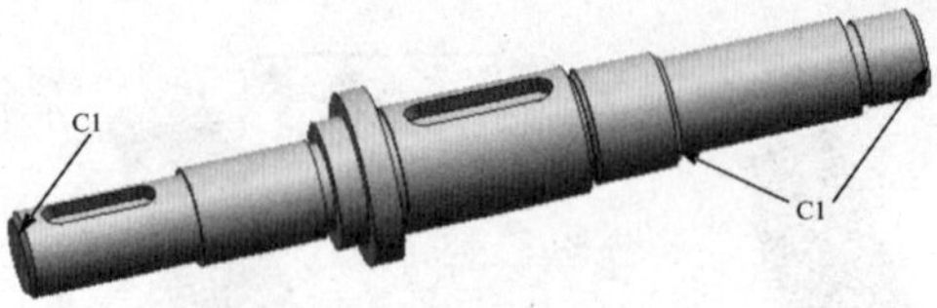

图 8-144

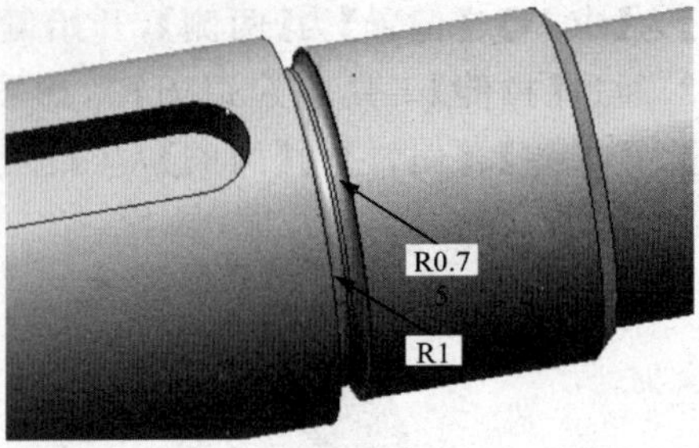

图 8-145

8.9.3 接管零件

根据图 8-146 所示的图纸,完成接管零件的建模。

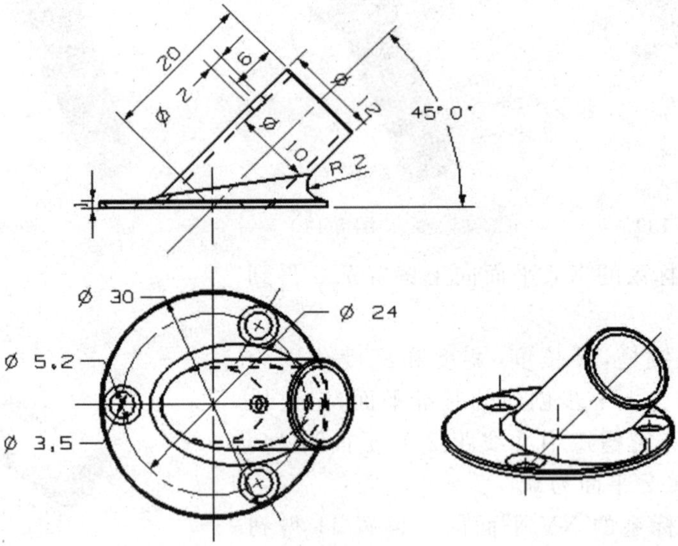

图 18-146

由于篇幅限制,这里仅介绍大致的步骤。

操作步骤如下:

1)新建部件文件。

2)创建直径为 30、高度为 1 的圆柱体,如图 8-147 所示。

3)创建埋头孔,并对其进行环形阵列,如图 8-148 所示。

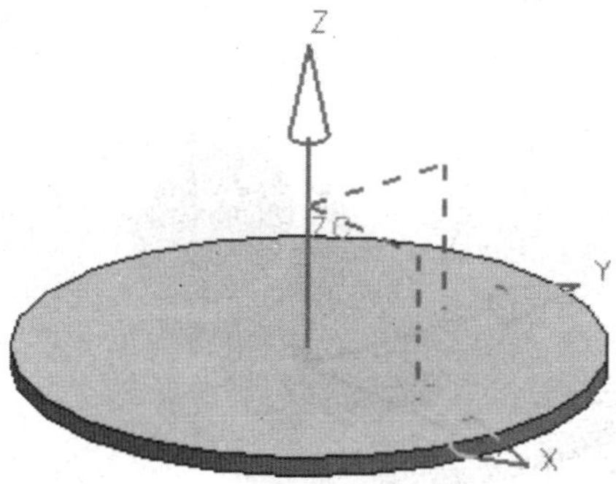

图 8-147

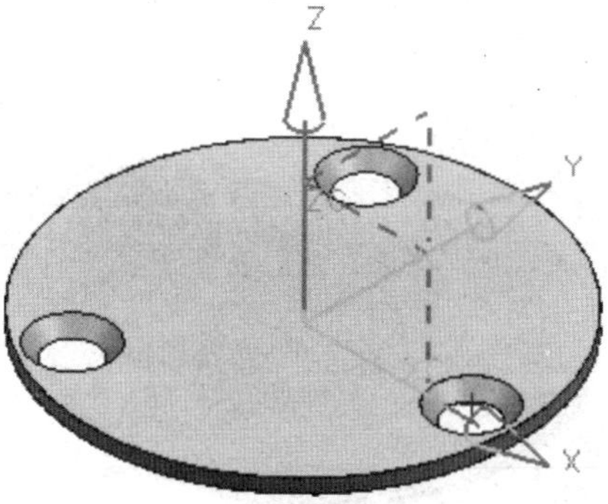

图 8-148

4)创建两个基准平面,如图 8-149 所示。

5)在基准平面 2 上创建草图,如图 8-150 所示。

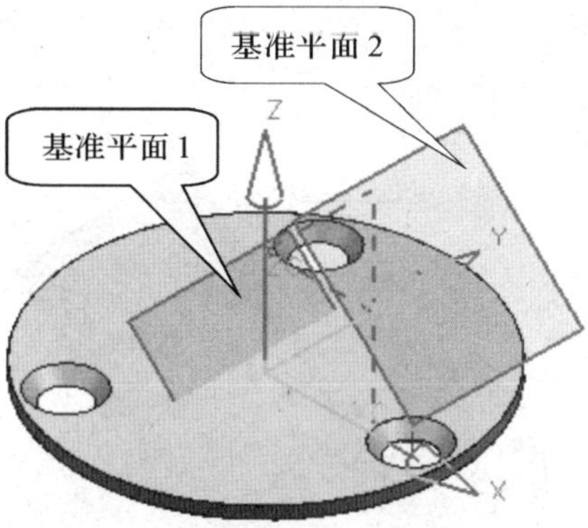

图 8-149

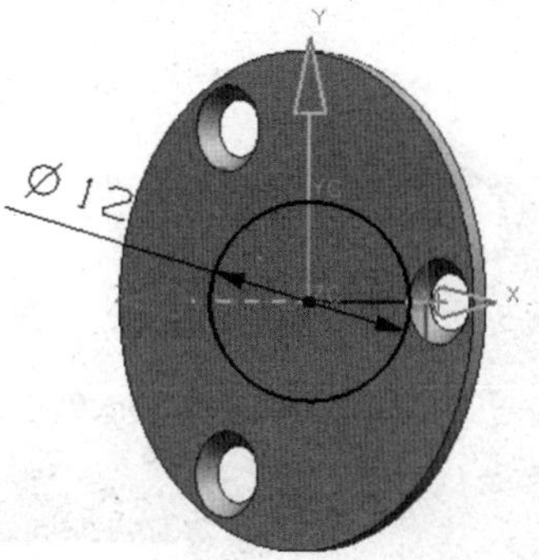

图 8-150

6)利用【拉伸】工具创建接管,如图 8-151 所示。

7)创建直径为 Φ10 的简单孔,如图 8-152 所示。

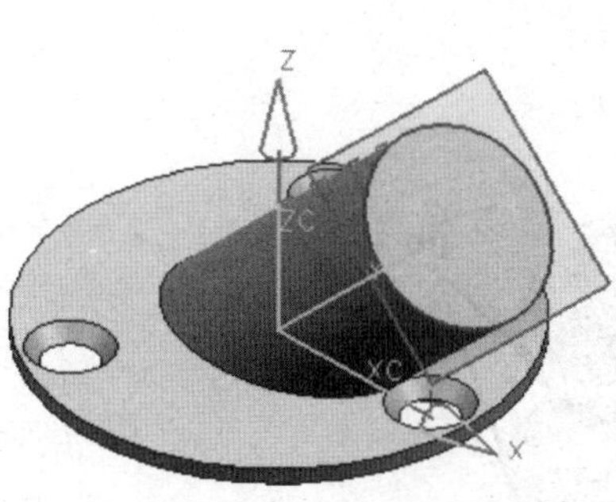

图 8-151

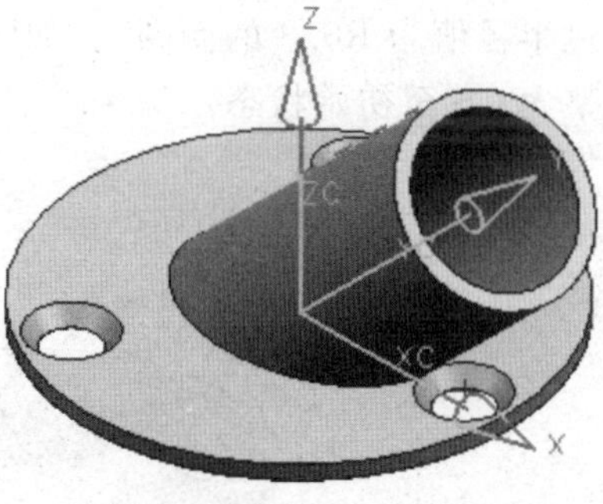

图 8-152

8)创建半径值为 R2 的边倒圆特征,如图 8-153 所示。

9)调整坐标系的方位至图 8-154 所示的状态。

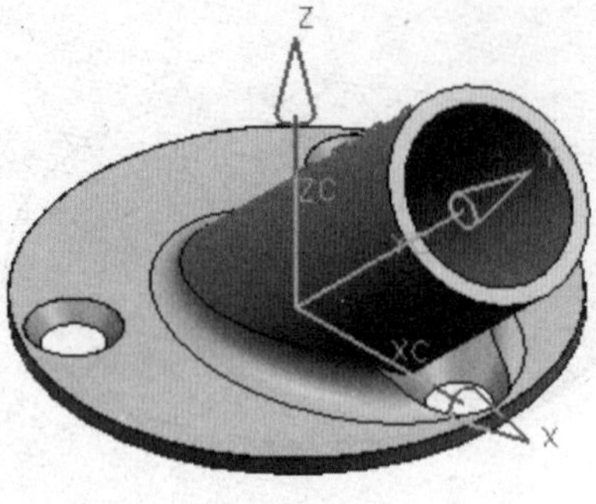

图 8-153

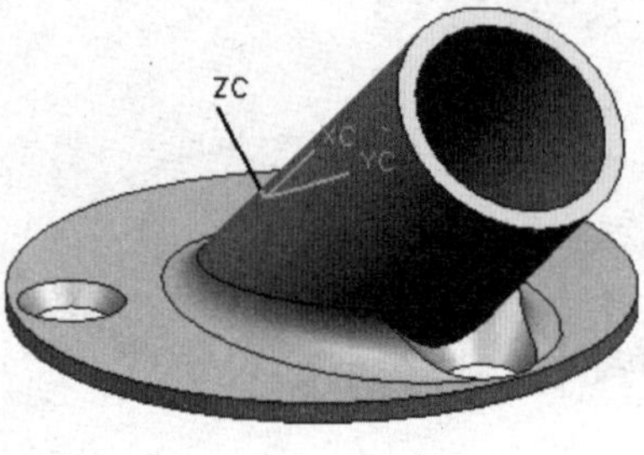

图 8-154

10）以调整后的工作坐标系为参考创建基准坐标系，并在该基准坐标系的 XC-YC 平面创建草图，如图 8-155 所示。

11）利用【拉伸】工具创建孔，如图 8-156 所示

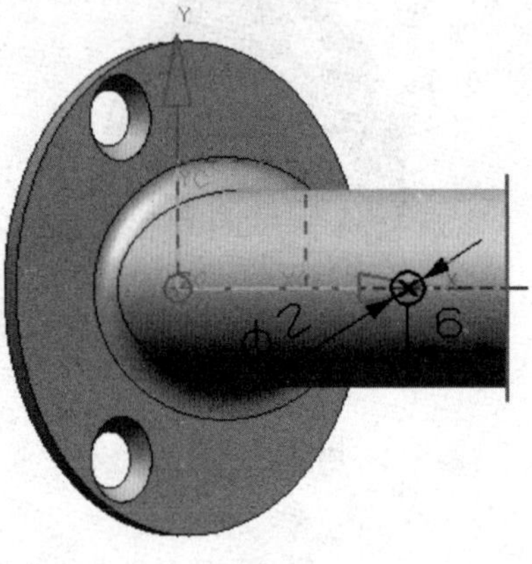

图 8-155

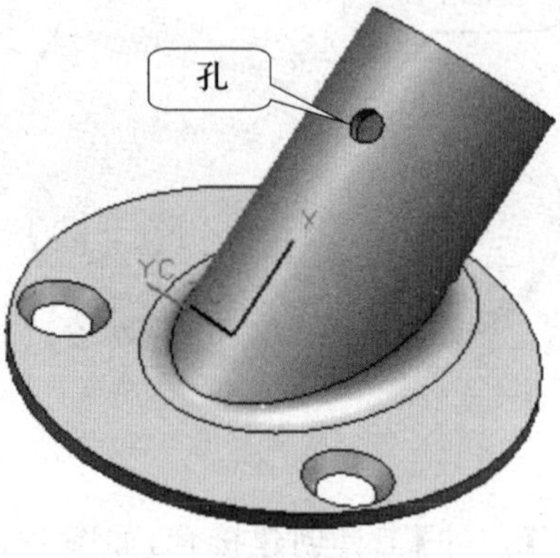

图 8-156

12）创建半径值为 R0.3 的倒圆角，如图 8-157 所示。

13）调整 WCS 至初始状态。

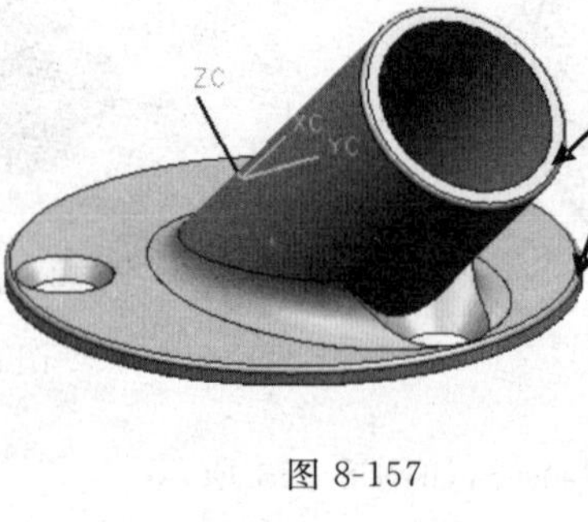

图 8-157

8.9.4 支架零件

根据图 8-158 所示的图纸，完成支架零件的建模。

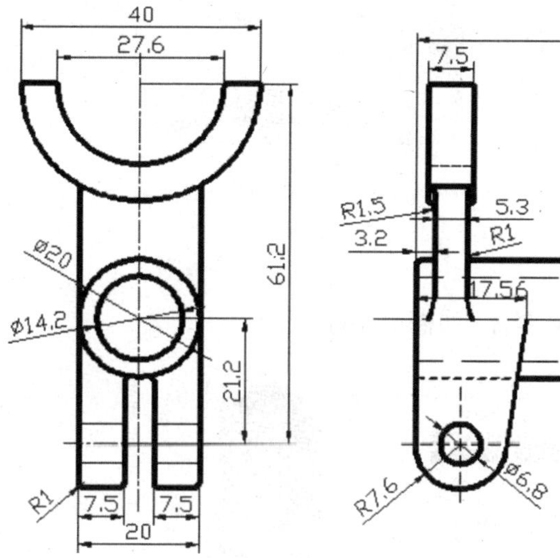

图 8-158

由于篇幅限制，这里仅介绍大致的步骤。

操作步骤如下：

1)新建部件文件。

2)在 XC-YC 平面创建如图 8-159 所示的草图轮廓。

3)通过【拉伸】工具创建第一个实体，起始距离为 0，结束距离为 60，如图 8-160 所示。

4)通过【拉伸】工具创建第二个实体，起始距离为 2.1，结束距离为 9.6，如图 8-161 所示。

5)通过【拉伸】工具创建第三个实体，开始距离为 3.2，结束距离为 8.5，如图 8-162 所示。

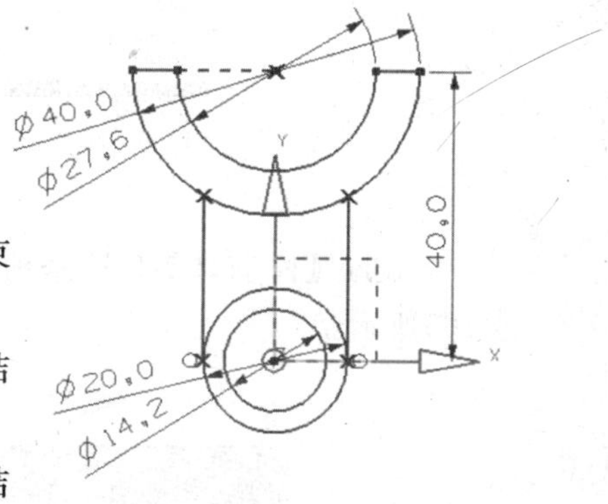

图 8-159

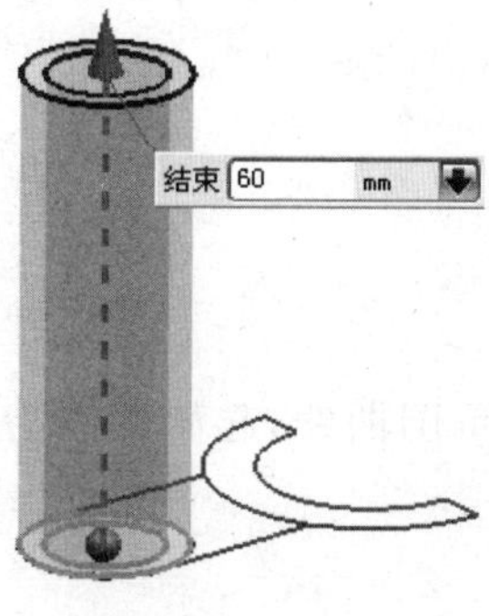

图 8-160

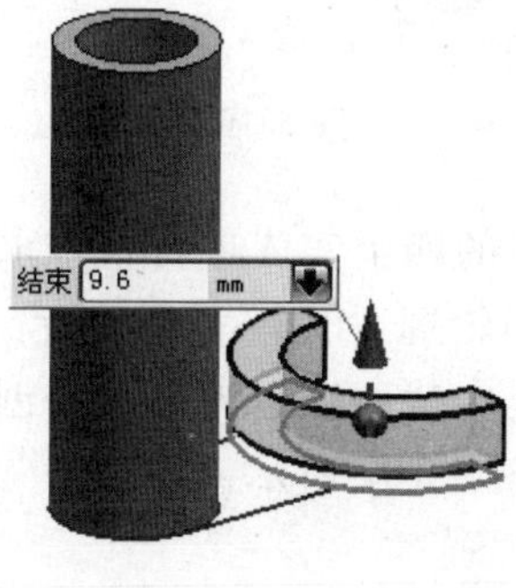

图 8-161

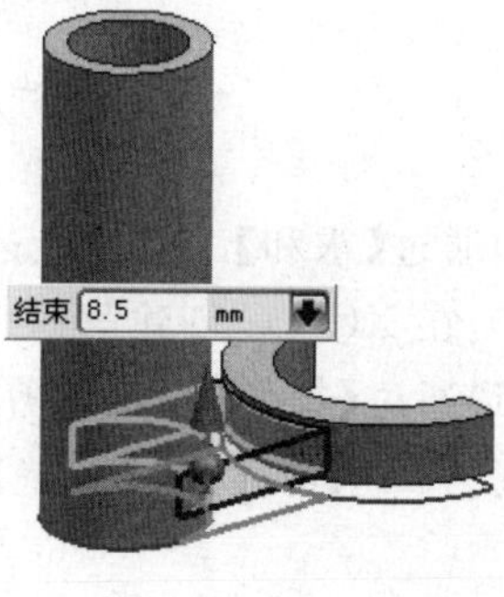

图 8-162

6)在 YC-ZC 平面创建第二个草图轮廓,如图 8-163 所示。

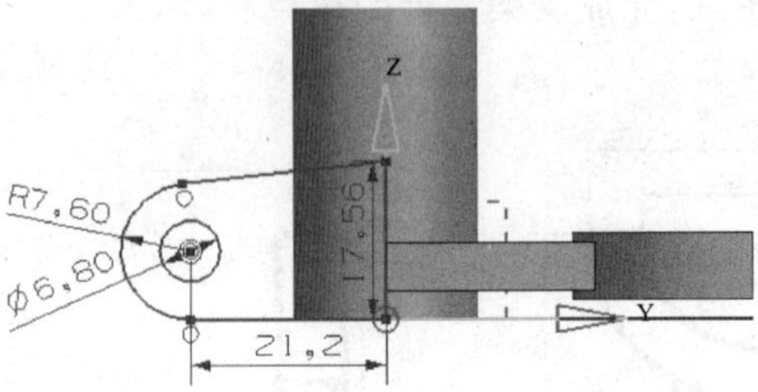

图 8-163

7)通过【拉伸】工具创建第四个实体,如图 8-164 所示。

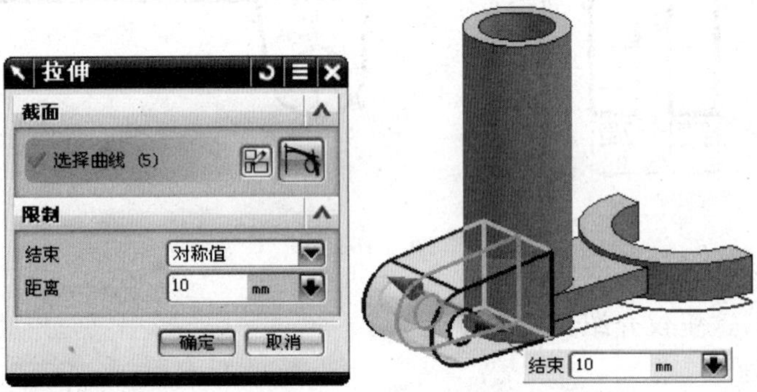

图 8-164

8)通过【修剪体】工具修剪上一步创建的实体,其中刀具体为圆柱体的内侧面,如图 8-165所示。

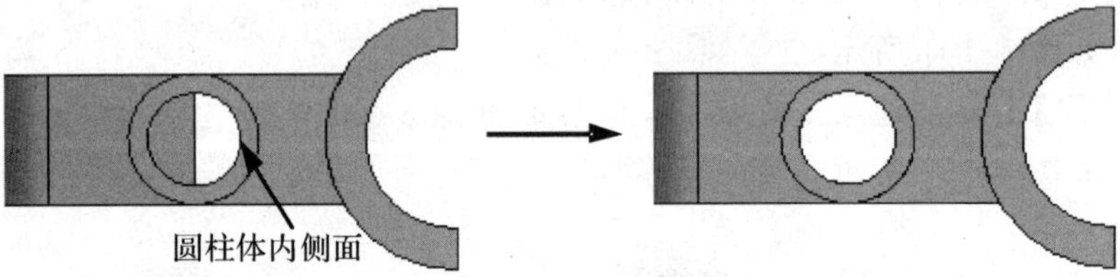

图 8-165

9)通过【求和】工具对上述创建的四个实体进行布尔求和。

10)在 XC-YC 创建第三个草图轮廓,如图 8-166 所示。

11)通过【拉伸】工具修剪体,其中截面线串为上一步创建的草图曲线,起始距离为 0,结束距离为 23,【布尔】为【求差】,如图 8-167 所示。

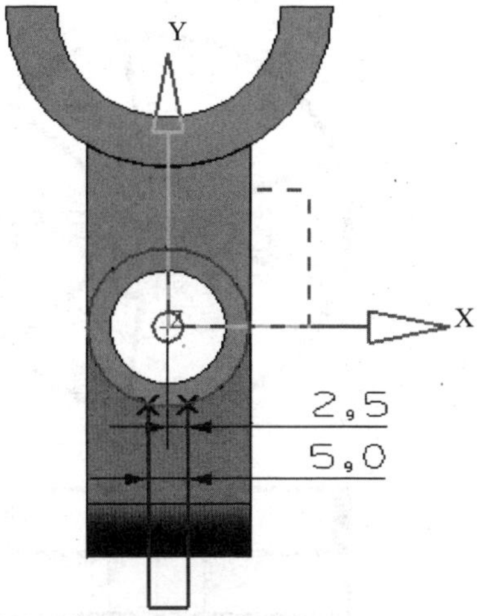

图 8-166

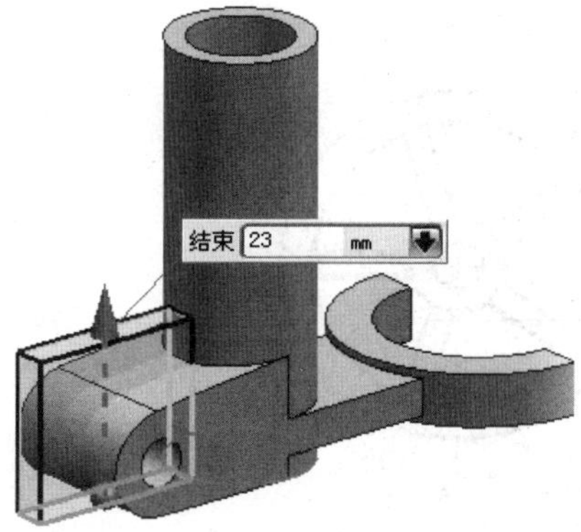

图 8-167

12)创建边倒圆修饰特征,如图 6-168 所示。

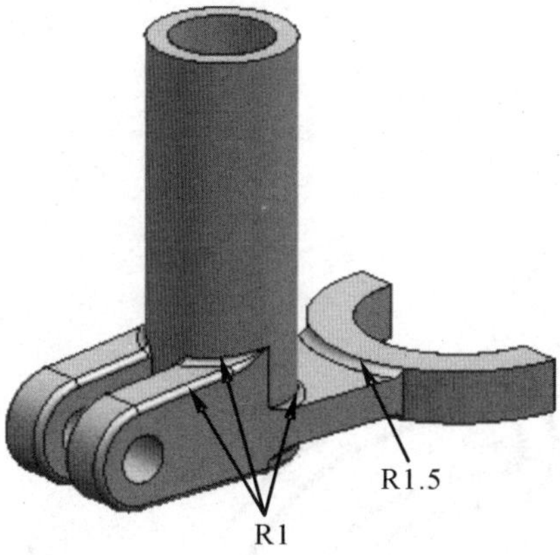

图 8-168

8.10 思考与练习

1. 什么是特征？常用的特征工具有哪些？
2. 在 UG NX 中,如何利用片体创建实体？
3. 完成如下图实体的特征操作。

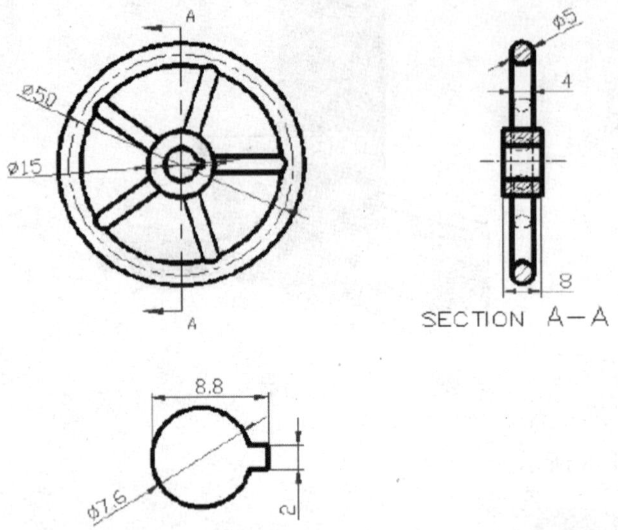
A
A
ø50
ø15
ø5
4
8
SECTION A—A
8.8
ø7.6
2

图纸 1

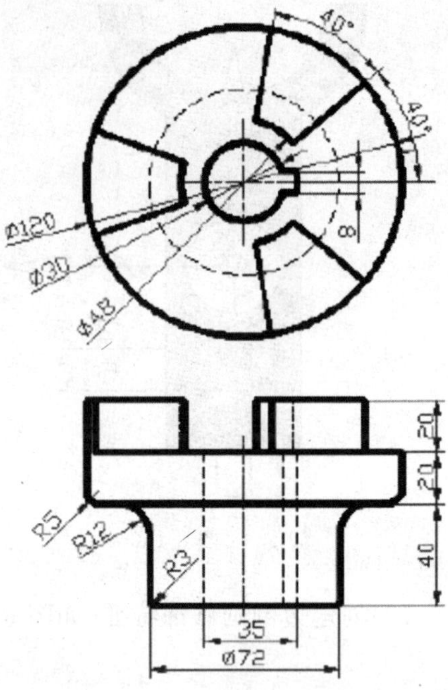
40°
40°
ø120
ø30
ø48
8
20
20
40
R5
R12
R3
35
ø72

图纸 2

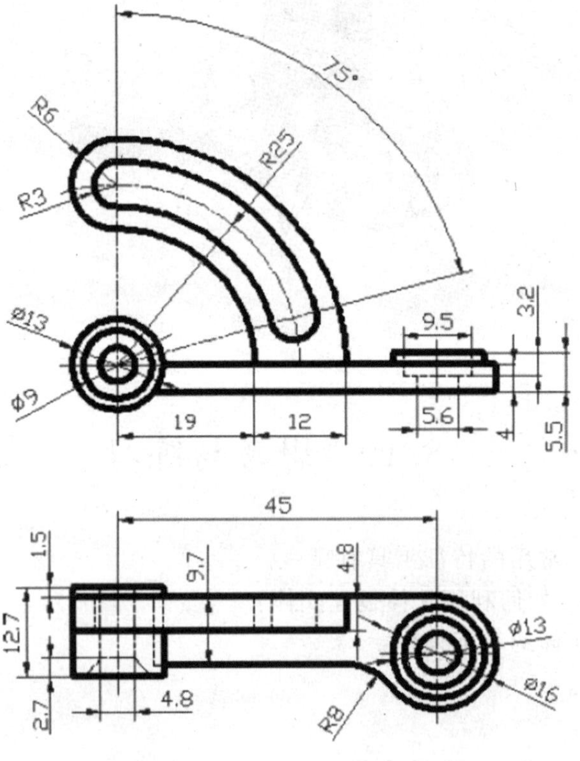
75°
R6
R25
R3
ø13
ø9
9.5
3.2
19
12
5.6
4
5.5
45
1.5
9.7
4.8
12.7
ø13
ø16
2.7
4.8
R8

图纸 3

第 9 章　曲线设计与曲面建模

9.1　曲线设计

9.1.1　概述

曲线工具按功能可分为三类：生成曲线工具、曲线操作工具以及编辑曲线工具。

1. 生成曲线工具

生成曲线工具用于创建遵循设计要求的点、直线、曲线倒斜角、样条曲线、矩形、多边形、椭圆、圆弧/圆和平面等几何要素。

与生成曲线的工具对应的工具条是【曲线】工具条，如图 9-1 所示。

单击图 9-1 中的【直线和圆弧】，会弹出如图 9-2 所示的【直线和圆弧】工具条，以更快捷准确地构建直线和圆。

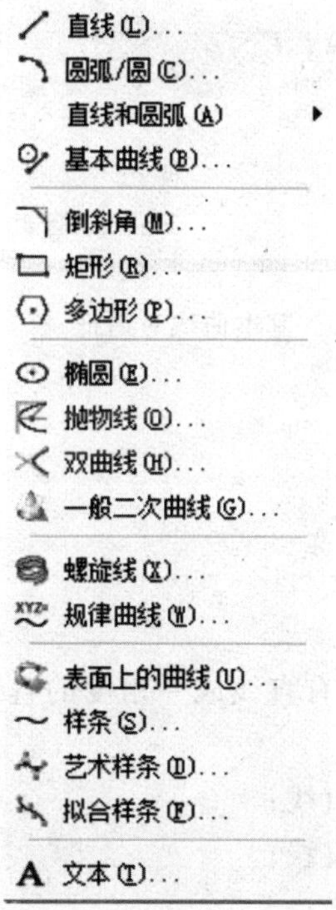

图 9-1　【曲线】工具条

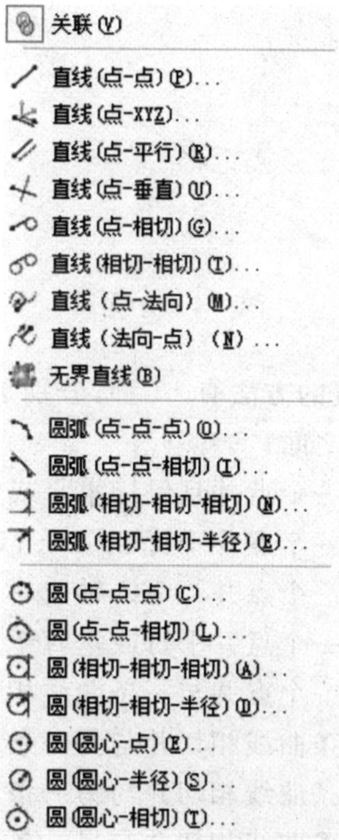

图 9-2　【直线和圆弧】工具条

2. 曲线操作工具

对已存在的几何对象进行相关操作以生成新的曲线，如偏置曲线、桥接曲线、投影曲线、相交曲线、抽取曲线和在面上偏置等。曲线操作工具集成在【曲线】工具条上，如图9-1所示。

3. 编辑曲线工具

编辑曲线工具用于编辑修改现有的曲线。【编辑曲线】工具条如图 9-3 所示。

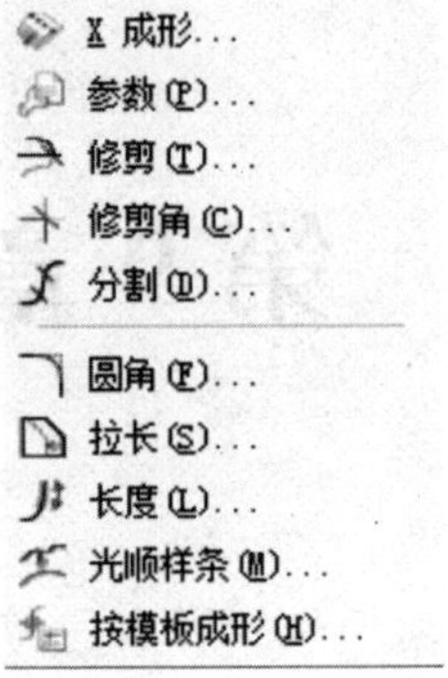

图 9-3 【编辑曲线】工具条

9.1.2 创建曲线

一、直线

使用直线命令可以在工作坐标系 XC-YC 平面内创建无参数的直线，如图 9-4 所示。

如图 9-5 所示为基本曲线对话框。

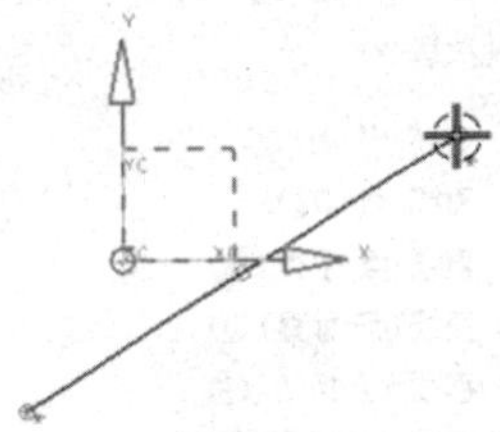

图 9-4 直线

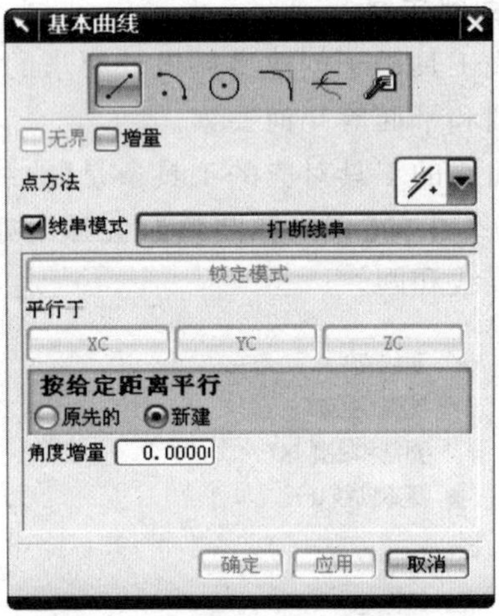

图 9-5 基本曲线对话框

创建直线的方法有 13 种，分别是：

(1)两点之间；

(2)通过一个点并且保持水平或竖直的直线；

(3)通过一个点并平行于 XC、YC 或 ZC 轴的直线；

(4)通过一个点并与 XC 轴成一角度的直线；

(5)通过一个点并平行或垂直于一条直线，或者与现有直线成一角度的直线；

(6)通过一个点并与一条曲线相切或垂直的直线；

(7)与一条曲线相切并与另一条曲线相切或垂直的直线；

(8)与一条曲线相切并与另一条直线平行或垂直的直线；

(9)与一条曲线相切并与另一条直线成一角度的直线；

(10)平分两条直线间的角度的直线；

(11)两条平行直线之间的中心线；

(12)通过一点并垂直于一个面的直线；

(13)以一定的距离平行于另一条直线的直线。

二、圆弧

使用圆弧命令可以在工作坐标系 XC-YC 平面内创建无参数的圆弧，如图 9-6 所示。如图 9-7 所示为基本曲线对话框。

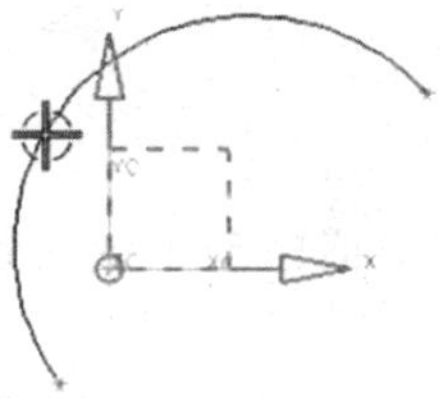

图 9-6　圆弧

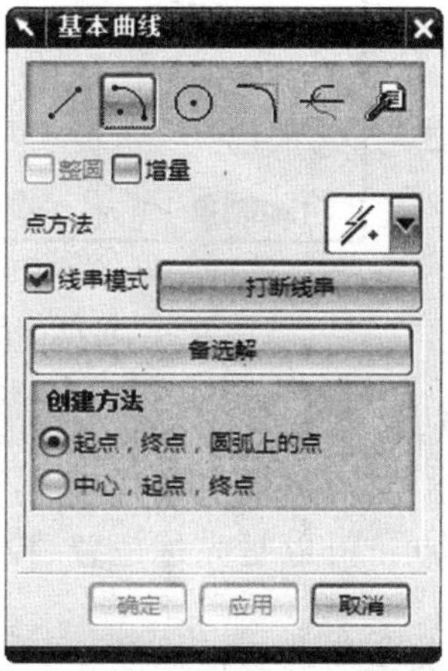

图 9-7　基本曲线对话框

创建圆弧的方法共有 3 种。

1. 起点，终点，圆弧上的点或对象的切点

(1)定义两个点。这些点可以是光标位置、控制点或通过在对话框条中键入数字并按 Enter 键而建立的值。通过拖动即可显示圆弧。其端点是两个已定义的点。

(2)定义第三点或选择一个相切对象(不能是抛物线、双曲线或样条)。

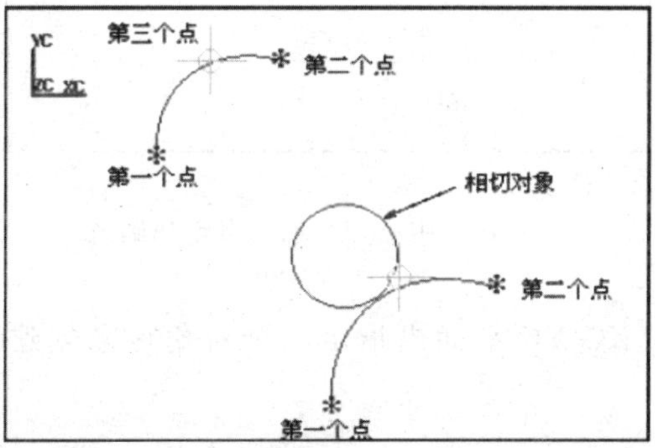

图 9-8　起点、终点、圆弧上的点或对象的切点创建圆弧

2. 起点，对象的切点，终点

(1)定义起点。它可以是光标位置、控制点或通过在对话框条中键入数字并按 <Enter>键而确定的值。

(2)选择一个相切对象(不能是抛物线、双曲线或样条)。圆弧形橡皮筋就从起点开始拉伸并与选定对象相切。

(3)定义终点。

这种方法类似于前一种方法,但旨在对象的终点处定义相切。如果起点是相切对象的端点,则圆弧将从选定对象的该端出发并与选定对象相切。

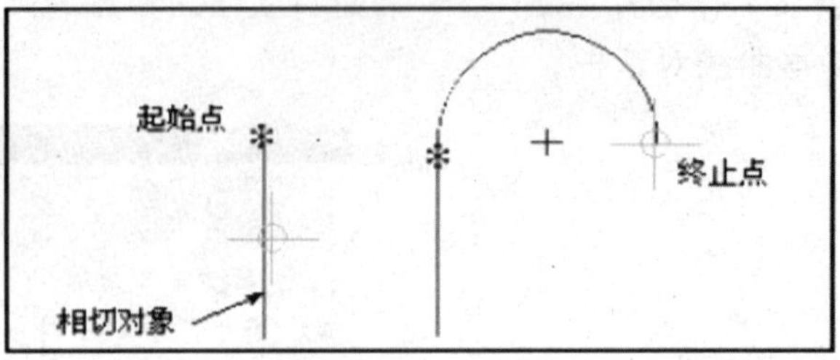

图 9-9 起点,对象的切点,终点创建圆弧

3. 中心,起点,终点

(1)选择【中心,起点,终点】单选项。

(2)定义中心点。可以是光标位置、控制点或通过在对话框条中键入数字并按 Enter 键而确定的值。

(3)定义第二个点。这将确定圆弧的半径和起始角。圆弧以橡皮筋形式从第二个点开始沿逆时针方向拉伸。

(4)当显示出预期的圆弧后,指定光标位置、选择限制几何体或在对话框条中输入一个终止角。

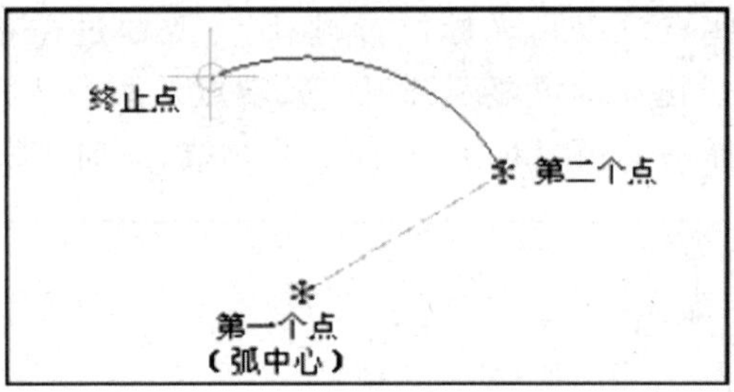

图 9-10 中心,起点,终点创建圆弧

三、矩形

使用矩形命令可以在 XC-YC 平面内指定两个对角点来创建无参数的矩形,如图 9-11 所示。

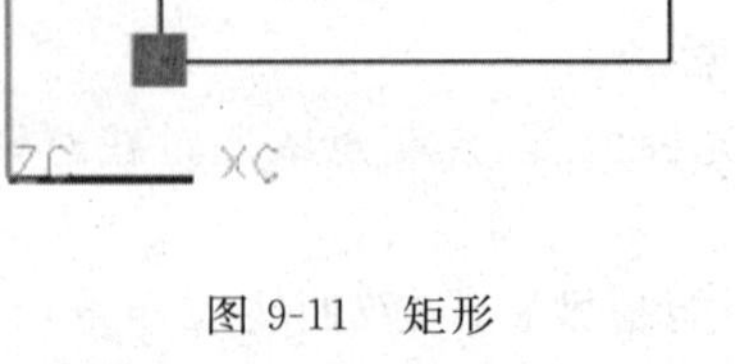

图 9-11 矩形

四、多边形

使用多边形命令可以在 XC-YC 平面内创建一个多边形。

如图 9-12 所示为多边形对话框。

图 9-12　多边形对话框

定义多边形大小的方法有 3 种。

1. 内切圆半径

通过输入内切圆的半径定义多边形的尺寸。内切圆半径也是原点到多边形边的中点的距离，如图 9-13 所示。

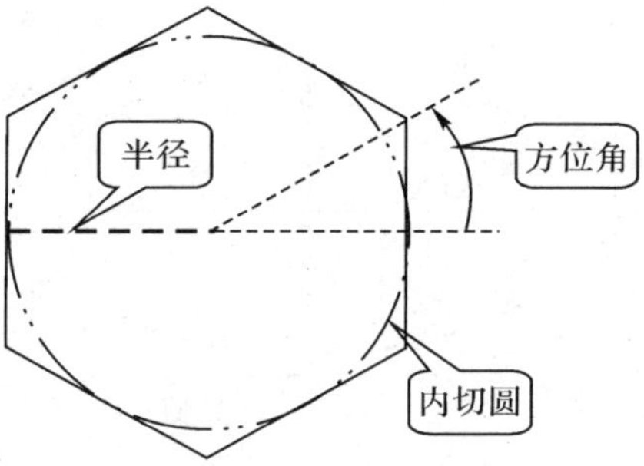

图 9-13　内切圆半径

2. 多边形边数

输入多边形一边的边长值。该长度将应用到所有边。

3. 外接圆半径

通过指定外接圆半径定义多边形的尺寸，如图 9-14 所示。外接圆半径是原点到多边形顶点的距离。

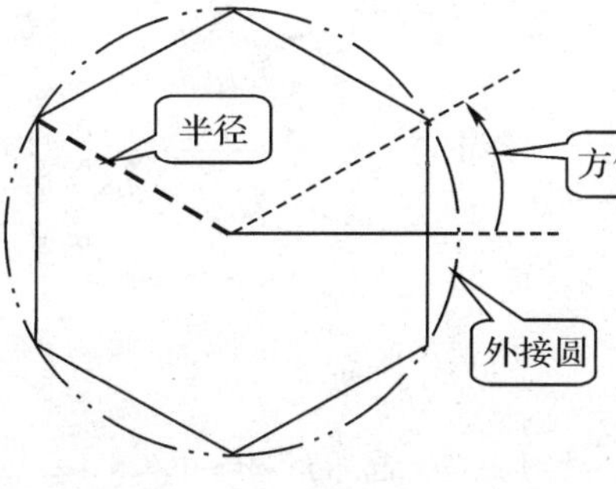

图 9-14　外接圆半径

五、椭圆

使用椭圆命令可以在工作坐标系 XC-YC 平面内创建一个椭圆，如图 9-15 所示。

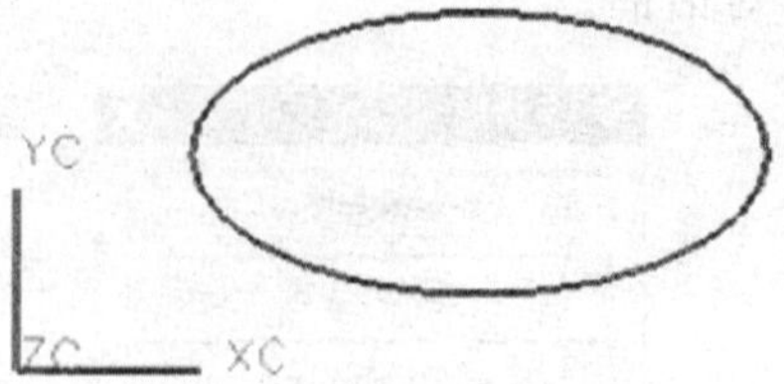

图 9-15　椭圆

1．长半轴和短半轴

如图 9-16 所示，椭圆有两根轴：长轴和短轴（每根轴的中点都在椭圆的中心）。椭圆的最长直径就是长轴；最短直径就是短轴。长半轴和短半轴的值指的是这些轴长度的一半。

需要注意的是，不论为每个轴的长度输入的值如何，较大的值总是作为长半轴的值，较小的值总是作为短半轴的值。

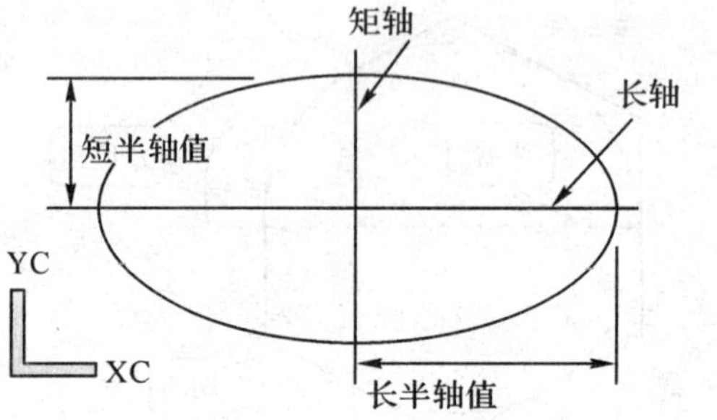

图 9-16　长半轴和短半轴

2．起始角和终止角

椭圆是绕 ZC 轴正向沿着逆时针方向创建的。起始角和终止角确定椭圆的起始和终止位置，它们都是相对于长轴测算的，如图 9-17 所示。

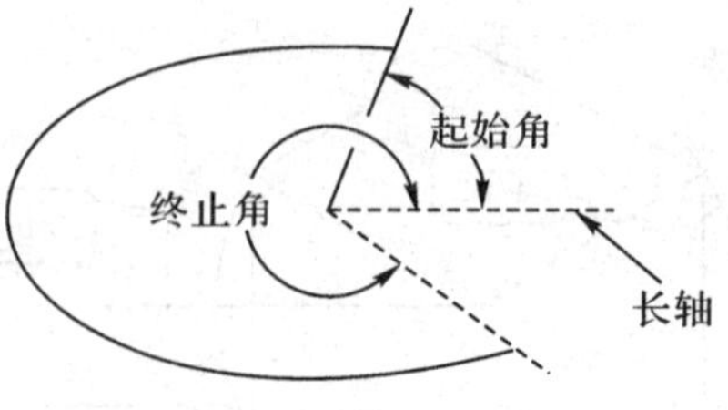

图 9-17　起始角和终止角

如图 9-18 所示为椭圆对话框。

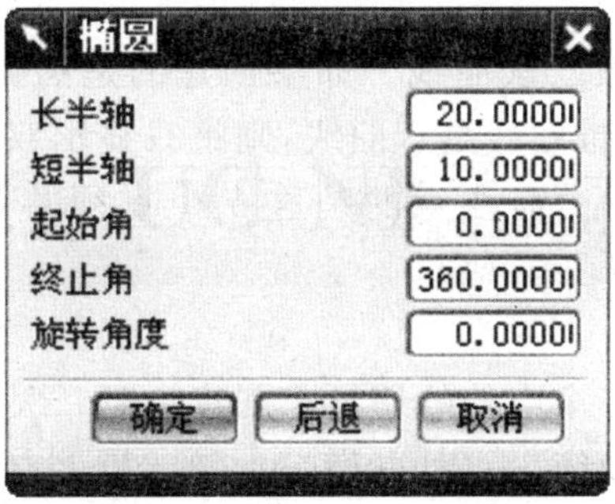

图 9-18　椭圆对话框

六、一般二次曲线

一般二次曲线(General Conic)又称圆锥曲线。一个平面与圆锥体的相交轮廓线就是一般二次曲线,可见一般二次曲线的形态取决于平面与圆锥体所成的角度,如图 9-19 所示。

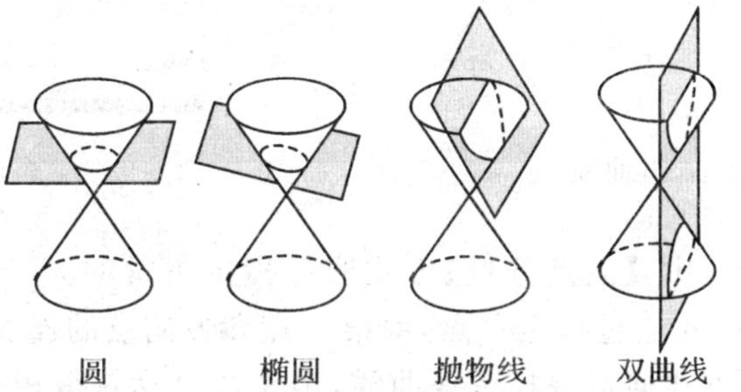

图 9-19　一般二次曲线

圆、椭圆、抛物线、双曲线都是圆锥曲线,所以用一般二次曲线同样可以创建这些曲线,但一般二次曲线提供了更多的灵活性。

单击【曲线】工具条上的【一般二次曲线】,可弹出如图 9-20 所示的对话框。

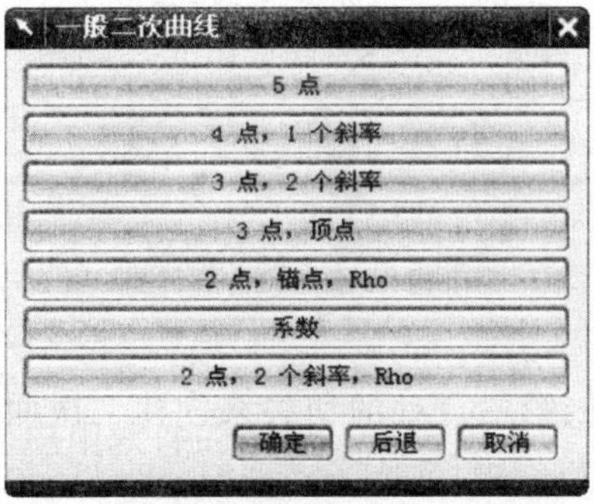

图 9-20　【一般二次曲线】对话框

【一般二次曲线】工具提供了 7 种创建二次曲线的方法。

1. 5点

根据5个共面点生成一般二次曲线。如果创建的是圆弧、椭圆或抛物线，则它将通过所有的5个点；如果创建的圆锥曲线是双曲线，则将只显示双曲线的半枝，且只通过其中的2个或3个点，如图9-21所示。需注意的是这5个点须共面，且应以一定的顺序选择5个点。

2. 4点，1个斜率

利用共面的4个点及第一个点处的切矢来创建一般二次曲线。

该方式需要指定4点以及第1点处的切矢。指定第1点后，系统会弹出如图9-22所示对话框，用以指定第1点处的切矢。

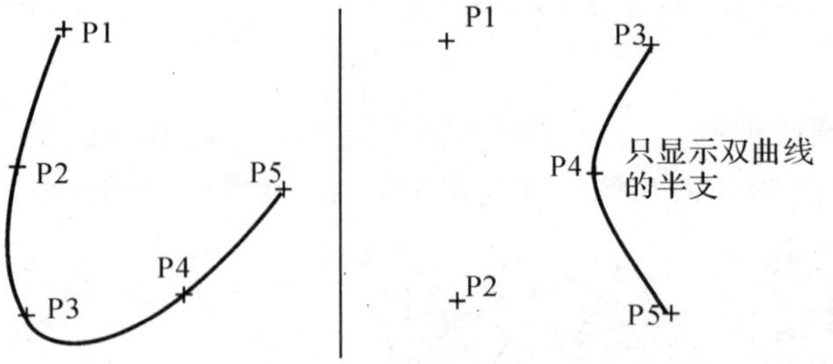

图9-21　5点曲线

图9-22　4个点及第一个点处的切矢

指定切矢的4种方法中，【矢量分量】方式通过指定矢量的3个分量来确定切矢，如图9-23(a)所示；【方向点】方式通过指定一点，由第1点和方向点的连线来确定切矢，如图9-23(b)所示；【曲线的斜率】方式通过选择一条曲线，由系统自动获得相应的切矢；【角度】方式，则需要指定一角度值，角度的正切值即为切矢。

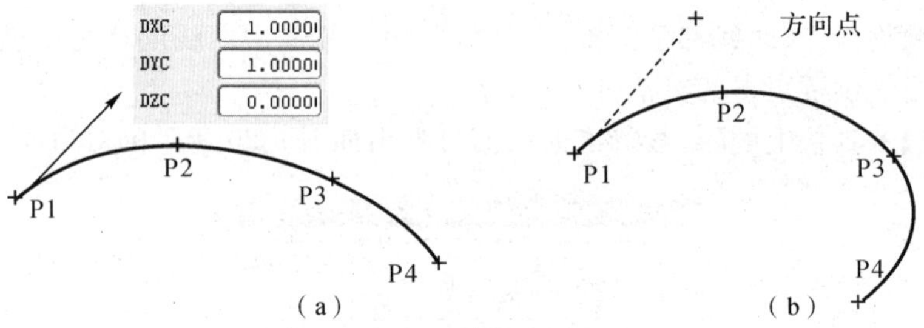

图9-23　4点和斜率

3. 3点，2个斜率

根据共面的3点及第一点、第三点处的切矢来创建二次曲线，如图9-24所示。

4. 3点，顶点

根据共面的3点及一个顶点(锚点)来创建一般二次曲线，如图9-25所示。顶点与第1点、第3点的连线与一般二次曲线相切，因此【3点，顶点】与【3点，2切矢】创建一般二次曲线的机理是相同的。

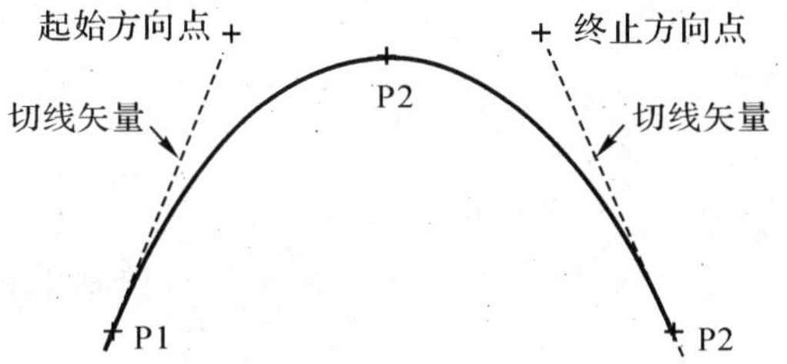

图 9-24　3 点及第一点、第三点处的切矢来创建二次曲线

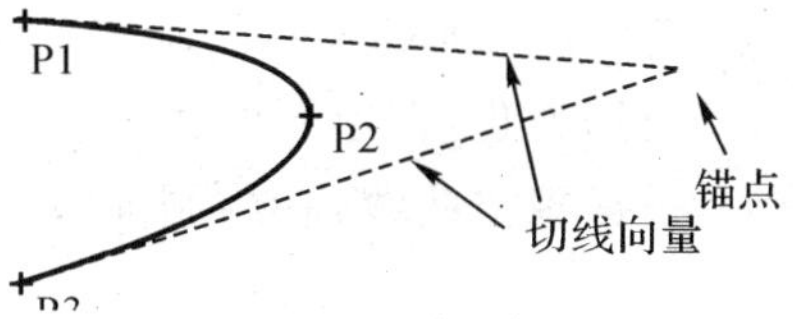

图 9-25　3 点及顶点

5. 2 点,锚点,Rho

指定一般二次曲线的两个端点、顶点(锚点)和 rho 比值来创建一般二次曲线。

两端点连线的中点为 M,顶点与 M 的连线与一般二次曲线相交于一点(记为 O 点),O 点到一般二次曲线两端点连线的距离 D1 与顶点到一般二次曲线两端连线的距离 D2 之比称为 rho,如图 9-26 所示。

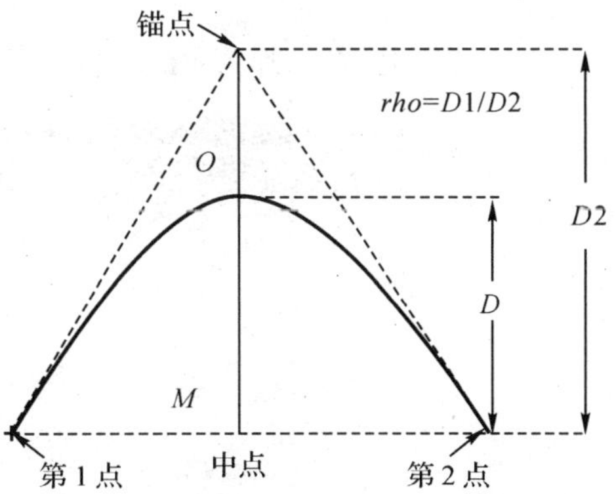

图 9-26　端点、顶点(锚点)和 rho 比值来创建一般二次曲线

rho 值须大于 0 且小于 1。不同的 rho 值对应不同的二次曲线类型:0 < rho < 0.5,对应的二次曲线是椭圆,rho=0.5 对应的二次曲线是抛物线;0.5 < rho < 1 对应的二次曲线是双曲线。

6. 2 点,2 个斜率,Rho

指定一般二次曲线的 2 个端点及两个端点处的切矢和 Rho 值来创建一般二次曲线。

7. 系数

一般二次曲线方程为 Ax2+Bxy+Cy2+Dx+EY+F=0,指定系数后即可创建一般二次曲线。

七、规律曲线

规律曲线就是 X、Y、Z 坐标值按设定的规律变化的曲线。要创建规律曲线,需要设定一组 X、Y、Z 参数式。规律曲线通常配合其他功能使用,如控制螺旋线的半径,控制面倒圆角的截面线等。

单击【曲线】工具条上的【规律曲线】命令图标,弹出如图 9-27 所示的对话框。该对话框提供了 7 种设定规律的方式,其意义如下所述:

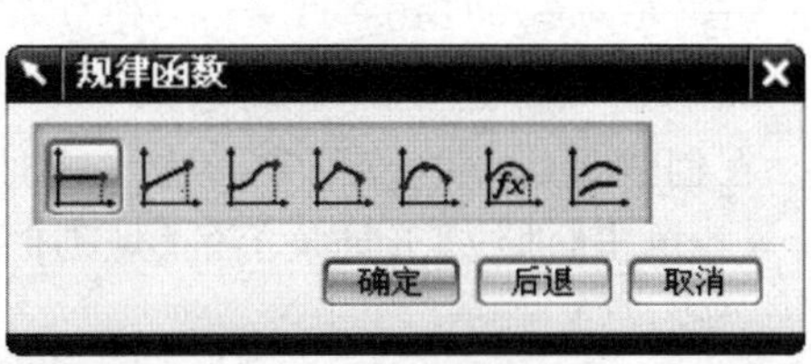

图 9-27　【规律曲线】对话框

1. 恒定:在绘制曲线过程中,设定为该规律的坐标值为常数。

2. 线性:在绘制曲线过程中,设定为该规律的坐标值在某个数值范围内呈线性变化。

3. 三次:在绘制曲线过程中,设定为该规律的坐标值在某个数值范围内呈三次方规律变化。

4. 沿着脊线的值-线性:在绘制曲线过程中,设定为该规律的坐标值在沿一条脊线设置的两点或多个点所对应的规律值范围内呈线性变化。

5. 沿着脊线的值-三次：在绘制曲线过程中，设定为该规律的坐标值在沿一条脊线设置的两点或多个点所对应的规律值范围内呈三次方规律变化。

6. 根据方程：在绘制曲线过程中，设定为该规律的坐标值根据表达式变化。

7. 根据规律曲线：在绘制曲线过程中，利用一条已存规律曲线的规律来控制坐标值的变化。

【例 9-1】运用【规律曲线】创建曲线

$$\begin{cases} x(t)=10*\sin(3140*t)*t \\ y(t)=10*\cos(3140*t)*t \\ z(t)=t \end{cases}$$

(1)建立表达式：选择菜单【工具】|【表达式】命令，弹出【表达式】对话框，如图 9-28 所示。

图 9-28 【表达式】对话框

依次键入(//后面的文字表示注释，创建表达式时不能输入)：

A＝100 //定义一个常数

t＝0 //变量 t 是参数，是系统内部变量(t＝0～1)

xt＝A * sin(3140 * t) * t //建立 X(t)表达式

yt＝A * cos(3140 * t) * t //建立 Y(t)表达式

zt＝A * t //建立 Z(t)表达式

在创建 X(t)、Y(t)和 Z(t)表达式时，需要将图 9-28 对话框中的长度改为面积。

(2)单击【曲线】工具条上的【规则曲线】图标，弹出如图 9-29 所示的对话框。

图 9-29 规律函数工具条

(3)定义 X 方程：在图 3 中单击【根据方程】按钮，系统弹出如图 9-30 所示的对话框，用于指定 X 表达式的参数，这里指定 t；单击【确定】按钮，弹出如图 9-31 所示的对话框，用于指定 X 的表达式，这里输入 xt，然后单击【确定】按钮，回到【规律曲线】对话框。

图 9-30 【根据方程】按钮

图 9-31 指定 X 的表达式

(4)再次单击图 9-29 中的图标，参照步骤(3)定义 t、yt。

(5)再次单击图 9-29 中的图标，参照步骤(3)定义 t、zt。

(6)zt 定义完好，系统会弹出如图 9-32 所示的对话框，用于设定规则曲线的方位、原点及参考坐标系。

(7)直接单击【确定】按钮(接受默认值)，即可生成如图 9-33 所示的曲线。

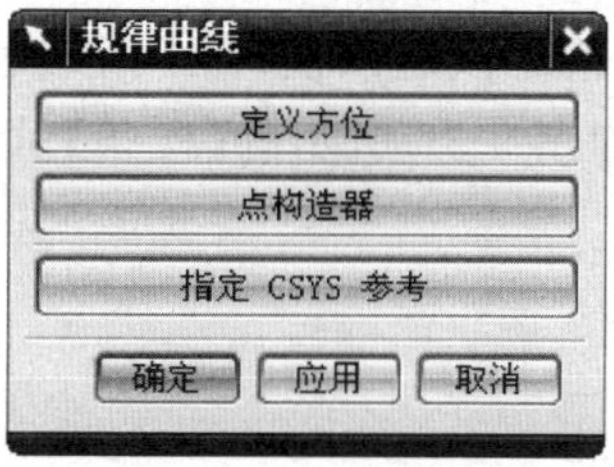

图 9-32 设定规则

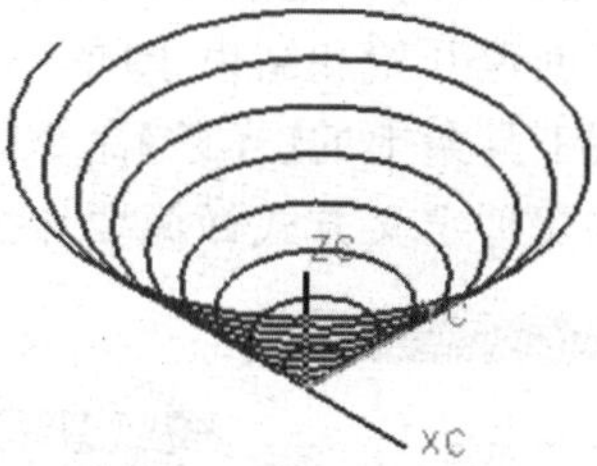

图 9-33 曲线结果

八、点集

使用点集命令可以创建一组对应于现有几何体的点群，几何体包括线、面、体，如图 9-34 所示。

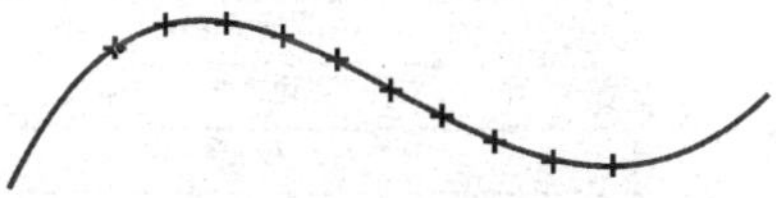

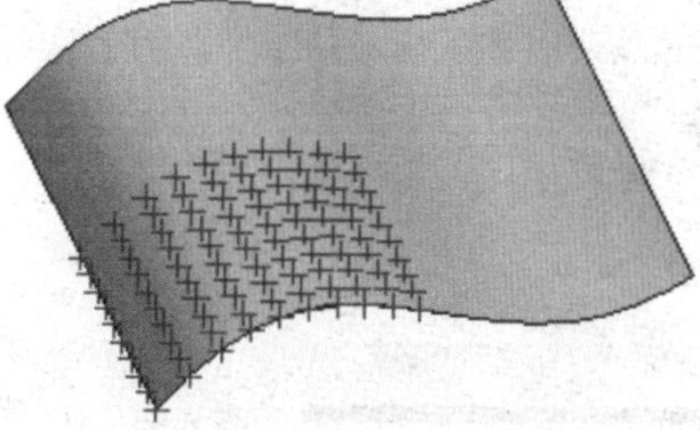

图 9-34 点集

如图 9-35 所示为点集对话框。

九、样条

样条曲线是构建自由曲面的重要曲线，可以是平面样条，也可以是空间样条；可以封闭，也可以开环，可以是单段样条线，也可以是多段样条线。UG NX 中创建的所有样条曲线都是“非均匀有理 B 样条(NURBS)”。

样条曲线中的基本概念描述如下：

(1)曲线阶次：每个样条都有阶次，这是一个代表定义曲线的多项式阶次的数学概念。阶次通常比样条段中的点数小1。因此，样条线的点数不得少于阶次。UG NX 最高可以使用24阶样条曲线。

(2)单段/多段：样条线可以采用单段和多段的方式创建。对于单段样条线来说，阶次＝点数-1，因此单段样条线最多只能使用25个点。单段构造方式受到一定的限制，定义点的数量越多，样条线的阶次越高，而阶次越高样条线会出现意外结果，如变形等。而且单段样条线不能封闭，因此不建议使用单段构造样条线。多段样条线的阶次由用户自己定义(≤24)，样条线定义点数量没有限制，但至少比阶次多一点。

在设计中，通常采用3～5阶样条线。

(3)定义点：定义样条线的点。根据极点方法创建的样条线没有定义点，在编辑样条线时可以添加定义点，也可以删除定义点。

(4)节点：节点即为每段样条线的端点。单段样条线只有两个节点，既起点和终点；多段样条线的节点＝段数－1。

(5)封闭曲线：通常，样条线是开放的，它们开始于一点，而结束于另一点。通过选择封闭曲线选项可以创建开始和结束于同一点的封闭样条。该选项仅可用于多段样条。

单击【曲线】工具条上的【样条】命令图标，弹出如图9-36所示的【样条】对话框。

接下来将这几种定义方式做简要介绍。

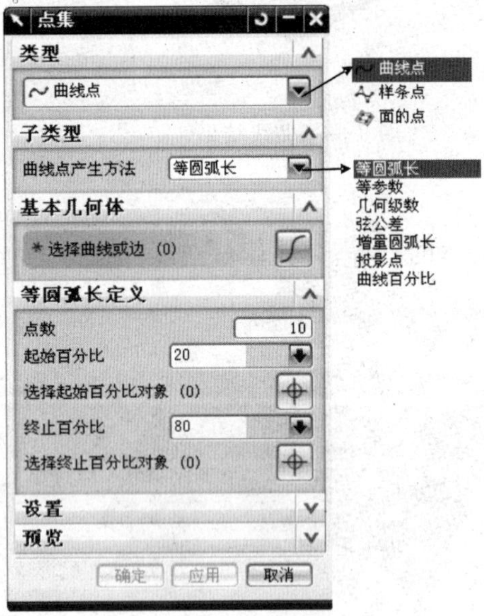

图9-35　点集对话框

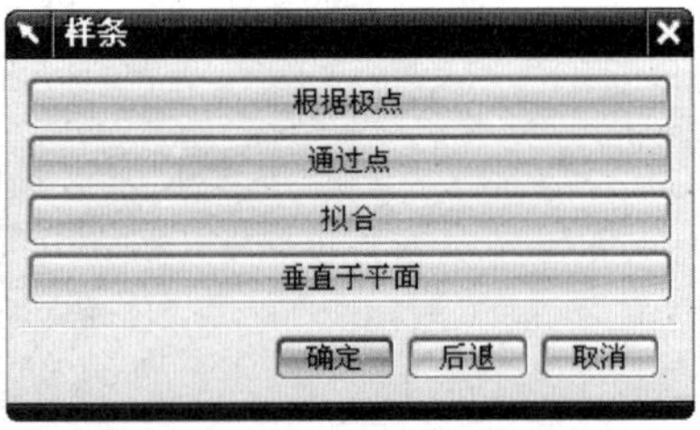

图9-36　【样条】对话框

1. 根据极点

通过指定极点来限制一条样条曲线，如图9-37(b)所示。除端点外，样条线并不通过这些点。极点是样条曲线的控制点，既可用点对话框构造，也可以从文件中读取。

2. 通过点

样条线精确通过每一个定义点，但样条线的光顺性差，如图9-37(a)所示。

3. 拟合

在指定公差范围内将一系列点拟合成样条线，所有在样条线上的点和定义点之间的距离平方和最小，如图 9-37(c)所示。该方法有助于减少定义样条线的点数，提高曲线的光顺性。

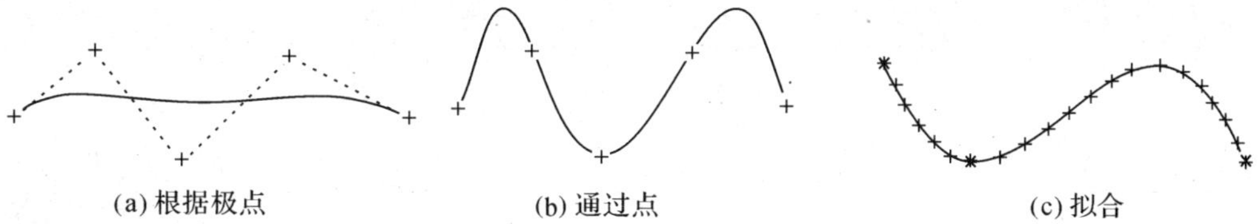

图 9-37　样条

4. 垂直于平面

通过此方式创建的样条曲线经过且垂直于每个平面，平面数必须小于 100。平行平面之间的样条段是线性的，非平行平面之间的样条段是圆弧形的，每个圆形线段的中心都是它的有界平面的交点。

9.1.3　曲线操作

一、偏置曲线

通过此命令可以偏置直线、圆弧、二次曲线、样条、边和草图，如图 9-38 所示。

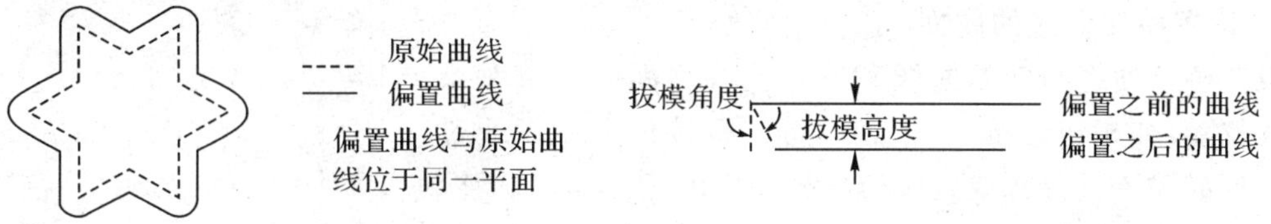

图 9-38　偏置曲线

如图 9-39 所示为偏置曲线对话框。

【功能要点】

1. 偏置方式

系统提供了 4 种偏置方式，即【距离】、【拔模】、【规律控制】和【3D 轴向】，如图 9-38 所示。

距离：按照给定的距离偏置对象。

拔模：按照给定的拔模角度，把对象偏置到与对象所在平面相距拔模高度的平面上。拔模角度为偏置方向与原对象所在平面法线的夹角，拔模高度为原对象所在平面与偏置后曲线所在平面之间的距离。

规律控制：通过选择规律子函数控制偏置距离来偏置对象。选择该选项后，弹出【规律曲线】对话框。

3D 轴向：通过指定偏置轴矢量和沿着轴矢量方向的三维偏置值来偏置对象。

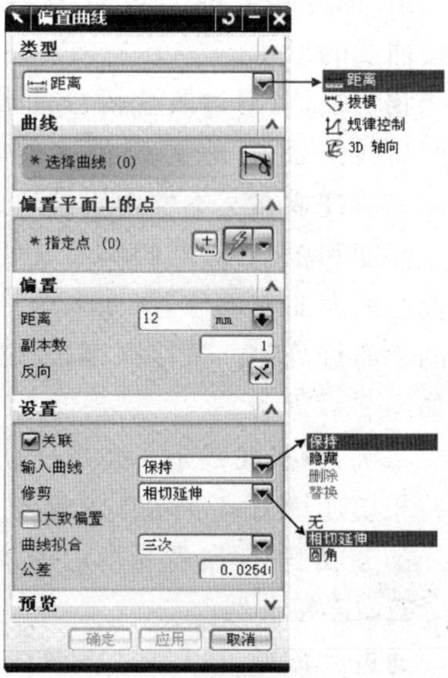

图 9-39　偏置曲线对话框

2. 修剪方式

有 3 种修剪方式，即【无】、【相切延伸】、【圆角】。对同一曲线分别采用 3 种修剪方式进行偏置，结果图 9-40 所示。

图 9-40　修剪方式

二、桥接曲线

桥接曲线用于连接两条分离的曲线、实体或曲面的边缘，并对其进行约束。

单击【曲线】工具条上的【桥接曲线】命令图标，即可弹出如图 9-41 所示对话框。

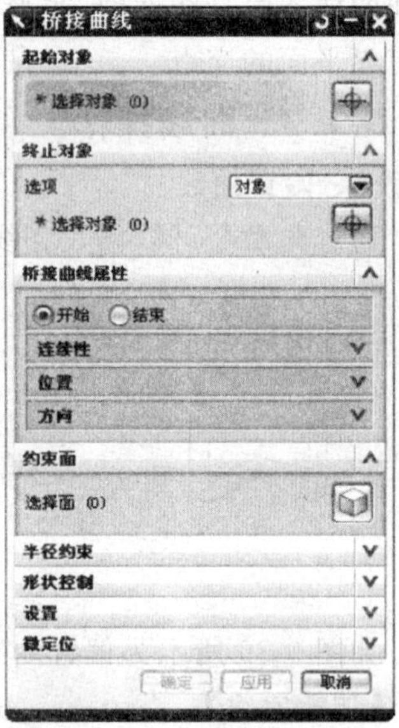

图 9-41　【桥接曲线】对话框

1. 选择曲线对象

在【起点对象】激活状态下选择起始曲线，【终点对象】激活状态下选择终止曲线。

2. 设置桥接曲线的属性

设置桥接曲线与起始曲线和终止曲线之间的约束关系及连接位置，如相切连接、曲率连续等。桥接位置可以通过滑动滑杆或输入百分比或直接拖动视图中的圆点加以调整。

3. 形状控制

形状控制组用于设定桥接曲线的形状。可通过设置相切幅值、深度和歪斜、二次以及参考成型曲线的方式来控制桥接曲线的形状。

相切幅值：通过改变桥接曲线与起始/终止曲线连接点处的切线矢量值，来控制桥接曲线的形状。切矢量值可通过拖曳滑杆或在文本框中直接输入的方法设置。

深度和歪斜：深度控制曲线的曲率对桥的影响大小，其值表示曲率影响的百分比，而歪斜控制最大曲率的位置（如果选择反向选项，则控制曲率的反向），其值表示沿桥从起点到终点的距离百分比。桥接深度（Bridge Depth）和桥接歪斜（BridgeSkew）对桥接曲线形状的影响如图 9-42 所示。

二次：桥接曲线是一条二次曲线，其形状通过控制二次曲线的 Rho 值来控制。该方式只在相切连续方式下才有效。

参考成型曲线：需要指定一条曲线，以使桥接曲线的形状与其相似。

三、连接曲线

通过此命令可以将多段曲线合并以生成一条与原先曲线链近似的 B 样条曲线，如图 9-43所示。

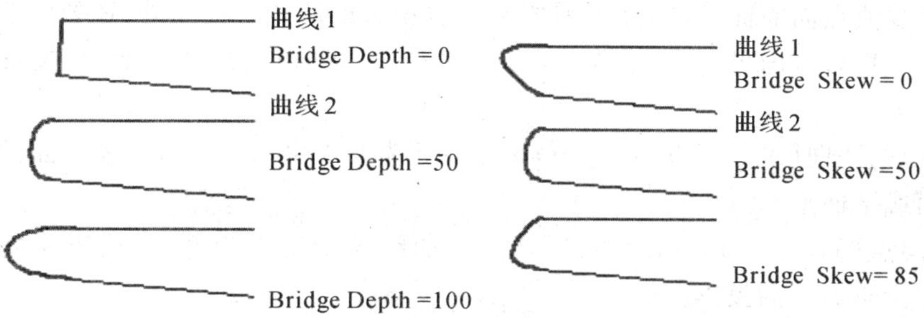

图 9-42　形状控制

如图 9-44 所示为连结曲线对话框。

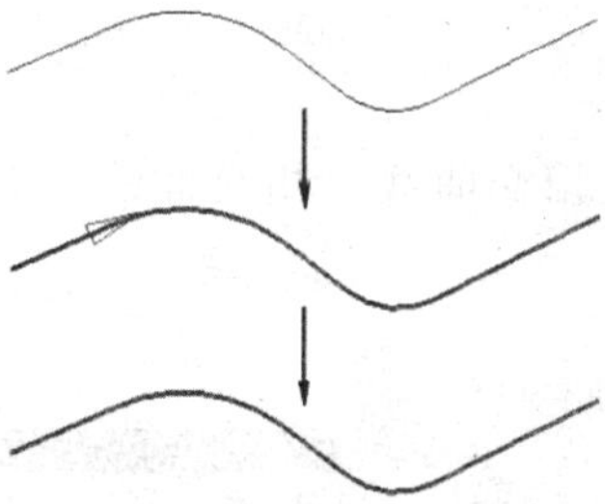

图 9-43　连结曲线

图 9-44　【连结曲线】对话框

四、投影曲线

将曲线或点投影到曲面上，超出投影曲面的部分将被自动截取。

单击【曲线】工具条上的【投影曲线】命令图标，即可弹出如图 9-45(a)所示的对话框。

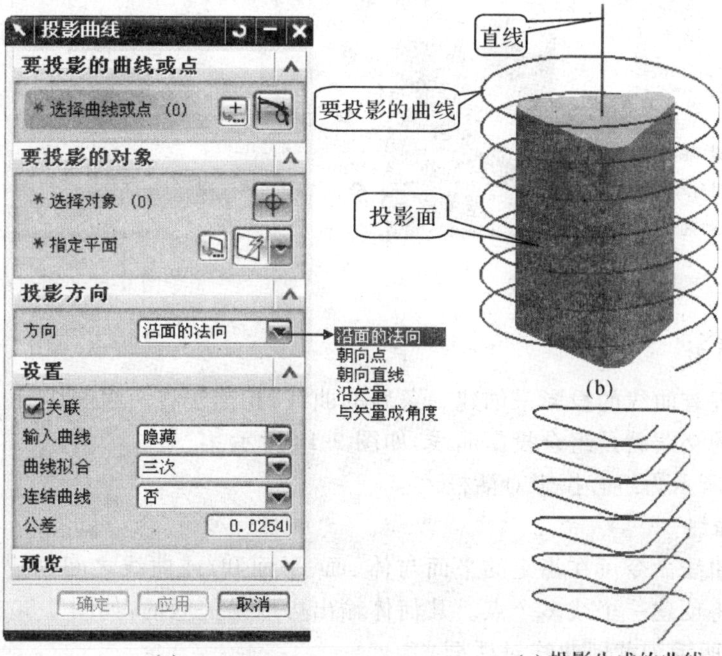

(a)　(b)　(c) 投影生成的曲线

图 9-45　【投影曲线】

要将曲线或点向曲面投影，除了需要指定被投影的曲线和曲面外，还要注意对投影方向的正确选择。投影方向可以是：沿面的法向、朝向点、朝向直线、沿矢量、与矢量所成的角度和等圆弧长等。

(1)沿面的法向(Along Face Normals)：将所选点或曲线沿着曲面或平面的法线方向投影到此曲面或平面上。

(2)朝向点(Toward a Point)：将所选点或曲线与指定点相连，与投影曲面的交线即为点或曲线在投影面上的投影。

(3)朝向直线(Toward a line)：将所选点或曲线向指定线投影，在投影面上的交线即为投影曲线。投影曲面须处于被投影线与指定点之间，否则无法生成。

(4)沿矢量(Along a Vector)：将所选的点或曲线沿指定的矢量方向投影到投影面上。

(5)与矢量所成的角度(At Angle to Vector)：与【沿矢量】相似，除了指定一个矢量外，还需要设置一个角度。

五、相交曲线

使用相交曲线命令可用于在两组对象之间创建相交曲线。相交曲线是关联的，会根据其定义对象的更改而更新，如图 9-46 所示。

如图 9-47 所示为相交曲线对话框。

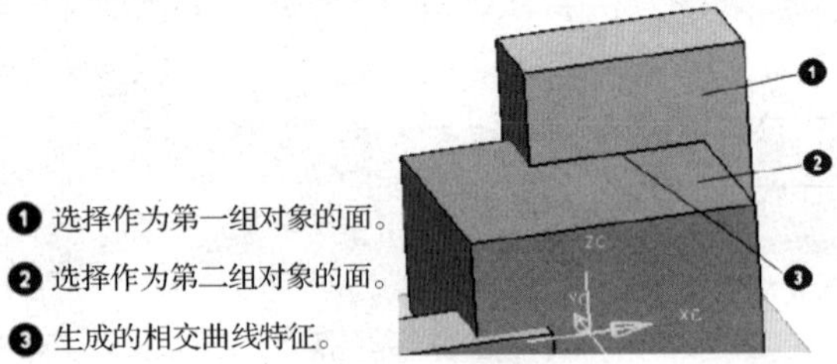

图 9-46　相交曲线

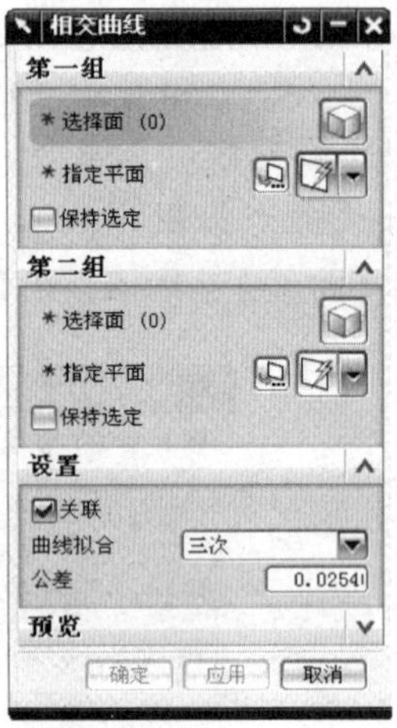

图 9-47　相交曲线对话框

六、组合投影

通过两条现有曲线的投影来创建一条新的曲线，相当于将两组曲线沿指定的方向拉伸，拉伸面所形成的交线就是组合投影曲线，如图 9-48 所示。

如图 9-49 所示为组合投影对话框。

七、截面曲线

使用截面曲线命令可在指定的平面与体、面、平面和/或曲线之间创建相交几何体。平面与曲线相交将创建一个或多个点。几何体输出可以是关联的，如图 9-50 所示。

如图 9-51 所示为截面曲线对话框。

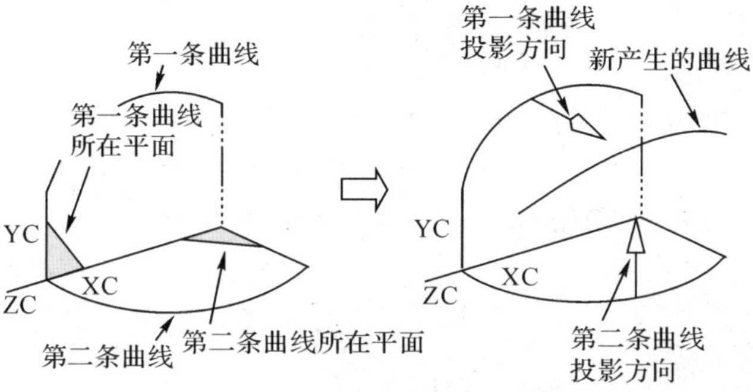

图 9-48　组合投影

图 9-49　组合投影对话框

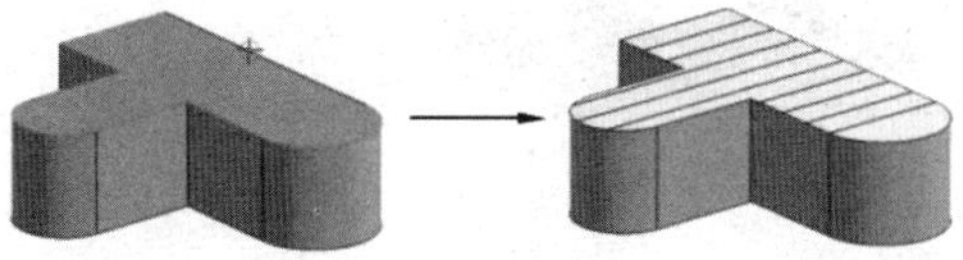

图 9-50　截面曲线

图 9-51　截面曲线对话框

【功能要点】

1. 选定的平面

使用选定的各个平面和基准平面创建截面曲线。可以使用现有平面，或动态创建一个平面以执行截面操作。

2. 平行平面

通过指定平行平面集的基本平面、步长值以及起始和终止距离，来创建截面曲线，如图 9-52 所示。

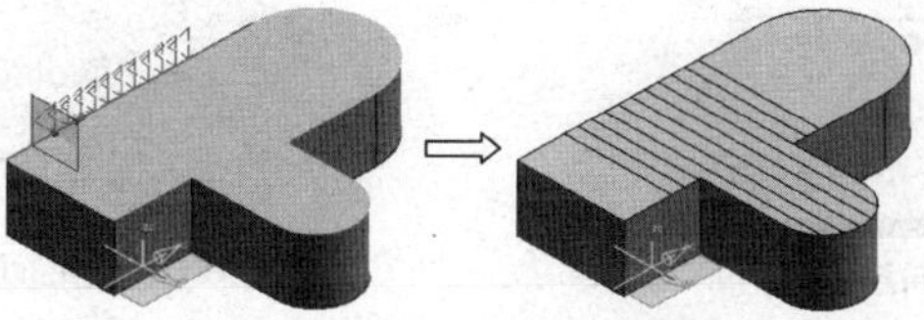

图 9-52　平行平面

3. 径向平面

通过指定径向平面的枢轴和一个点来定义径向平面集的基本平面、步长值以及起始和终止角度,以创建截面曲线,如图 9-53 所示。

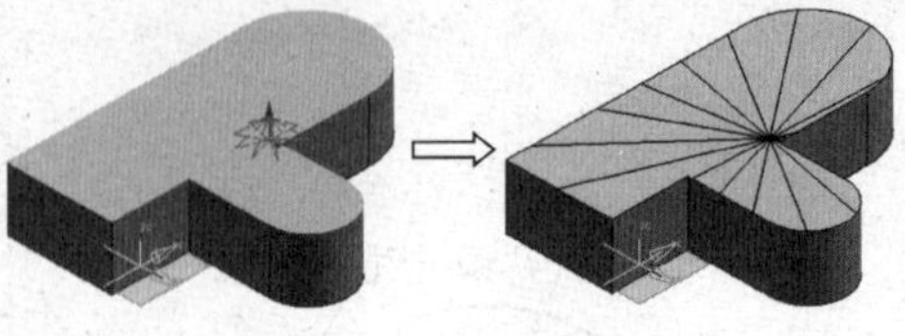

图 9-53　径向平面

4. 垂直于曲线的平面

可以指定数据以定义一组垂直于选定曲线或边的临时平面,如图 9-54 所示。

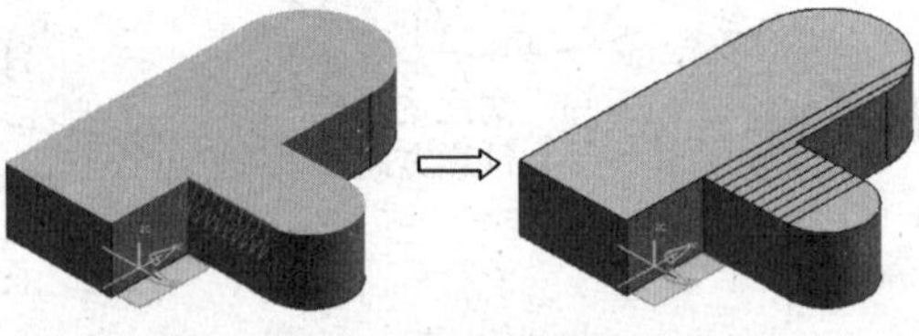

图 9-54　垂直于曲线的平面

八、抽取曲线

在一个或多个现有体的边和面上创建几何体(直线、圆弧、二次曲线和样条)。体不发生变化。大多数抽取曲线是非关联的,但也可选择创建关联的等斜度曲线或阴影轮廓曲线,如图 9-55 所示。

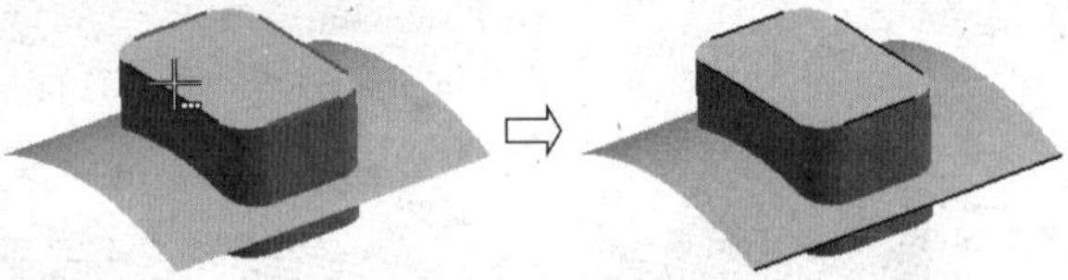

图 9-55　抽取曲线

如图 9-56 所示为抽取曲线对话框。

九、在面上偏置曲线

使用在面上偏置曲线命令可根据曲面上的相连边或曲线,在一个或多个面上创建偏置曲线,如图 9-57 所示。

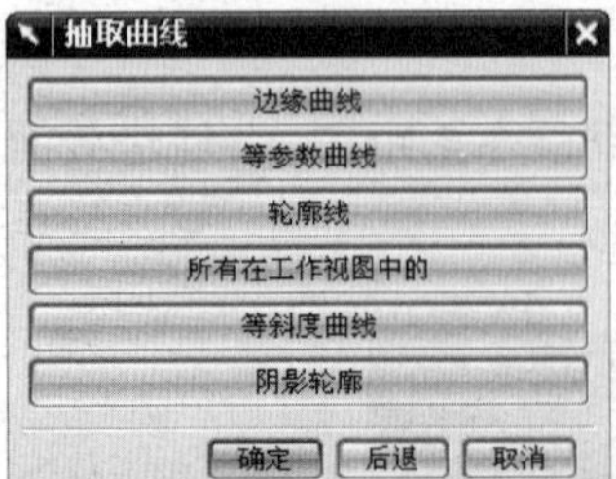

图 9-56　抽取曲线对话框

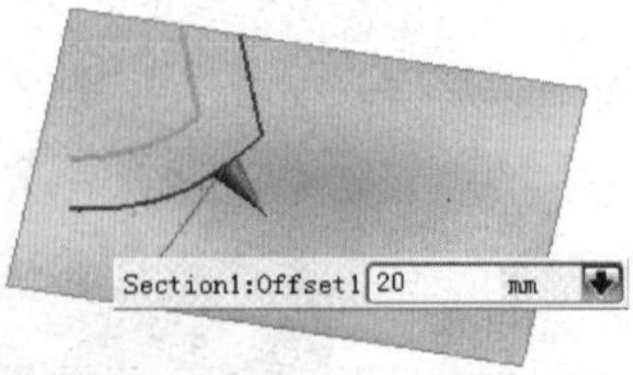

图 9-57　在面上偏置曲线

如图 9-58 所示为在面上偏置曲线对话框。

1. 与偏置曲线的不同之处

与【偏置曲线】不同的是，它只能选择面上的曲线作为偏置对象，并且生成的曲线也附着于曲面上。

2. 修剪和延伸选项

(1)在截面内修剪至彼此

指定如何修剪同一截面内两条曲线之间的拐角。延伸两条曲线的切线以形成拐角，并对切线进行修剪。此复选框默认情况下处于选中状态。

(2)在截面内延伸至彼此

指定如何延伸相同截面内两条曲线之间的拐角。延伸两条曲线的切线以形成拐角。此复选框默认情况下处于选中状态。

(3)修剪到面的边缘

指定是否将曲线修剪至面的边缘，如图 9-59 所示。

(4)延伸至面的边

将偏置曲线延伸至面边界，如图 9-60 所示。

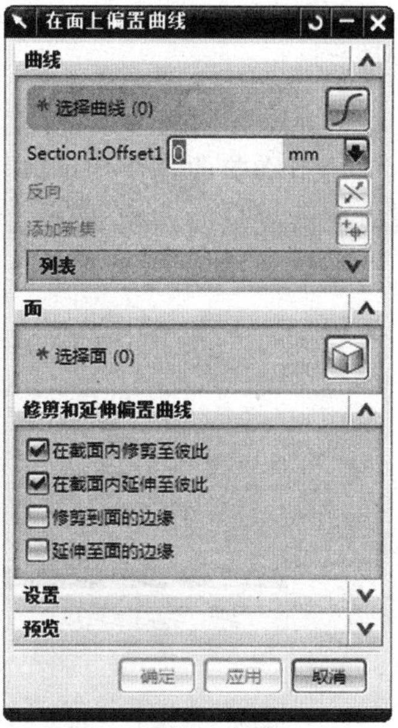

图 9-58 在面上偏置曲线对话框

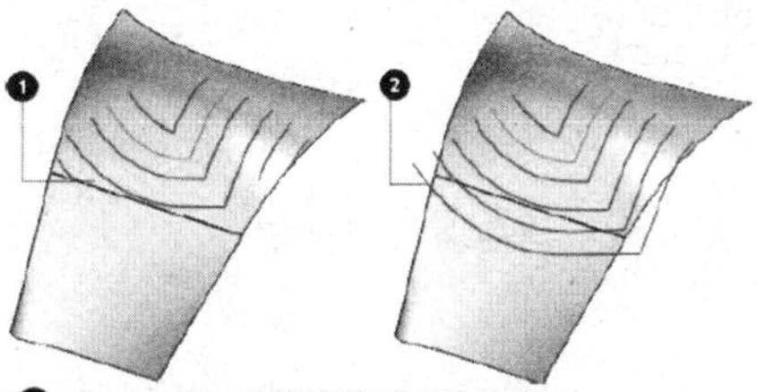

❶ 在面上偏置曲线修剪至面的边缘。
❷ 在面上偏置曲线未修剪至面的边缘。

图 9-59 修剪到面的边缘

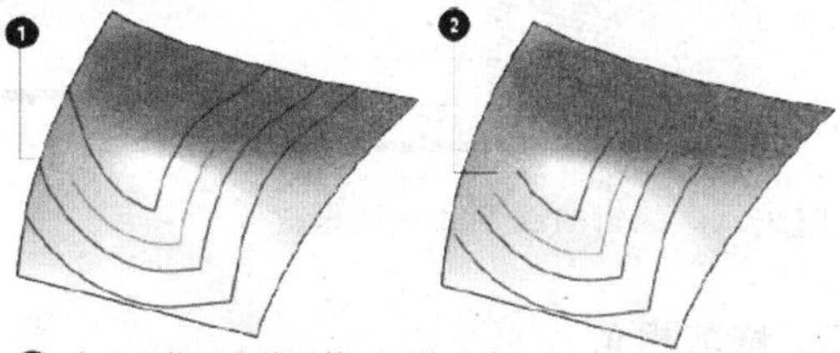

❶ 在面上偏置曲线延伸至面的边缘。
❷ 在面上偏置曲线未延伸至面的边缘。

图 9-60 延伸至面的边

9.1.4 编辑曲线

一、编辑曲线参数

使用编辑曲线参数命令主要用于修改无参数的直线、圆弧、圆、样条线、二次曲线、螺旋线、投影线等，修改后单击【更新】按钮，与此线有关联的实体进行相应的变化。

如图 9-61 所示为编辑曲线参数对话框。

(1)点方法：用于更改直线端点的位置。

(2)编辑圆弧/圆，通过：可以用两种方法编辑圆弧或圆：通过编辑其参数，或通过拖动圆弧或圆。

(3)补弧：创建现有圆弧的补弧。

(4)显示原始样条：如果正在编辑样条，此选项可在编辑过程中显示原始样条以作比较。

(5)编辑关联曲线：通过参数允许在保留曲线关联性的同时对其进行编辑。【按原先的】打断了曲线和其原先定义数据之间的关联性(会弹出一条警告)。

(6)更新:在对曲线进行编辑后可以使用此选项更新模型,而不退出【编辑曲线参数】对话框。

二、修剪曲线

使用修剪曲线命令可以根据选定用于修剪的边界实体和曲线分段来调整曲线的端点。可以修剪或延伸直线、圆弧、二次曲线或样条。

如图 9-62 所示为修剪曲线对话框。

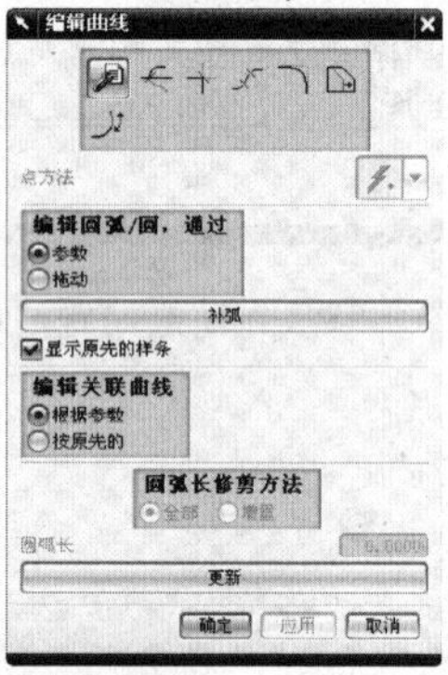

图 9-61　编辑曲线参数对话框

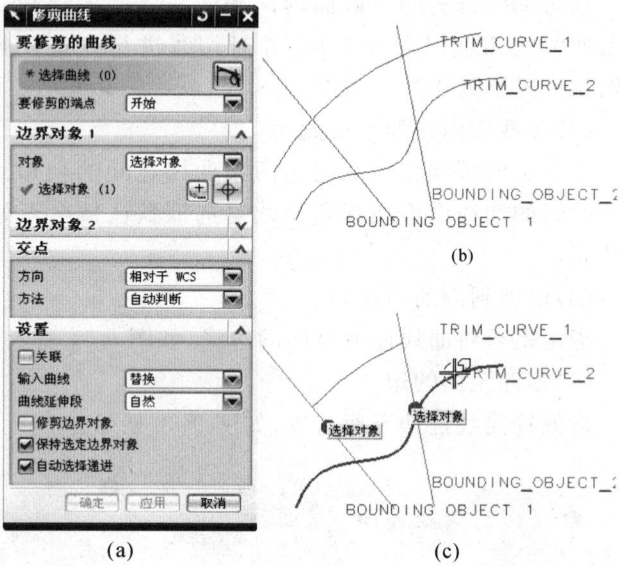

图 9-62　修剪曲线对话框

三、修剪拐角

使用修剪拐角命令可对两条曲线进行修剪,将其交点前的部分修剪掉,从而形成一个拐角,如图 9-63 所示。

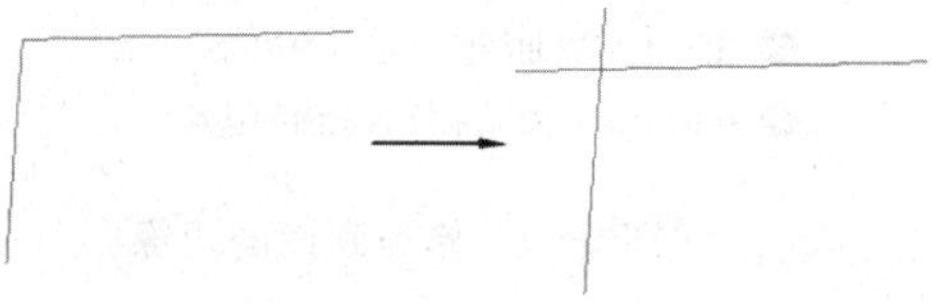

图 9-63　修剪拐角

使用【修剪拐角】命令时,要单击曲线交点处(交点要落在选择球之内)。根据光标位置不同,修剪结果也不一样,如图 9-64 所示。

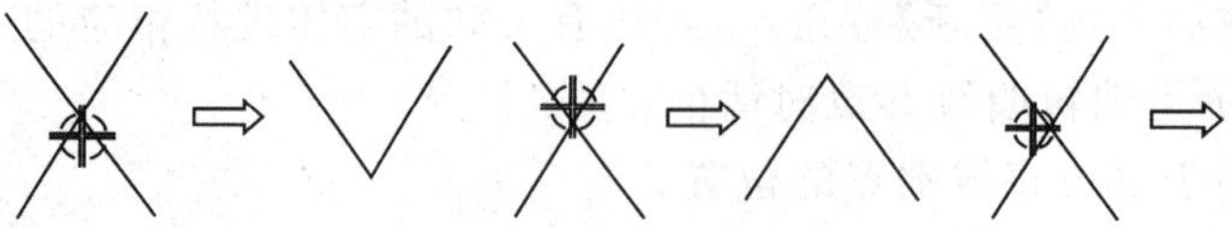

图 9-64　修剪拐角

四、编辑圆角

使用编辑圆角命令可以编辑现有的圆角曲线,圆角两端相连曲线自动改变,如图 9-65 所示。

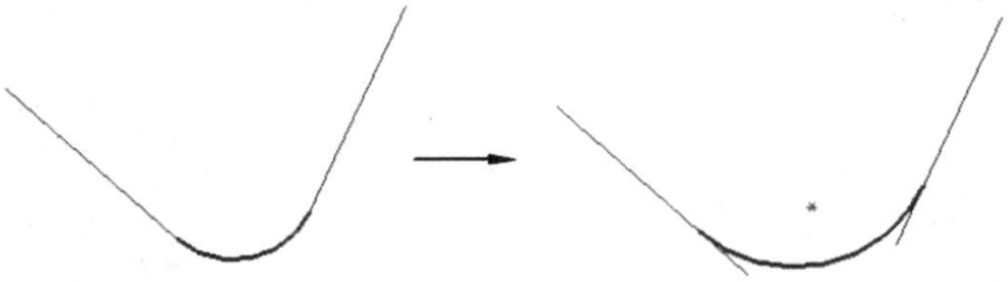

图 9-65　编辑圆角

如图 9-66 所示为编辑圆角对话框。

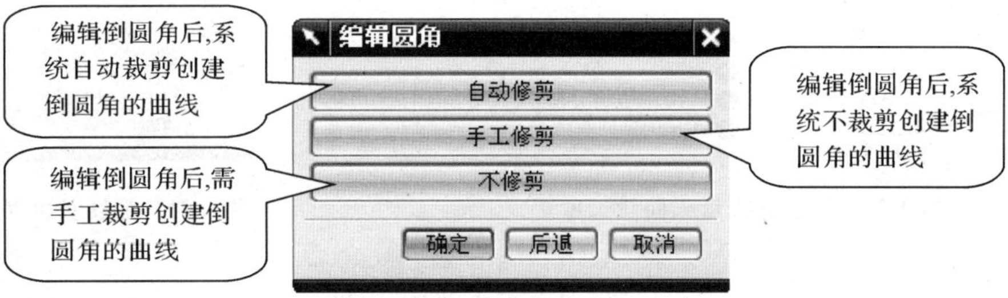

图 9-66　编辑圆角对话框

五、分割曲线

使用分割曲线命令可将曲线分割为一连串同样的分段(线到线、圆弧到圆弧)。所创建的每个分段都是单独的实体,并且与原始曲线使用相同的线型,如图 9-67 所示。

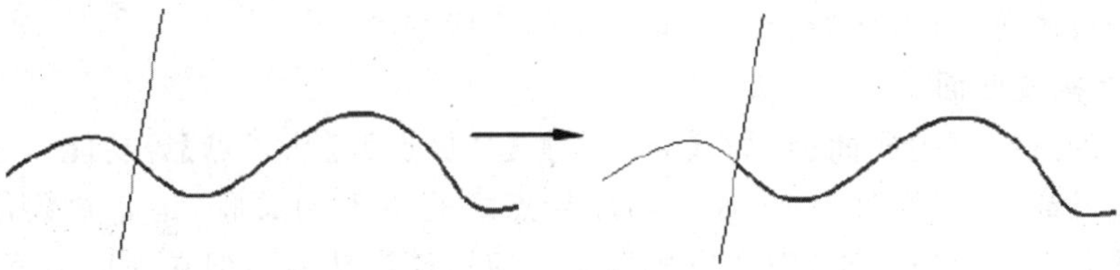

图 9-67　分割曲线

如图 9-68 所示为分割曲线对话框。

六、曲线长度

使用曲线长度命令可以根据给定的曲线长度增量或曲线总长来延伸或修剪曲线,如图 9-69、图 9-70 所示。

图 9-68　分割曲线对话框

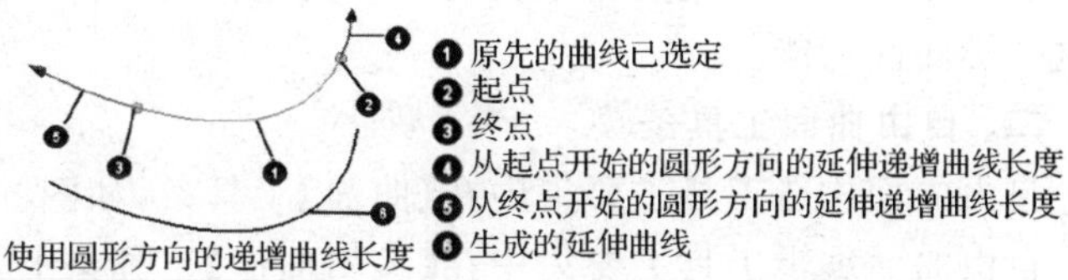

图 9-69　圆形方式延长曲线长度

如图 9-71 所示为曲线长度对话框。

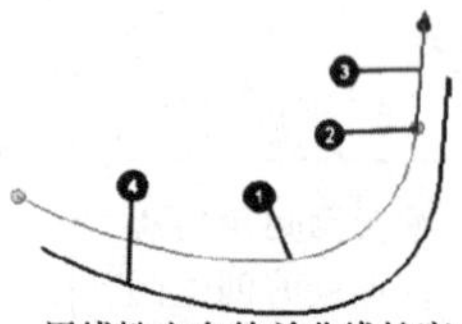

图 9-70 线性方式延长曲线长度

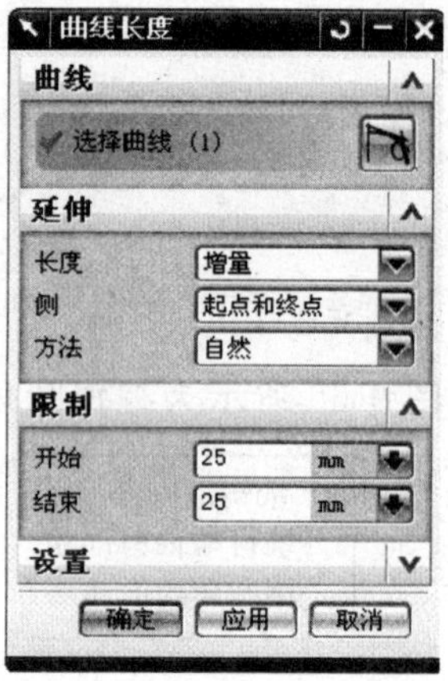

图 9-71 曲线长度对话框

9.2 曲面建模

9.2.1 曲面功能概述

一、自由曲面构造方法

按曲面构成原理,可将构造自由曲面的功能分成三类。

1. 基于点构成曲面

根据输入的点数据生成曲面,如:【通过点】、【从极点】、【从云点】等功能。这类曲面的特点是曲面精度较高,但光顺性较差,而且与原始点之间也不相关联,是非参数化的。由于编辑非参数化的几何体比较困难,因此应尽量避免使用这类功能。但在逆向造型中,常用来构建母面。

2. 基于曲线构成曲面

根据现有曲线构建曲面,如:【直纹面】、【通过曲线组】、【通过曲线网格】、【扫掠】、【剖切曲面】等功能。这类曲面的特点是曲面与构成曲面的曲线是完全关联的,是全参数化的——编辑曲线后,曲面会自动更新。这类功能在构建曲面时,关键是曲线的构造,因而在构造曲线时应该尽可能仔细精确,避免如重叠、交叉、断点等缺陷。

3. 基于曲面构成新的曲面

根据已有曲面构建新的曲面,如:【桥接】、【延伸】、【偏置曲面】、【修剪的片体】、【修剪和延伸】等,这类曲面也是全参数化的。事实上特征操作工具条中的【面倒圆】和【软倒圆】也属于这一类曲面功能。

二、自由曲面工具条

自由曲面构造工具主要集中在【曲面】工具条,如图 9-72 所示。

自由曲面编辑工具主要集中在【编辑曲面】工具条上,如图 9-73 所示。

图 9-72 【曲面】工具条

图 9-73 【编辑曲面】工具条

三、基本概念

1. 片体

指一个或多个没有厚度概念的面的集合，通常所说的曲面也就是片体。曲面建模工具中的直纹面、通过曲线、通过曲线网格面、扫掠、剖切曲面等在某些特定条件下，也可生成实体。此时可通过【建模首选项】对话框中的【体类型】选项来控制：选择【实体】，则所生成的是实体；选择【片体】，则所生成的是片体。

2. U、V 方向

曲面的参数表达式一般使用 U、V 参数，因此曲面的行与列方向用 U、V 来表示。通常曲面横截面线串的方向为 V 方向，扫掠方向或引导线方向为 U 方向，如图 9-74 所示。

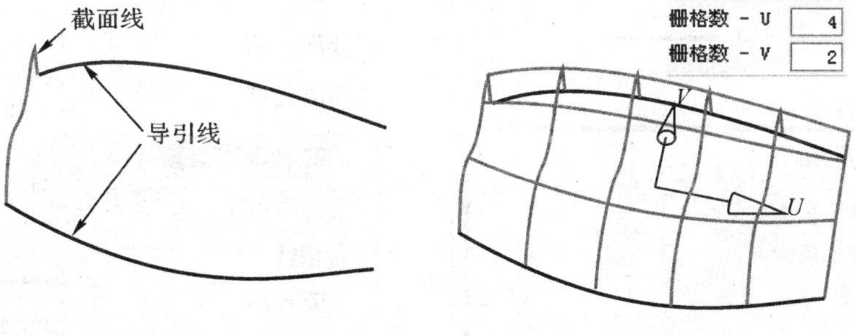

图 9-74 U、V 参数

3. 阶数

在计算机中，曲面是用一个（或多个）方程来表示的。曲面参数方程的最高次数就是该曲面的阶数。构建曲面时需要定义 U、V 两个方向的阶数，且阶数介于 2～24，通常尽可能使用 3～5 阶来创建曲面。曲面在 UG NX 中是作为特征存在的，因而可以用【编辑】|【特征】|【参数】命令来改变 V 方向的阶次。

4. 补片

曲面可以由单一补片构成，也可以由多个补片构成。如图 9-75 所示，(a)曲面是单一补片，即该曲面只有一个曲面参数方程，而(b)曲面是由多补片构成的，即该曲面有多个参数方程。

补片类似于样条的段数。多补片并不意味着是多个面。

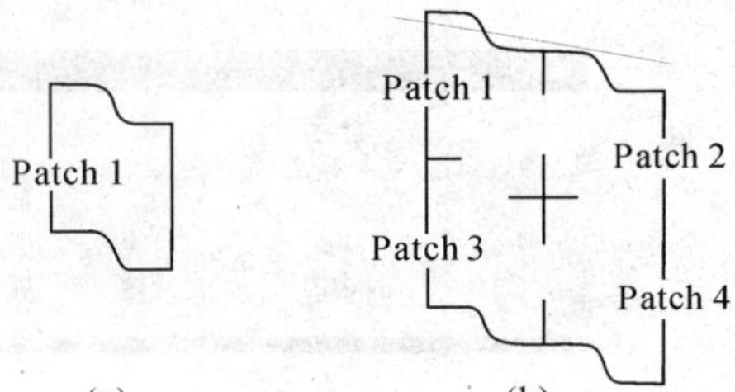

(a) (b)

图 9-75 补片

5. 栅格线

在线框显示模式下，为便于观察曲面的形状，常采用栅格线来显示曲面。栅格线对曲面特征没有影响。可以通过以下两种方式设置栅格线的显示数量。

选择【编辑】|【对象显示】命令(快捷键 Ctrl+J)，弹出【类选择器】对话框，选择需要编辑的曲面对象后，按 MB2，弹出如图 9-76(a)所示【编辑对象显示】对话框。

在【线框显示】组中即可设置 U、V 栅格数。

选择【首选项】|【建模】命令，弹出如图 9-76(b)所示【建模首选项】对话框。

(a) (b)

图 9-76 【编辑对象显示】与【建模首选项】

第一种设置方式只对所选对象有效，而第二种设置方法只对之后创建的对象有效。

四、基本原则与技巧

曲面建模所遵循的基本原则与技巧如下：

(1)用于构成曲面的构造线应尽可能简单且保持光滑连续；

(2)曲面次数尽可能采用 3～5 次，避免使用高阶次曲面；

(3)使用多补片类型，但是在满足曲面创建功能的前提下，补片数越少越好；

(4)尽量使用全参数化功能构造曲面；

(5)面之间的圆角过渡尽可能在实体上进行；

(6)尽可能先采用修剪实体，再用“抽壳”的方法建立薄壳零件；

(7)对于简单的曲面，可一次完成建模；但实际产品往往比较复杂，一般难以一次完成，因此，对于复杂曲面，应先完成主要面或大面，然后光顺连接曲面，最后进行编辑修改，完成整体建模。

9.2.2 由点构建曲面

一、通过点

用于指定体将要通过的矩形阵列点，如图 9-77 所示。体插补每个指定点。使用这个选项，可以很好地控制体，使它总是通过指定的点。

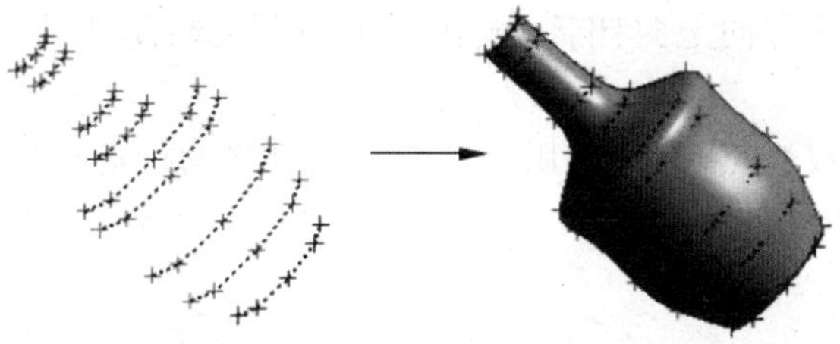

图 9-77 通过点创建曲面

通过点对话框如图 9-78 所示。

图 9-78 通过点对话框

通过点对话框选项描述如表 9-1 所示。

【功能要点】

(1) 对于单补片体来说，系统根据指定的点/极点和行来决定行和列的阶次。对于多补片体来说，必须为行和列指定阶次。

表 9-1 通过点对话框选项描述

选项	描述
补片类型	可以创建包含单个补片或多补片的体。有两种选择： ● 单个：表示曲面将由一个补片构成。 ● 多个：表示曲面由多个补片构成。
沿……向封闭	当补片类型选择为“多个”时，激活此选项。有四种选择： ● 两者皆否：曲面沿行与列方向都不封闭． ● 行：曲面沿行方向封闭。 ● 列：曲面沿列方向封闭。 ● 两者皆是：曲面沿行和列方向都封闭。
行阶次	为多补片指定行阶次(1 到 24)。对于单补片而言，系统决定行阶次从点数最高的行开始。
列阶次	为多补片指定列阶次(最多为指定行的阶次减一)。对于单补片而言，系统将此设置为指定丢失阶次减一。
文件中的点	通过选择包含点的文件来定义这些点。

(2) 每个曲面需要定义 U、V 两个方向的阶数，且阶数介于 2～24 之间，通常尽可能使用 3～5 阶来创建曲面。

(3) 如果选择在两个方向上封闭体，或在一个方向上封闭体并且另一个方向的末端是平的，则创建实体。

(4) 当指定创建点或极点时，应该用有近似相同顺序的行选择它们。否则，可能会得到不需要的结果，如图 9-79 所示。

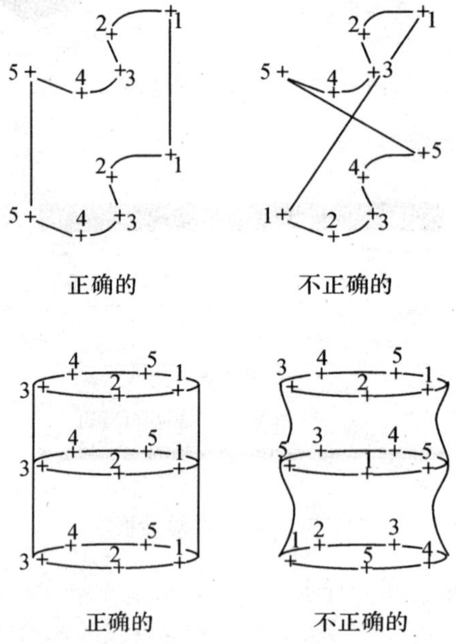

图 9-79 选择顺序

二、从极点

用于指定作为定义片体外形的控制网极点(顶点)的点，如图 9-80 所示。使用极点可以更好地控制体的整体外形和特征。使用这个选项也可以更好地避免片体中不必要的波动（曲率的反向）。

从极点对话框如图 9-81 所示。

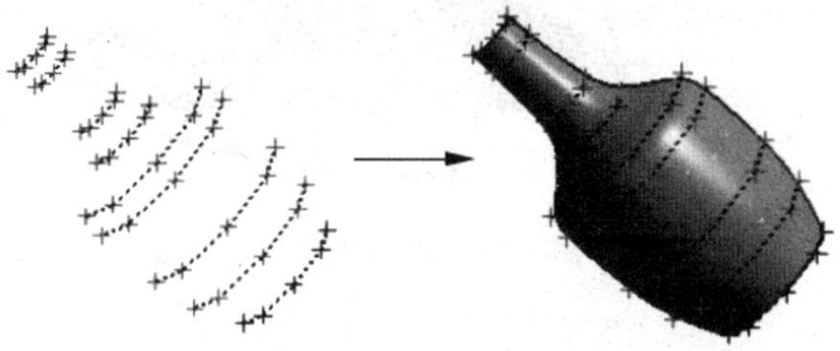

图 9-80　从极点创建曲面

图 9-81　从极点对话框

从极点对话框选项描述如表 9-2 所示。

表 9-2　从极点对话框选项描述

选项	描　　述
补片类型	可以创建包含单个补片或多补片的体。有两种选择： ● 单个：表示曲面将由一个补片构成。 ● 多个：表示曲面由多个补片构成。
沿……向封闭	当补片类型选择为“多个”时，激活此选项。有四种选择： ● 两者皆否：曲面沿行与列方向都不封闭. ● 行：曲面沿行方向封闭。 ● 列：曲面沿列方向封闭。 ● 两者皆是：曲面沿行和列方向都封闭。
行阶次	为多补片指定行阶次（1 到 24）。对于单补片而言，系统决定行阶次从点数最高的行开始。
列阶次	为多补片指定列阶次（最多为指定行的阶次减一）。对于单补片而言，系统将此设置为指定丢失阶次减一。
文件中的点	通过选择包含点的文件来定义这些点。

【功能要点】

（1）对于单补片体来说，系统根据指定的点/极点和行来决定行和列的阶次。对于多补片体来说，必须为行和列指定阶次。

（2）每个曲面需要定义 U、V 两个方向的阶数，且阶数介于 2～24 之间，通常尽可能使用 3～5 阶来创建曲面。

（3）如果选择在两个方向上封闭体，或在一个方向上封闭体并且另一个方向的末端是平的，则创建实体。

（4）当指定创建点或极点时，应该用有近似相同顺序的行选择它们。否则，可能会得到不需要的结果，如图 9-82 所示。

（5）利用此命令创建曲面，弹出的对话框及曲面创建过程与“通过点”类似。差别之处在于定义点作为控制曲面形状的极点，创建的曲面不会通过定义点，如图 9-83 所示。

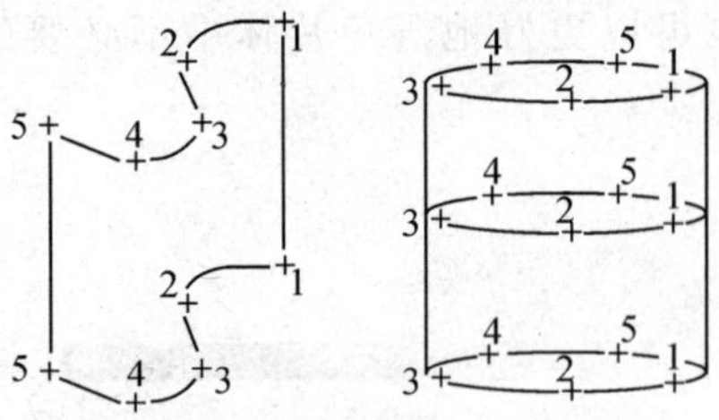

正确的　　　　正确的

图 9-82　选择顺序

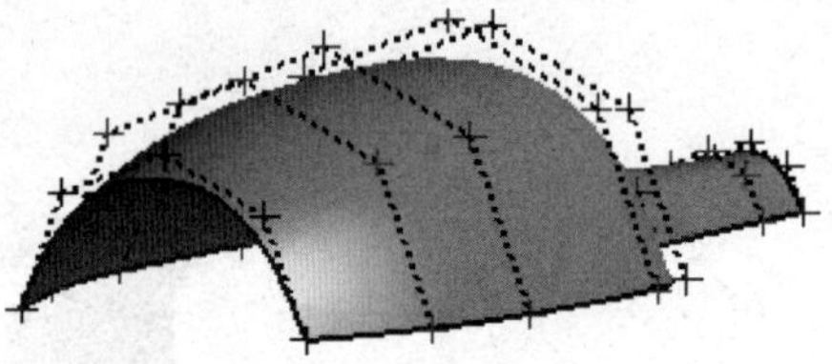

图 9-83　通过极点创建曲面

三、从点云

此命令用于创建片体，如图 9-84 所示，近似于一个大的数据点“云”，通常由扫描和数字化产生。虽然有一些限制，但此功能可以从很多点中用最少交互操作创建一个片体。

从点云对话框如图 9-85 所示。

从点云对话框选项描述如表 9-3 所示。

表 9-3　从点云对话框选项描述

选项	描　述
选择点	当此图标处于活动状态时，可以直接通过鼠标选择点云。
U 向阶次/V 向阶次	用来设置结果曲面在 U 向和 V 向的阶次，可以设定的阶次范围为 1～24，建议输入值≤5。
U 向补片数/V 向补片数	用来设定结果曲面在 U 和 V 两个补片数目。默认值为 1，表示生成单补片曲面。
坐标系	由一条近似垂直于片体的矢量《对应于坐标系的 Z 轴》犯两条指明片体的 U 向和 V 向的矢量《对应于坐标系的 X 轴和 Y 轴)组成。有 5 种选择： ● 选择视图：U-V 平面在视图的平而内，并且法矢位于视 1 划的法向、U 矢量指向右，并且 V 矢量指向中。 ● WCS：当前的【工作坐标系】。 ● 当前视图：当前工作视图的坐标系。 ● 指定的 CSYS：选择由使用“指定新的 CSYS”事先定义的坐标系。如果没有定义 CSYS，这将只表现为“指定新的 CSYS”。 ● 指定新的 CSYS：调出 CSYS 子功能。可以用来指定任何坐标系。
过界	让用户定义正在创建片体的边界。 片体的默认边界是通过把所有选择的数据点投影到 U-V 平面上而产生的。找到包围这些点的最小矩形并沿着法矢将其投影到点云上，此最小矩形称为最小包围盒。
重置	创建另一个片体而不用离开对话框。
应用时确认	选择“应用”后，打开应用时确认对话框，可在此预览结果，并接受、拒绝或分析所得结果。“选择步骤”对话框中都有此选项。

(a) (b) (c)

图 9-84 从点云创建曲面

图 9-85 从点云对话框

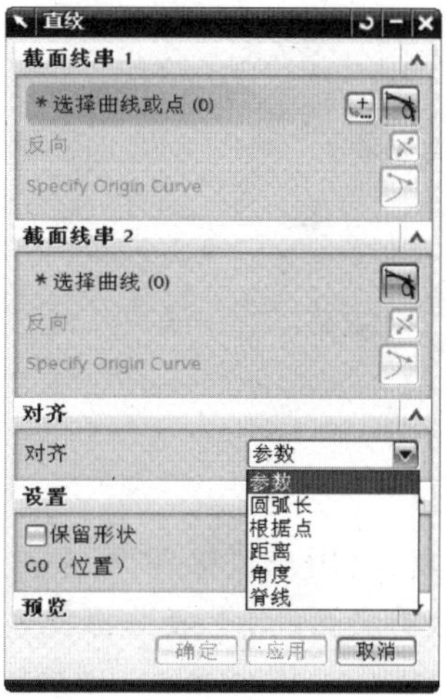

图 9-86 直纹对话框

9.2.3 由线构建曲面

一、直纹面

使用直纹可以通过选定曲线轮廓线或截面线串来创建直纹片体或实体。

【直纹面】又称为规则面，可看作由一系列直线连接两组线串上的对应点而编织成的一张曲面。每组线串可以是单一的曲线，也可以由多条连续的曲线、体(实体或曲面)边界组成。因此，直纹面的建立应首先在两组线串上确定对应的点，然后用直线将对应点连接起来。

直纹对话框如图 9-86 所示。

1. 对于直纹面而言，两组截面线串上对齐点是以直线方式连接的，所以称为直纹面。

2. 如果选择的截面线为封闭曲线，且建模首选项的“体类型”设置为“实体”，则生成的是实体。

3. 对于大多数直纹面，应该选择每条截面线串相同端点，以便得到相同的方向，否则会得到一个形状扭曲的曲面，如图 9-87 所示。

4. 直纹面共有 6 种对齐方式，分别如下所述：

(1)参数:在 UGNX 中,曲线是以参数方程来表述的。参数对齐方式下,对应点就是两条线串上同一参数值所确定点。如图 9-95 所示,对于曲线,按照等角度方式来划分连接点,而对于直线部分则按照等间距来划分连接点。

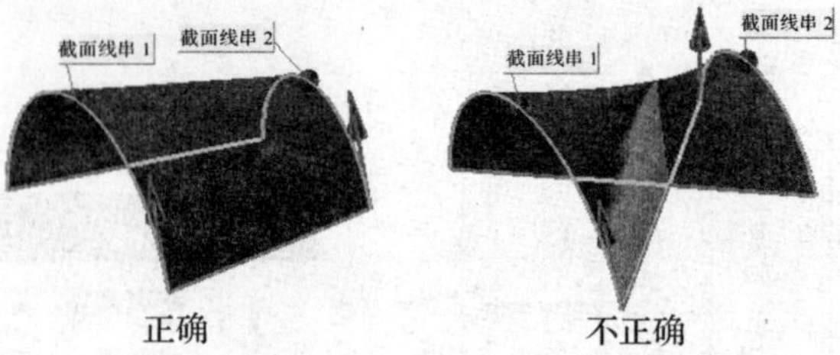

图 9-87　扭曲的直纹面

(2)圆弧长:即等弧长对齐方式。将两条线串都进行 n 等分,得到 n+1 个点,用直线连接对应点即可得到直纹面,如图 9-88 所示。n 的数值是系统根据公差值自动确定。

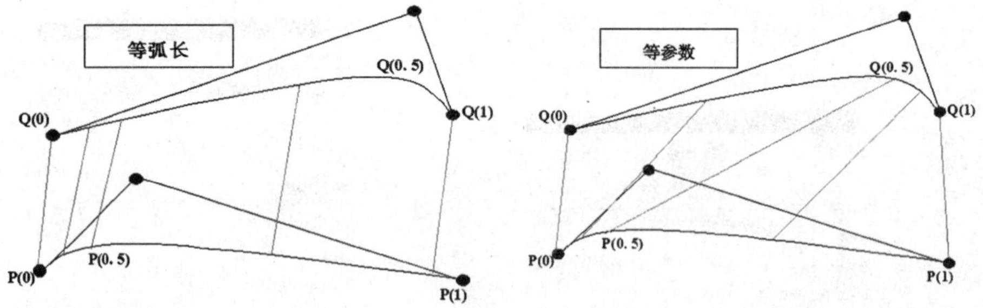

图 9-88　参数和圆弧长对齐方式

(3)根据点:由用户直接在两线串上指定若干个对应的点作为强制对应点,如图 9-89 所示。当截面带有尖角时,一般选择此选项。

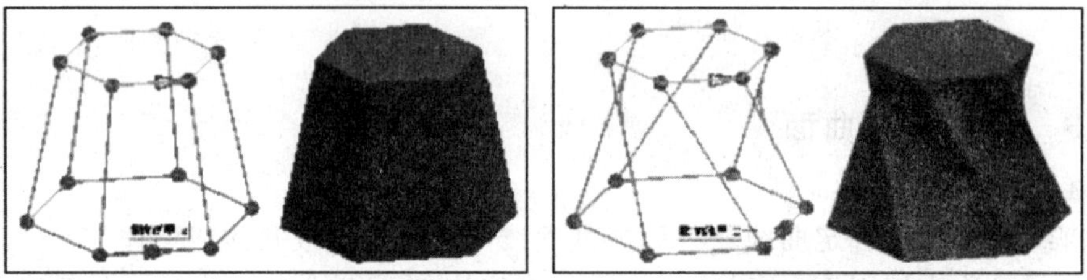

图 9-89　根据点对齐方式

(4)脊线:所选择的两组截面线串的对应点为垂直于脊线的平面和两组截面线串的交点。直纹面经过的扫描范围为脊线和截面线相交所形成的最小范围,如图 9-90 所示。

(5)距离:类似脊线对齐方式,虚拟脊线为一无限长的直线。

(6)角度:类似脊线对齐方式,虚拟脊线为一封闭的圆。

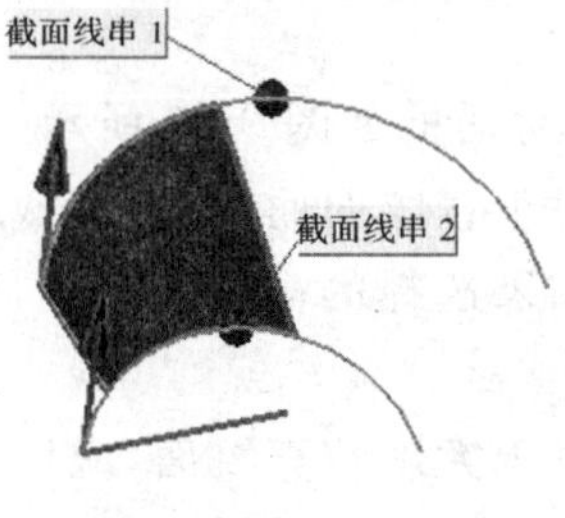

图 9-90　脊线对齐方式

二、通过曲线组

此命令将通过一组多达 150 个的截面线串来创建片体或实体，如图 9-91 所示。截面线串可以由一个对象或多个对象组成，并且每个对象既可以是曲线、实体边，也可以是实体面。通过曲线组类似于直纹面，但是可以指定两个以上的截面线串。

(1)将新曲面约束为与相切曲面 G0、G1 或 G2 连续。

(2)通过以各种方式将曲面的形状对齐到截面线串，控制曲面的形状。

(3)指定一个或多个输出补片。

(4)生成垂直于结束截面的新曲面。

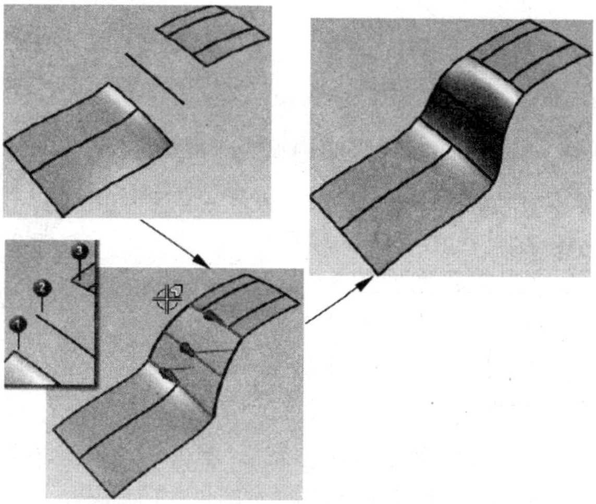

图 9-91　通过曲线组创建曲面

通过曲线组对话框如图 9-92 所示。

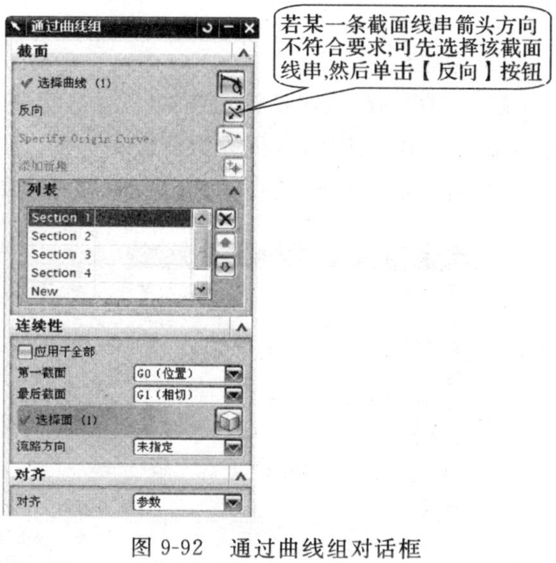

图 9-92　通过曲线组对话框

(1)对于单个补片来说，至少需要选择 2 条、最多选择 25 条线串；对于多个补片，线串的数量取决于 V 向阶次。所指定的线串的数量至少要比 V 向阶次多一个。

(2)截面线串可以由一个对象或多个对象组成，并且每个对象既可以是曲线、实体边，也可以是实体面。

(3)选择曲线时，鼠标单击的部位要保持一致，否则会造成曲面的扭曲。

(4)通过此命令将新曲面约束为与相切曲面 G0、G1 或 G2 连续，如图 9-93 所示。

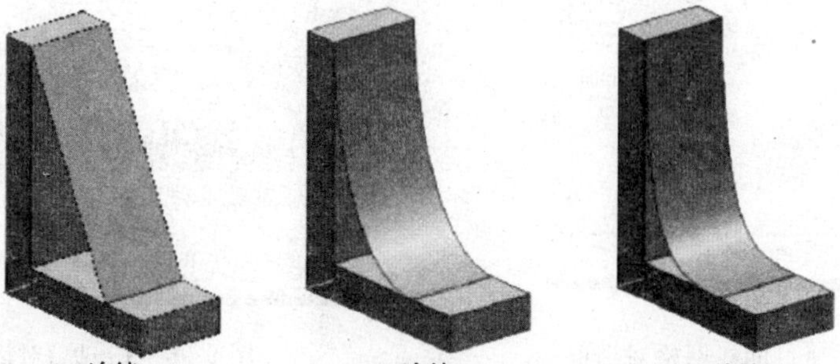

G0 连续　　G1 连续　　G2 连续

图 9-93　曲面连续性

三、通过曲线网格

此命令将从几个主线串和交叉线串集创建体，如图 9-94 所示。每个集中的线串必须互相大致平行，并且不相交。主线串必须大致垂直于交叉线串。

还可以执行以下操作：

(1)将新曲面约束为与相切曲面 G0、G1 或 G2 连续。

(2)控制针对脊线串的交叉线串参数化。

(3)将曲面定位在主线串或交叉线串附近，或定位在这两个集的平均位置处。

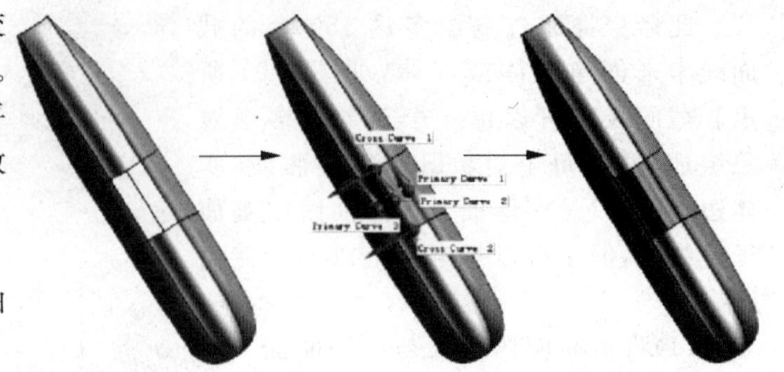

图 9-94　通过曲线网格创建曲面

通过曲线网格对话框如图 9-95 所示。

必须按顺序选择主线串和交叉线串，从体的一侧移动到另一侧，方向一般不能反，否则会生成扭曲面。

四、扫掠

【扫掠】(Swept)就是将轮廓曲线沿空间路径曲线扫描，从而形成一个曲面。扫描路径称为引导线串，轮廓曲线称为截面线串。

单击曲面工具条的【扫掠】命令图标，弹出如图 9-96 所示的【扫掠】对话框。

图 9-95　通过曲线网格对话框

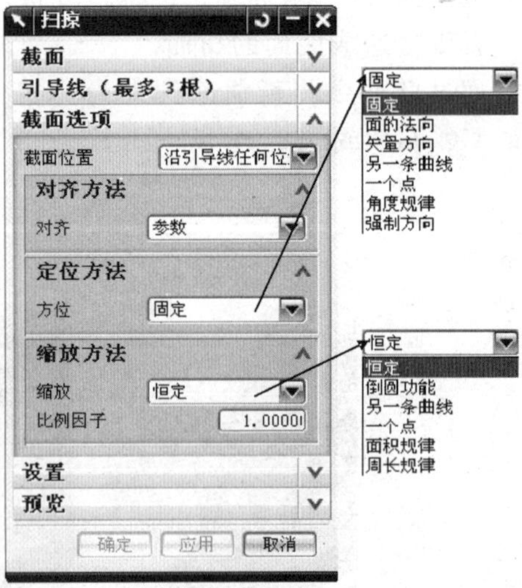

图 9-96　【扫掠】对话框

1. 引导线

引导线(Guide)可以由单段或多段曲线(各段曲线间必须相切连续)组成，引导线控制了扫掠特征沿着 V 方向(扫掠方向)的方位和尺寸变化。扫掠曲面功能中,引导线可以有 1~3 条。

(1)若只使用一条引导线,则在扫掠过程中,无法确定截面线在沿引导线方向扫掠时的方位(例如可以平移截面线,也可以平移的同时旋转截面线)和尺寸变化,如图 9-97 所示。因此只使用一条引导线进行扫掠时需要指定扫掠的方位与放大比例两个参数。

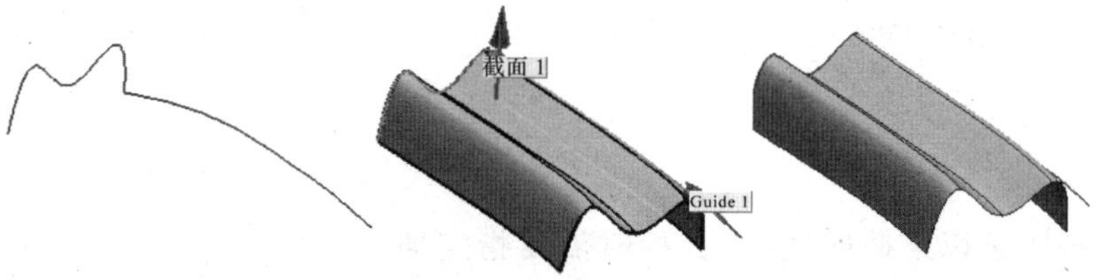

图 9-97　一条引导线

(2)若使用两条引导线,截面线沿引导线方向扫掠时的方位由两条引导线上各对应点之间的连线来控制,因此其方位是确定的,如图 9-98 所示。由于截面线沿引导线扫掠时,截面线与引导线始终接触,因此位于两引导线之间的横向尺寸的变化也得到了确定,但高度方向(垂直于引导线的方向)的尺寸变化未得到确定,因此需要指定高度方向尺寸的缩放方式:

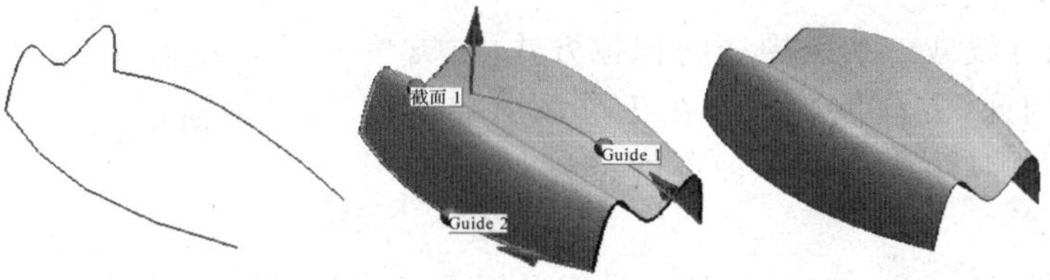

图 9-98　两条引导线

- 横向缩放方式(Lateral):仅缩放横向尺寸,高度方向不进行缩放。
- 均匀缩放方式(Uniform):截面线沿引导线扫掠时,各个方向都被缩放。

(3)使用三条引导线,截面线在沿引导线方向扫掠时的方位和尺寸变化得到了完全确定,无需另外指定方向和比例,如图 9-99 所示。

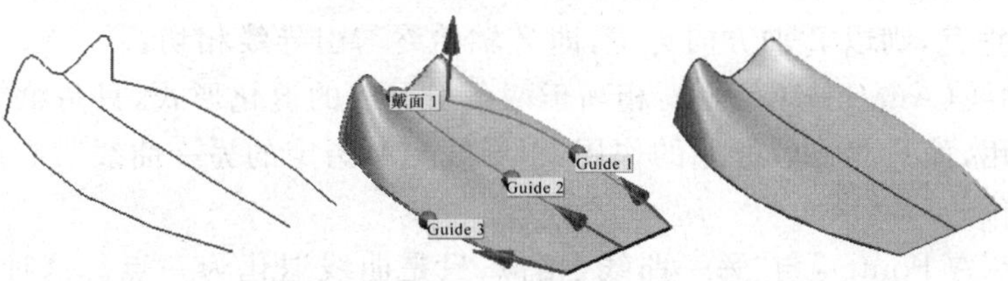

图 9-99　三条引导线

2. 截面线

截面线(Sections)也可以由单段或者多段曲线(各段曲线间不一定是相切连续,但必须连续)所组成,截面线串可以有 1~150 条。如果所有引导线都是封闭的,则可以重复选择第一组截面线串,以将它作为最后一组截面线串,如图 9-100 所示。

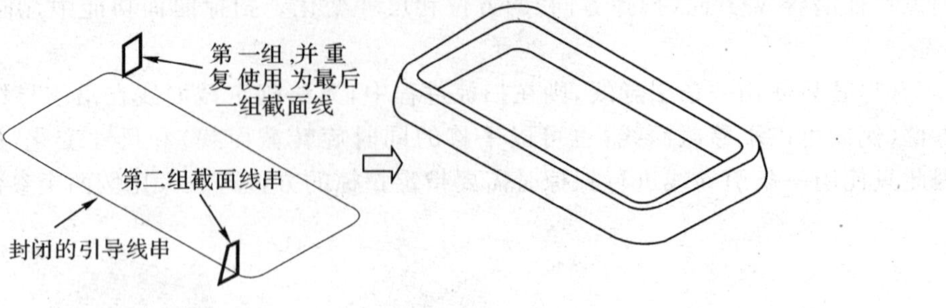

图 9-100　截面线

如果选择两条以上截面线串,扫掠时需要指定插值方式(Interpolation Methods),插值方式用于确定两组截面线串之间扫描体的过渡形状。两种插值方式的差别如图 9-101 所示。

1. 线性(Linear):在两组截面线之间线性过渡。

2. 三次(Cubic):在两组截面线之间以三次函数形式过渡。

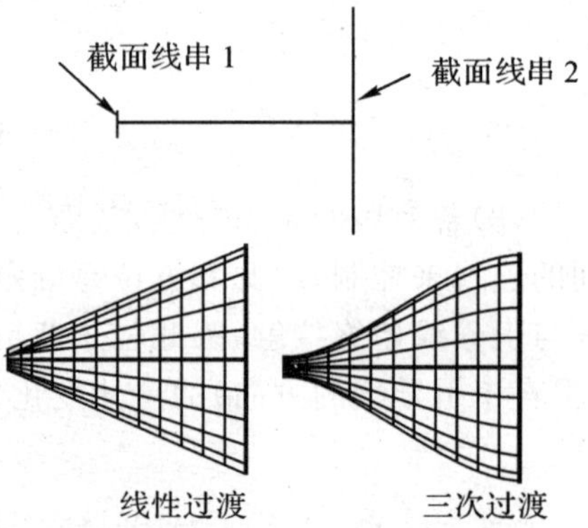

图 9-101　两种插值方式

3. 方向控制

在两条引导线或三条引导线的扫掠方式中,方位已完全确定,因此,方向控制只存在于单条引导线扫掠方式。扫掠工具中提供了 7 种方位控制方法,如图 9-103 所示。

(1)固定的(Fixed):扫掠过程中,局部坐标系各个坐标轴始终保持固定的方向,轮廓线在扫掠过程中也将始终保持固定的姿态。

(2)面的法向(Faced Normals):局部坐标系的 Z 轴与引导线相切,局部坐标系的另一轴的方向与面的法向方向一致,当面的法向与 Z 轴方向不垂直时,以 Z 轴为主要参数,即在扫掠过程中 Z 轴始终与引导线相切。"面的法向"从本质上来说就是"矢量方向"方式。

(3)矢量方向(Vector Direction):局部坐标系的 Z 轴与引导线相切,局部坐标系的另一轴指向所指定的矢量的方向。需注意的是此矢量不能与引导线相切,而且若所指定的方向与 Z 轴方向不垂直,则以 Z 轴方向为主,即 Z 轴始终与引导线相切。

(4)另一曲线(Another Curve):相当于两条引导线的退化形式,只是第二条引导线不起控制比例的作用,而只起方位控制的作用:引导线与所指定的另一曲线对应点之间的连线控制截面线的方位。

(5)一个点(A Point):与"另一曲线"相似,只是曲线退化为一点。这种方式下,局部坐标系的某一轴始终指向一点。

(6)角度规律(Angular Law):局部坐标系的 Z 轴与引导线相切,局部坐标系的另一轴按指定的规律控制截面线的转动。

(7)强制方向(Forced Direction):局部坐标系的 Z 轴与引导线相切,局部坐标系的另一轴始终指向所指定的矢量的方向。需注意的是此矢量不能与引导线相切,而且若所指定的方向与 Z 轴方向不垂直,则以所指定的方向为主,即 Z 轴与引导线并不始终相切。

4. 比例控制

三条引导线方式中，方向与比例均已经确定；两条引导线方式中，方向与横向缩放比例已确定，所以两条引导线中比例控制只有两个选择：横向缩放(Lateral)方式及均匀缩放(Uniform)方式。因此，这里所说的比例控制只适用于单条引导线扫掠方式。单条引导线的比例控制有以下 6 种方式，如图 9-103 所示。

(1)恒定(Constant)：扫掠过程中，沿着引导线以同一个比例进行放大或缩小。

(2)倒圆函数(Blending Function)：此方式下，需先定义起始与终止位置处的缩放比例，中间的缩放比例按线性或三次函数关系来确定。

(3)另一条曲线(Another Curve)：与方位控制类似，设引导线起始点与“另一曲线”起始点处的长度为 a，引导线上任意一点与“另一曲线”对应点的长度为 b，则引导线上任意一点处的缩放比例为 b/a。

(4)一个点(A Point)：与“另一曲线”类似，只是曲线退化为一点。

(5)面积规律(Area Law)：指定截面(必须是封闭的)面积变化的规律。

(6)周长规律(Perimeter Law)：指定截面周长变化的规律。

5. 脊线

使用脊线可控制截面线串的方位，并避免在导线上不均匀分布参数导致的变形。当脊线串处于截面线串的法向时，该线串状态最佳。

在脊线的每个点上，系统构造垂直于脊线并与引导线串相交的剖切平面，将扫掠所依据的等参数曲线与这些平面对齐，如图 9-102 所示。

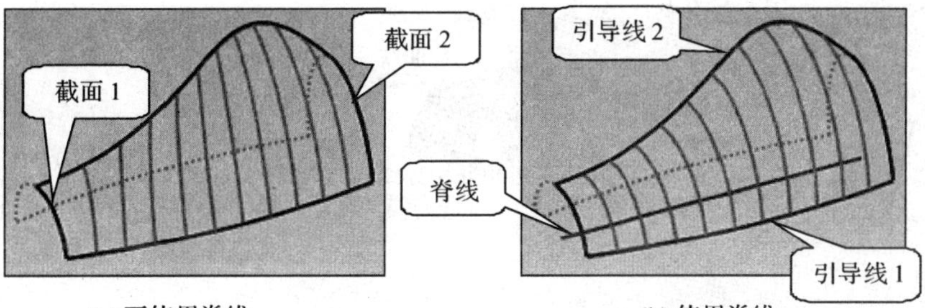

(a) 不使用脊线　　(b) 使用脊线

图 9-102　脊线

五、剖切曲面

使用剖切曲面命令可使用二次曲线构造方法创建通过曲线或边的截面的曲面体(B 曲面)。

剖切曲面类似于位于预先描述平面内的截面曲线的无限族，起始和终止于某些选定的控制曲线，并且通过这些曲线。

剖切曲面对话框如图 9-103 所示。共有 20 种剖切类型。

【功能要点】

1. 端点-顶点-肩点：创建一个剖切曲面，其起始于第一引导曲线，穿过内部肩曲线并终止于终止引导曲线，如图 9-104 所示。

2. 端点-斜率-肩点：创建一个剖切曲面，其起始于第一引导曲线，穿过内部肩曲线并终止于终止引导曲线，如图 9-105 所示。

图 9-103　剖切曲面对话框

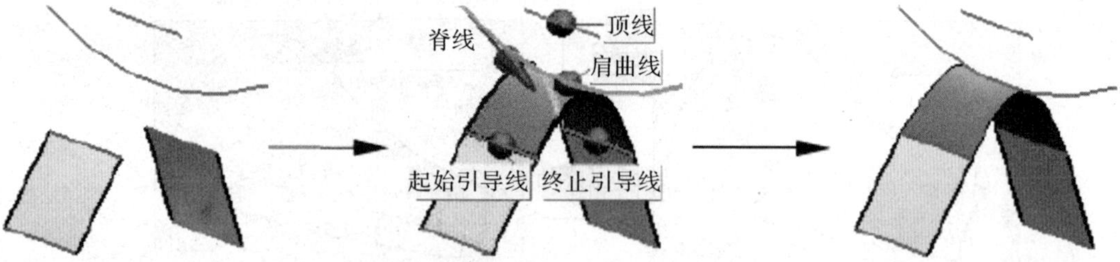

图 9-104　端点-顶点-肩点

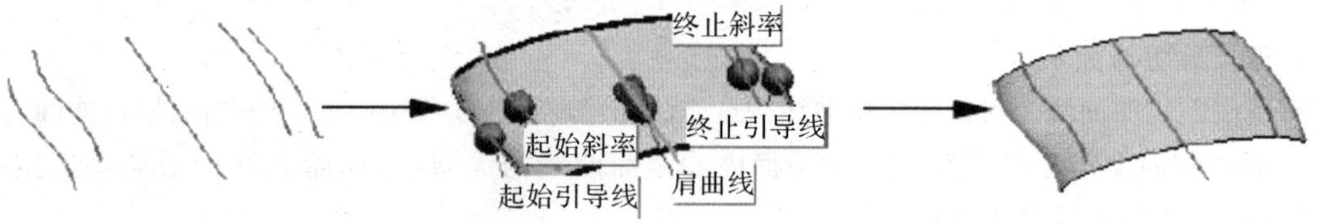

图 9-105　端点-斜率-肩点

3. 圆角-肩点：创建一个剖切曲面，其在分别位于两个体上的两条曲线之间形成光顺圆角，如图 9-106 所示。

4. 端点-顶点-Rho：创建一个剖切曲面，其起始于起始引导曲线，终止于终止引导曲线，如图 9-107 所示。

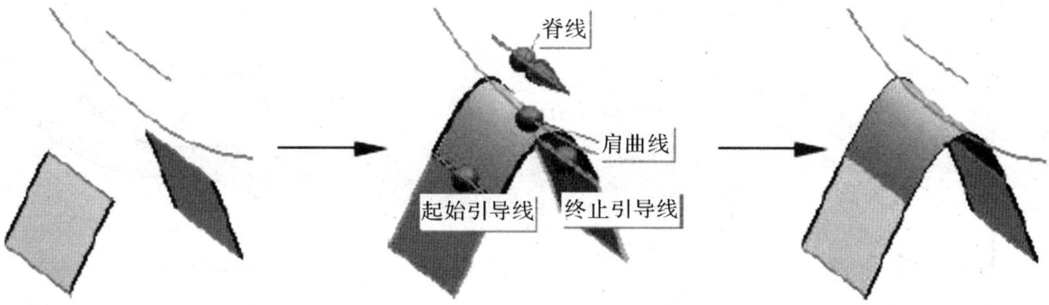

图 9-106 圆角-肩点

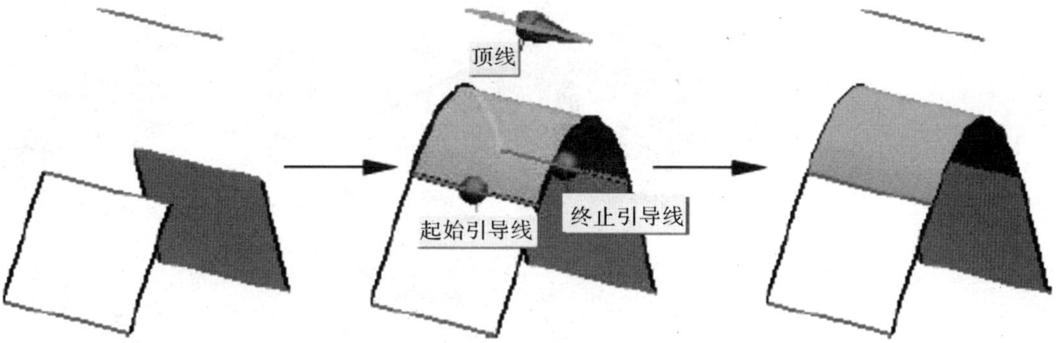

图 9-107 端点-顶点-Rho

5. 端点-斜率-Rho：创建一个剖切曲面，其起始于起始引导曲线，终止于终止引导曲线，如图 9-108 所示。

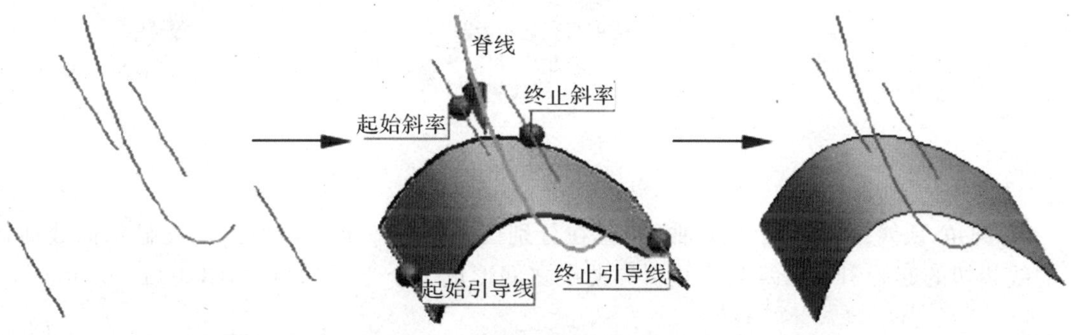

图 9-108 端点-斜率-Rho

6. 圆角-Rho：创建一个剖切曲面，其在分别位于两个体上的两条曲线之间形成光顺圆角，如图 9-109 所示。

7. 端点-顶点-顶线：创建一个剖切曲面，其起始于起始引导曲线，终止于终止引导曲线，且与根据高亮显示曲线而计算的线相切，如图 9-110 所示。

8. 端点-斜率-顶线：创建一个剖切曲面，其起始于起始引导曲线，终止于终止引导曲线，且与根据高亮显示曲线而计算的线相切，如图 9-111 所示。

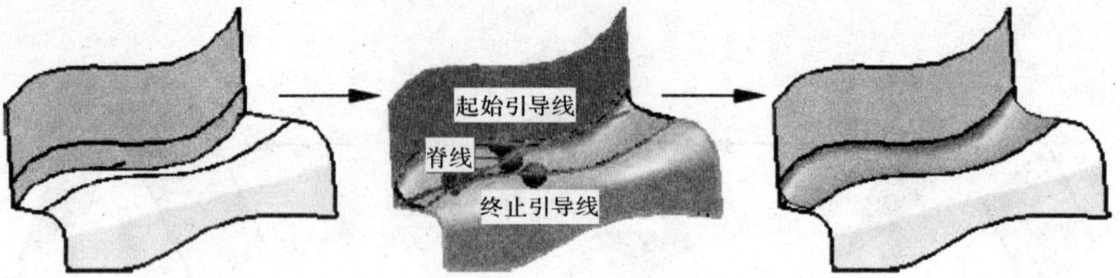

图 9-109　圆角-Rho

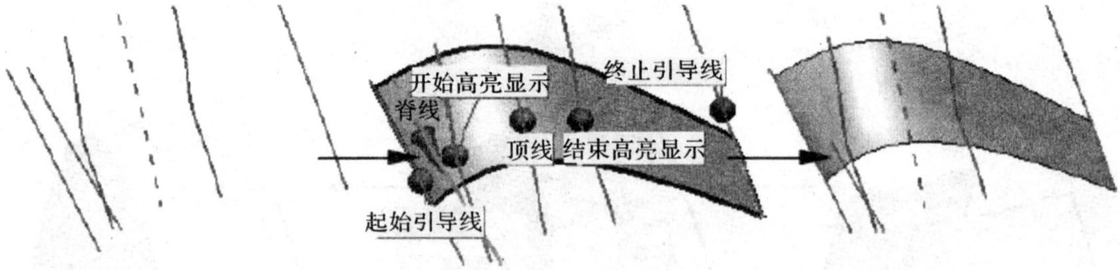

图 9-110　端点-顶点-顶线

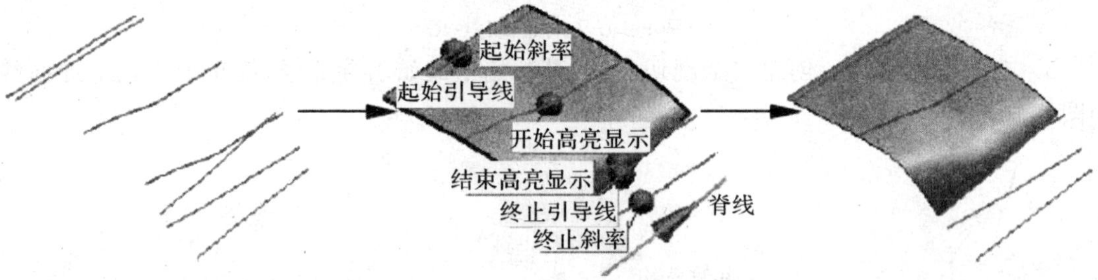

图 9-111　端点-斜率-顶线

9. 圆角-顶线：创建一个剖切曲面，其在分别位于两个体上且与根据高亮显示曲线而计算的线相切的起始引导曲线与终止引导曲线之间形成一个光顺圆角，如图 9-112 所示。

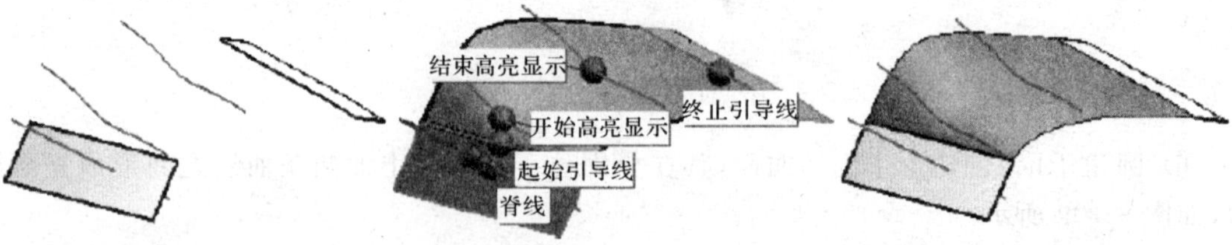

图 9-112　圆角-顶线

10. 四点-斜率：创建一个剖切曲面，其起始于起始引导曲线，穿过两条内部曲线并终止于终止引导曲线，如图 9-113 所示。

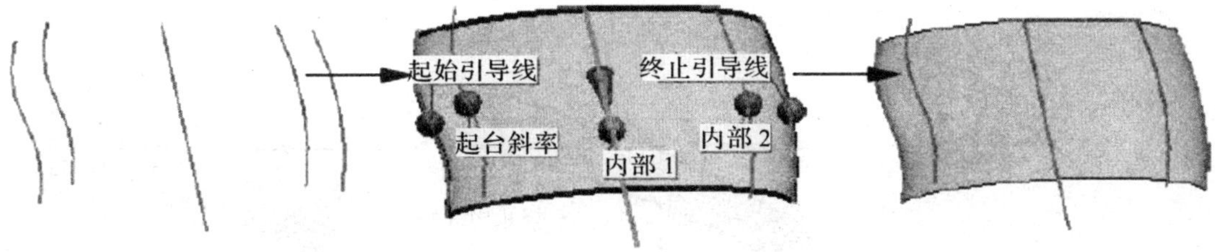

图 9-113　四点-斜率

11. 五点：使用五条现有曲线作为控制曲线来创建一个剖切曲面，如图 9-114 所示。

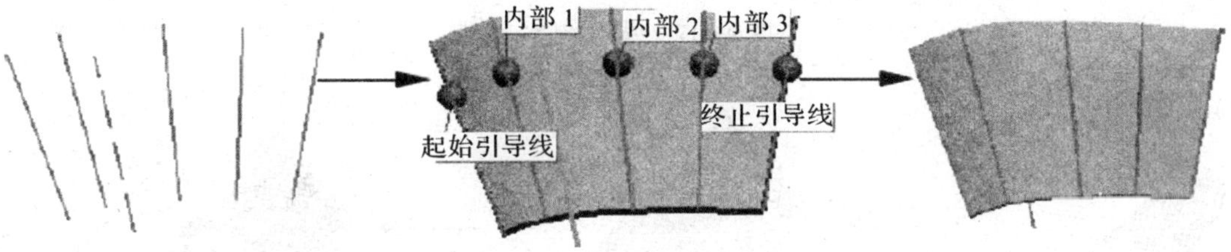

图 9-114　五点

12. 三点-圆弧：创建一个剖切曲面，其起始于起始引导曲线，穿过一条内部引导曲线并终止于终止引导曲线，如图 9-115 所示。

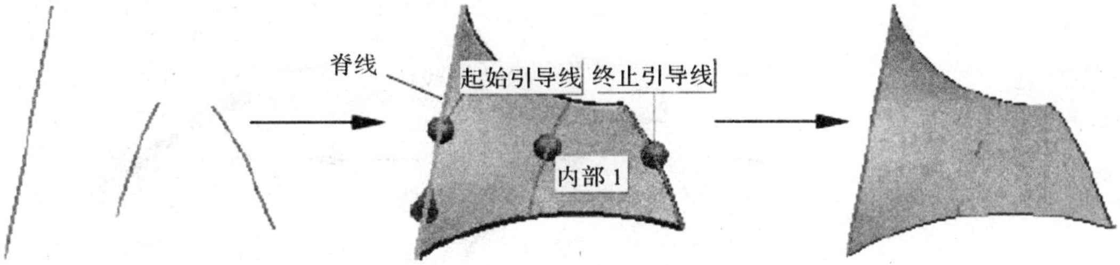

图 9-115　三点-圆弧

13. 两点-半径：创建带有指定半径圆形截面的曲面，如图 9-116 所示。

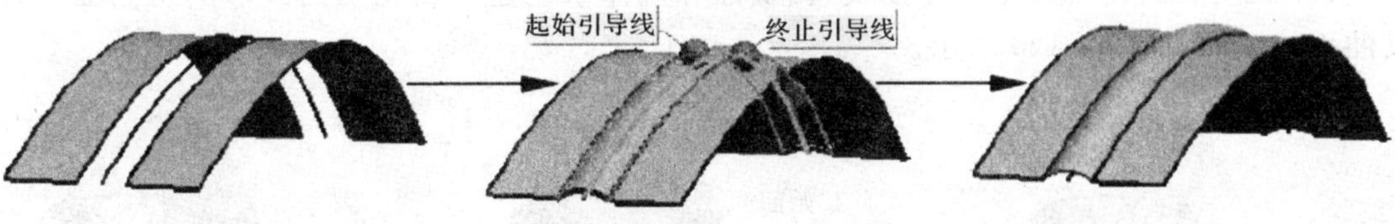

图 9-116　两点-半径

14. 端点-斜率-圆弧：创建一个剖切曲面，其起始于起始引导曲线，终止于终止引导曲线，如图 9-117 所示。

15. 点-半径-角度-圆弧：创建一个剖切曲面，方法是：在相切面上定义一条起始引导曲线，以及关于曲率半径和曲面所跨角度的规律，如图 9-118 所示

16. 圆：通过起始引导曲线创建整圆剖切曲面，如图 9-119 所示。

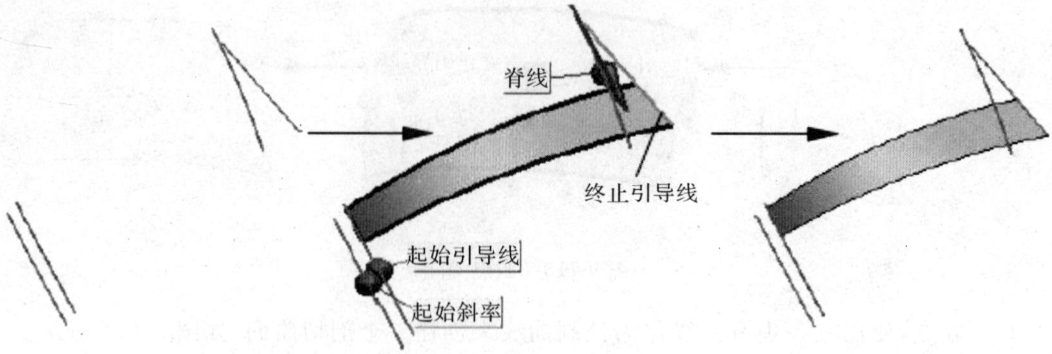

图 9-117　端点-斜率-圆弧

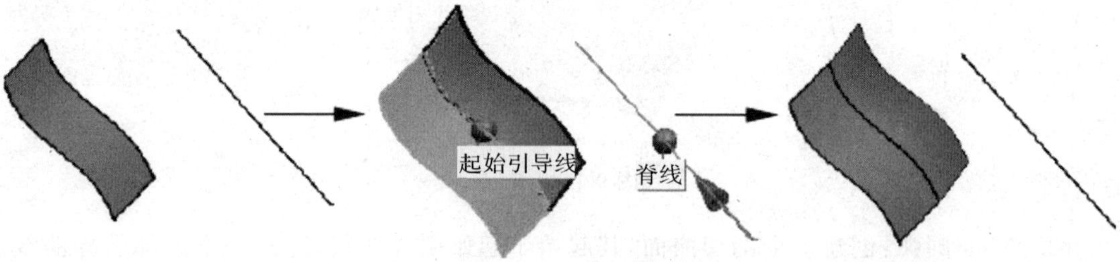

图 9-118　点-半径-角度-圆弧

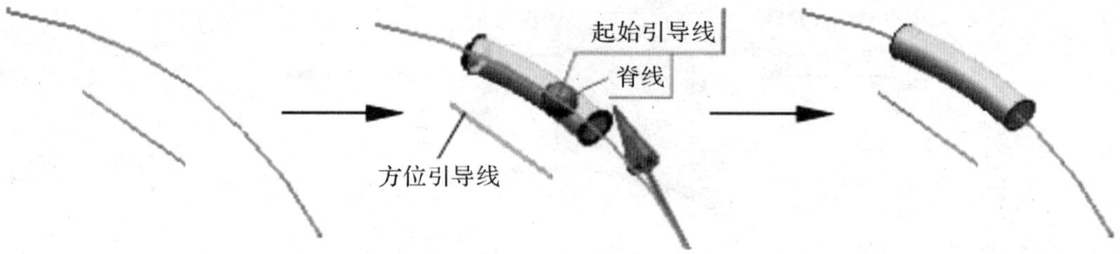

图 9-119　圆

17. 圆-相切：使用起始引导曲线、相切面和规律来创建与面相切的圆形剖切曲面，以定义曲面的半径，如图 9-120 所示。

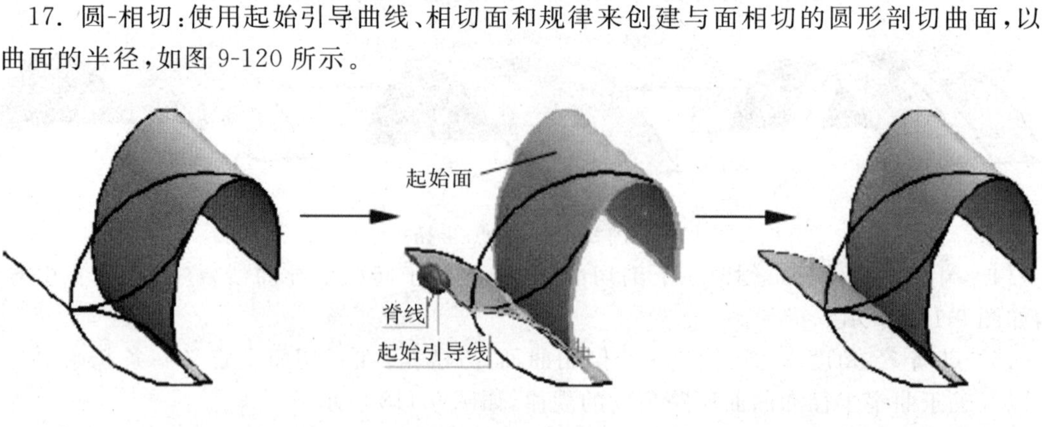

图 9-120　圆-相切

18. 端点-斜率-三次:创建一个S形剖切曲面,其在起始引导曲线与终止引导曲线之间形成一个光顺三次圆角,如图 9-121 所示。

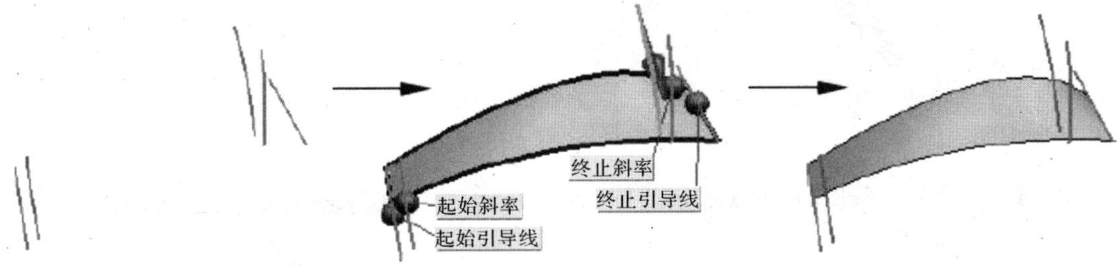

图 9-121 端点-斜率-三次

19. 圆角-桥接:创建一个剖切曲面,其在两组面上的两条曲线之间形成桥接,如图9-122 所示。

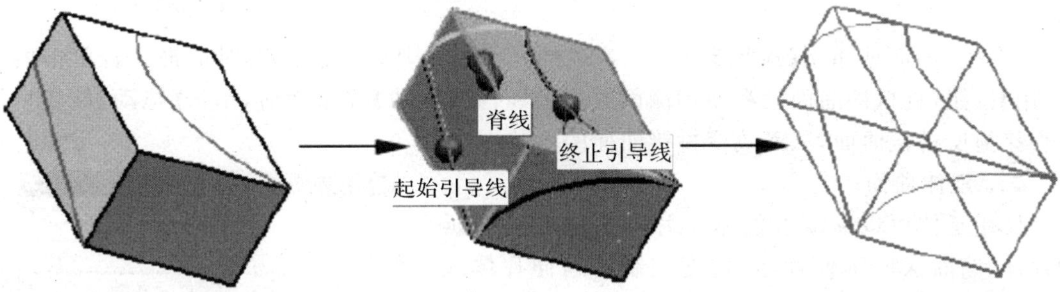

图 9-122 圆角-桥接

20. 线性-相切:创建一个与一个或多个面相切的线性剖切曲面,如图 9-123 所示。

图 9-123 线性-相切

9.2.4 基于已有曲面构成新曲面

一、桥接曲面

【桥接】(Bridge)是在两张曲面之间建立一个过渡曲面,如图 9-124 所示。过渡曲面与两张曲面之间可以是相切连续也可以是曲率连续的。有时为了更进一步控制桥接曲面的形状,可以选择两组曲面或曲线作桥接曲面的侧边界条件。

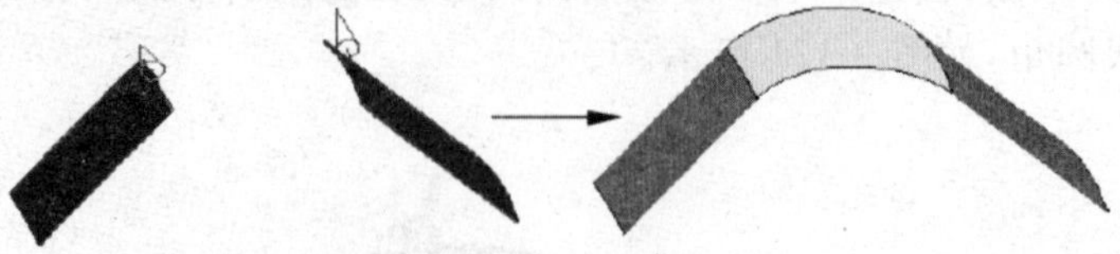

图 9-124　桥接曲面

单击【曲面】工具条的【桥接】命令图标，弹出如图 9-125 所示的对话框。

图 9-125　【桥接】对话框

操作步骤：

(1)调用桥接曲面工具。

(2)设置连续类型。

(3)选择桥接的两个主面。

(4)选取一个或两个曲面或曲线(可选)作为侧面或侧线。

(5)按 MB2 或单击【应用】按钮。若按的是 MB2，则退出【桥接】对话框。若单击的是【应用】按钮，且桥接曲面没有使用侧面或侧边线，则【拖动】按钮激活，单击【拖动】按钮后可以直接拖曳桥接曲面，从而改变桥接曲面的形状。

二、延伸曲面

使用延伸可以从现有的基本片体上创建切向延伸片体、曲面法向延伸片体、角度控制的延伸片体或圆弧控制的延伸片体。延伸生成的是新曲面，而不是原有曲面的伸长。

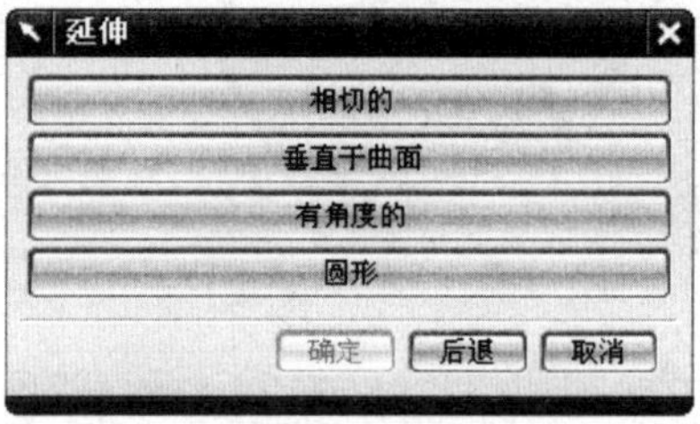

图 9-126　延伸对话框

延伸对话框如图 9-126 所示。

如图 9-127 所示，共有 4 种延伸类型：

(1)相切的：在被延伸曲面的边缘拉伸出一个相切曲面，有“固定长度”和“百分比”两种选择。

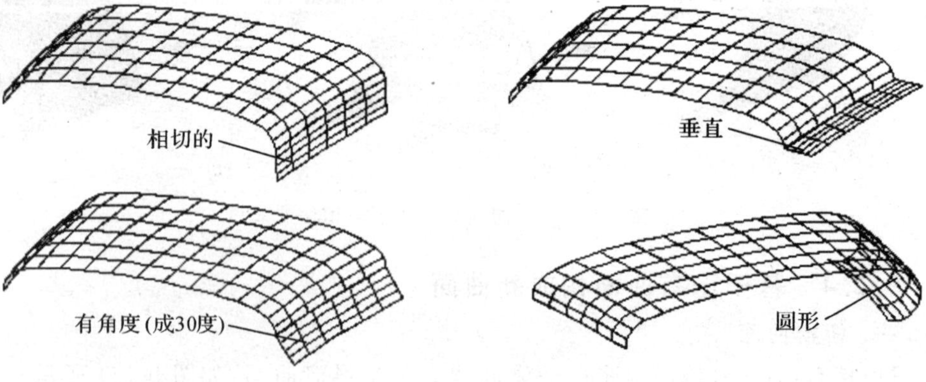

图 9-127　延伸类型

(2)垂直于曲面:沿着位于面上现有的曲线,创建一个沿该面法向延伸的曲面。

(3)有角度的:沿着位于面上的曲线,以指定的角度(相对于现有面)创建一个延伸曲面。

(4)圆形:从光顺曲面的边上创建一个圆弧形延伸的曲面。该圆弧的曲率半径与原曲面边界处的曲率半径相等,并且与原曲面相切。

【操作步骤】

各个延伸创建选项之间有一些共同的基本步骤:

(1)首先,选择一个现有的面作为基面。这是延伸体"延伸"的面。

(2)还要选择一个现有的对象,如基本曲线、边缘,或在拐角延伸时选择拐角。它指定基本片体和延伸体的相交处。当选择边或拐角时,必须在曲面上想要的对象附近指定一个点。此点用于决定延伸哪个边或拐角。

(3)显示各种方向矢量来帮助用户决定诸如系统创建体时依照的方向或想为体指定的角度等因素。

三、N 边曲面

使用 N 边曲面命令,可创建由一组端点相连的曲线组成的曲面。图 9-128 所示为 N 边曲面的一组示例。

(1)通过使用不限数目的曲线或边建立一个曲面,并指定其与外部面的连续性(所用的曲线或边组成一个简单的开放或封闭的环)。

(2)移除非四个面的曲面上的洞或缝隙。

(3)指定约束面和内部曲线以修改 N 边曲面的形状。

(4)控制 N 边曲面的中心点的锐度,同时保持连续性约束。

【功能选项】

N 边曲面对话框如图 9-129 所示。

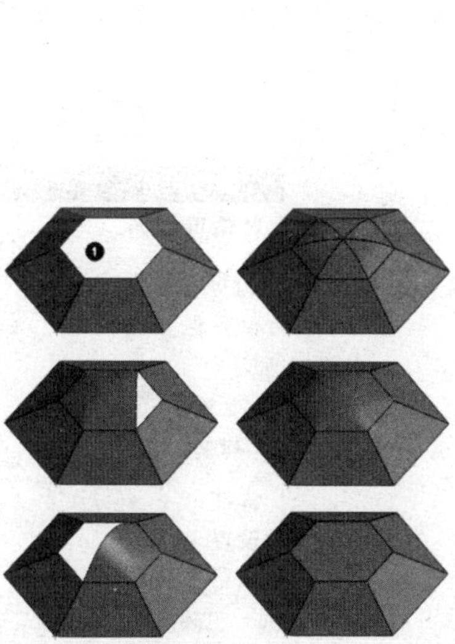

❶——一组面中的空隙区

图 9-128　N 边曲面示例

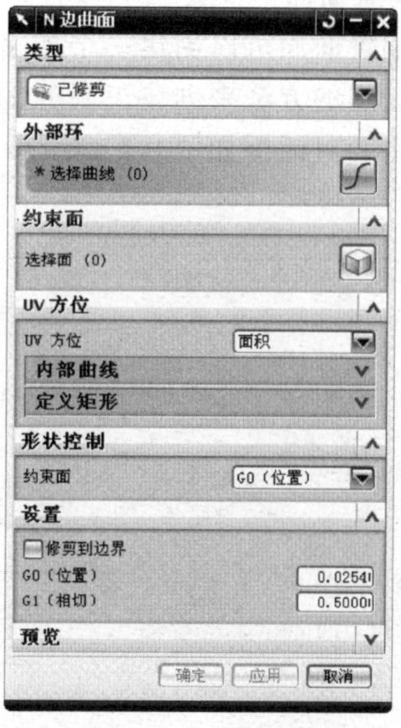

图 9-129　N 边曲面对话框

可以创建两种类型的N边曲面，如图9-130所示。

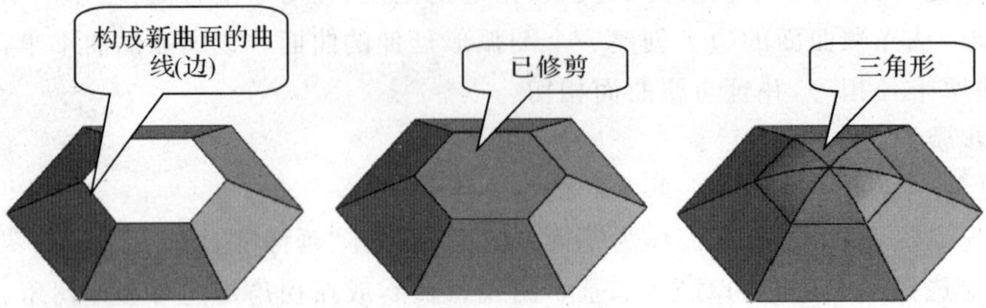

图9-130　N边曲面

(1)已修剪：根据选择的封闭曲线建立单一曲面。

(2)三角形：根据选择的封闭曲线创建的曲面，由多个单独的三角曲面片组成。这些三角曲面片体相交于一点，该点称为N边曲面的公共中心点。

【功能要点】

通过此命令可以指定N边曲面与外部面的连续性，如图9-131所示。

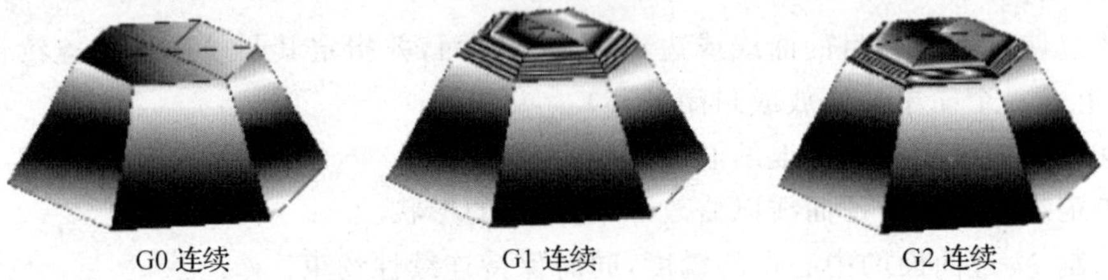

图9-131　N边曲面的连续性

四、偏置曲面

使用偏置曲面可以创建一个或多个现有面的偏置，如图9-132所示。系统用沿选定面的法向偏置点的方法来创建正确的偏置曲面。

偏置曲面对话框如图9-133所示。

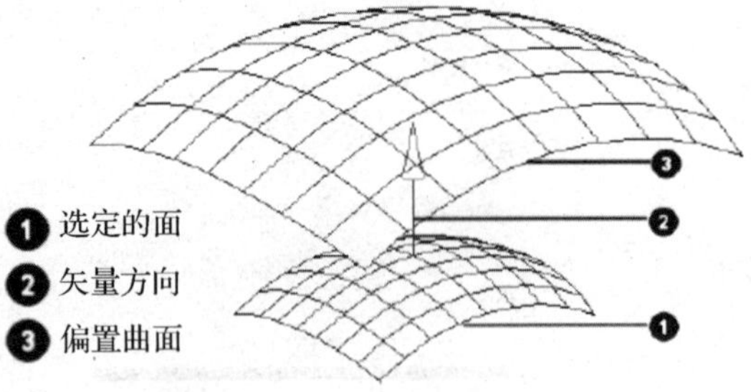

图9-132　偏置曲面

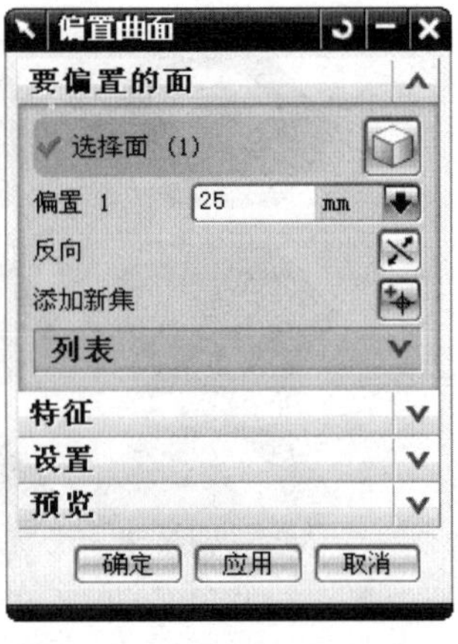

图9-133　【偏置曲面】对话框

(1)如果曲面的法线方向有突变，或者偏置距离太大发生自相交，则“偏置曲面”命令不能执行。

(2)使用“相切边”选项，可以在偏置距离有限的面和偏置距离为零的相切面之间的相切边创建“步长”面，如图 9-134 所示。请注意，其中一个面集的偏置距离必须为零；不能再两个偏置值有限但又各不同的相切面之间创建步长面。

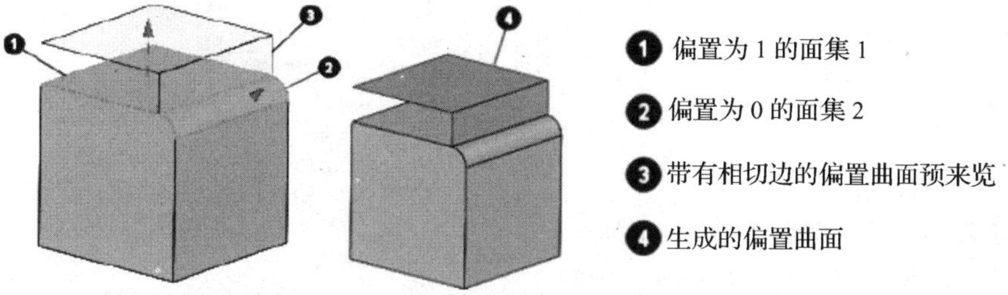

图 9-134　创建“步长”面

五、修剪的片体

使用修剪的片体可以同时修剪多个片体，如图 9-135 所示。此命令的输出可以是分段的，并且允许创建多个最终的片体。

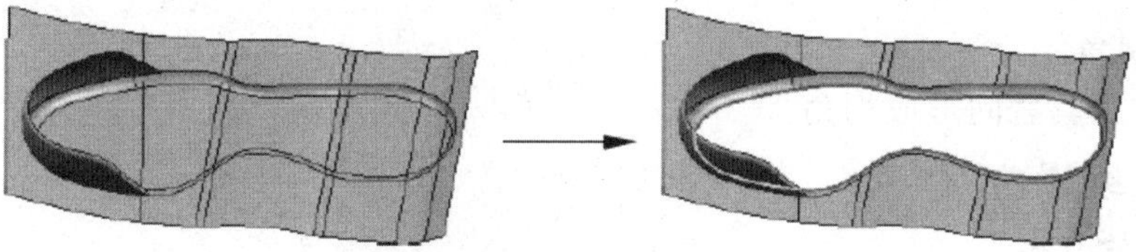

图 9-135　修剪的片体

修剪的片体对话框如图 9-136 所示。

图 9-136　【修剪的片体】对话框

六、修剪和延伸

使用修剪和延伸可以使用由边或曲面组成的一组工具对象来延伸和修剪一个或多个曲面，如图 9-137 所示。

单击【曲面】工具条的【修剪和延伸】命令图标，修剪和延伸对话框如图 9-138 所示。

对话框中包含了 4 种修剪和延伸类型：按距离、已测量百分比、直至选定对象和制作拐角。前面两种类型主要用于创建延伸曲面，后面两种类型主要用于修剪曲面。

1. 按距离

按一定距离来创建与原曲面自然曲率连续、相切或镜像的延伸曲面。不会发生修剪。

2. 已测量百分比

按新延伸面中所选边的长度百分比来控制延伸面。不会发生修剪。

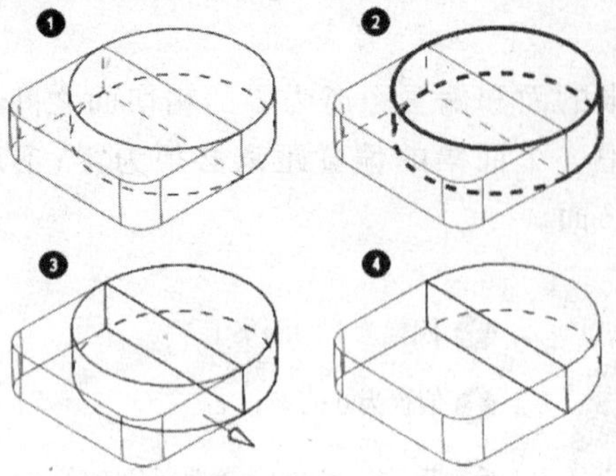

❶ 两个相交实体。

❷ 右侧选定实体是要修剪的对象（目标）。

❸ 左侧实体的面被选定作为限制边（工具）。

❹ 生成的结果是右侧的实体被左侧实体修剪。

图 9-137　修剪和延伸

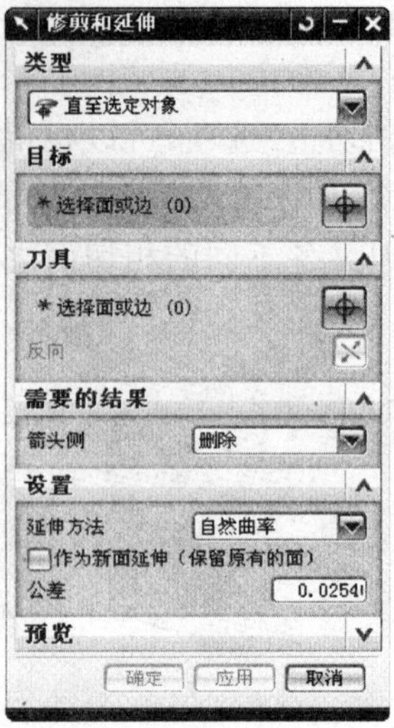

图 9-138　修剪和延伸对话框

3. 直至选定对象

修剪曲面至选定的参照对象，如面或边等。应用此类型来修剪曲面，修剪边界无须超过目标体。

4. 制作拐角

在目标和工具之间形成拐角。

9.2.5　编辑曲面

一、移动定义点

使用移动定义点命令可以移动片体上的点（定义点）所示。

【功能选项】

1. 编辑原始片体或副本

选择【编辑】|【曲面】|【移动定义点】命令后，弹出如图 9-139 所示的移动定义点对话框。通过此对话框可以选择编辑原始片体或其副本。

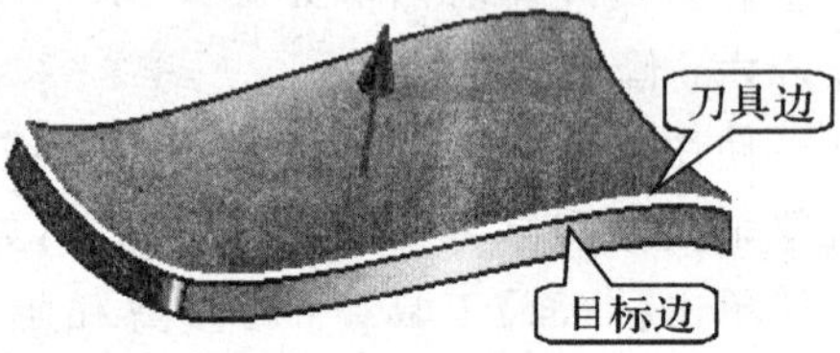

图 9-139　移动定义点对话框

【编辑原始片体】：用于在选中的片体上执行所有更改。原始片体不可用，除了通过使用【撤销】命令。

【编辑相应的副本】：能够保留片体的副本。原始片体的副本与原始片体不关联。新片体采用原始片体的栅格数，并使用当前的系统颜色将新片体与原始片体相区别。

2. 选择点

一旦选择了一个选项及要编辑的曲面，就会弹出如图 9-140 所示的移动点对话框。若选择了【编辑副本】，还会显示如图 9-141 所示的警告消息，指出该操作将从片体中移除参数。

【要移动的点】：选择要移动的点。可以移动单个点、整行、整列或矩形这列。可以使用鼠标选择要移动的点。在所有活动的视图中，用星号（*）高亮显示要移动的对象。

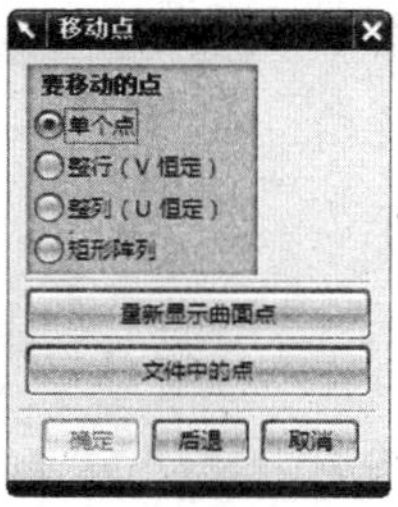

图 9-140　确认对话框

图 9-141　移动点对话框

(1)单个点：允许指定要移动的单个点。该项为默认选项。

(2)整行：允许移动同一行(常数 V)内的所有点。要移动该行，在要移动的行内选择一点即可。

(3)整列：允许移动同一列(常数 U)内的所有点。要移动该列，在要移动的列内选择一点即可。

(4)矩形阵列：允许移动包含在矩形区域内的点。要移动该区域，在要移动的矩形内选择两个对角点即可。

【重新显示曲面点】：重新显示符合选择条件的点。

【文件中的点】：允许从文件读入点以替换原先的点。

3. 移动点

选择要移动的点后，弹出如图 9-142 所示的移动定义点对话框。

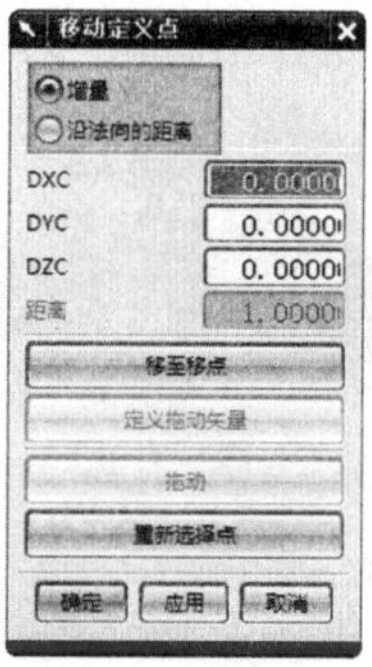

图 9-142　【移动定义点】对话框

【增量沿法向的距离】：增量允许指定增量偏置，按此偏置移动点。

【沿法向的距离】：将点沿其所在处的面的法向方向移动一指定的距离。此选项对极点不可用。

【DXC、DYC、DZC】：如果选择增量，则这些字段是活动的，以便指定要在 XC、YC 和 ZC 方向上移动点的数量。

【距离】：如果选择【沿法向的距离】，则该字段是活动的，以便指定沿面的法向要移动点的距离。可以输入正或负的距离值。

【移动至一点】：允许使用点构造器指定一点以移动选中的点。该选项仅当选择单个点时可用。

【定义拖动矢量】：允许定义用于【拖动】选项的矢量。此选项对点不可用。

【拖动】：允许将极点拖动至新位置。此选项对点不可用。

【重新选择点】：返回到如图 9-142 所示的移动点对话框。

二、移动极点

使用移动极点可以移动片体的极点。这在曲面外观形状的交互设计(如消费品和汽车车身)中非常有用。移动极点与移动定义点方法相同。

三、扩大

【扩大】是指将未修剪过的曲面扩大或缩小。扩大功能与延伸功能类似，但只能对未经修剪过的曲面扩大或缩小，并且将移除曲面的参数。

单击【编辑曲面】工具条上的【扩大】命令图标，弹出如图 9-143 所示的对话框。

(1)选择面：选择要扩大的面。

(2)调整大小参数：设置调整曲面大小的参数。

全部：选择此复选框，若拖动下面的任一数值滑块，则其余数值滑块一起被拖动，即曲面在 U、V 方向上被一起放大或缩小。

%U 起点/%U 终点/%V 起点、%V 终点：指定片体各边的修改百分比。

重置调整大小参数：使数值滑块或参数回到初始状态。

(3)模式：共有线性和自然两种模式，如图 9-144 所示。

线性：在一个方向上线性延伸片体的边。线性模式只能扩大面，不能缩小面。

自然：顺着曲面的自然曲率延伸片体的边。自然模式可增大或减小片体的尺寸。

(4)编辑副本：对片体副本执行扩大操作。如果没有选择此复选框，则将扩大原始片体。

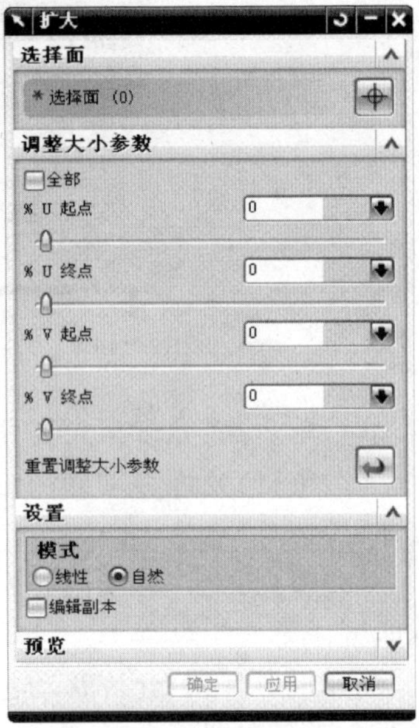

图 9-143 【扩大】对话框

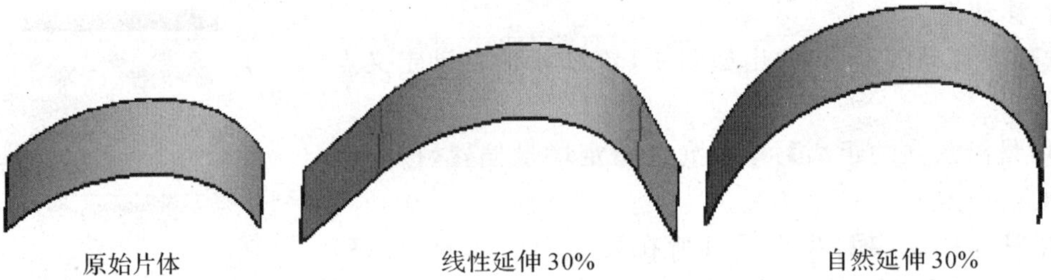

图 9-144 线性和自然两种模式

四、等参数修剪/分割

使用等参数修剪/分割可以根据 U 或 V 等参数方向的百分比参数来修剪或分割 B 曲面，如图 9-145、图 9-146 所示。

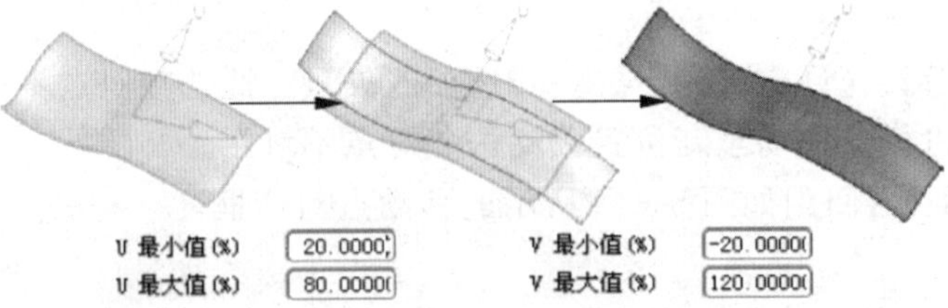

图 9-145 等参数修剪

等参数修剪/分割对话框如图 9-147 所示。当指定的参数在 0.0%和 100.0%之间时为修剪或分割；当指定的参数小于 0.0%或大于 100.0%时为延伸。

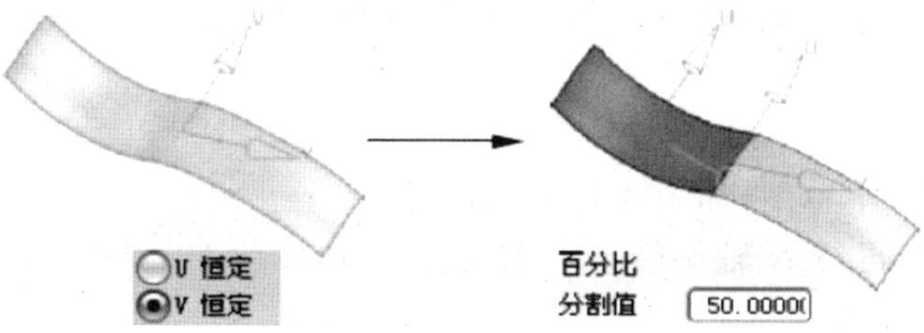

图 9-146　等参数分割

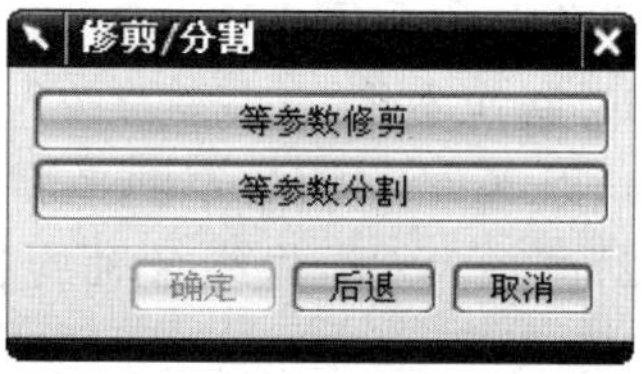

图 9-147　等参数修剪/分割对话框

9.3　曲面建模实例

9.3.1　小家电外壳建模

图 9-148 是某一塑料件的完整模型，其二维图请参阅 Appliances-Shell.jpg。

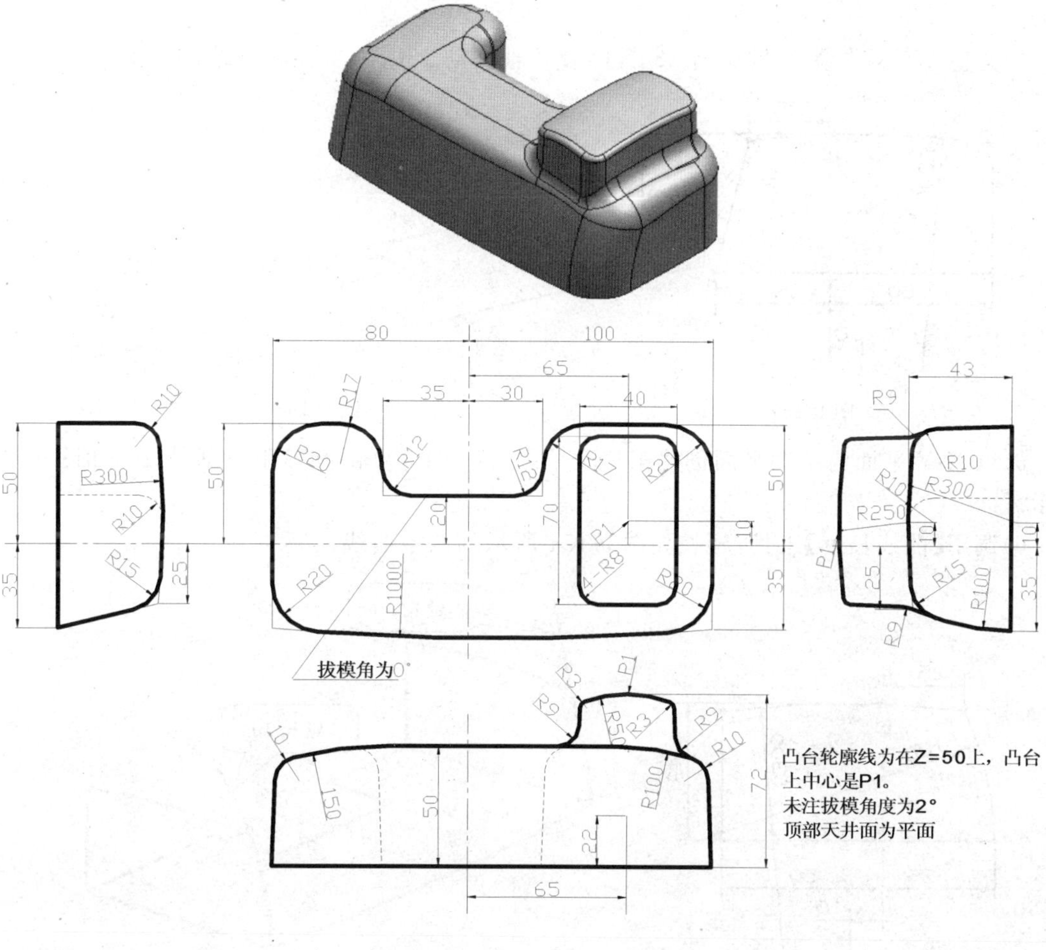

图 9-148　小家电外壳图纸

由于篇幅限制，这里仅介绍大致的操作过程，具体步骤请参照"立体词典"。

操作步骤如下：

1. **制作本体**

1）以X-Y平面为草图平面创建第一个草图，如图9-149所示。

2）调整WCS：先绕Z轴旋转−90°，再绕X轴旋转90°，最后沿Z轴移动80，结果如图9-150所示。

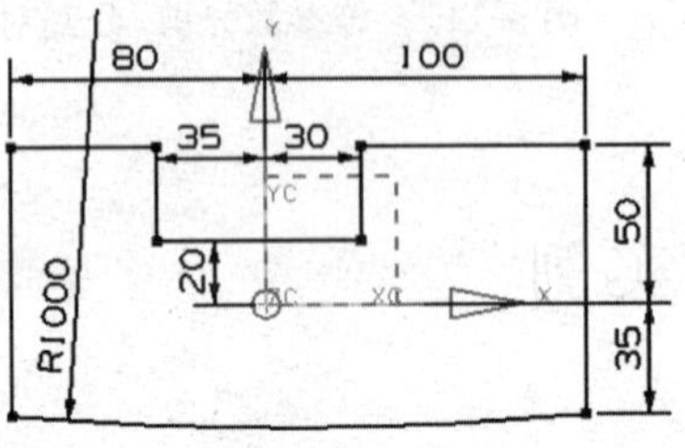

图 9-149

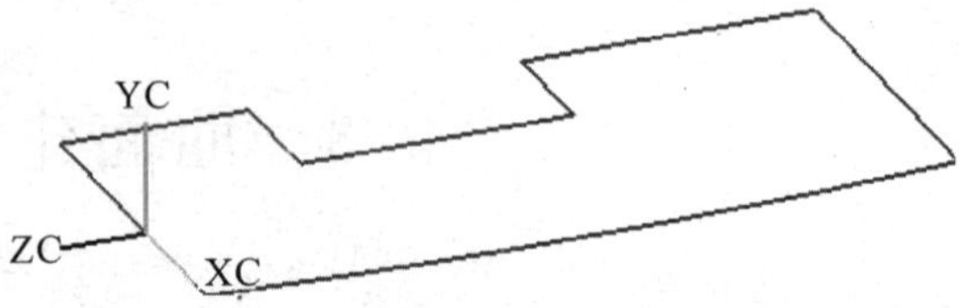

图 9-150

3）以X-Y平面为草图平面创建第二个草图，其中R300的圆弧距Y轴为10，如图9-151所示。

4）调整WCS：先绕Y轴旋转180°，再沿Z轴移动180，结果如图9-152所示。

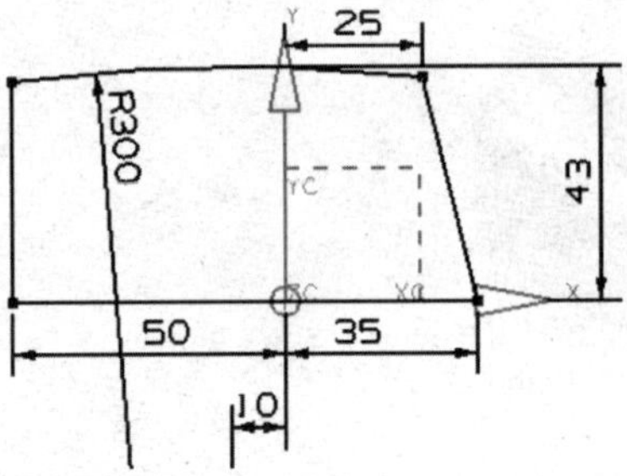

图 9-151

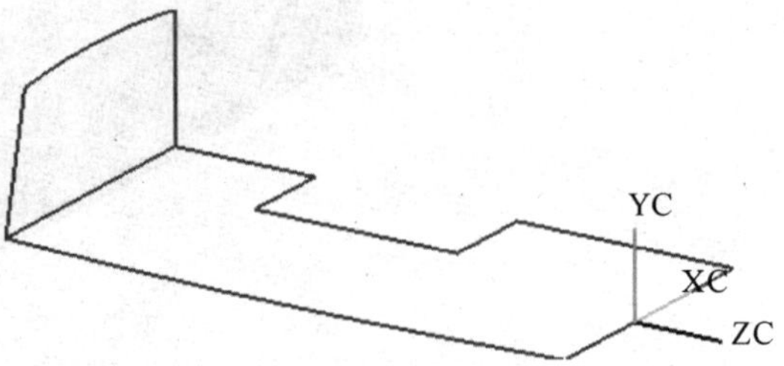

图 9-152

5）以X-Y平面为草图平面创建第三个草图，其中R300的圆弧距Y轴为10，如图9-153所示。

6）调用【曲线长度】工具，延长如图9-154所示的两条曲线。

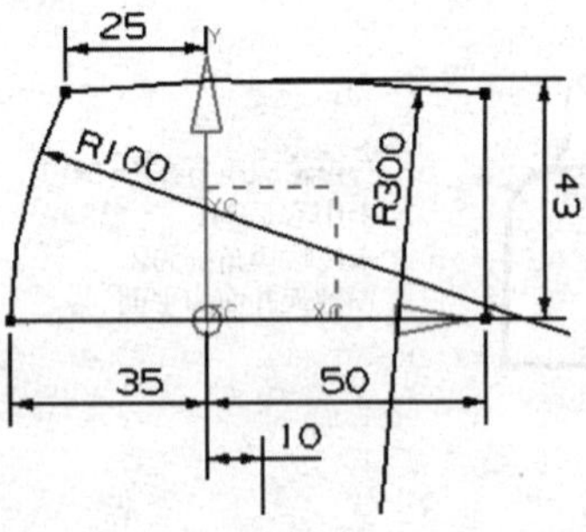

图 9-153

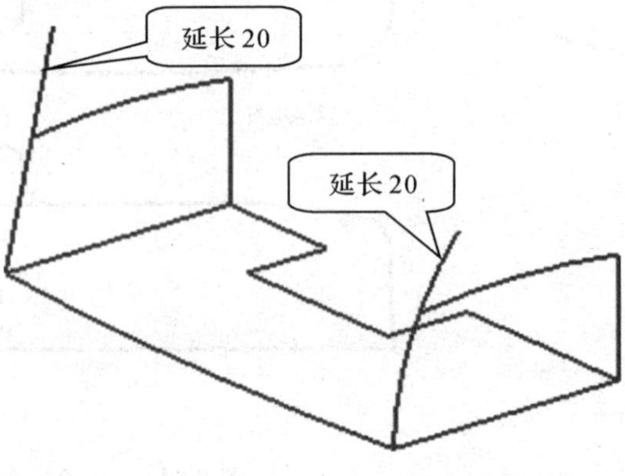

图 9-154

7)调用【扫掠】工具生成侧面,如图 9-155 所示。

8)拉伸其余侧面,其开始距离为 0,结束距离为 60,如图 9-156 所示。

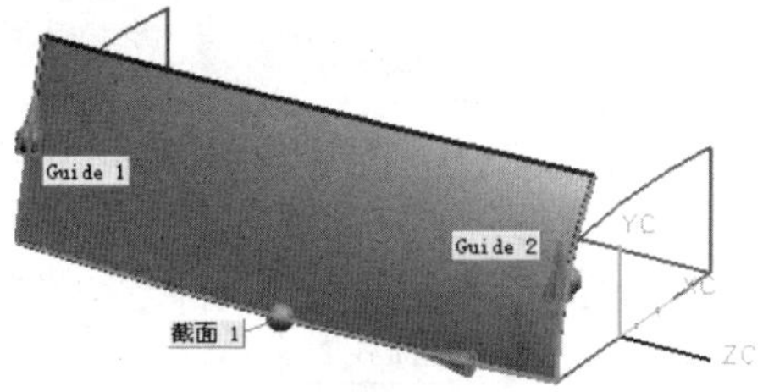

图 9-155

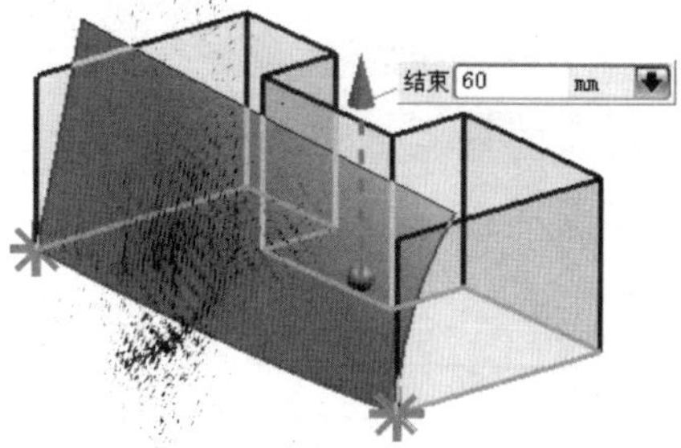

图 9-156

9)修剪组合所有侧面,如图 9-157 所示。

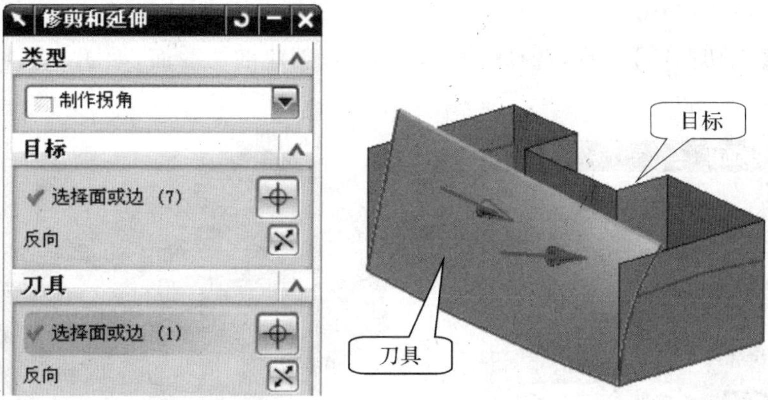

图 9-157

10)调整 WCS:首先移动 WCS 到绝对坐标系,然后沿 Z 轴移动 50,结果如图 9-158 所示。

11)创建一条与 Y 轴重合的直线,并将其拉伸成面,直线长度和拉伸长度只要超过所有的侧面即可,如图 9-159 所示。

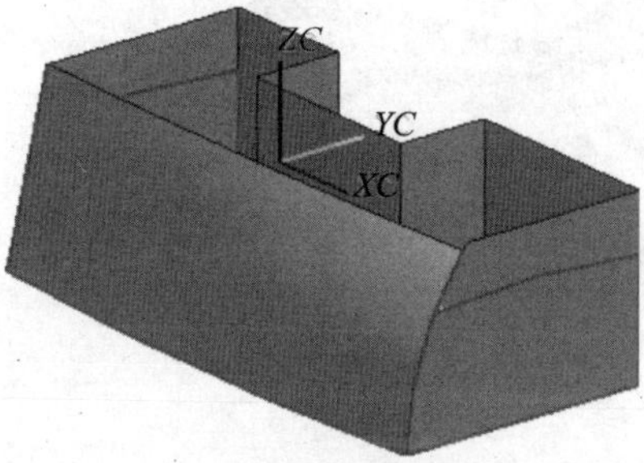

图 9-158

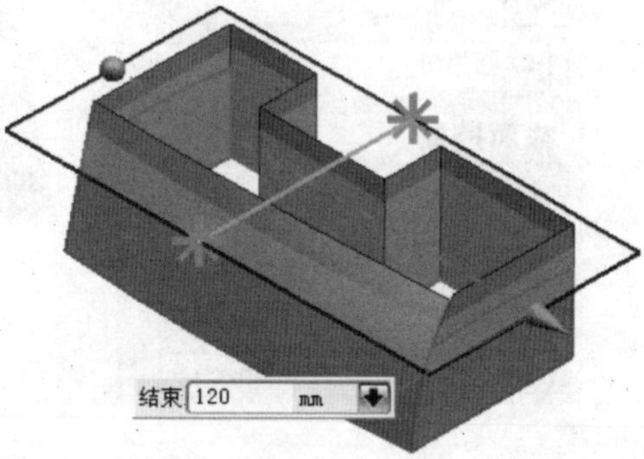

图 9-159

12)调用【曲线长度】工具,将图 9-160 所示的两条曲线的两端各延长 20。

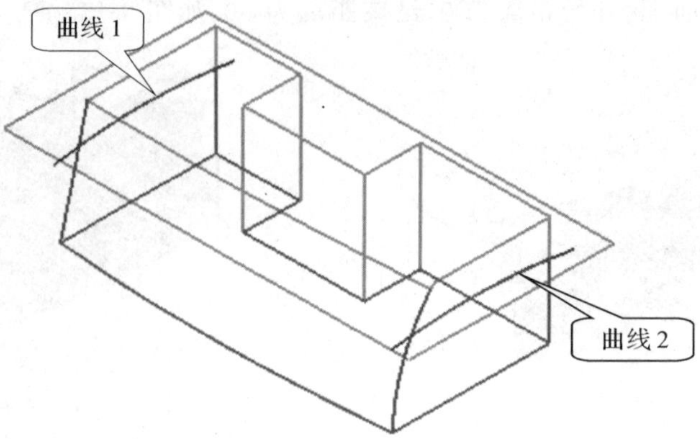

图 9-160

13)调用【剖切曲面】工具,选择【圆相切】类型,创建剖切曲面,如图 9-161 所示。

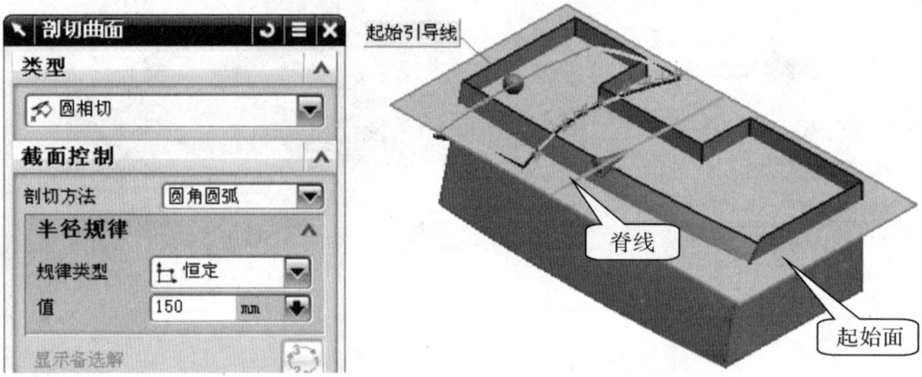

图 9-161

14)以同样的方式在另一侧创建圆相切曲面,如图 9-162 所示。

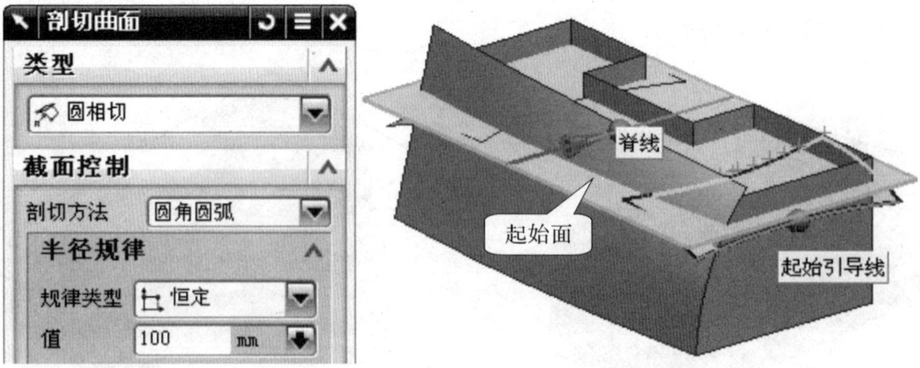

图 9-162

15）调用【修剪和延伸】工具，以步骤 11）创建的拉伸面为目标，以步骤 13）创建的剖切曲面为刀具，修剪曲面，如图 9-163 所示。

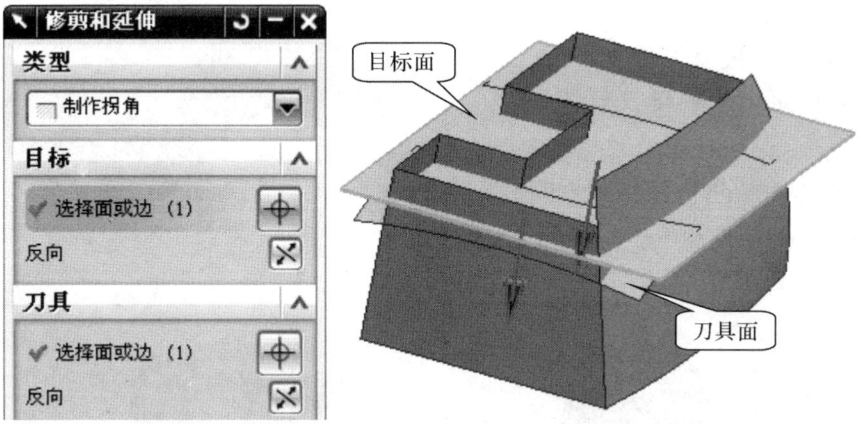

图 9-163

16）以同样的方式修剪另一侧的剖切曲面，结果如图 9-164 所示。

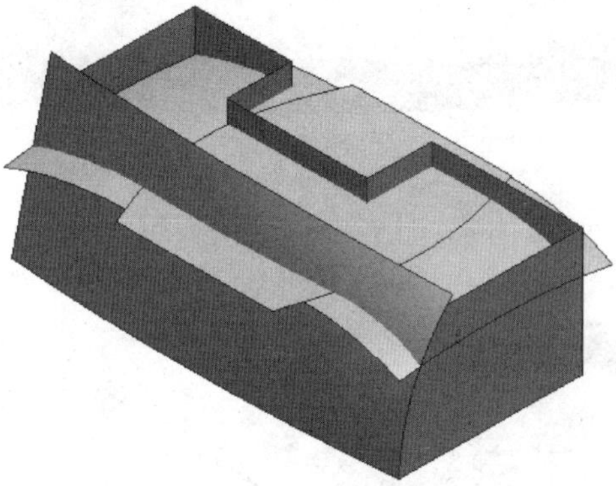

图 9-164

17）以所有顶面为目标，以所有侧面为刀具，修剪并组合顶面和侧面，如图 9-165 所示。

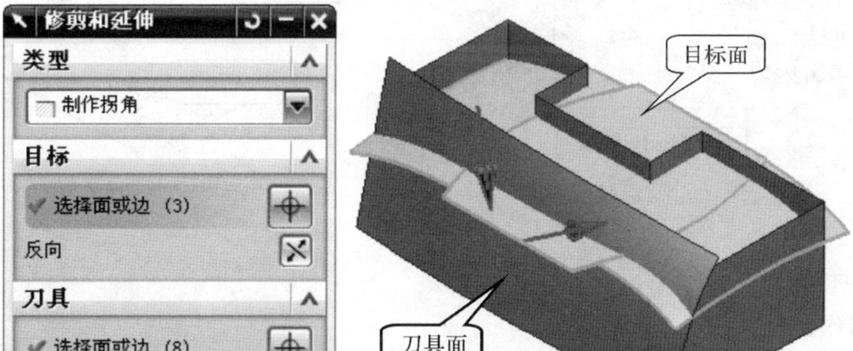

图 9-165

18)以步骤(1)创建的草图为"平面截面",创建有界平面,如图 9-166 所示。

19)缝合所有面。

20)以 Z 轴为拔模矢量、以图 9-167 所示的边为固定边缘创建拔模特征,拔模角度为 2°。

21)为侧面各边倒圆角,各圆角值如图 9-168 所示。

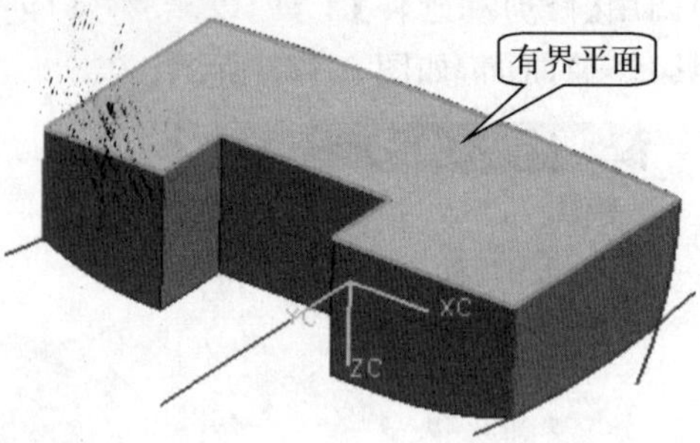

图 9-166

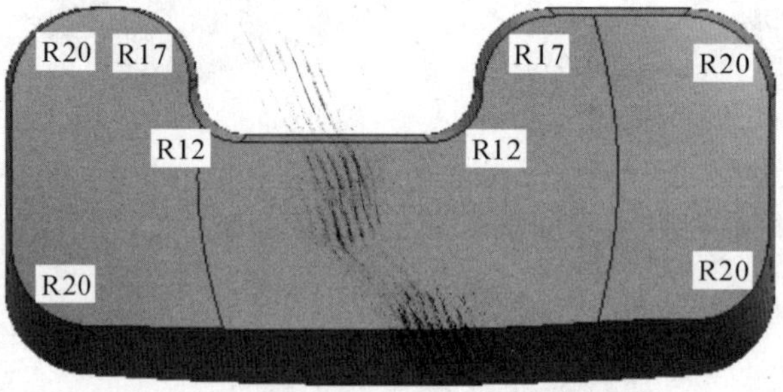

图 9-167

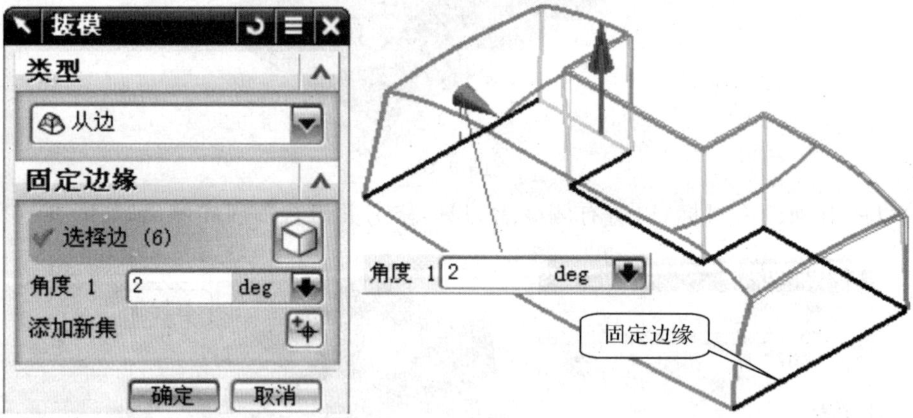

图 9-168

22)为顶边变半径倒圆角,如图9-169所示。

2. **制作凸台**

1)调整 WCS:首先沿 X 轴移动 65,然后沿 Y 轴移动 10,结果如图 9-170 所示。

2)以 WCS 的 X-Y 平面为草图平面创建第四个草图,如图 9-171 所示。

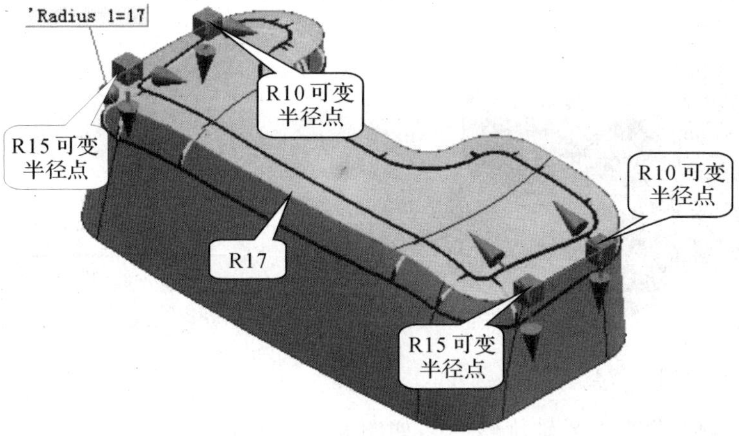

图 9-169

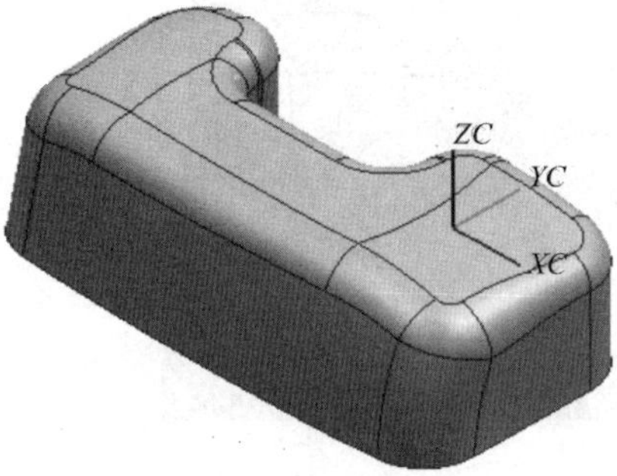

图 9-170

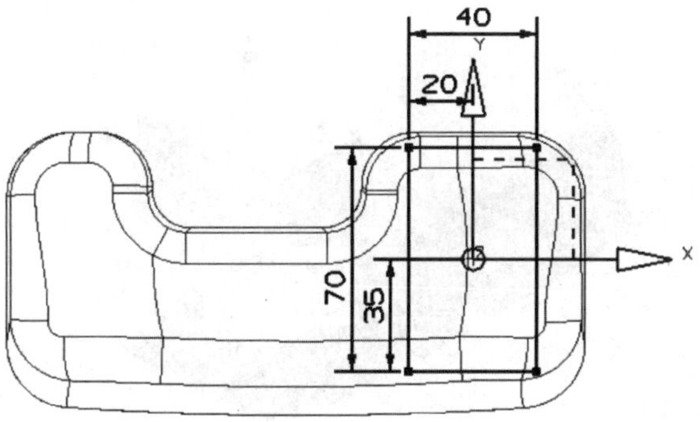

图 9-171

3）以步骤 2）创建的草图为截面曲线，创建拉伸特征，其参数设置如图 9-172 所示。

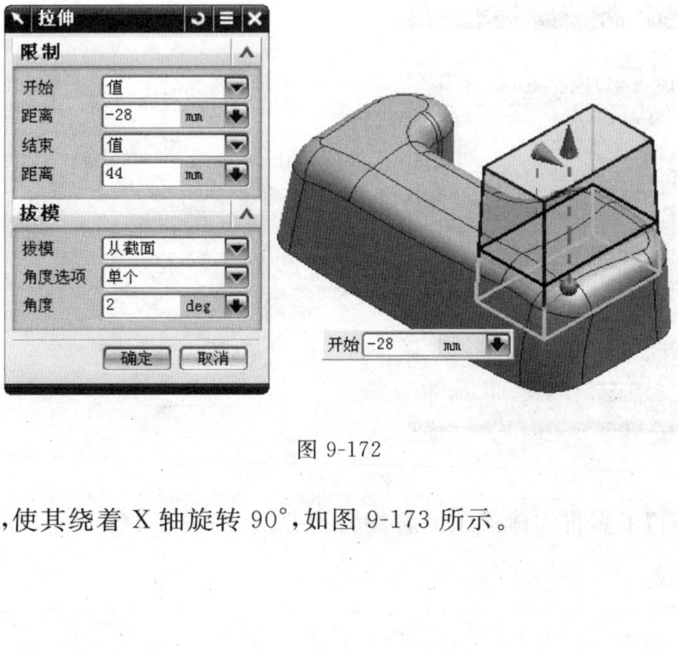

图 9-172

4）调整 WCS，使其绕着 X 轴旋转 90°，如图 9-173 所示。

5)以 WCS 的 X-Y 平面为草图平面创建第五个草图,如图 9-174 所示。

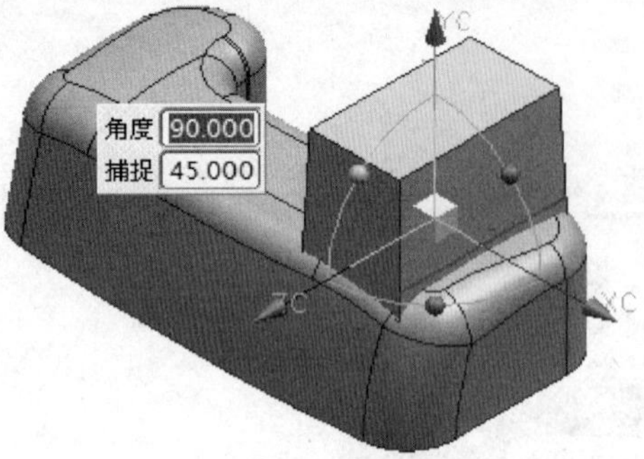

图 9-173

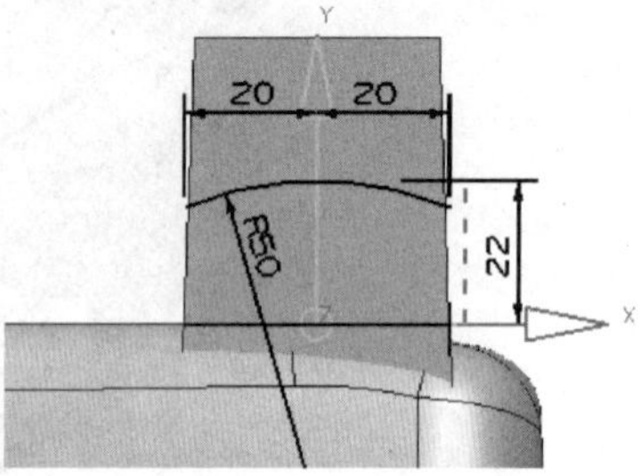

图 9-174

6)调整 WCS,使其绕着 Y 轴旋转 90°,如图 9-175 所示。

7)以 WCS 的 X-Y 平面为草图平面创建第六个草图,如图 9-176 所示。

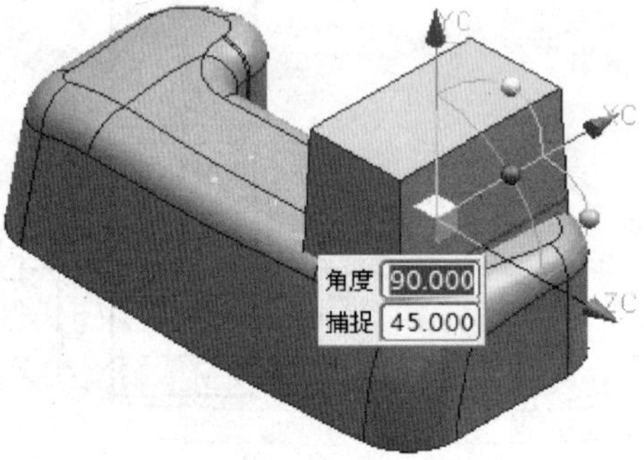

图 9-175

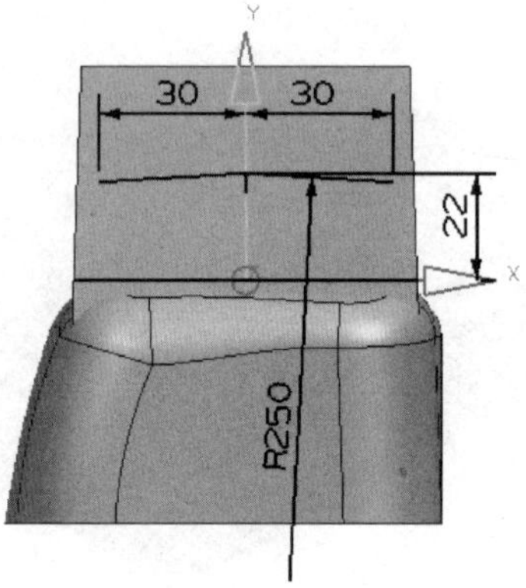

图 9-176

8)以步骤(27)创建的草图为截面,以步骤(29)创建的草图为引导线,创建扫掠面,如图 9-177 所示。

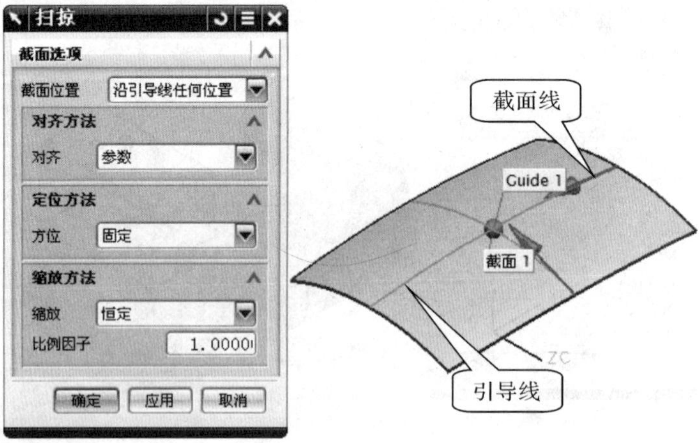

图 9-177

9)调用【替换面】工具将实体的顶面替换为扫掠面,如图 9-178 所示。

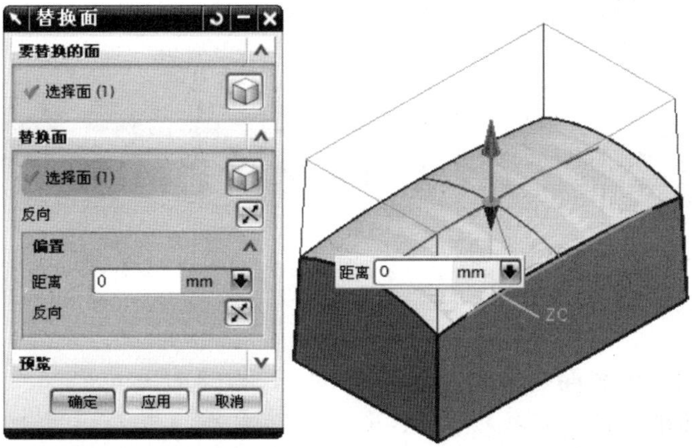

图 9-178

10)倒圆角,其中凸台侧面四边的圆角值为 8,顶边的圆角值为 3,如图 9-179 所示。

3. 本体与凸台之间的圆角连接

1)将本体和凸台布尔求和。

2)边倒圆,如图 9-180 所示。

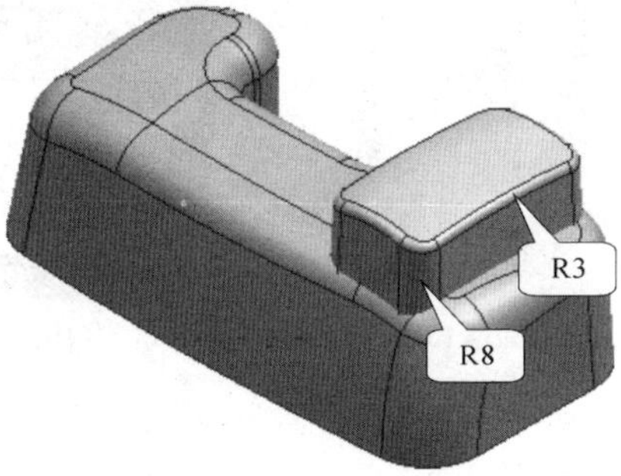

图 9-179

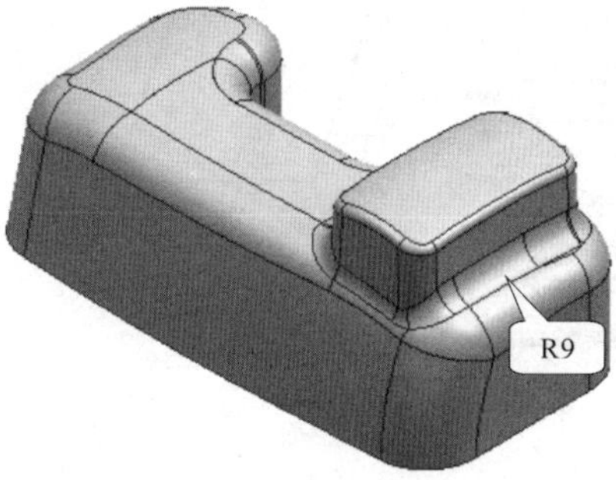

图 9-180

9.3.2 手机外壳底板建模

完成手机外壳底板的建模,其图纸请参见 Mobile_Bottom_Shell. pdf。

由于篇幅限制,这里仅介绍大致的操作过程,具体步骤请参照“立体词典”。

操作步骤如下:

1)在 XC-YC 平面上创建草图 1,如图 9-181 所示。(需注意草图方位,下同)

2)在 XC-ZC 平面上创建草图 2,如图 9-182 所示。

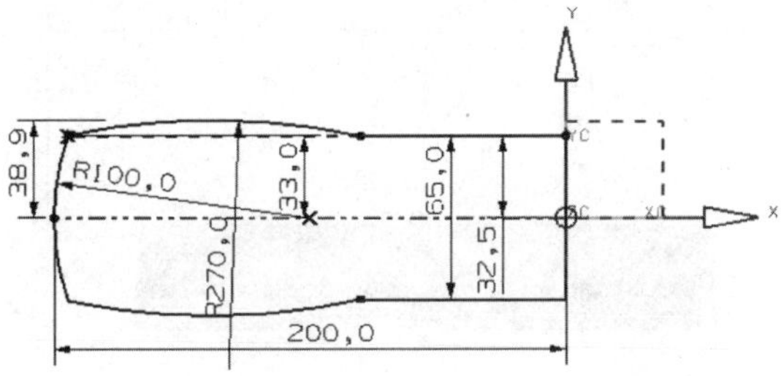

图 9-181

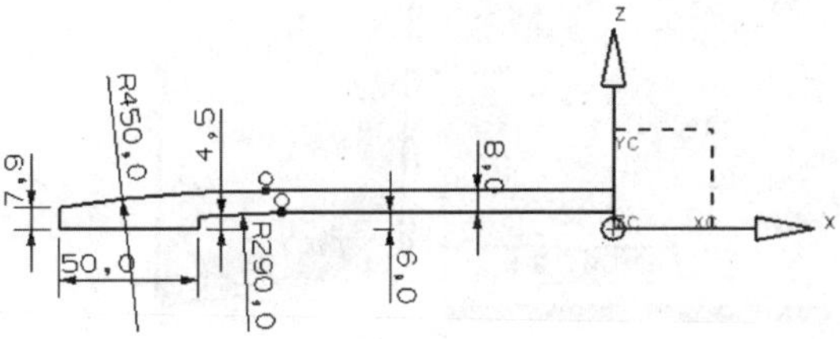

图 9-182

3)在 XC-YC 平面上创建草图 3,如图 9-183 所示。

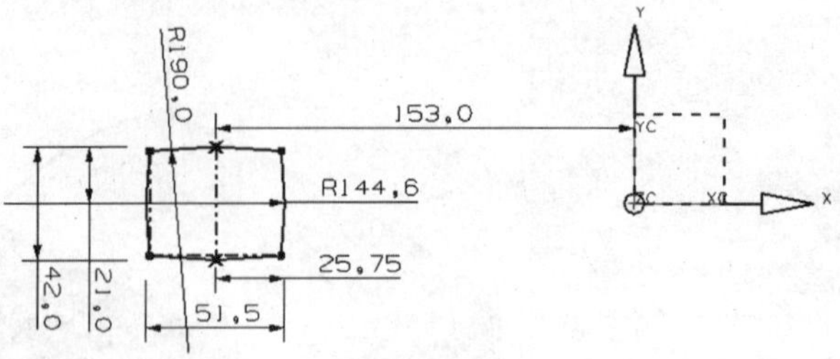

图 9-183

4)以草图 1 曲线作为截面拉伸出一个实体,如图 9-184 所示。

5)对上一步创建的实体进行拔模,如图 9-185 所示。

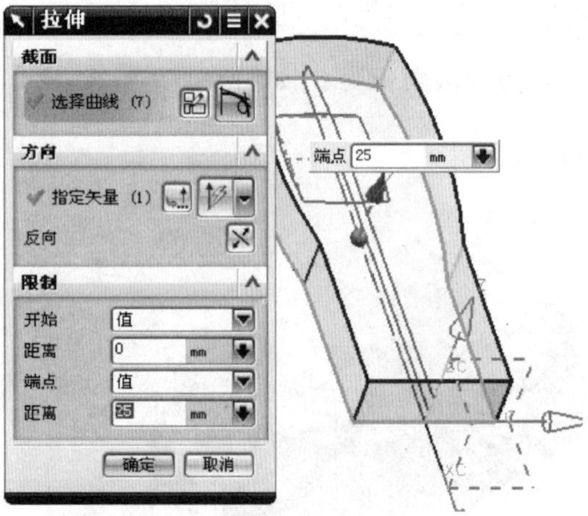

图 9-184

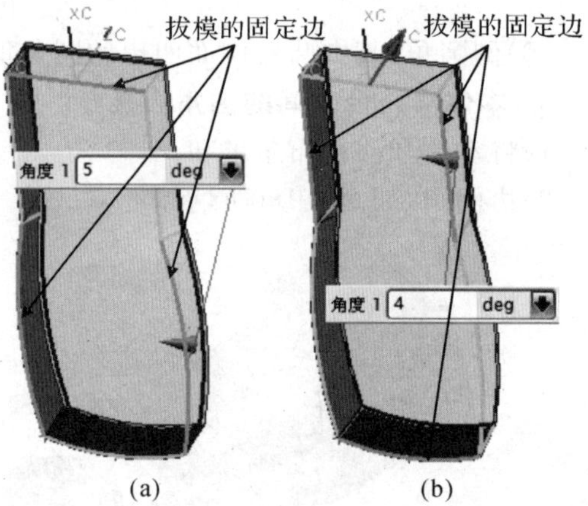

图 9-185

6)以草图 2 曲线作为截面拉伸出一个实体,并使其与步骤 4)创建的实体求交,如图 9-186所示。

7)在 YC-ZC 平面上创建草图 4,如图 9-187 所示。

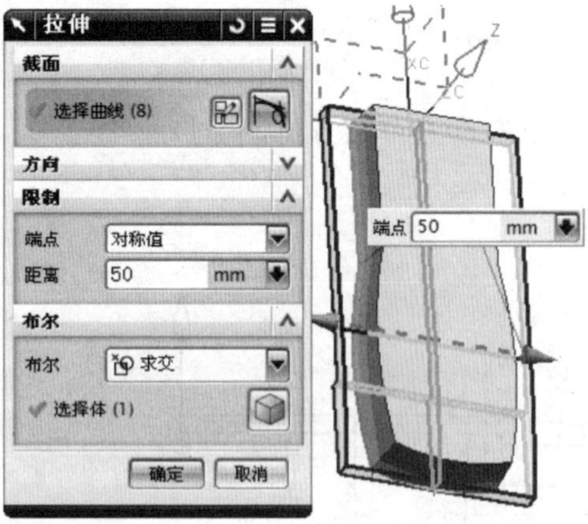

图 9-186

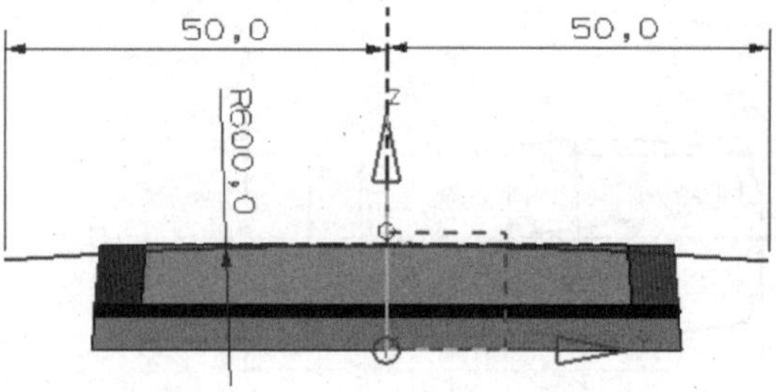

图 9-187

8)利用【沿引导线扫掠】工具以草图 4 为【截面】,以草图 2 中的顶部线为【引导线】创建一个扫掠曲面,如图 9-188 所示。

9)利用【替换面】工具将零件本体的顶面与步骤 8)创建的扫掠曲面贴平,如图 9-190 所示。

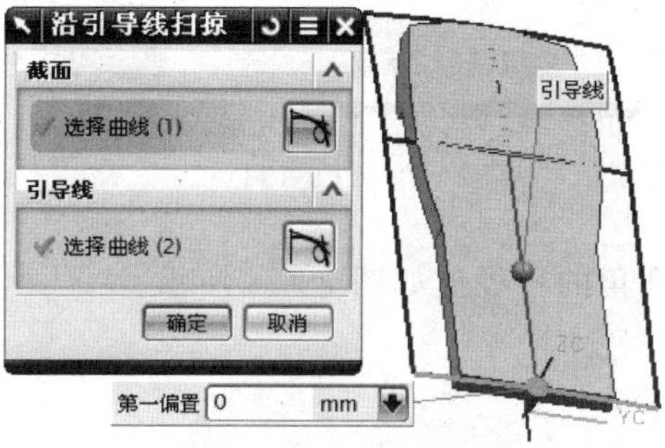

图 9-188

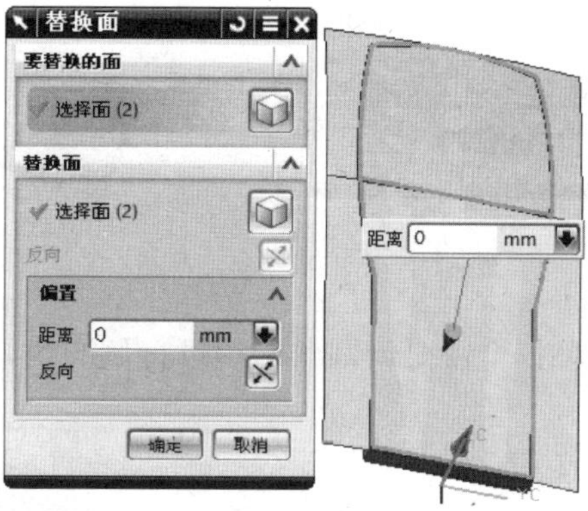

图 9-189

10)利用草图 3 拉伸出一个片体,如图 9-190 所示。

11)利用步骤 10)创建的曲面将零件本体拆分为两块实体,如图 9-191 所示。

图 9-190

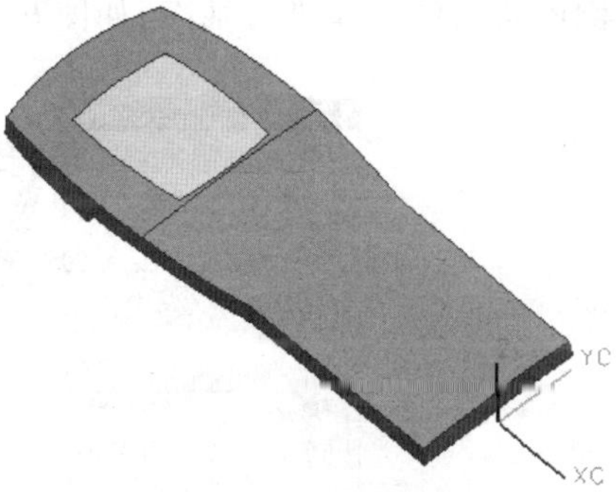

图 9-191

12)将拆分得到的体的顶面向里偏置 3.5mm,如图 9-192 所示。

13)将拆分开的体进行【求和】,得到零件上的内凹结构。

14)对顶部的凹槽结构进行拔模,拔模的固定边为顶面的边线,如图 9-193 所示。

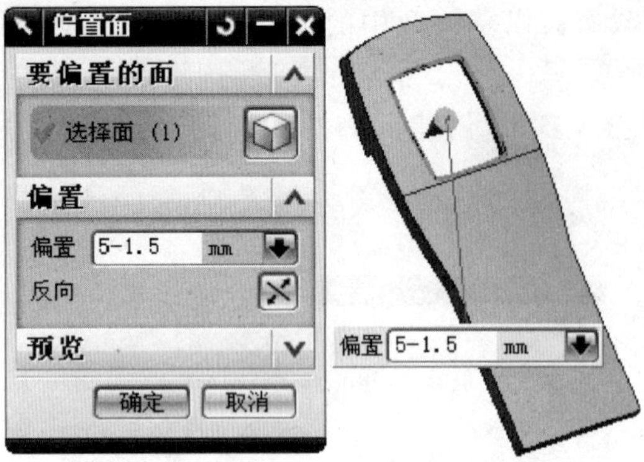

图 9-192

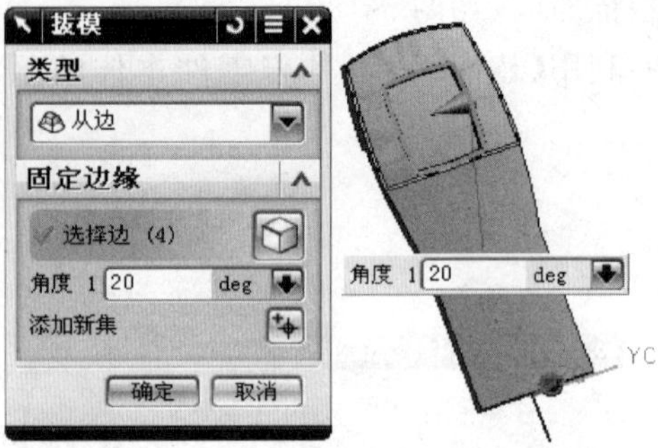

图 9-193

15)对各个需要倒圆角的边进行倒圆角,各圆角的半径值如图 9-194 所示。

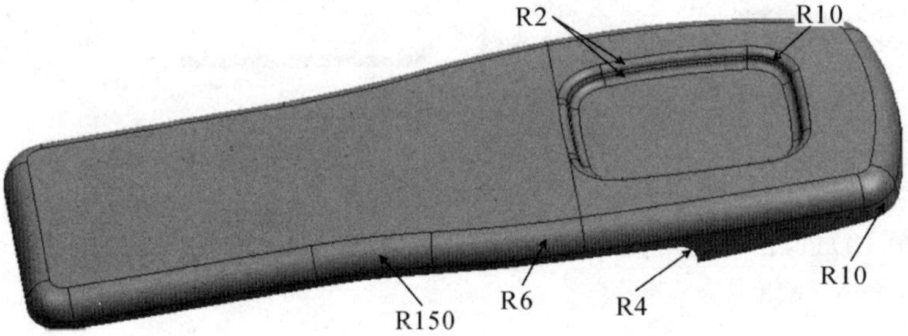

图 9-194

16)对倒圆角后的实体进行抽壳,如图 9-195 所示,抽壳时需选中底部的所有面。

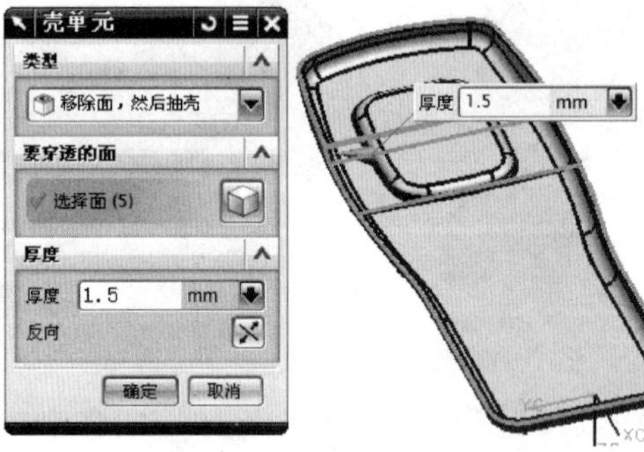

图 9-195

17)以抽壳后的实体的底部边为截面拉伸一个实体,如图 9-196 所示。

18)为了能顺利进行【求差】,将步骤 17)拉伸出的实体两端面向外适当的偏置一些距离,如图 9-197 所示。

19)利用步骤 18)创建的实体对零件本体进行【求差】。

20)手机外壳底板的最终结果如图 9-198 所示。

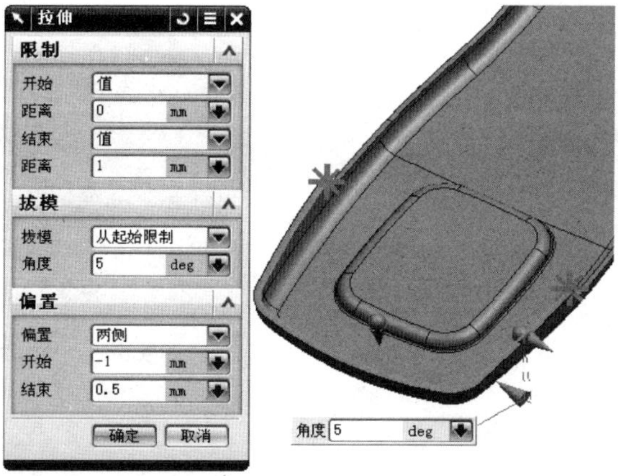

图 9-196

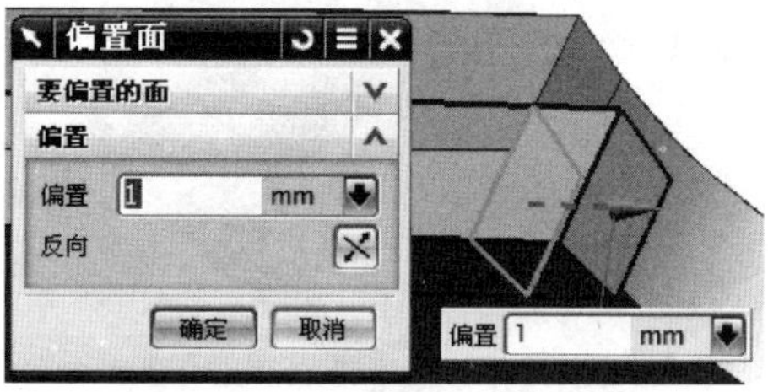

图 9-197

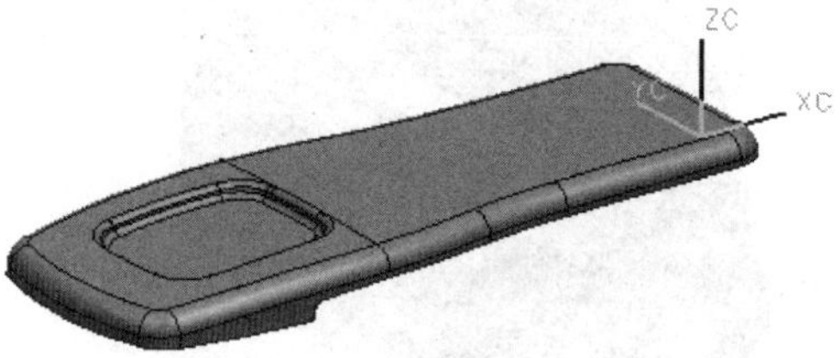

图 9-198

9.4 思考与练习

1. 试用【直线】工具和【基本曲线】工具创建两圆的公切线。

2. 试绘制两条间距 100 的平行线,并用 R200 的圆弧连接平行线的两端点。

3. 任意绘制两条样条线,并通过【桥接】工具,光顺连接两条样条线。请仔细查看并体会不同桥接参数对桥接曲线的影响。

4. 创建曲面的方法有哪些?

5. 什么是对齐方式?常用的对齐方式有哪些?

6. 简述【直纹】、【通过曲线网格】、【已扫掠】和【修剪的片体】命令的使用方法。

7. 完成如下曲面模型的设计。

图 9-199　风扇

图 9-200　灯罩

图 9-201　曲面 1

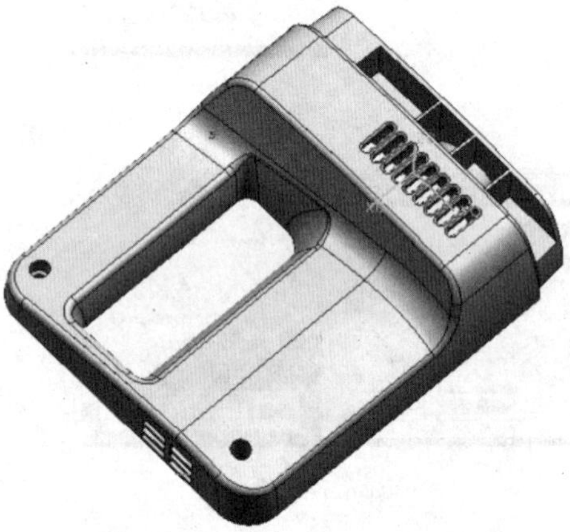

图 9-202　曲面 2

第 10 章　装配功能

10.1　装配功能简介

10.1.1　概述

所谓装配就是通过关联条件在部件间建立约束关系，从而确定部件在产品中的空间位置。

UG NX 具有很强的装配能力，其装配模块不仅能快速地将零部件组合成产品，而且在装配的过程中能参照其他部件进行关联设计。此外，生成装配模型后，可以根据装配模型进行间隙分析、干涉分析，还可以建立爆炸视图，以显示装配关系。

UG NX 是采用虚拟装配的方式进行装配建模，而不是将部件的实际几何体复制到装配中。虚拟装配用来管理几何体，它是通过指针链接部件的。采用虚拟装配有以下显著特点：

(1)装配文件较小，对装配的内存需求少。

(2)因为不用编辑基本几何，装配的显示可以简化。

(3)由于共用一个几何体的数据，所以对原部件进行任何编辑修改，装配部件中的组件也会自动更新。

10.1.2　装配模块调用

在【标准】工具条的【开始】下拉菜单中选择【装配】或按快捷键 A 即可调用装配模块。

调用装配模块后，将弹出【装配】工具条，如图 10-1 所示。

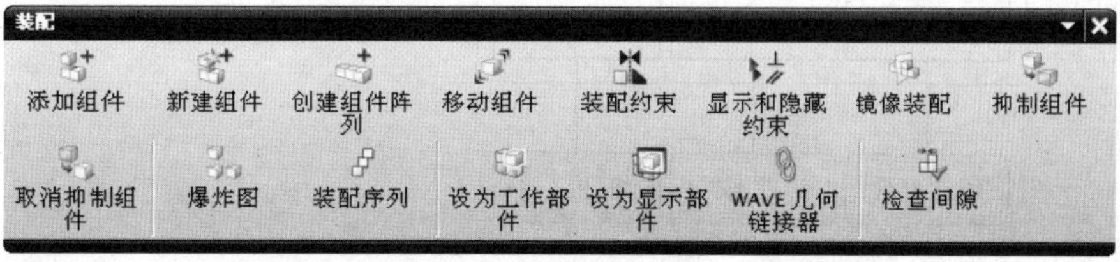

图 10-1　【装配】工具条

与装配相关的功能命令大多集中在【装配】主菜单下。其他与装配有关的功能还有：

(1)【格式】主菜单下的【引用集】，用于管理引用集，如创建引用集、删除引用集、编辑引用集(向引用集中添加或删除对象)。

(2)【工具】主菜单下的【装配导航器】。

10.1.3　基本概念

1. 装配功能

通过关联条件，在部件间建立约束关系，从而确定部件在产品中的空间位置，通过装配，可以：

(1)快速地将零部件装配成产品；

(2)在装配的过程中参照其他部件进行关联设计；

(3)进行间隙分析、干涉分析；

(4)建立爆炸视图，以显示装配关系。

2. 装配特点

(1)装配建模是面向团队的设计系统；

(2)装配部件由组件组成，装配件直接引用组件部件的主要几何体；

(3)装配文件小，对内存需求少；

(4)组件几何体被虚拟指向装配件，并非复制；

(5)对原有部件进行任何编辑修改，会自动更新装配部件中的组件；

(6)装配体中，组件部件通过配对条件确定相互间的位置关系；

(7)组件几何体可在装配上下文中建立和编辑，可以借用其他组件部件的几何特征来建立自己的特征；

(8)装配件中的部件可以相关变化。

3. 装配、组件、组件部件的关系

装配、组件、组件部件的关系，如图 10-2 所示。

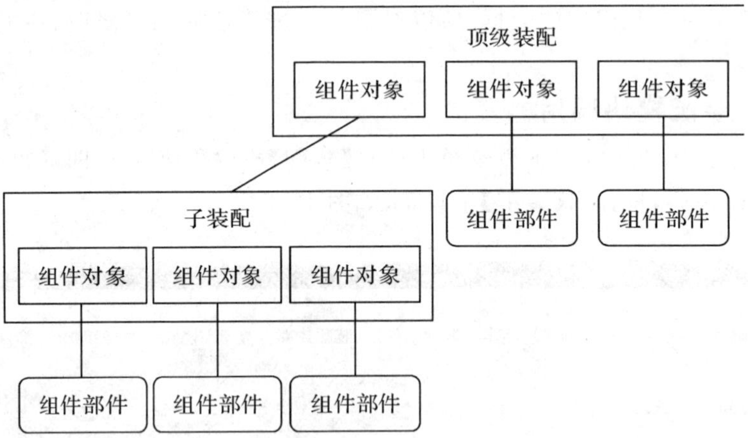

图 10-2　装配、组件、组件部件的关系图

例如，汽车后轴 axle_subassm. prt 是由一根车轴和二个车轮所构成，该装配中含有 3 个组件对象：左车轮、右车轮以及车轴，但这里只有两个组件部件：一个是车轮(假设两个车轮是相同的，即基于同一个车轮模型 wheel. prt)，另一个是车轴 axle. prt，如图 10-3 所示。

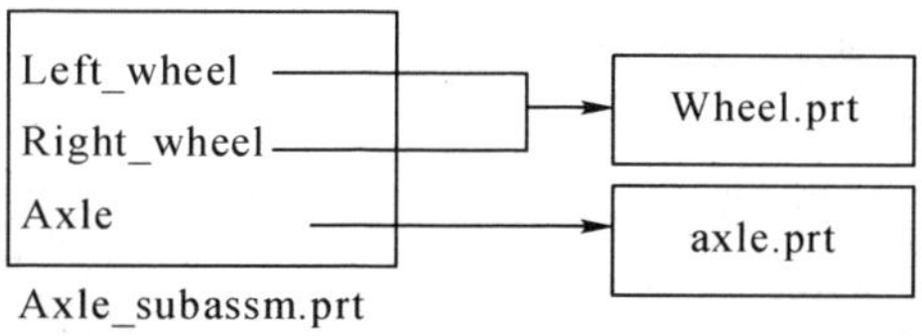

图 10-3

由于指向车轮的组件对象只包含车轮的部件名称、层、颜色、引用集等信息,但并不包含车轮的全部信息(例如车轮造型的过程),所以组件对象远小于相应部件文件的大小。

4. 装配的一般流程

(1)新建部件文件,调用建模模块,同时复选装配选项;

(2)以组件形式加入零部件;

(3)指定组件间的配对条件;

(4)干涉分析,编辑需要修改的零部件(可选);

(5)建立爆炸视图;

5. 装配建模方法

(1)从底向上建模

数据库中已存的系列产品零件,标准件以及外购件.

(2)自顶向下建模

在装配的上下文中设计新组件。

(3)混合建模

先加入已存的组件,然后在装配上下文中建立新组件。新组件的尺寸与位置可参考装配件中已有的其他组件

10.1.4 装配中部件的不同状态

装配中部件有两种不同的状态方式:显示部件和工作部件。

1. 显示部件

当前显示在图形窗口中的部件称为显示部件。改变显示部件的常用方法有:

(1)在装配导航器或视图中选择组件,单击右键,然后在快捷菜单中选择【设为显示部件】命令。

(2)单击【装配】工具条中的【设为显示部件】图标,然后再选择组件。

2. 工作部件

工作部件是指当前正在创建或编辑修改的部件。

工作部件可以是显示部件,或是包含在显示部件中的任何一个组件部件。如图 10-4 所示,显示部件是整个装配,而工作部件只是其中的钳座。

改变工作部件的常用方法有:

(1)在装配导航树或视图窗口中双击组件,即可将此组件转换为工作部件。

(2)在装配导航树或视图中选中组件并单击右键,然后在快捷菜单中选择【设为工作部件】命令。

(3)单击【装配】工具条中的【设为工作部件】图标,然后再选择组件。

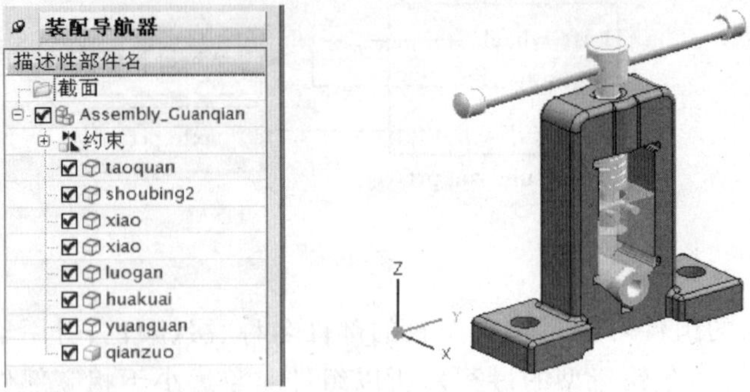

图 10-4　工作部件

10.1.5　装配的一般思路

装配的一般思路如下：

1)制作各个零部件。

2)新建一个部件文件,并调用装配模块;

3)将零部件以组件的形式加入;

4)指定组件间的装配约束;

5)对于需要参照其他零部件进行设计的零件,采用部件间建模技术进行零部件设计;

6)保存装配文件;

10.2　装配导航器

10.2.1　概述

装配导航器用树形结构表示部件的装配结构,每一个组件以一个节点显示,简称 ANT。它可以清楚地表达装配关系,还可以完成部件的常用操作,如将部件改变为工作部件或显示部件、隐藏与显示组件、替换引用集等。

如图 10-5 所示为装配导航器。

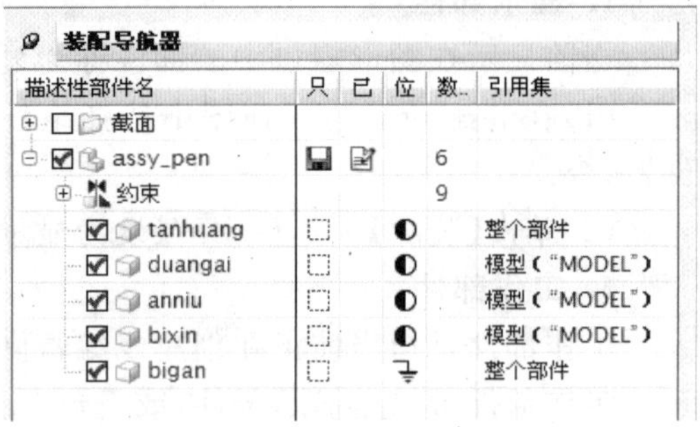

图 10-5　装配导航器

10.2.2　装配导航器的设置

1. 打开装配导航器

UG NX 中,单击视图右侧资源工具条上的装配导航器图标,即可打开装配导航器。

2. 装配导航器中的图标

在装配导航器中,为了识别各个节点,子装配和部件用不同的图标表示。

(1)：由三块矩形体堆砌而成，表示一个装配或子装配。

：图标显示为黄色：该装配或子装配为工作部件。

：图标显示为灰色，且边框为实线：该装配或子装配为非工作部件。

：图标全部是灰色，且边框为虚线：该装配或子装配被关闭。

(2)：由单个矩形体堆砌而成，表示一个组件。

：图标显示为黄色：该组件为工作部件。

：图标显示为灰色，且边框为实线：该组件为非工作部件。

：图标全部是灰色，且边框为虚线：该组件被关闭。

(3)或：表示装配树节点的展开和压缩。

单击：展开装配或子装配树，以列出装配或子装配的所有组件，同时加号变减号。

单击：压缩装配或子装配树，即把装配或子装配树压缩成一个节点，同时减号变加号。

(4)、或：表示装配或组件的显示状态。

：当前部件或装配处于显示状态。

：当前部件或装配处于隐藏状态。

：当前部件或装配处于关闭状态。

3. 装配导航器中弹出的菜单

在装配导航器中，选中一个组件上并单击 MB3，将弹出如图 10-6 所示的快捷菜单（在视图窗口选中一个组件，并单击 MB3 也会弹出类似的快捷菜单）。

部件导航器中的快捷菜单中的选项会随组件状态及是否激活【装配】和【建模】应用模块而改变。

(1)打包/解包：【打包】操作是将多个相同组件的节点组合成为一个节点，【解包】则能展开组合，使每个组件单独对应一个节点。

(2)设为工作部件：将所选组件设置为工作部件。

(3)设为显示部件：将所选组件设置为显示部件。

(4)显示父项：使所选组件的父节点成为显示部件。父节点成为显示部件时，工作部件保持不变。

(5)替换引用集：替换所选组件的引用集。例如，可以将所选组件替换成自定义引用集或系统默认引用集 Empty（空的）、Entire Part（完整的部件）。

(6)替换组件：用另一个组件来替换所选组件。

(7)装配约束：编辑选定组件的装配约束。

(8)移动：移动选定组件。

(9)抑制/解除抑制：抑制组件和隐藏组件的作用相似，但抑制组件从内存中消除了组件数据；“解除抑制”就是取消组件的抑制状态。

(10)隐藏/显示：隐藏或显示组件或装配。

(11)切削/复制/删除：切削/复制/删除组件。

(12)属性：列出所选组件的相关信息。这些信息包括组件名称、所属装配名称、颜色、引用集、约束名称及属性等。

4. 设置装配导航器显示项目

在装配导航器空白处单击 MB3，在弹出的右键菜单中选择【属性】，在对话框中选择【列】标签，可以增加、删除调整装配导航器项目。如图 10-7 所示。

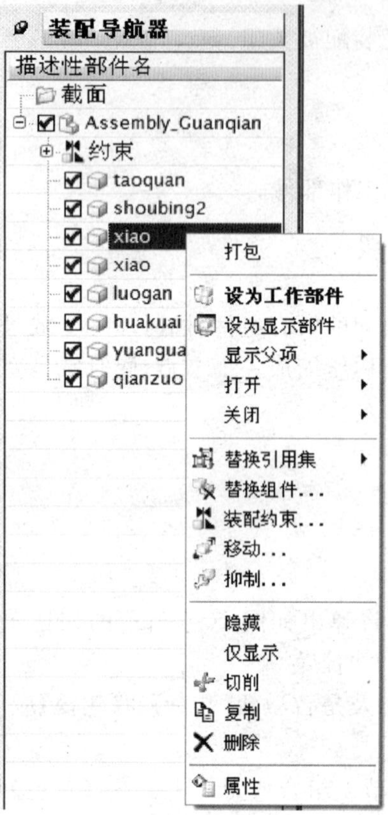

图 10-6　装配导航器

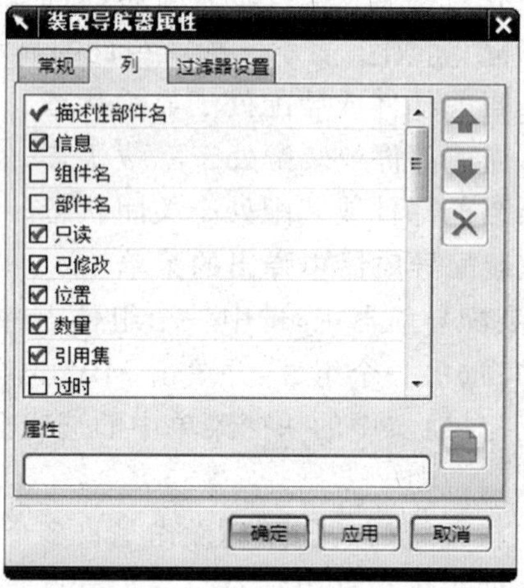

图 10-7　设置装配导航器显示项目

10.3　从底向上装配

10.3.1　概念与步骤

从底向上装配就是在设计过程中，先设计单个零部件，在此基础上进行装配生成总体设计。所创建的装配体将按照组件、子装配体和总装配的顺序进行排列，并利用约束条件进行逐级装配，从而形成装配模型，如图 10-8 所示。

从底向上装配的操作步骤通常如下：

1）新建一个装配文件。通常装配文件名应具有一定的意义，且应容易识别，如鼠标的装配文件取可名为 mouse_assm.prt。

2）调用【建模】模块与【装配】模块。

3）加入待装配的部件。

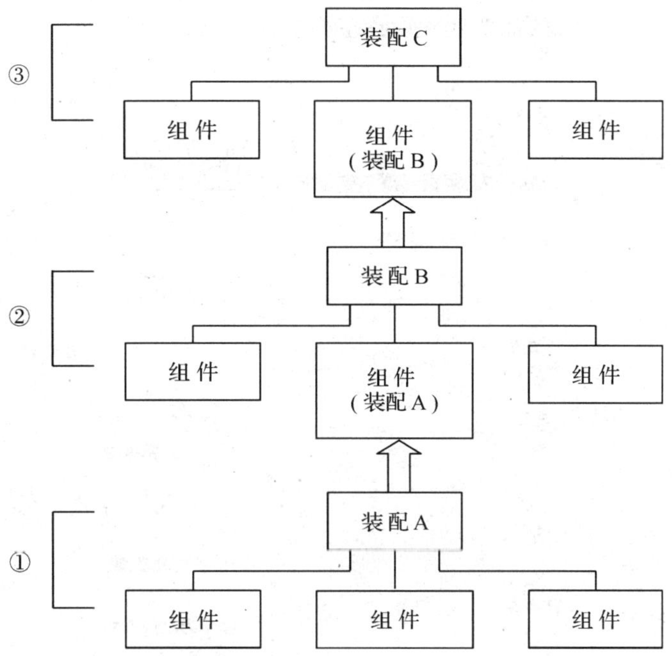

图10-8 装配模型步骤

选择主菜单【装配】|【组件】|【添加组件】或单击【装配】工具条上的【添加组件】命令图标，将弹出如图10-9所示对话框。

有两种方式选择部件。

(1)从磁盘中添加组件：指定磁盘目录，并选择已创建好的三维几何体。添加后，自动成为该装配中的组件，同时添加到“已加载的部件”列表中。

(2)从已加载的组件中添加组件：从“已加载的部件”列表中选择组件。

4)设置相关参数。

(1)定位：指定添加组件后定位组件的方式。

绝对原点：添加的组件放在绝对点(0,0,0)。

选择原点：添加的组件放在选定点，按MB2后出现点构造器，用于指定组件的放置位置。

通过约束：添加的组件将通过约束与已有组件定位，出现【装配约束】对话框。

移动组件：添加的组件加进来后移动定位，出现【移动组件】对话框。

(2)名称：默认为部件文件名称。若一个部件在多个位置被引用，通常应重新指定不同的组件名称来区别不同位置的同一个部件。

(3)引用集：默认的引用集为【整个部件】，表示加载组件的所有信息。

(4)图层选项：用于指定组件在装配文件中的层位置。有以下选项：

原先的：表示部件作为组件加载后，将放置在部件原来的层位置。例如创建部件时，部件放在第10层，则当部件作为组件加载后，组件将被放置在装配文件的第10层。

工作：表示部件作为组件加载后，将放置在装配文件的工作层。

按指定的：表示部件作为组件加载后，将放置在指定层。

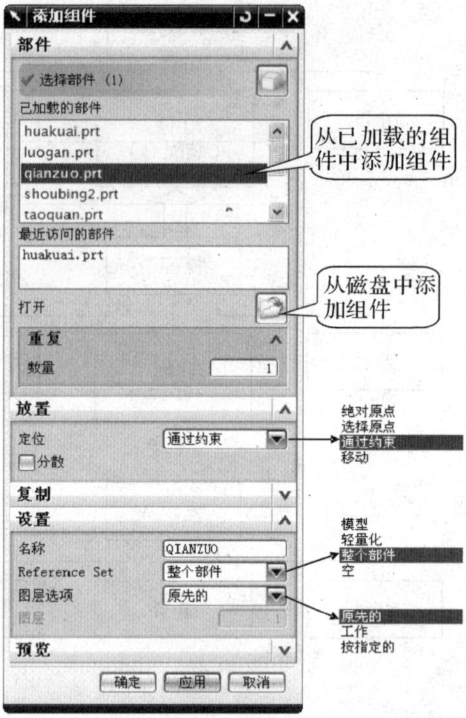

图 10-9　【添加组件】对话框

5)保存装配文件。

10.3.2　装配约束

装配约束是指组件的装配关系，以确定组件在装配中的相对位置。装配约束由一个或多个关联的约束组成，关联约束限制组件在装配中的自由度。

选择菜单【装配】|【组件】|【装配约束】命令，或单击【装配】工具条上的【装配约束】命令图标，即可调用【装配约束】对话框，如图 10-10 所示。

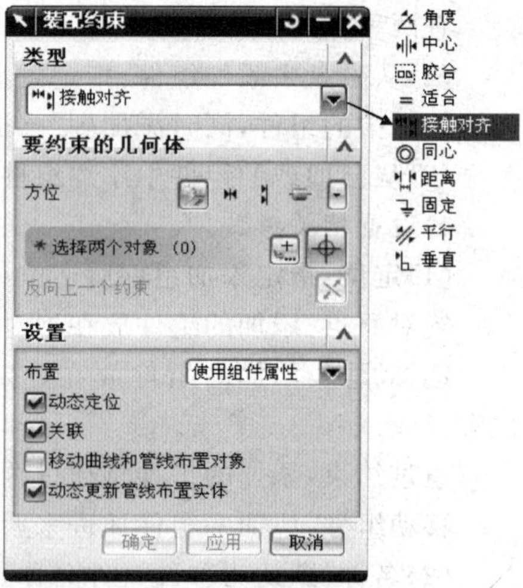

图 10-10　【装配约束】对话框

在【装配约束】对话框中包含了 10 种装配约束条件，如角度约束、胶合约束、中心约束、同心约束、距离约束、拟合约束、固定约束、平行约束、垂直约束和接触对齐约束等。

1. 接触对齐约束

接触对齐约束其实是两个约束：接触约束和对齐约束。接触约束是指约束对象贴着约束对象，图 10-11 表示在圆柱 1 的上表面和圆柱 2 的下表面之间创建接触约束。对齐约束是指约束对象与约束对象是对齐的，且在同一个点、线或平面上，图 10-12 表示在圆柱 1 的轴与圆柱 2 的轴之间创建对齐约束。

图 10-11、图 10-12 所示约束两圆柱体的过程也可以用【同心约束】单步完成。

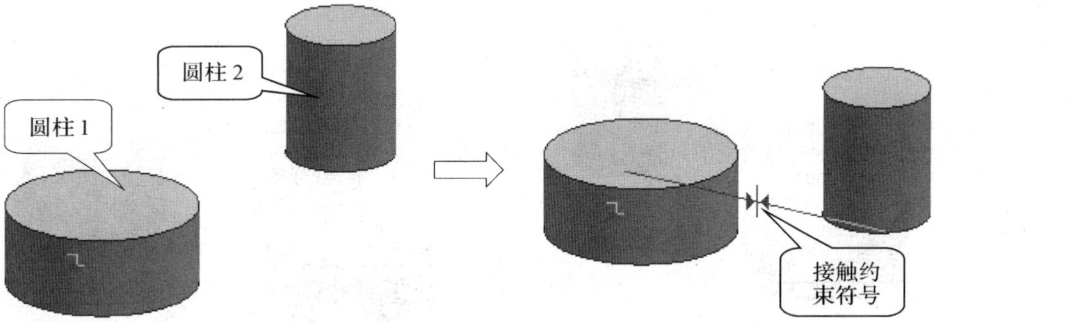

图 10-11 在圆柱 1 的上表面和圆柱 2 的下表面之间创建接触约束

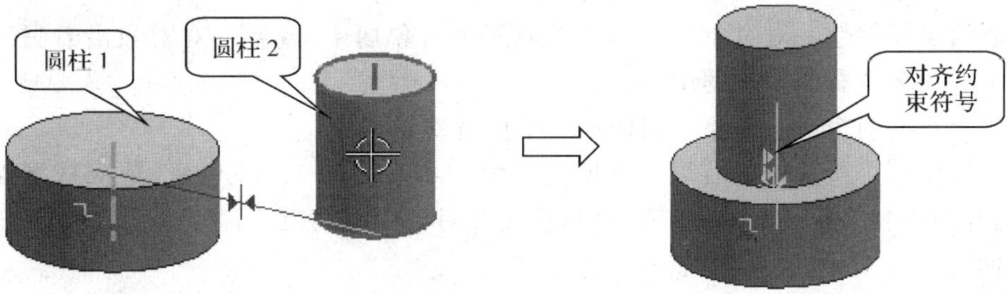

图 10-12 在圆柱 1 的轴与圆柱 2 的轴之间创建对齐约束

创建接触对齐约束的操作步骤如下：

(1)调用【装配约束】工具。

(2)在图 1 所示的对话框中的【类型】下拉列表中选择【接触对齐】。

(3)根据实际需要对【设置】组中的选项进行设置。

(4)将【方位】设置为其中之一：首选接触、接触、对齐或自动判断中心/轴。

首选接触：当接触和对齐解都可能时显示接触约束。在大多数模型中，接触约束比对齐约束更常用。当接触约束过度约束装配时，将显示对齐约束。

接触：约束对象，使其曲面法向在反方向上。

对齐：约束对象，使其曲面法向在相同的方向上。

自动判断中心/轴：自动将约束对象的中心或轴进行对齐或接触约束。

(5)选择要约束的两个对象。

(6)如果有多种解的可能，可以单击【反向上一个约束】按钮在可能的解之间切换。

(7)完成添加约束后，单击【确定】或【应用】按钮即可。

2. 角度约束

角度约束是指两个对象呈一定角度的约束。角度约束可以在两个具有方向矢量的对象间产生，角度是两个方向矢量的夹角。这种约束允许关_联不同类型的对象，例如可以在面和边缘之间指定一个角度约束。角度约束有两种类型：3D 角和方向角。图 10-13 表示在两圆柱的轴之间创建 90°的角度约束。

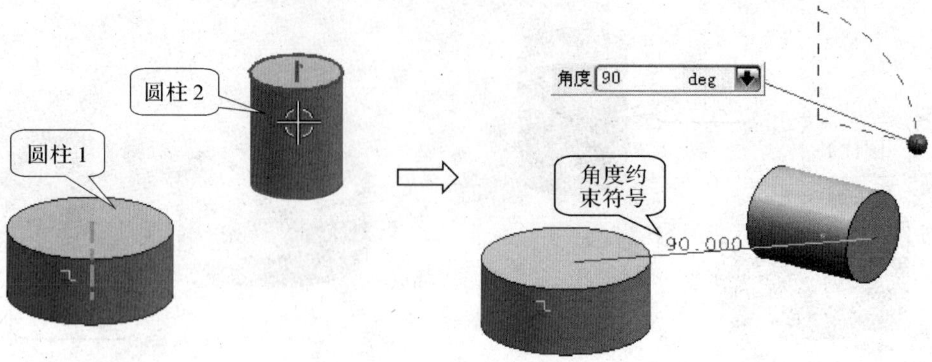

图 10-13　在两圆柱的轴之间创建 90°的角度约束

3. 中心约束

中心约束能够使一对对象之间的一个或两个对象居中，或使一对对象沿着另一个对象居中。中心约束共有 3 个子类型。

1 对 2：在后两个所选对象之间使第一个所选对象居中。

2 对 1：使两个所选对象沿第三个所选对象居中。如图 10-14 所示，依次选择面 1、面 2（面 2 是与面 1 相对称的面）和基准平面，应用 2 对 1 中心约束后，基准平面自动位于面 1 和面 2 中间。

2 对 2：使两个所选对象在两个其他所选对象之间居中。如图 10-15 所示，依次选择面 1、面 2（面 2 是与面 1 相对称的面）、面 3、面 4（面 4 是与面 3 相对称的面），应用 2 对 2 中心约束后，面 3 和面 4 自动位于面 1 和面 2 中间。

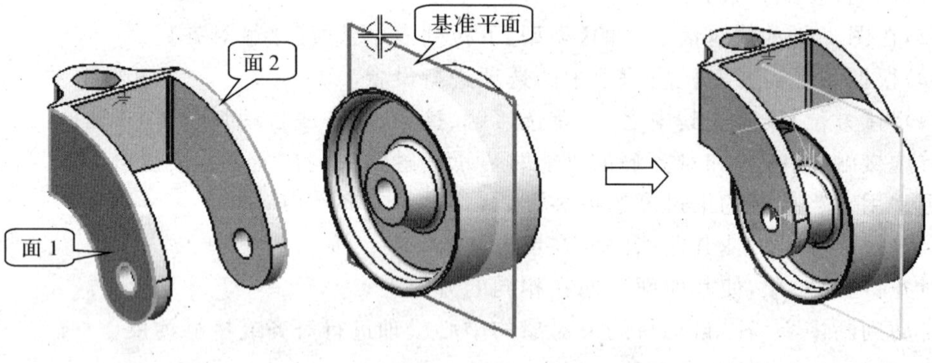

图 10-14　使两个所选对象沿第三个所选对象居中

创建中心约束的操作步骤如下：

（1）调用【装配约束】工具。

（2）在图 1 所示的对话框中的【类型】下拉列表中选择【中心】。

（3）根据实际需要对【设置】组中的选项进行设置。

（4）设置【子类型】：1 对 2、2 对 1 或 2 对 2

（5）若【子类型】为 1 对 2 或 2 对 1，则设置【轴向几何体】：

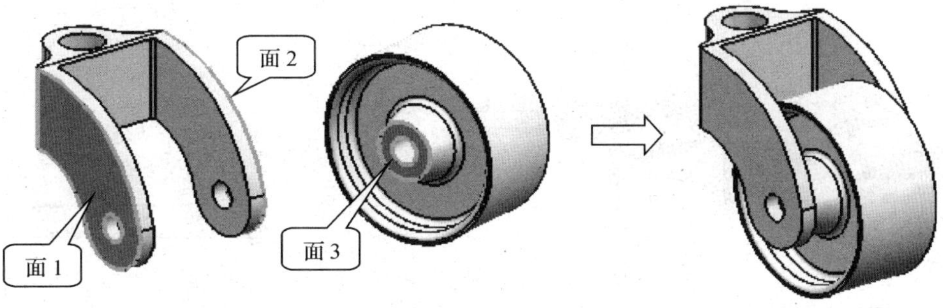

图 10-15　使两个所选对象在两个其他所选对象之间居中

【使用几何体】:对约束使用所选圆柱面。

【自动判断中心/轴】:使用对象的中心或轴。

(6)选择要约束的对象,对象的数量由【子类型】决定。

(7)如果有多种解的可能,可以单击【反向上一个约束】按钮在可能的解之间切换。

(8)完成添加约束后,单击【确定】或【应用】按钮即可。

4. 同心约束

同心约束是指约束两个组件的圆形边界或椭圆边界,以使中心重合,并使边界的面共面,如图 10-16 所示。

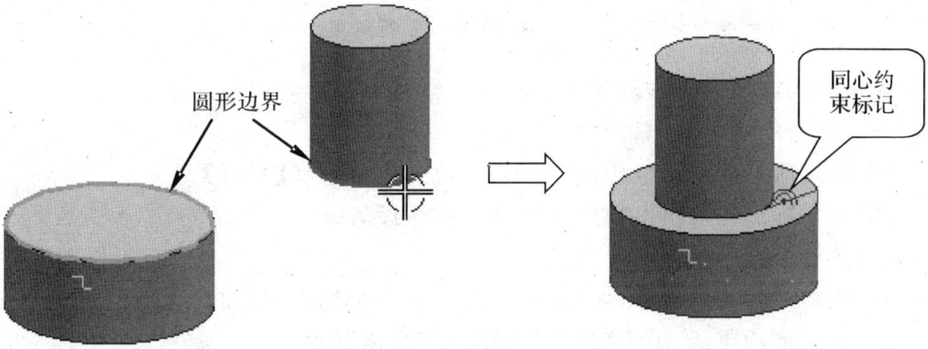

图 10-16　同心约束

5. 距离约束

距离约束主要是调整组件在装配中的定位。通过距离约束可以指定两个对象之间的最小 3D 距离。图 10-17 表示指定面 1 与面 2 之间的最小 3D 距离为 150。

6. 拟合约束

使具有等半径的两个圆柱面合起来。此约束对确定孔中销或螺栓的位置很有用。如果以后半径变为不等,则该约束无效。

7. 固定约束

固定约束将组件固定在其当前位置。要确保组件停留在适当位置且根据其约束其他组件时,此约束很有用。

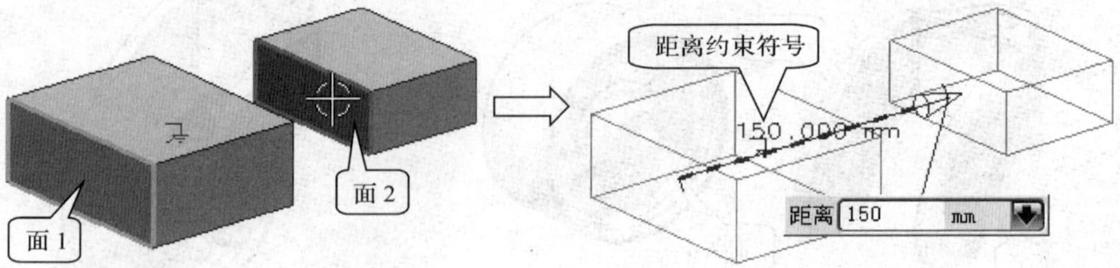

图 10-17　距离约束

8. 平行约束

平行约束是指定义两个对象的方向矢量为互相平行。图 10-18 表示指定长方体 1 的上表面和长方体 2 的上表面之间为平行约束。

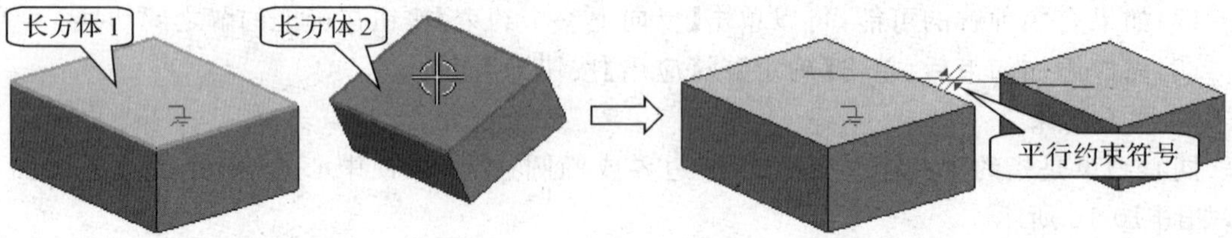

图 10-18　平行约束

创建平行约束的操作步骤如下：

(1)调用【装配约束】工具。

(2)在图 1 所示的对话框中的【类型】下拉列表中选择【平行】。

(3)根据实际需要对【设置】组中的选项进行设置。

(4)选择要使其平行的两个对象

(5)如果有多种解的可能，可以单击【反向上一个约束】按钮在可能的解之间切换。

(6)完成添加约束后，单击【确定】或【应用】按钮即可。

9. 垂直约束

垂直约束是指定义两个对象的方向矢量为互相垂直。

10. 胶合约束

将组件"焊接"在一起，使它们作为刚体移动。胶合约束是一种不做任何平移、旋转、对齐的装配约束。

10.3.3　移动组件

选择【装配】|【组件】|【移动组件】命令，或单击【装配】工具条上的【移动组件】命令图标，即可调用【移动组件】对话框，如图 10-19 所示。

移动组件命令用来在一装配中在所选组件的自由度内移动它们。可以选择组件动态移动(如用拖拽手柄)，也可以建立约束以移动组件到所需位置，还可以同时移动不同装配级上的组件。

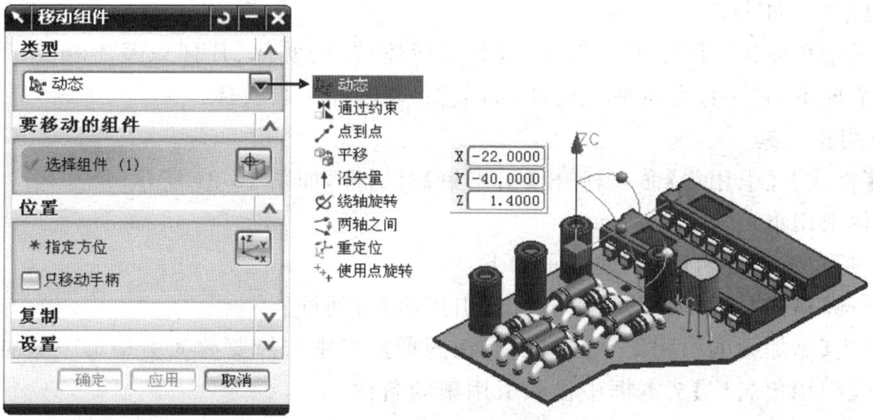

图 10-19 【移动组件】对话框

10.3.4 引用集

1. 概念

组件对象是指向零部件的指针实体，其内容由引用集来确定，引用集可以包含零部件的名称、原点、方向、几何对象、基准、坐标系等信息。使用引用集的目的是可以控制组件对象的数据量。

使用引用集有两个主要原因：

(1)排除或过滤组件部件中不需要显示的对象，使其不出现在装配中。

(2)用一个更改或较简单的几何体而不是全部实体表示在装配中的一个组件部件。

2. 默认引用集

每个部件有五个系统定义的引用集，分别是：整个部件(Entire Part)、空(Empty)、模型(Model)、轻量化(Lightweight)和简化的(Simplified)，如图 10-20 所示。下面介绍前面三种比较常用的默认引用集类型。

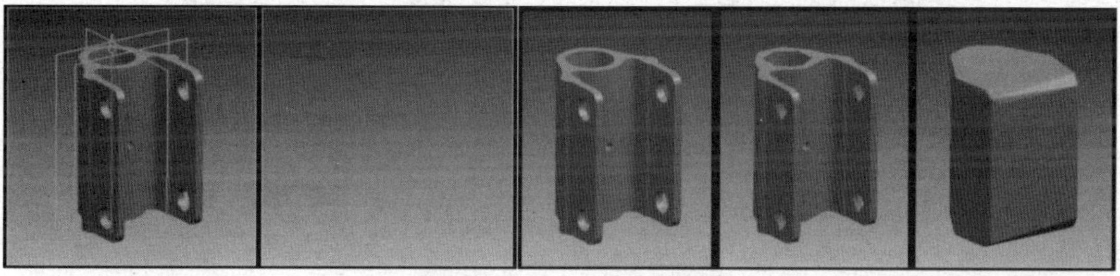

(a) 整个部件引用集　(b) 空引用集　(c) 模型引用集　(d) 轻量化引用集　(e) 简化引用集

图 10-20 五个系统定义的引用集

(1)整个部件(Entire Part)

该默认引用集表示引用部件的全部几何数据。在添加部件到装配时，如果不选择其他引用集，则默认使用该引用集。

(2)空(Empty)

当部件以空的引用集形式添加到装配中时，在装配中看不到该部件。

(3)模型(Model)

模型引用集包含实际模型几何体,这些几何体包括:实体、片体以及不相关的小平面表示。一般情况下,它不包含构造几何体,如草图、基准和工具实体。

3. 引用集工具

选择【格式】|【引用集】命令,弹出【引用集】对话框,如图 10-21 所示。

1)创建引用集

创建“用户定义的引用集”的步骤如下:

(1)选择【格式】|【引用集】命令,弹出【引用集】对话框。

(2)单击【添加新的引用集】命令图标,在图形窗口中选择要放入引用集中的对象。

(3)在【引用集名称】文本框中输入引用集的名称。

(4)完成对引用集的定义之后,单击【关闭】。

2)编辑引用集

编辑引用集指向引用集添加或删除引用集中的对象,但只能编辑用户自定义的引用集。

3)删除引用集

在【引用集】对话框中选择欲删除的引用集,然后单击【删除】图标,即可删除该引用集。但只能删除用户自定义的引用集,不能删除系统默认的引用集。

4)重命名引用集

在【引用集】对话框选择中欲重命名的引用集,然后在【引用集名称】文本框输入新的引用集名称,按 Enter 键即可。与删除引用集相似,也只能重命名用户自定义的引用集,不能重命名系统默认的引用集。

图 10-21 【引用集】对话框

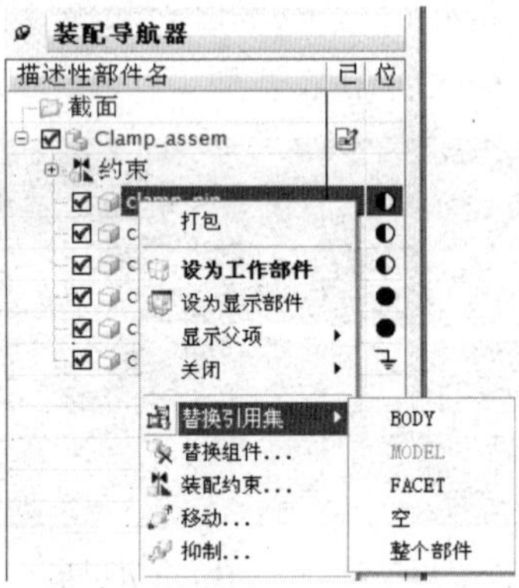

图 10-22 替换引用集

5)替换引用集

在装配过程中,同一个组件在不同的装配阶段,也常采用不同的引用集,这种改变组件引用集的行为就称为替换引用集。

替换引用集的常用方法是:如图 10-22 所示,在装配导航器的相应组件上单击右键,在弹出的快捷菜单中选择【替换引用集】,选择一个可替换的引用集(当前的引用集是以灰色显示,是不可选的)即可。

10.4 组件的删除、隐藏与抑制

删除一个组件的最简便方法是：在装配导航器中选择欲要删除的组件节点，然后单击右键，在弹出的快捷菜单中选择【删除】。

隐藏一个组件的简便方法是：在装配导航器中单击欲隐藏的组件节点前的复选框，使复选框内的红色√变灰即可。

再次单击复选框即可显示该组件。

抑制一个组件的方法是：选择【装配】|【组件】|【抑制组件】命令，会弹出【类选择】对话框，在图形窗口选择欲要抑制的组件，按 MB2 即可。

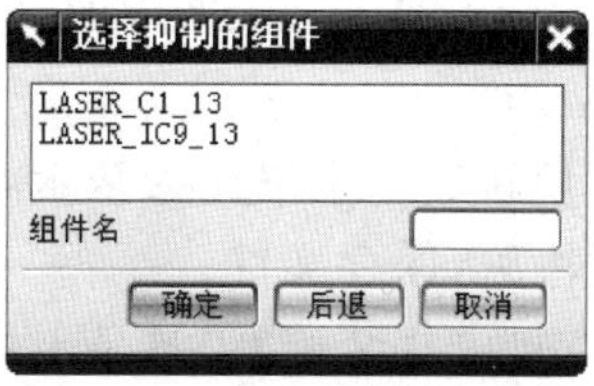

图 10-23 【选择抑制的组件】对话框

解除一个组件的抑制状态：选择【装配】|【组件】|【取消抑制组件】命令，系统弹出如图 10-23 所示的【选择抑制的组件】对话框，在列表中选择欲要解除抑制的组件名称，单击【确定】按钮即可。

10.5 自顶向下装配

自顶向下建立一组件有两种基本方法，分别介绍如下。

(1)移动几何体

在装配中创建几何体(草图、片体、实体等)。建立一组件并添加到几何体到其中。

(2)空部件

在装配中建立一个“空”组件对象。使“空”组件为工作部件。在此组件中创建几何体。

【例 10-1】 在装配文件中先建立几何模型，然后创建新组件

(1)新建一个单位为毫米，名为 Up_Down_Assem_1.prt 的装配文件，调用【建模】和【装配】模块后保存文件。

(2)使用【长方体】工具创建一个 100×80×40 的长方体。

(3)单击【装配】工具条上的【新建组件】图标，弹出【新组件文件】对话框，输入部件名称(如 Up_Down_1)并指定部件保存目录。目录要与装配文件的目录一致

(4)单击【确定】按钮后，弹出如图 10-24 所示的【新建组件】对话框，选择刚才创建的长方体，确认选中【删除原对象】复选框。若选中【删除原先的】复选框，则几何对

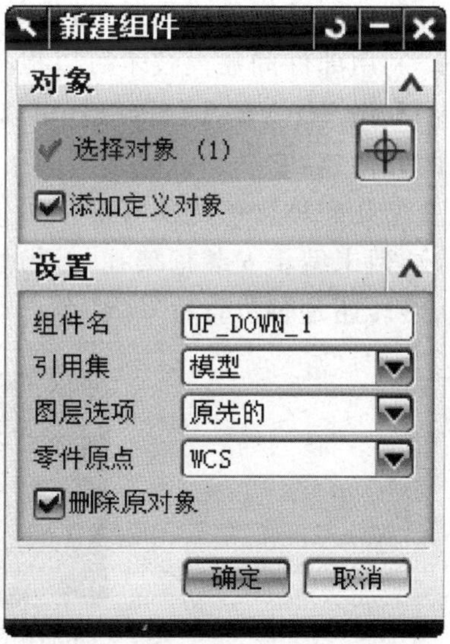

图 10-24 【新组件文件】对话框

象作为组件添加到装配文件后，原几何对象将从装配中删除。

(5)单击【确定】按钮后，系统以刚输入的部件名 Up_Down_1. prt 保存矩形体，同时在装配文件中删除长方体，取而代之的是一个组件。

检验这个新建的组件及所保存的零部件：在装配导航器中选中 Up_Down_1 节点，长方体高亮显示。查看保存目录，可以发现该目录下有一个 Up_Down_1. prt 文件，打开 Up_Down_1. prt，可以看到正是刚才创建的长方体。

【例 10-2】 在装配文件中先创建空白组件，然后使其成为工作部件，再在其中添加几何模型。

(1)新建一个单位为毫米，名为 Up_Down_Assem_2. prt 的装配文件，调用【建模】和【装配】模块后，保存文件。

(2)单击【装配】工具条上的【新建组件】图标，弹出【新组件文件】对话框，输入部件名称(如 Up_Down_2)并指定部件保存目录。

(3)单击【确定】按钮后，弹出如图 10-24 所示的【新建组件】对话框，不选择任何对象，直接单击【确定】按钮，即可在装配中添加了一个不含几何体对象的新组件。

(4)双击装配导航器上的新组件节点 Up_Down_2，使新组件成为一个工作部件，然后使用【长方体】工具创建一个 100×80×40 的长方体。

(5)按 Ctrl＋S 保存文件。由于新组件是工作节点，所保存的只是刚才所建立的几何体。

(6)双击装配导航器上的节点 Up_Down_Assem_2，使装配部件成为工作部件；再按 Ctrl＋S，保存整个装配文件。

10.6 部件间建模

部件间建模是指通过"链接关系"建立部件间的相互关联，从而实现部件间的参数化设计。利用部件间建模技术可以提高设计效率，并且保证了部件间的关联性。

利用 WAVE 几何链接器可以在工作部件中建立相关或不相关的几何体。如果建立相关的几何体，它必须被链接到同一装配中的其他部件。链接的几何体相关到它的父几何体，改变父几何体会引起所有部件中链接的几何体自动地更新。如图 10-25 所示，轴承尺寸被更改，但未编辑安装框架孔。通过 WAVE 复制，曲线从轴承复制到框架，无论轴承尺寸更改、旋转还是轴位置移动，都可自动更新孔。

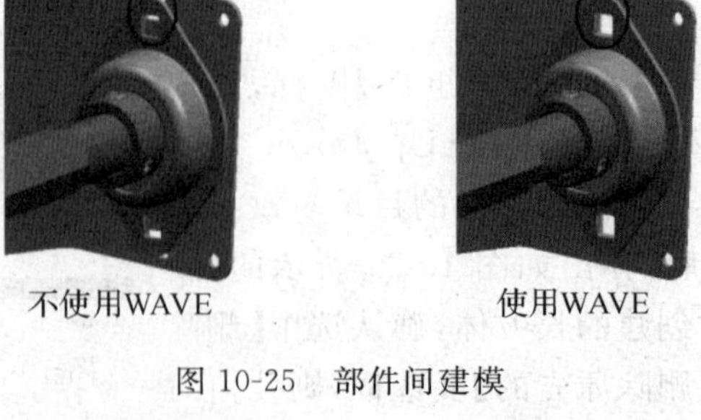

图 10-25 部件间建模

部件间建模的操作步骤如下：

(1)保持显示部件不变，将新组件设置为工作部件。

(2)在【装配】工具条上单击【WAVE 几何链接器】图标，弹出【WAVE 几何链接器】对话框，如图10-26所示，可以将其他组件的对象如点、线、草图、面、体等链接到当前的工作部件中。

1. 类型：下拉列表中列出可链接的几何对象类型。

2. 关联：选中该选项，产生的链接特征与原对象关联。

3. 隐藏原先的：选中此选项，则在产生链接特征后，隐藏原来对象。

(3)利用链接过来的几何对象生成几何体。

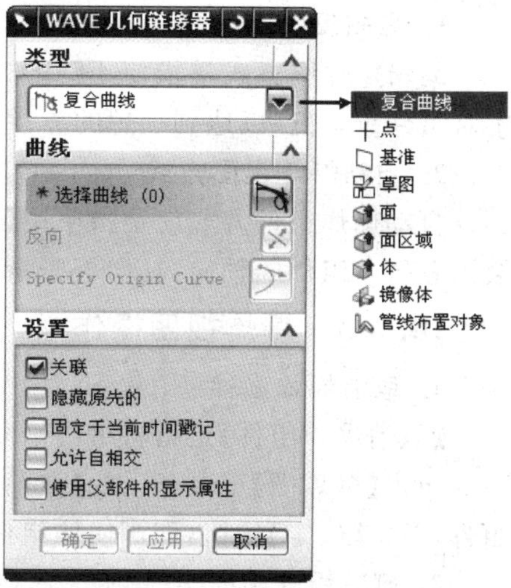

图 10-26 【WAVE 几何链接器】对话框

10.7 爆炸视图

10.7.1 概念

爆炸视图是装配结构的一种图示说明。在该视图中，各个组件或一组组件分散显示，就像各自从装配件的位置爆炸出来一样，用一条命令又能装配起来。利用装配视图可以清楚地显示装配或者子装【爆炸图】工具条，如图 10-27 已经命名的视图，一个模型中可以有多个爆炸图。默认的爆炸图名称为 Explosion，后加数字后缀，也可以根据需要指定其他名称。

图 10-27 【爆炸图】工具条

10.7.2 爆炸视图的创建

单击【装配】工具条上的【爆炸图】图标，弹出【爆炸图】工具条，如图 10-27 所示。

单击【创建爆炸图】图标，弹出如图 10-28 所示的对话框，在该对话框中输入爆炸视图的名称或接受系统默认的名称后，单击【确定】按钮即可建立一个新的爆炸图。

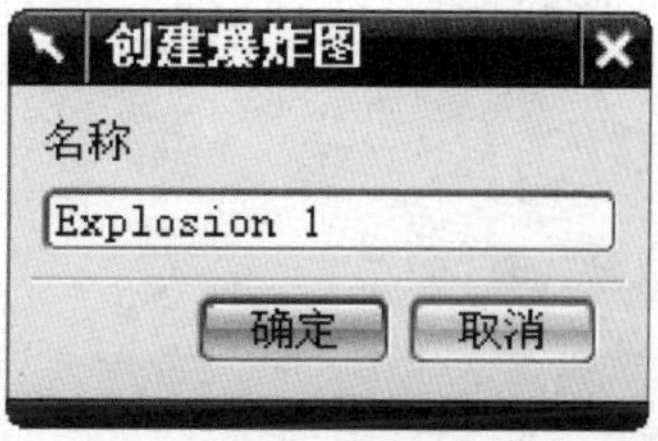

图 10-28 【创建爆炸图】对话框

单击【创建爆炸图】图标前，应确保爆炸视图切换下拉列表框中为（无爆炸），否则系统会提示所创建的爆炸视图已存在。

UG NX 中可用以下两种方式来生成爆炸图：编辑爆炸图方式与自动爆炸图方式。

1. 编辑爆炸图方式

编辑爆炸图方式是指使用【编辑爆炸图】工具在爆炸图中对组件重定位，以达到理想的分散、爆炸效果。

2. 自动爆炸视图方式

自动爆炸组件方式就是指使用【自动爆炸组件】命令，通过输入统一的爆炸距离值，系统会沿着每个组件的轴向、径向等矢量方向进行自动爆炸。

10.7.3 爆炸视图操作

1. 取消爆炸组件

【取消爆炸组件】是指将组件恢复到未爆炸之前的位置。

单击【爆炸图】工具条上的【取消爆炸组件】图标，将弹出【类选择】对话框，选择要复位的组件，单击【确定】按钮，即可使该组件回到其原来的位置。

2. 删除爆炸视图

【删除爆炸视图】只能删除非工作状态的装配爆炸视图。

单击【爆炸视图】工具条上的【删除爆炸视图】图标，将弹出选择爆炸视图对话框，如图10-29所示；在列表框中选择要删除的爆炸视图，单击【确定】按钮即可删除该爆炸视图。

3. 隐藏组件

【隐藏组件】是隐藏工作视图中的组件。

单击【爆炸图】工具条上的【隐藏视图中的组件】图标，弹出如图10-30所示的对话框，选择要隐藏的组件，单击【确定】按钮即可使该组件在当前图形窗口隐藏。

4. 显示组件

【显示组件】是将工作视图隐藏的组件显示出来。

单击【爆炸图】工具条上的【显示视图中的组件】图标，弹出如图10-31所示的【显示视图中的组件】对话框，其中列出了所有已隐藏的组件的名称；在列表框中选择要显示的组件，单击【确定】按钮即可使该组件在当前图形窗口显示。

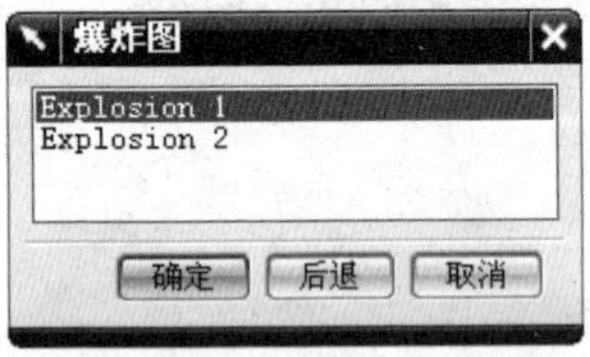

图10-29 【删除爆炸视图】

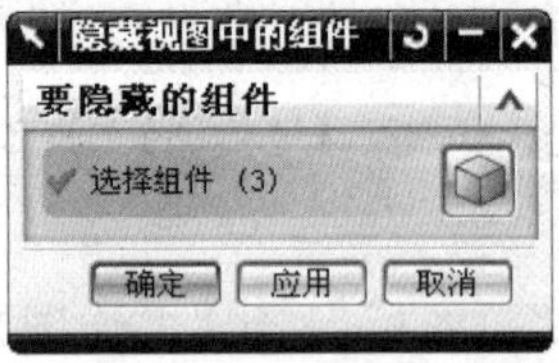

图10-30 【隐藏视图中的组件】

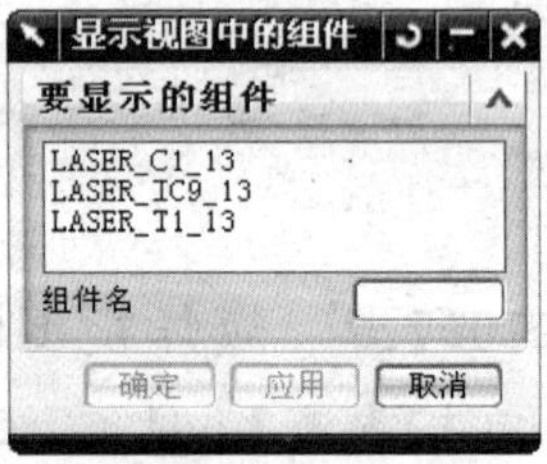

图10-31【显示视图中的组件】

10.8 装配实例

10.8.1 脚轮自底向上装配

完成如图10-32所示脚轮的装配。

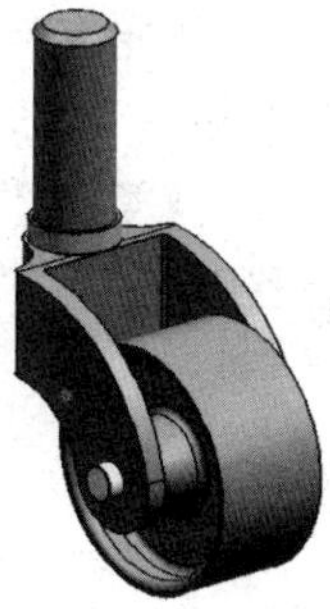

图 10-32　脚轮

【知识点】

(1)添加组件；

(2)添加装配约束。

【操作步骤及要点】

(1)新建部件文件。

①选择【文件】|【新建】命令，弹出【新建】对话框，在【名称】文本框中输入“assy_jiaolun”，设置【单位】为【毫米】，其余保持默认设置。

②单击【确定】，进入建模环境。

③选择【开始】|【装配】命令，进入装配环境，系统界面下方出现【装配】工具条。

装配文件的单位与零部件的单位要一致，否则有些操作如【设为工作部件】不能进行。由于采用的是虚拟装配，装配文件并没有包括各个部件的实际几何体数据，因此各个零部件文件应与装配文件在同一个目录下，否则再打开装配文件时将很容易出错。

(2)添加叉架。

①单击装配工具条上的【添加组件】图标，弹出【添加组件】对话框，如图 10-33 所示。

②单击【打开】图标，弹出【部件名】对话框。选择“chajia. prt”文件，单击【OK】，弹出【组件预览】窗口，如图 10-34 所示。

③在【添加组件】对话框中，设置【定位】为【绝对原点】、【Reference Set】为【模型】、【图层选项】为【原先的】，单击【确定】。

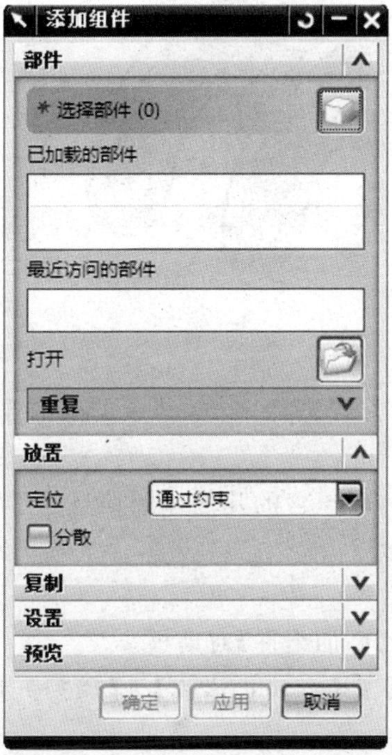

图 10-33　【添加组件】对话框

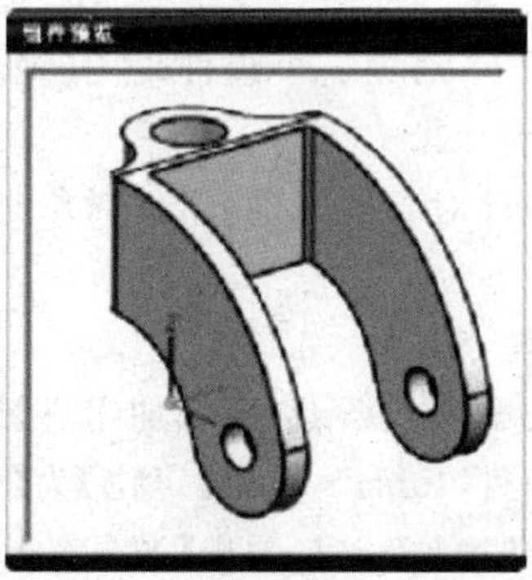

图 10-34　【组件预览】对话框

(3)固定叉架。

①单击装配工具条上的【装配约束】图标,弹出【装配约束】对话框,如图 10-35 所示。

②在【类型】下拉选项中选择【固定】,选择上一步添加的叉架,单击【确定】。此时【装配导航器】和图形窗口中都有固定约束的标记,如图 10-36 所示。

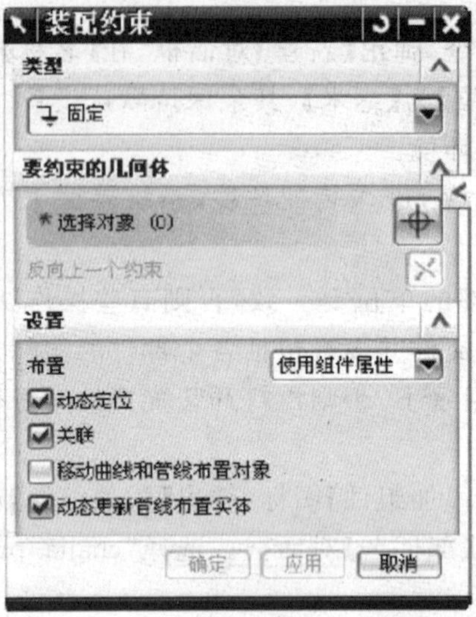

图 10-35 【装配约束】对话框

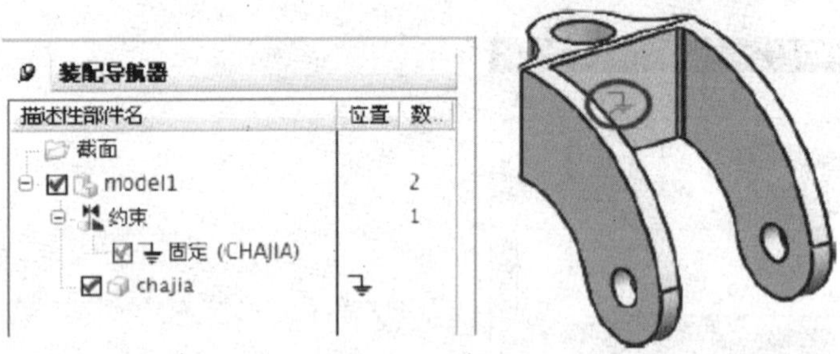

图 10-36 固定叉架

一般情况下,对第一个组件采用【绝对原点】的方式进行定位,其余的组件采用【通过约束】的方式定位。

零件与组件对象的区别:组件对象是指针实体,所包含的几何体的信息小于零件的几何信息。

(4)添加轮子。

①单击装配工具条上的【添加组件】图标,弹出【添加组件】对话框。

②选择组件“lunzi”,设置【定位】为【通过约束】、【Reference Set】为【模型】、【图层选项】为【原先的】,单击【确定】,弹出【装配约束】对话框。

③在【类型】下拉选项中选择【接触对齐】,选择【方位】为【自动判断中心/轴】,依次选择图 10-37 所示的中心线 1 和中心线 2,完成第一组装配约束。

④在【类型】下拉选项中选择【中心】,设置【子类型】为【2 对 2】,依次选择图 10-37 所示的面 3、面 4、面 5 和面 6(面 4 和面 3 相对、面 6 和面 5 相对),完成第二组装配约束。

⑤单击【确定】,完成轮子的定位,结果如图 10-38 所示。

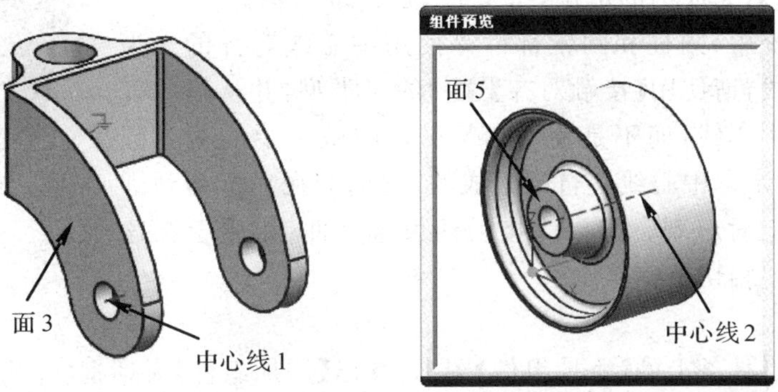

图 10-37 选择中心线和面

在装配导航器中,组件 lunzi 的位置为【部分约束】。通过【移动组件】命令,可以发现螺母还可以绕其中心轴旋转。此处这个自由度的存在是允许的,所以不必再添加其他装配约束。

(5)添加销。

①单击装配工具条上的【添加组件】图标,弹出【添加组件】对话框。

②选择组件“xiao”,设置【定位】为【通过约束】、【Reference Set】为【模型】、【图层选项】为【原先的】,单击【确定】,弹出【装配约束】对话框。

图 10-38 添加轮子

③在【类型】下拉选项中选择【接触对齐】,选择【方位】为【自动判断中心/轴】,依次选择图 10-39 所示的中心线 7 和中心线 8,完成第一组装配约束。

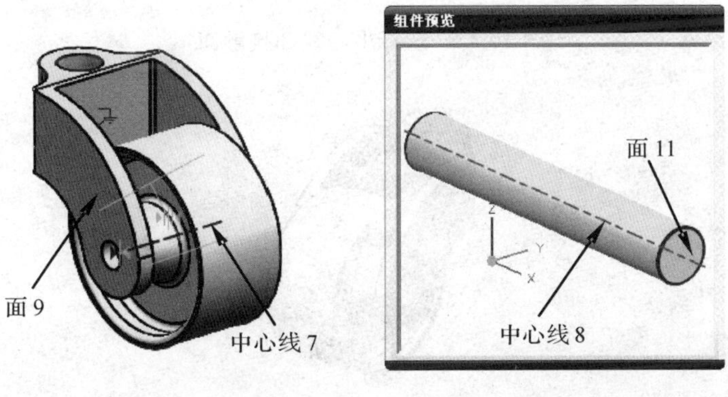

图 10-39 选择中心线和面

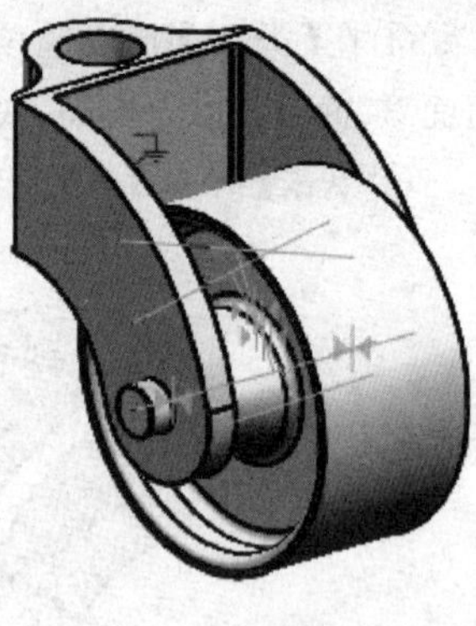
图 10-40　添加销

④在【类型】下拉选项中选择【中心】，设置【子类型】为【2 对 2】，依次选择图 10-39 所示的面 9、面 10、面 11 和面 12（面 10 和面 9 相对、面 12 和面 11 相对），完成第二组装配约束。

⑤单击【确定】，完成销的定位，结果如图 10-40 所示。

在新约束系统中，圆柱和圆锥部件是使用中心线对齐的。为了使它们的轴共线，请使用【接触对齐】这种约束类型，并从这些部件或特征中选择中心线，而不是使用 NX 5 之前版本中的对齐圆柱/圆锥面这一技术。中心线是自动生成的；它们会在光标移到圆柱或圆锥面的轴上时出现。如果为接触约束选择曲面，则会在这两个曲面之间创建相切条件。

(6)添加垫圈。

①单击装配工具条上的【添加组件】图标，弹出【添加组件】对话框。

②选择组件“dianquan”，设置【定位】为【通过约束】、【Reference Set】为【模型】、【图层选项】为【原先的】，单击【确定】，弹出【装配约束】对话框。

③在【类型】下拉选项中选择【接触对齐】，选择【方位】为【接触】，依次选择图 10-41 所示的面 13 和面 14，完成第一组装配约束。

④类型保持不变，选择【方位】为【自动判断中心/轴】设置，依次选择图 10-41 所示的中心线 15 和中心线 16，完成第二组装配约束。

⑤单击【确定】，完成垫圈的定位，结果如图 10-42 所示。

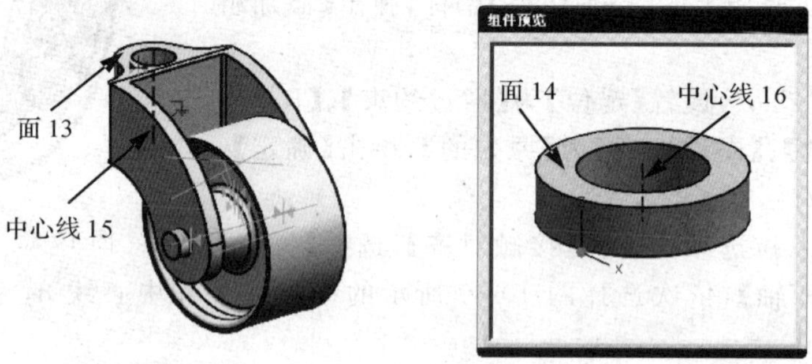

图 10-41　选择中心线和接触面

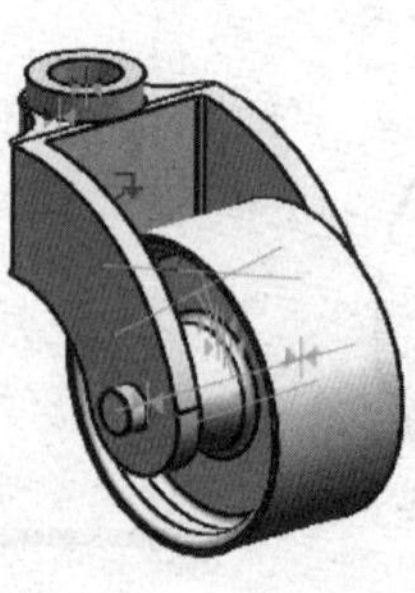
图 10-42　添加垫圈

(7)添加轴。

①单击装配工具条上的【添加组件】图标,弹出【添加组件】对话框。

②选择组件"zhou",设置【定位】为【通过约束】、【Reference Set】为【模型】、【图层选项】为【原先的】,单击【确定】,弹出【装配约束】对话框。

③在【类型】下拉选项中选择【接触对齐】,选择【方位】为【接触】,依次选择图 10-43 所示的面 17 和面 18,完成第一组装配约束。

④类型保持不变,选择【方位】为【自动判断中心/轴】设置,依次选择图 10-43 所示的中心线 19 和中心线 20,完成第二组装配约束。

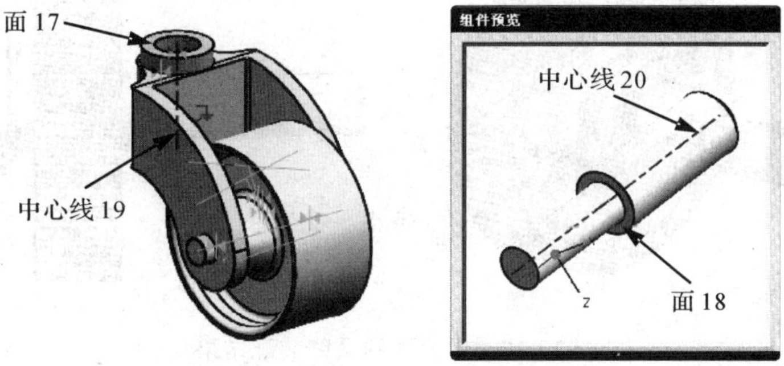

图 10-43　选择接触面和中心线

⑤单击【确定】,完成轴的定位,结果如图 10-44 所示。

装配的一般思路如下:

(1)制作各个零部件。

(2)新建一个部件文件,并调用装配模块(一般还应同时调用建模模块)。

(3)将零部件以组件的形式加入。

(4)指定组件间的装配约束。

(5)对于需要参照其他零部件进行设计的零件,采用部件间建模技术进行零部件设计。

(6)保存装配文件。

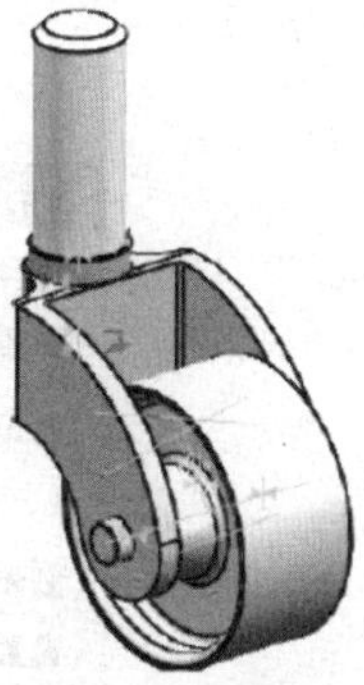

图 10-44　添加轴

10.8.2　减速器装配

【任务】

本节主要介绍减速器装配方法。减速器零件模型如图 10-45 所示。由于减速器零件比较多,所以先分别装配低速轴组件和高速轴组件,然后再进行整体装配。

【知识点】

(1)固定、接触、对齐、中心装配约束。

(2)子装配。

图 10-45　减速器

【操作步骤】

1. 低速轴装配

低速轴包括 6 个零件，其中轴为基础零件，键、齿轮、定距环和两个轴承为相配合零件。在装配过程中，主要讲述在空的装配体中导入轴作为基础零件，在齿轮轴上按装配约束依序安装轴承、键、齿轮、定距环和轴承，其中，轴承要在不同部位中各安装一个。完成后的效果如图 10-46 所示。

图 10-46　低速轴的最终装配结果

(1)新建文件“Assembly_disuzhou”，进入装配模块。

(2)以“绝对原点”定位方式添加低速轴组件(disuzhou)，并为其添加固定约束，如图 10-47所示。

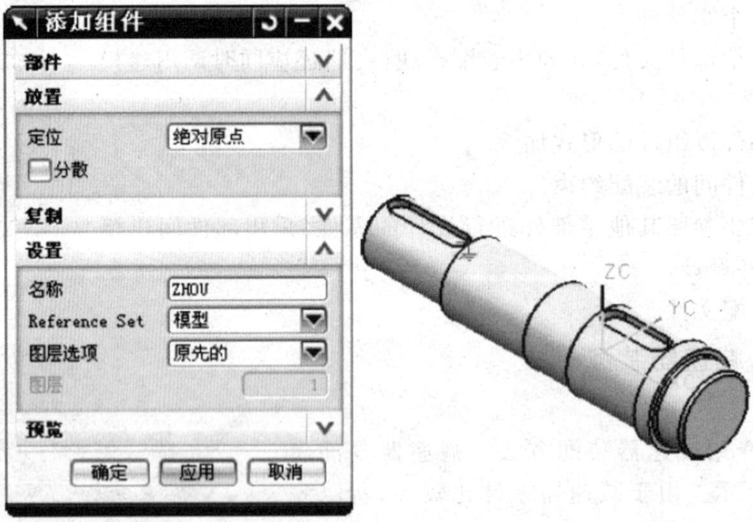

图 10-47　以绝对原点定位方式添加低速轴组件，并为其添加固定约束

(3)以“通过约束”定位方式添加键组件(jian)，如图 10-48 所示。在面 1 与面 2、面 3 与面 4、面 5 与面 6 之间分别添加接触约束，结果如图 10-49 所示。对于键与低速轴的装配，有三个接触约束，可以使键形成完全约束。

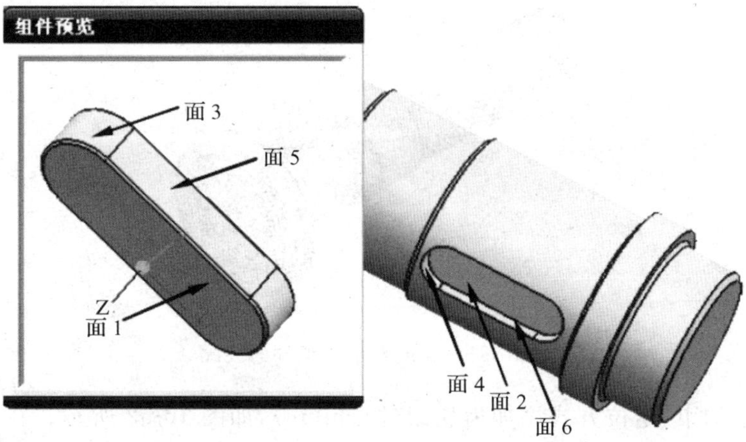

图 10-48　为键组件添加接触约束

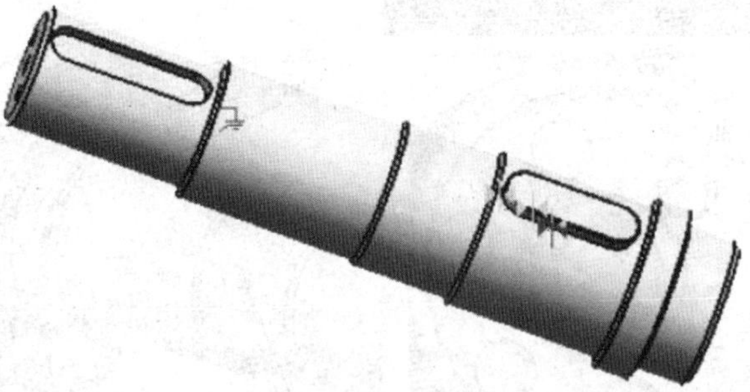

图 10-49　完成键组件的装配

(4)以“通过约束”定位方式添加轴承 1 组件(zhoucheng1),如图 10-50 所示。在面 1 与面 2 之间、中心线 1 与中心线 2 之间分别添加接触约束,结果如图 10-51 所示。对于低速轴与轴承的装配,有两个接触约束,可以使轴承形成欠约束,轴承可以绕自身中心轴线旋转。

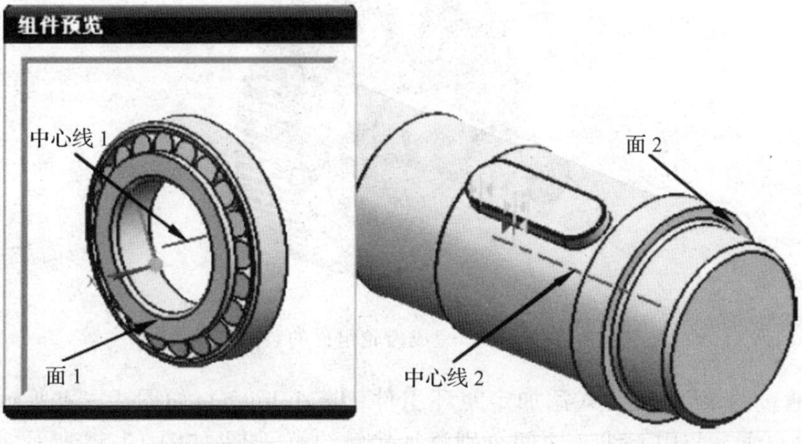

图 10-50　为轴承 1 组件添加接触约束

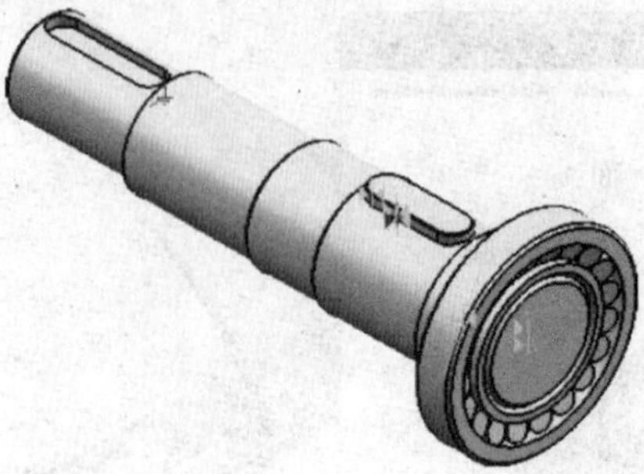

图 10-51　完成轴承 1 组件的装配

(5)以“通过约束”定位方式添加齿轮组件(chilun),如图 10-52 所示。在面 1 与面 2 之间、面 3 与面 4 之间、中心线 1 与中心线 2 之间分别添加接触约束,结果如图 10-53 所示。对于低速轴轴与齿轮的装配,有三个接触约束,可以使齿轮形成完全约束。

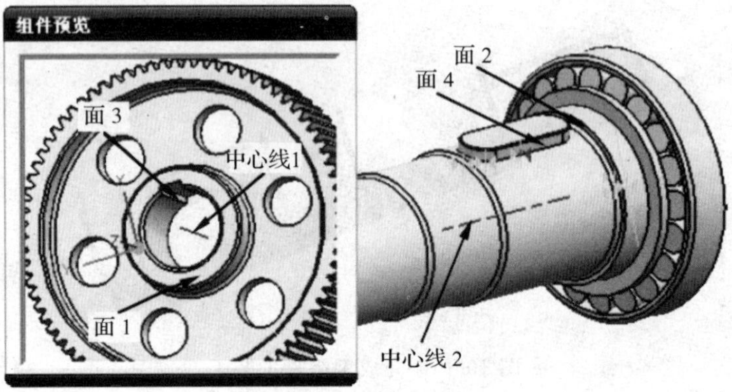

图 10-52　为齿轮组件添加接触约束

图 10-53　完成齿轮组件的装配

(6)以“通过约束”定位方式添加定距环组件(dingjuhuan),如图 10-54 所示。在面 1 与面 2 之间、中心线 1 与中心线 2 之间分别添加接触约束,结果如图 10-55 所示。对于低速轴与定距环的装配,有两个接触约束,可以使定距环形成欠约束。

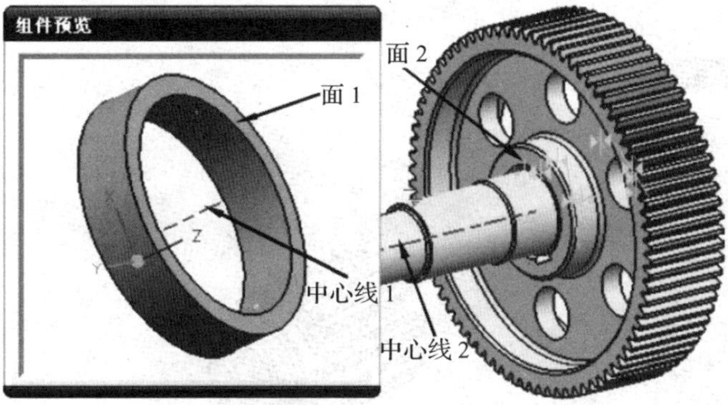

图 10-54　为定距环组件添加接触约束

图 10-55　完成定距环组件的装配

(7)以“通过约束”定位方式添加轴承 1 组件(zhoucheng1),如图 10-56 所示。在面 1 与面 2 之间、中心线 1 与中心线 2 之间分别添加接触约束,结果如图 10-57 所示。对于低速轴与轴承的装配,有两个装配约束:一个接触约束和一个对齐约束,可以使轴承形成欠约束,轴承可以绕自身中心线旋转。

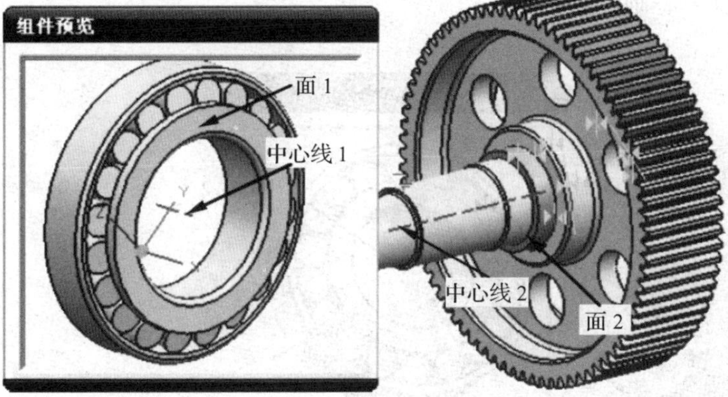

图 10-56　为轴承 1 组件添加接触约束

图 10-57　完成轴承 1 组件的装配

(8)低速轴的最终装配结果如图 10-46 所示。

2. 高速轴装配

高速轴组件包括 3 个零件,齿轮轴作为基础零件,两个完全相同的轴承作为相配合零件。在装配过程中,首先在空的装配体中导入齿轮轴作为基础零件,然后在齿轮轴上按装配约束安装两个完全相同的轴承。完成后的效果如图 10-58 所示。

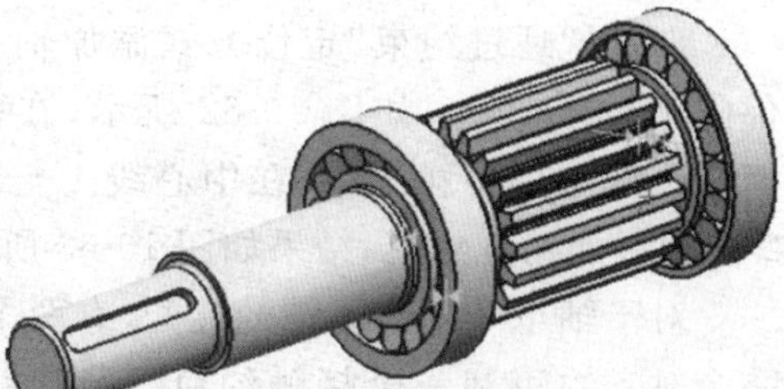

图 10-58　高速轴的最终装配结果

(1)新建文件“Assembly_gaosuzhou”,进入装配模块。

(2)以“绝对原点”定位方式添加高速轴组件(gaosuzhou),并为其添加固定约束,如图 10-59 所示。

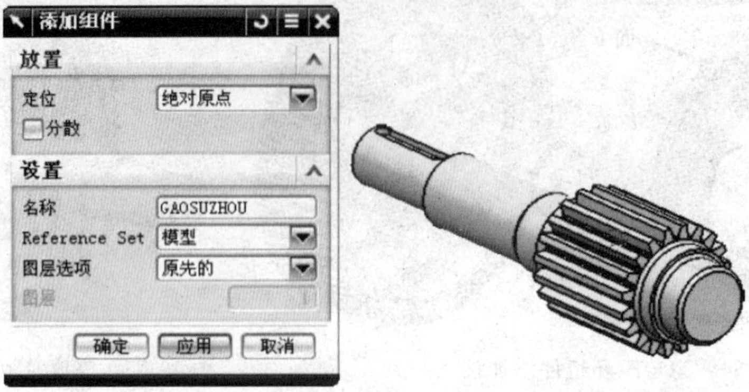

图 10-59　添加高速轴组件

(3)以“通过约束”定位方式添加轴承 2 组件(zhoucheng2)。如图 10-60 所示,在面 1 与面 2 之间添加接触约束,在中心线 1 与中心线 2 之间添加对齐约束,结果如图 10-61 所示。

对于轴承 2 与高速轴的装配,有两个约束:一个接触约束和一个对齐约束,可以使轴承 2 形成欠约束,轴承 2 可以绕自身中心轴线旋转。

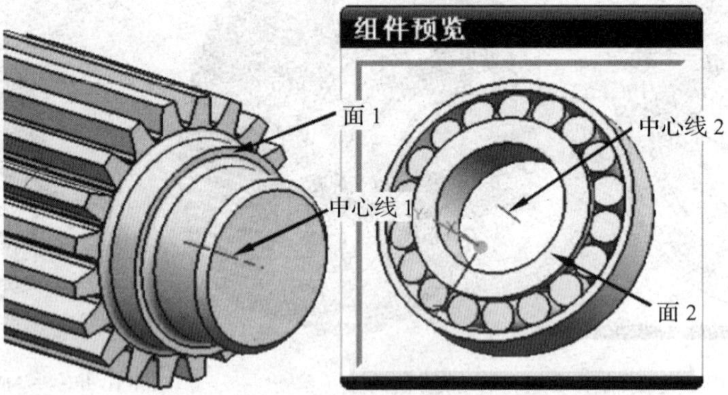

图 10-60　为轴承 2 组件添加装配约束

(4)以“通过约束”定位方式添加轴承 2 组件(zhoucheng2)。如图 10-62 所示,在面 1 与面 2 之间添加接触约束,在中心线 1 与中心线 2 之间添加对齐约束,结果如图 10-63 所示。

对于轴承 2 与高速轴的装配,有两个约束:一个对齐约束和一个接触约束,可以使轴承 2 形成欠约束,轴承 2 可以绕着自身中心轴线旋转。

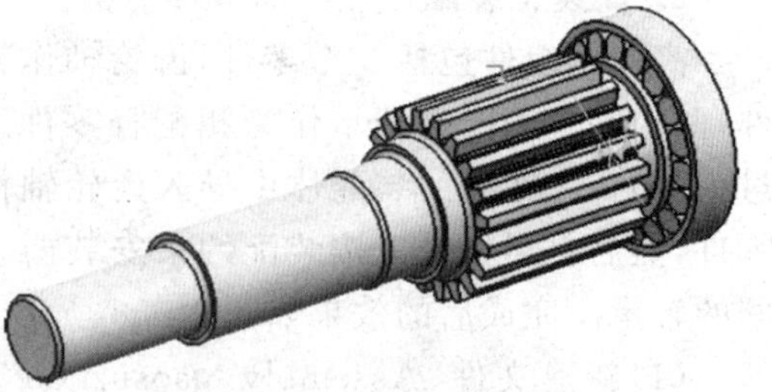

图 10-61　完成轴承 2 组件的装配

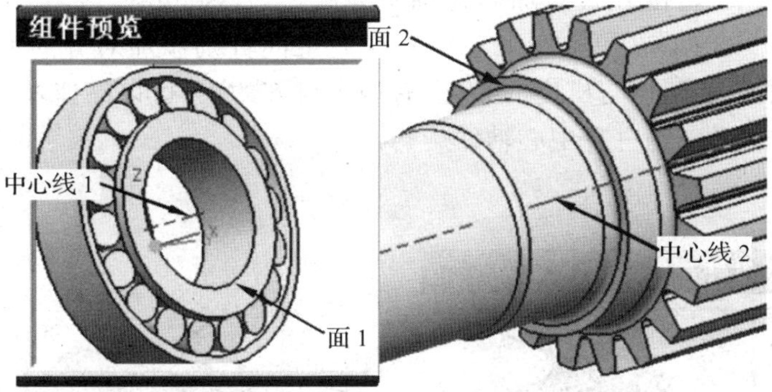

图 10-62　为轴承 2 组件添加装配约束

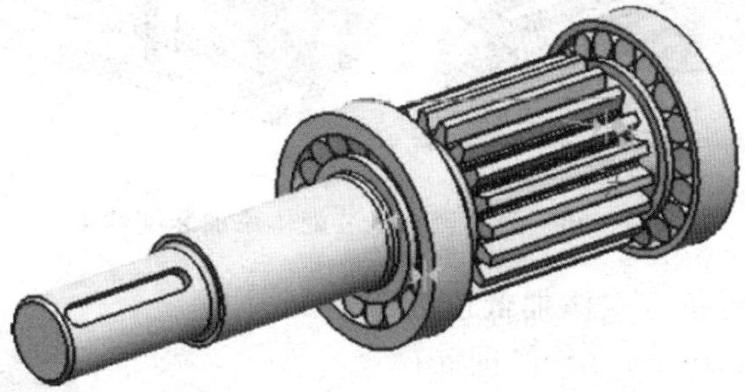

图 10-63　完成轴承 2 组件的装配

(5)高速轴的最终装配结果如图 10-58 所示。

3. 减速器装配

首先将机座零件导入空的装配体中，然后在机座上安装高速轴组件和低速轴组件，结果如图 10-45 所示。

(1)新建文件“Assembly_jiansuqi”，进入装配模块。

(2)以“绝对原点”定位方式添加机座组件(jizuo)，并为其添加固定约束，如图 10-64 所示。

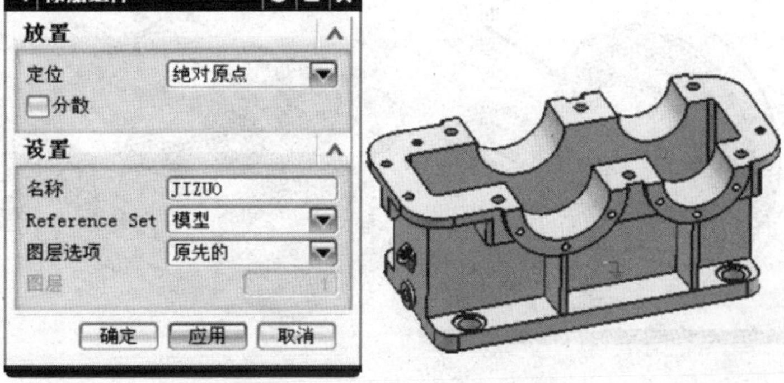

图 10-64　添加机座组件

(3)以“通过约束”定位方式添加高速轴子装配体(Assembly_gaosuzhou)。如图 10-65 所示,在面 1 与面 2 之间、在中心线 1 与中心线 2 之间分别添加对齐约束,结果如图 10-66 所示。对于高速轴子装配体与机座的装配,有两个对齐约束,可以高速轴子装配体形成欠约束,高速轴子装配体可以绕自身中心轴线旋转。

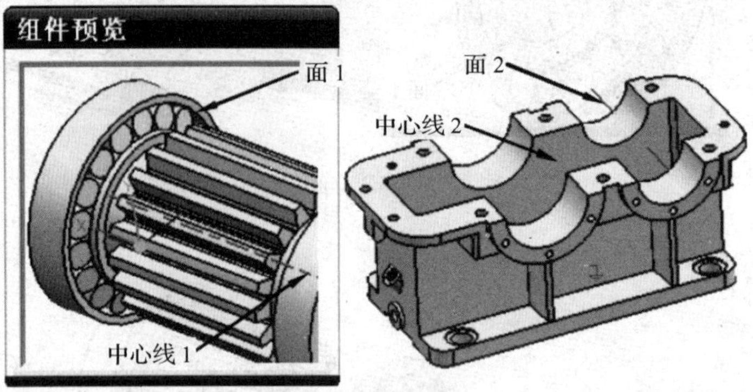

图 10-65　为高速轴子装配体添加装配约束

(4)以“通过约束”定位方式添加低速轴子装配体(Assembly_disuzhou)。如图 10-67 所示,在面 1 与面 2 之间、中心线 1 与中心线 2 之间分别添加对齐约束,结果如图 10-68 所示。

对于低速轴子装配体与机座的装配,有两个对齐约束,可以低速轴子装配体形成欠约束,低速轴子装配体可以绕自身中心轴线旋转。

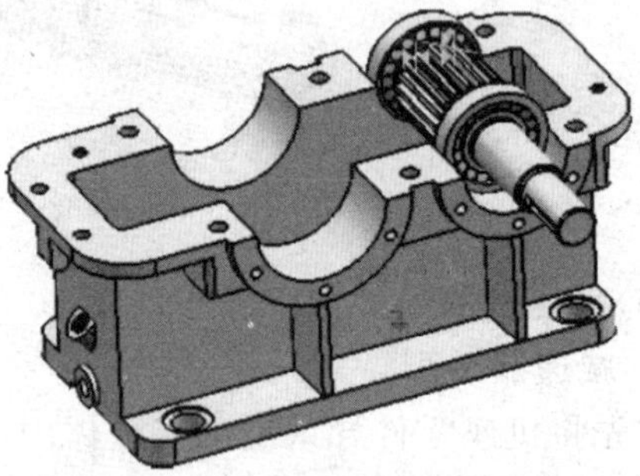

图 10-66　完成高速轴子装配体的装配

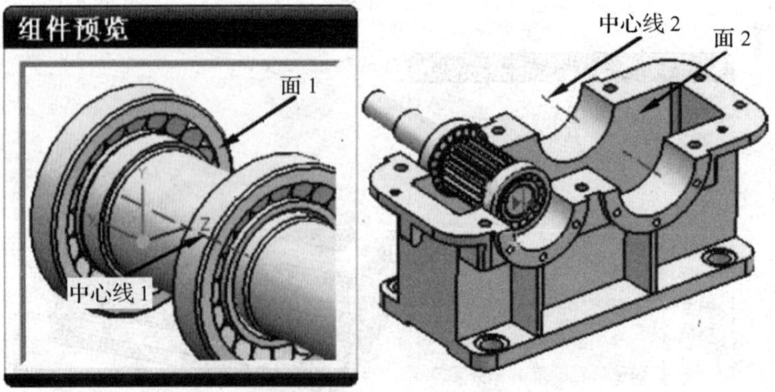

图 10-67　为低速轴子装配体添加装配约束

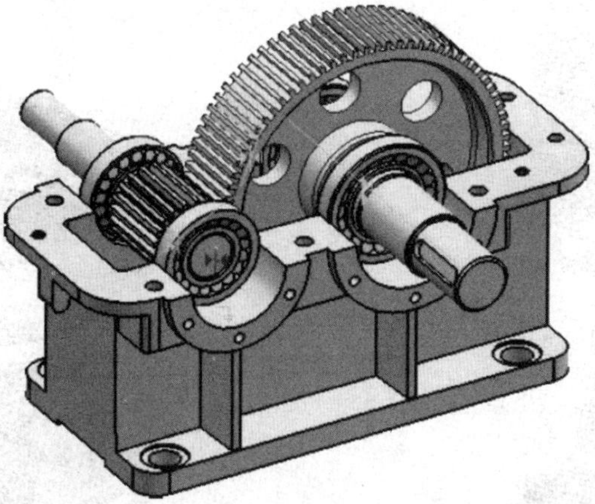

图 10-68　完成低速轴子装配体的装配

(5)减速器的最终装配结果如图 10-45 所示。

10.9　思考与练习

1. 请简述组件、组件对象、零件的区别。
2. 请简述自底向上装配的关键步骤。
3. 请简述部件间建模的关键步骤。
4. 完成如下图的装配。

图 10-69　低速轴

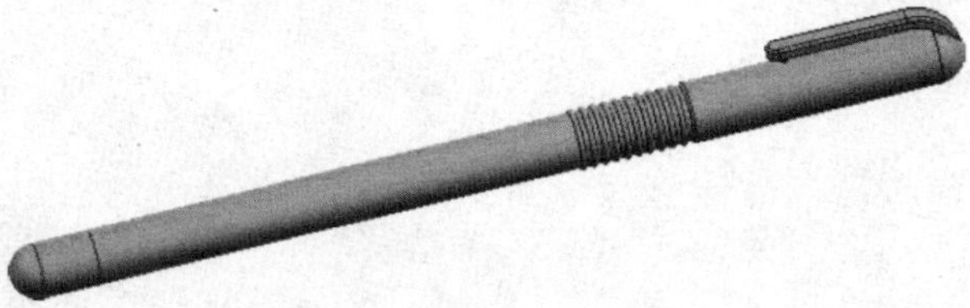

图 10-70　笔装配

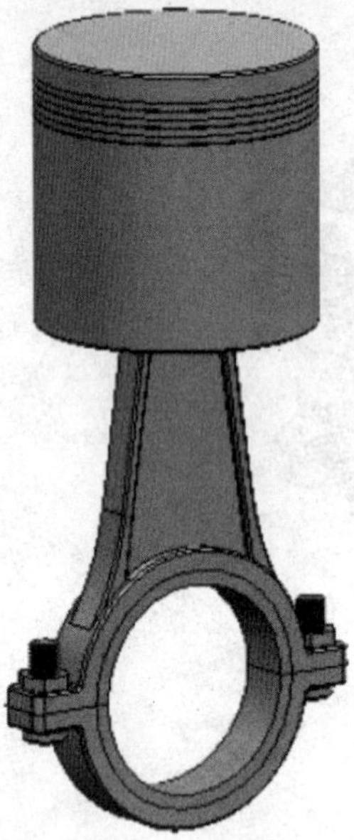

图 10-71　活塞连杆组

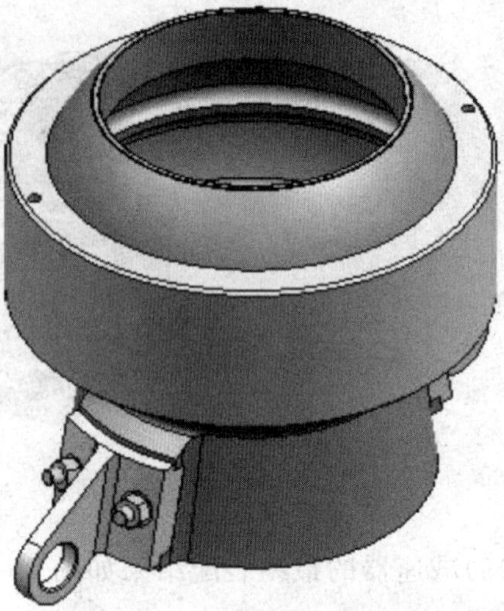

图 10-72　球阀装配

第 11 章　工程制图

11.1　概　述

11.1.1　UG NX 工程图特点

UG NX 系统中的工程图模块不应理解为传统意义上的二维绘图，它并不是用曲线工具直接绘制的工程图，而是利用 UG NX 的建模功能创建的零件和装配模型，引用到 UG NX 的制图模块中，快速地生成二维工程图。

由于 UG NX 软件所创建的二维工程图是由三维实体模型二维投影所得到的，因此，工程图与三维实体模型是完全关联的，实体模型的尺寸、形状和位置的任何改变，都会引起二维工程图的变化。

11.1.2　制图模块的调用方法

调用制图模块的方法大致有 3 种：

(1)单击【应用】工具条上的【制图】命令图标；

(2)在【标准】工具条的【开始】下拉菜单中选择【制图】命令；

(3)按快捷键 Ctrl＋Shift＋D。

UG NX 制图工作环境界面与实体建模界面相比，在【插入】下拉菜单中增加了二维工程图的有关操作工具。另外，主界面还增加了 6 个工具条，应用这些菜单命令和工具条按钮，可以快速创建和编辑二维工程图。

11.1.3　UG NX 出图的一般流程

UG NX 出图的一般流程为：

(1)打开已经创建好的部件文件，并加载【建模】及【制图】模块。

(2)设定图纸。包括设置图纸的尺寸、比例以及投影角等参数。

(3)设置首选项。UG 软件的通用性比较强，其默认的制图格式不一定满足用户的需要，因此在绘制工程图之前，需要根据制图标准设置绘图环境。

(4)导入图纸格式(可选)。导入事先绘制好的符合国标、企标或者适合特定标准的图纸格式。

(5)添加基本视图。例如主视图、俯视图、左视图等。

(6)添加其他视图。例如局部放大图、剖视图等。

(7)视图布局。包括移动、复制、对齐、删除以及定义视图边界等。

(8)视图编辑。包括添加曲线、修改剖视符号、自定义剖面线等。

(9)插入视图符号。包括插入各种中心线、偏置点、交叉符号等。

(10)标注图纸。包括标注尺寸、公差、表面粗糙度、文字注释以及建立明细表和标题栏等。

(11)保存或者导出为其他格式的文件。

(12)关闭文件。

11.2 工程图纸的创建与编辑

11.2.1 创建工程图纸

通过新建图纸页命令,可以在当前模型文件内新建一张或多张指定名称、尺寸、比例和投影角的图纸。

工作表对话框如图 11-1 所示。

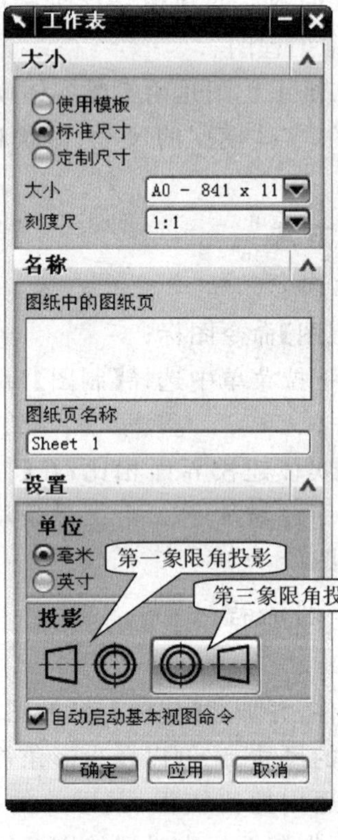

图 11-1 【工作表】对话框

11.2.2 打开工程图纸

若一个文件中包含几张工程图纸的时候,可以打开已经存在的图纸,使其成为当前图纸,以便进一步对其进行编辑。但是,原先打开的图纸将自动关闭。

打开工程图纸的方法大致有 3 种:

(1)在部件导航器中双击欲要打开的图纸页节点；

(2)在部件导航器中选择欲要打开的图纸页节点，然后单击右键，在弹出的快捷菜单中选择【打开】，如图 11-2 所示。

(3)单击【图纸】工具条上的【打开图纸页】命令图标，弹出【打开图纸页】对话框，如图 11-3 所示。列表框中列出了所有已创建但未打开的工程图纸清单，选择想要打开的工程图纸或直接在【图纸页名称】文本框中输入工程图纸名称，单击【确定】按钮即可打开所选图纸。

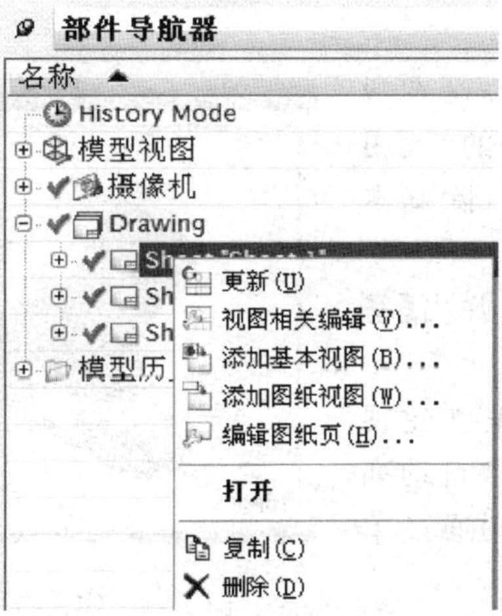

图 11-2 【打开】

图 11-3 【打开图纸页】对话框

11.2.3 编辑工程图纸

在进行视图添加及编辑过程中，有时需要临时添加剖视图、技术要求等，而在新建过程中设置的工程图参数可能无法满足要求(如图纸类型、图纸尺寸、图纸比例)，这时需要对图纸进行编辑。

编辑工程图纸的方法大致有 2 种：

(1)在部件导航器中选择欲要编辑的图纸页节点，然后单击右键，在弹出的快捷菜单中选择【编辑图纸页】，如图 11-2 所示。

(2)选择【编辑】|【图纸页】命令。

只有在图纸上没有投影视图存在时，才可以修改投影角。

11.2.4 删除工程图纸

删除工程图纸的方法大致有 2 种：

(1)在部件导航器中选择欲要删除的图纸页节点，然后单击右键，在弹出的快捷菜单中选择【删除】，如图 11-2 所示。

(2)将光标放置在图纸边界虚线部分，单击【左键】选中图纸页，然后单击右键，在弹出的快捷菜单中选择【删除】，或直接按键盘上 Delete 键。

11.3 视图的创建

11.3.1 基本视图

基本视图指实体模型的各种向视图和轴测图，包括前视图、后视图、左视图、右视图、俯视图、仰视图、正等轴测图和正二测视图。基本视图是基于三维实体模型添加到工程图纸上的视图，所以又称为模型视图。

在一个工程图中至少要包含一个基本视图。除基本视图外的视图都是基于图纸页上的其他视图来建立的，被用来当作参考的视图称为父视图。每添加一个视图（除基本视图）时都需要指定父视图。

单击【图纸】工具条上的【基本视图】命令图标，弹出【基本视图】对话框，如图 11-4 所示。

图 11-4 定向视图

(1)部件：该选项区的作用主要是选择部件来创建视图。如果是先加载了部件，再创建视图，则该部件被自动列入【已加载的部件】列表中。如果没有加载部件，则通过单击【打开】按钮来打开要创建基本视图的部件。

(2)视图原点：该选项区用于确定原点的位置，以及防止主视图的方法。

(3)模型视图：该选项区的作用是选择基本视图来创建主视图。

Model View to Use(使用的模型视图)：从下拉列表中选择一基础视图。在该下拉列表中共包含了 8 种基本视图。

定向视图工具：单击图标，弹出如图 11-4 所示的定向视图窗口，通过该窗口可以在放置视图之前预览方位。

(4)刻度尺：该选项区用于设置视图的缩放比例。在【刻度尺】下拉列表中包含有多种给定的比例尺，如“1∶5”表示视图缩小至原来的五分之一，而“2∶1”则表示视图放大为原来的 2 倍。除了给定的固定比例值，还提供了“比率”和“表达式”两种自定义形式的比例。该刻度尺只对正在添加的视图有效。

(5)设置：该选项区主要用来设置视图的样式。单击【视图样式】按钮，弹出如图 11-5 所示的【视图样式】对话框，可以在该对话框中进行相关选项的设置。

11.3.2 投影视图

投影视图，即国标中所称的向视图，它是根据主视图来创建的投影正交视图或辅助视图。

在 UG 制图模块中，投影视图是从一个已经存在的父视图沿着一条铰链线投影得到的，投影视图与父视图存在着关联性。创建投影视图需要指定父视图、铰链线及投影方向。

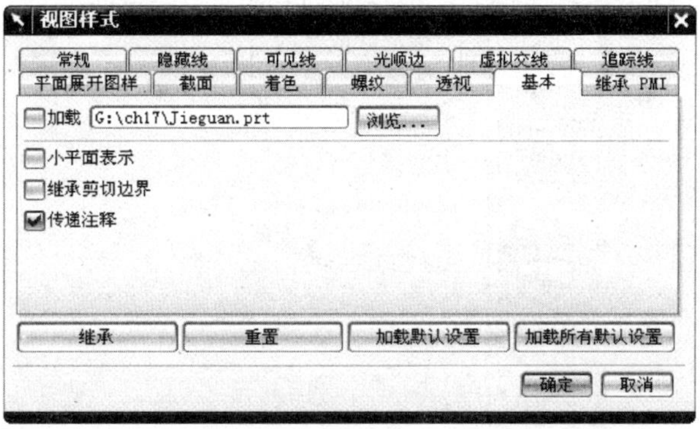

图 11-5 【视图样式】

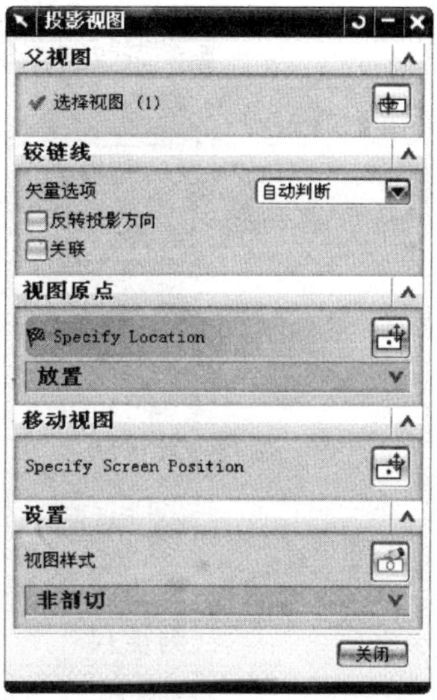

图 11-6 【投影视图】对话框

单击【图纸】工具条上的【投影视图】命令图标，弹出如图 11-6 所示的对话框。

(1)父视图：该选项区的主要作用是选择创建投影视图的父视图(主视图)。

(2)铰链线：铰链线其实就是一个矢量方向，投影方向与铰链线相垂直，即创建的视图沿着与铰链线相垂直的方向投影。选择【反转投影方向】复选框，则投影视图与投影方向相反。

(3)视图原点：该选项区的作用是确定投影视图的放置位置。

(4)移动视图：该选项区的作用是移动图纸中的视图。在图纸中选择一个视图后，即可拖动此视图至任意位置。

11.3.3 局部放大图

用矩形、圆形或自定义曲线边界来创建局部放大视图，其包含现有图纸视图的放大部分的视图。放大的局部放大图显示在创建局部放大图的原视图中不明显的细节，如图 11-7 所示。

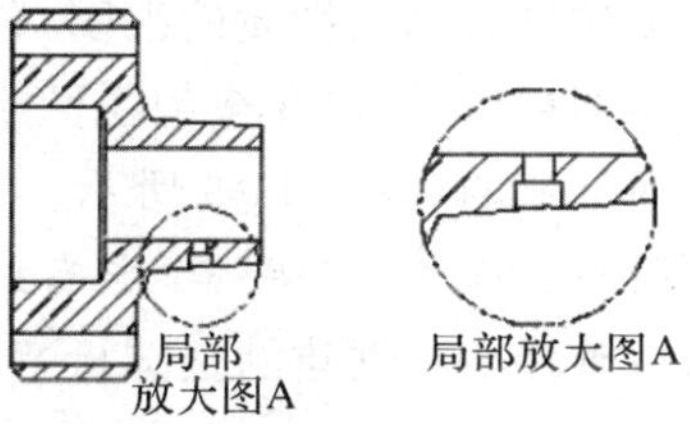

图 11-7 局部放大图

局部放大图对话框如图 11-8 所示。

【操作步骤】

创建局部放大图的基本步骤如下：

1. 选择【插入】|【视图】|【局部放大图】命令。
2. 选择一种边界类型。
3. 指定确定边界的两个点。
4. 将光标拖动所需的位置。
5. 单击以放置视图。

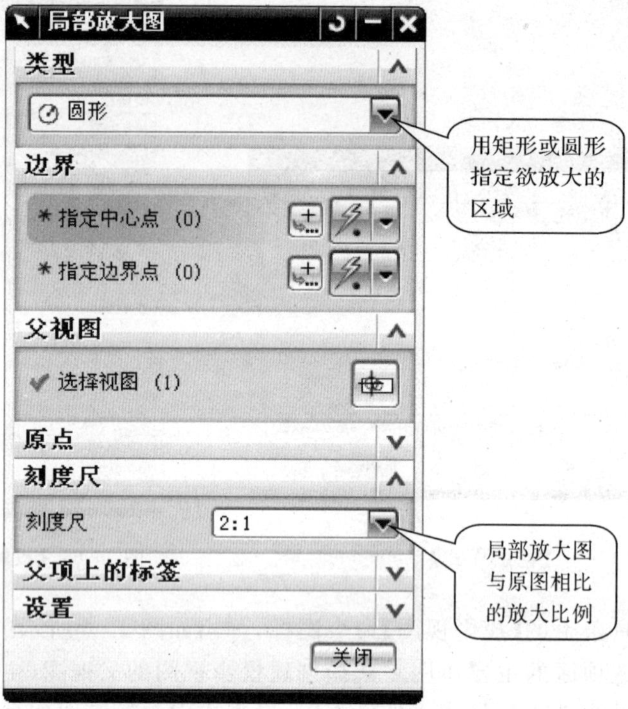

图 11-8　局部放大图对话框

11.3.4　剖视图

创建具有剖切性质的视图，包括全剖视图和阶梯使用剖视图。

全剖视图：可以在全剖视图中查看部件的内部。它是通过使用单个剖切平面将该部件分开而创建的，如图 11-9 所示。

阶梯剖视图：创建一个含有线性阶梯的剖面。可以用多个剖切段、折弯段和箭头段来创建这些阶梯。所创建的全部折弯段和箭头段都与剖切段垂直，如图 11-10 所示。

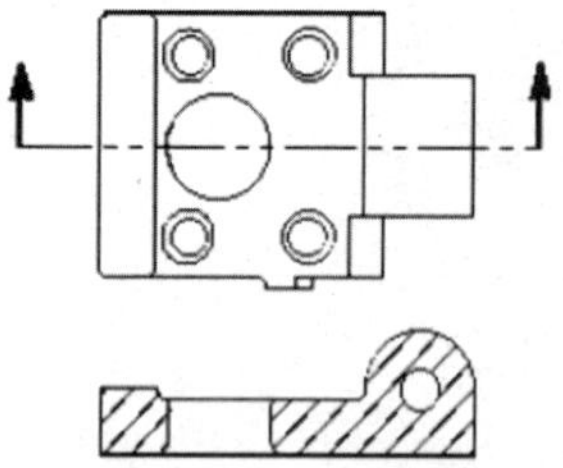

图 11-9　全剖视图

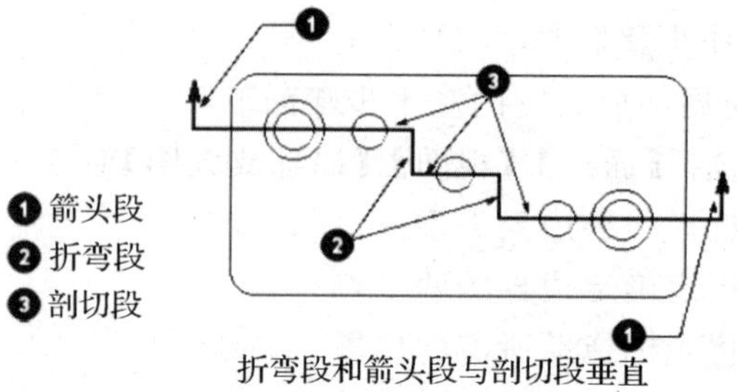

图 11-10　阶梯剖视图

剖视图对话框如图 11-11 所示。

图 11-11　剖视图对话框

1. 创建全剖视图

创建全剖视图的基本步骤如下：

(1)选择【插入】|【视图】|【剖视图】命令。

(2)选择要剖切的视图(即,选择父视图)。

(3)定义剖切位置,如图 11-12 所示。

(4)将光标移出视图并移动到所希望的视图通道。

(5)单击鼠标左键以放置剖视图,如图 11-13 所示。

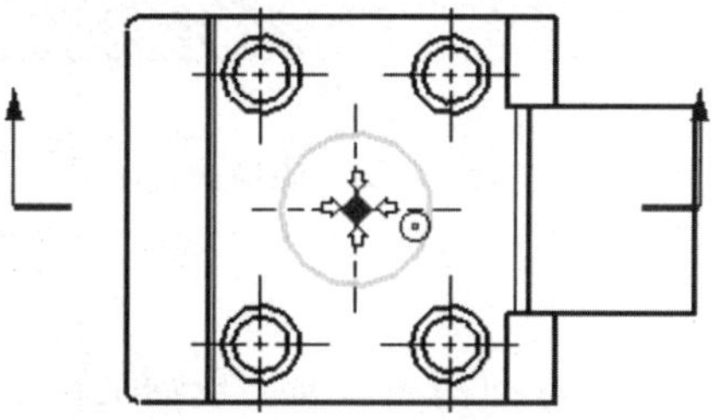

图 11-12　选择一个剖切位置

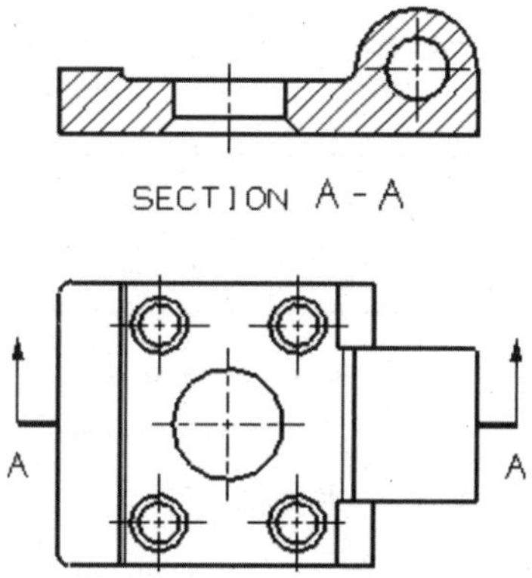

图 11-13　全剖视图

2. 创建阶梯剖视图

创建阶梯剖视图与创建全剖视图类似。差别是通过单击右键并选择添加段来定义剖切线要折弯或切透的附加点。

创建阶梯剖视图的基本步骤如下：

(1)选择【插入】|【视图】|【剖视图】命令。

(2)选择要剖切的视图(即,选择父视图)。

(3)定义剖切位置,如图 11-14 所示。

(4)右键单击并选择【添加段】命令。

(5)选择下一个点并单击鼠标左键。

(6)根据需要继续添加折弯和剖切。

(7)单击【放置视图】并将光标移到所需的位置,如图 11-15 所示。

(8)单击鼠标左键以放置视图,如图 11-16 所示。

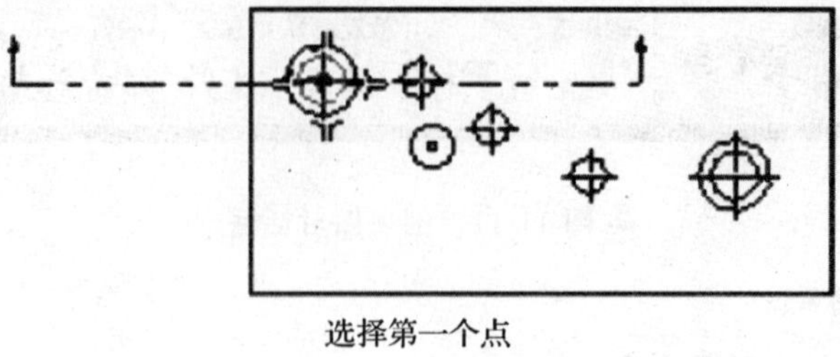

图 11-14　定义剖切位置

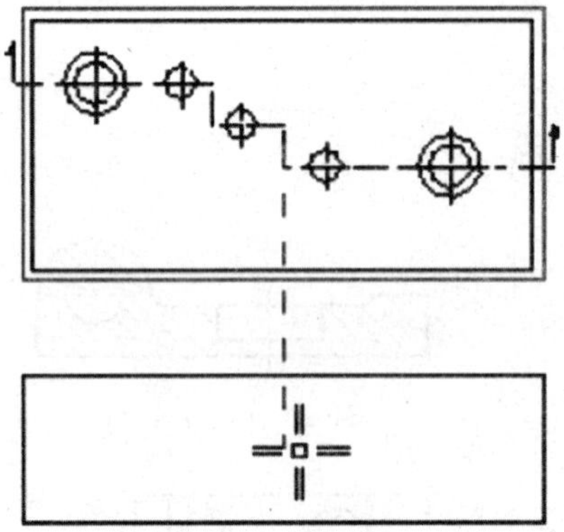

图 11-15　放置视图

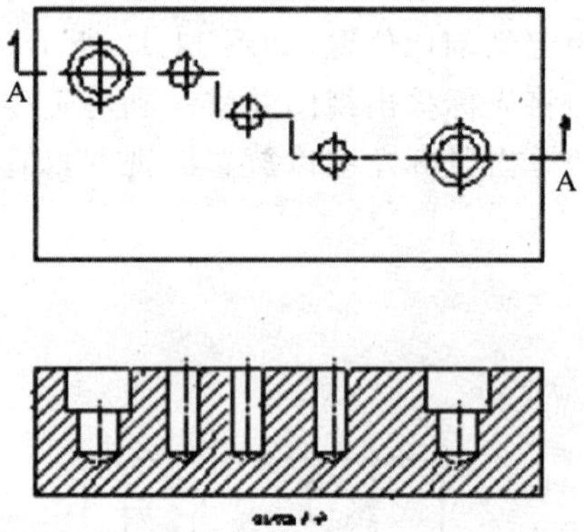

图 11-16　阶梯剖视图

11.3.5　半剖视图

创建以对称中心线为界，部件一半被剖切，一半未被剖切的视图。半剖类似于全剖和阶梯剖，其剖切段与定义的铰链线平行，如图 11-17 所示。

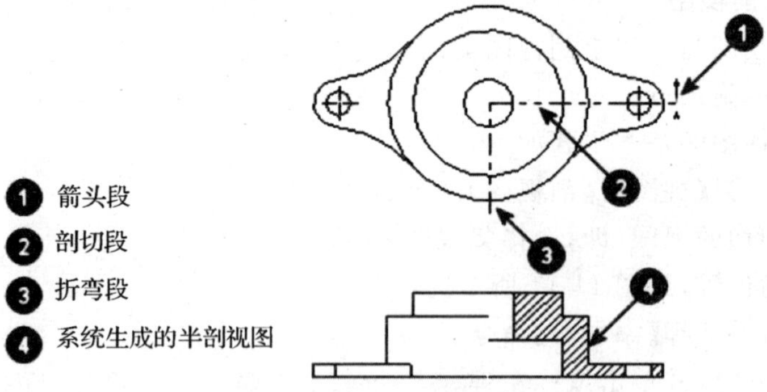

图 11-17　半剖视图

半剖视图对话框如图 11-18 所示。

图 11-18　半剖视图对话框

(1)选择【插入】|【视图】|【半剖视图】命令。

(2)选择要剖切的视图(即,选择父视图),如图 11-19 所示。

(3)选择放置剖切线的捕捉点位置(圆弧中心),如图 11-20 所示。

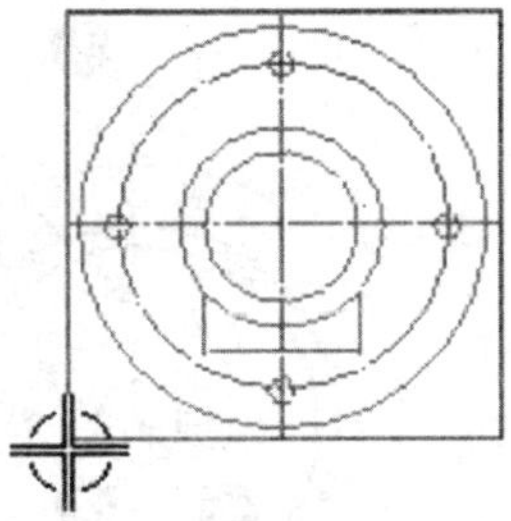

图 11-19　选择一个父视图

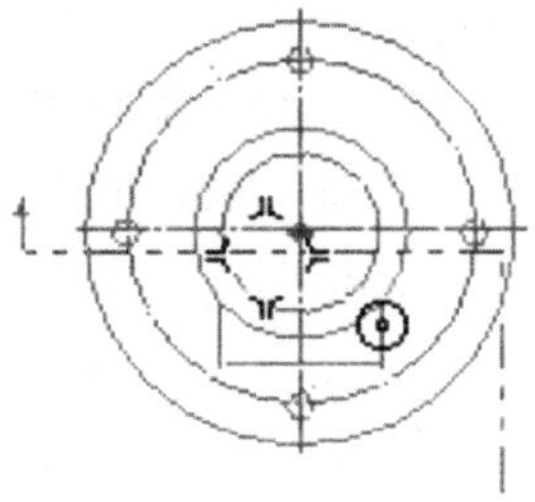

图 11-20　选择一个点以放置剖切线

(4)选择放置折弯的另一个点,如图 11-21 所示。

(5)将光标拖动至希望的位置,然后单击鼠标左键以放置视图,如图 11-22 所示。

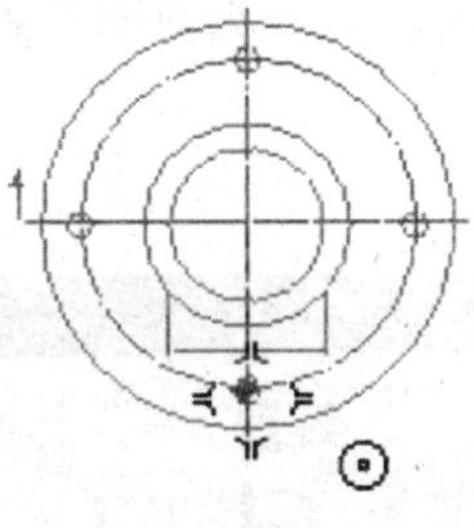

图 11-21　为折弯选择一个点

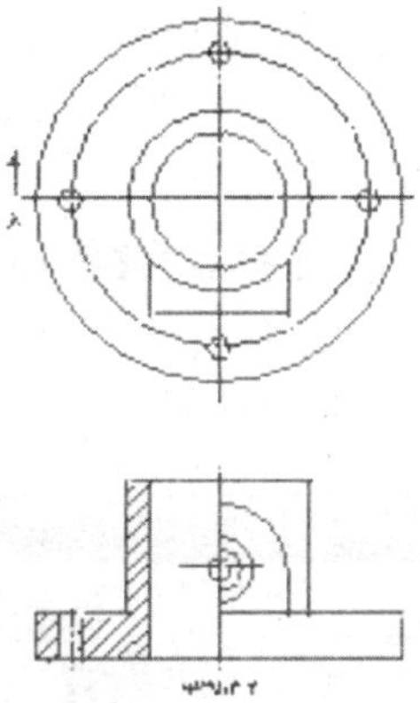

图 11-22　放置视图

11.3.6　旋转剖视图

创建围绕轴旋转的剖视图。如图 11-23 所示,旋转剖视图可包含一个旋转剖面,也可以包含阶梯以形成多个剖切面。在任一情况下,所有剖面都旋转到一个公共面中。

在创建旋转剖视图时,一定要了解下面的术语和概念。

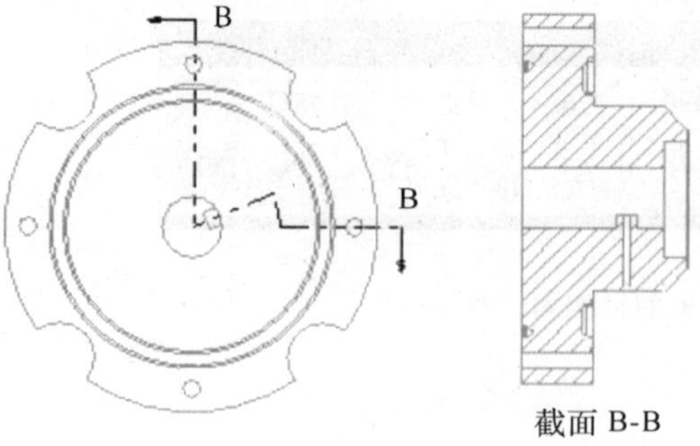

图 11-23　旋转剖视图

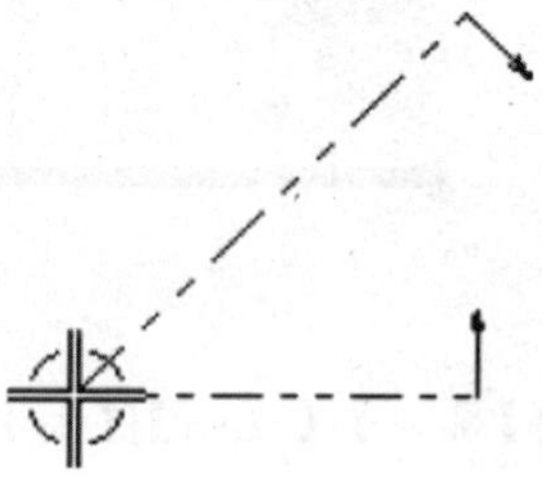

图 11-24　动态剖切线支线

1. 动态剖切线支线

动态剖切线支线会随光标移动并在旋转点为放置提供视觉辅助。在选择父视图后会出现动态剖切线支线,如图 11-24 所示。

2. 剖切线支线

剖切线中用来创建旋转剖的部分。如图 11-25 所示,剖切线支线可以包括剖切段、折弯段和箭头段。一个旋转剖面含有两个剖切线支线。剖切线支线在旋转点相连。

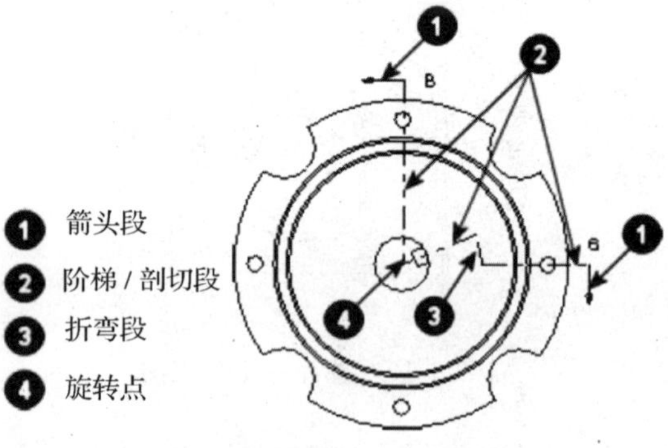

图 11-25　相关术语和概念

3. 旋转点

创建旋转剖时,必须使用选择条中的某个"捕捉点"选项指定一个旋转点。该旋转点用来标识剖切线绕其旋转的轴。剖切线支线在旋转点相连。

4. 背景线

可以使用视图的【样式】|【截面】|【背景】选项来控制该视图上剖视图背景线的显示。如果选择该复选框,将在该视图中显示剖视图的背景曲线。

旋转剖视图对话框如图 11-26 所示。

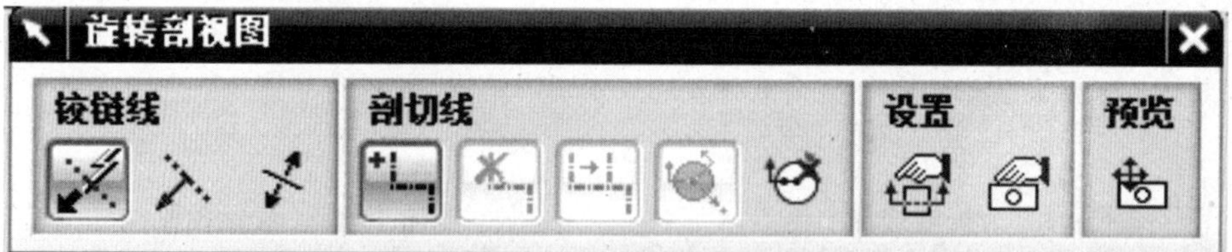

图 11-26　旋转剖视图对话框

11.3.7　局部剖视图

通过移除部件的某个区域来查看部件内部。该区域由闭环的局部剖切线来定义,可应用于正交视图和轴测图,如图 11-27 所示。

局部剖对话框如图 11-28 所示。

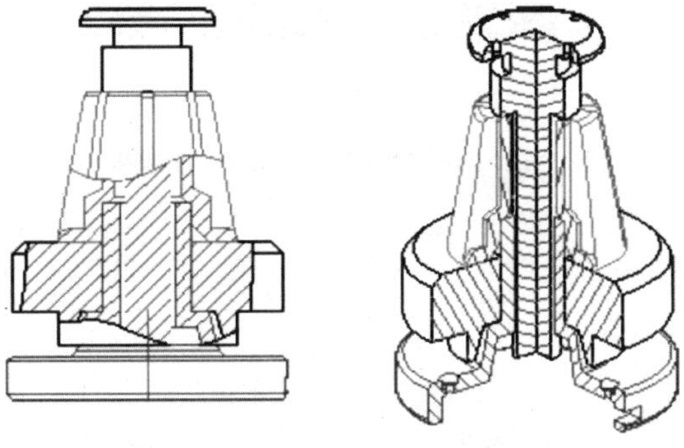

正交的局部剖视图　　轴测的局部剖视图

图 11-27　轴测剖视图

图 11-28　局部剖对话框

11.3.8　展开剖视图

1. 展开的点到点剖视图

创建对应剖切线的展开剖视图，该剖视图包括多个无折弯段的剖切段。段是在与该铰链线平行的面上展开的。如图 11-29 所示。

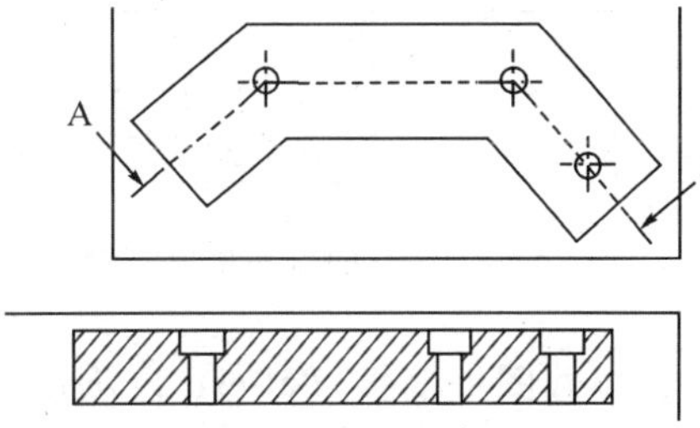

图 11-29　展开的点到点剖视图

展开的点到点剖视图用于创建展开剖视图，方法是使用点构造选项来选择剖切线每个旋转点的位置。

展开的点到点剖视图对话框如图 11-30 所示。

图 11-30　展开的点到点剖视图对话框

2. 展开的点和角度剖视图

使用展开的点和角度剖视图命令可以创建对应剖切线的展开剖视图，该剖视图包括多个无折弯段的剖切段。段是在与该铰链线平行的面上展开的，如图 11-31 所示。

展开剖视图-线段和角度对话框如图 11-32 所示。

11.3.9　加载图框

在将所有必需的视图全部添加到图纸上之后，用户可能希望添加图纸边界、标题栏、修订栏等。可以提前创建这些格式，将它们另存为模板，以后再将它们调用到图纸中。

UG NX 提供两种添加图框的方法：

1. 输入法(Import 方法)

“输入法”方式是将组成图框的所有对象拷贝到图中。

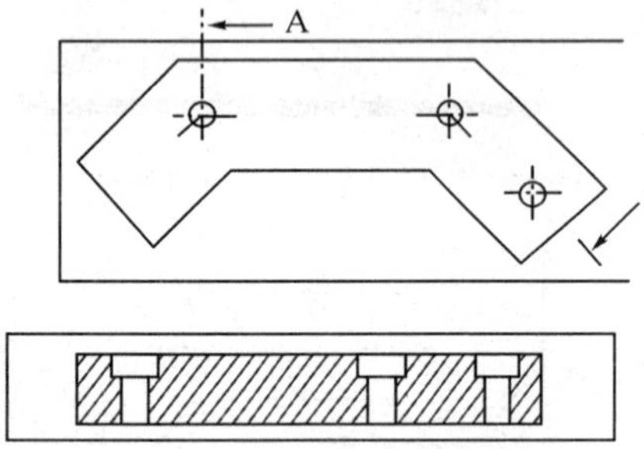

图 11-31　展开的点和角度剖视图

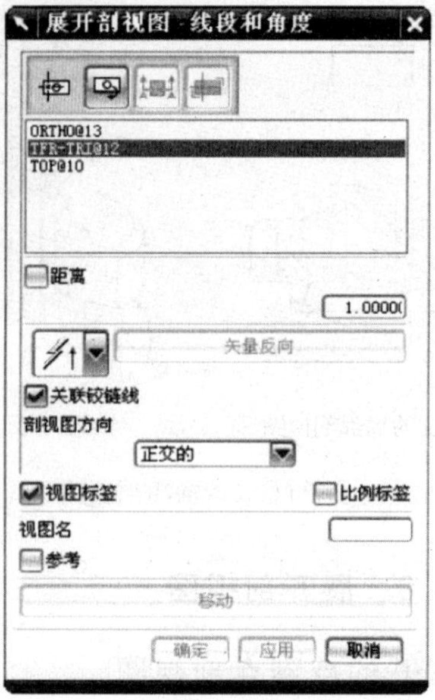

图 11-32　展开剖视图-线段和角度对话框

2. 加载图框模板(Pattern 方法)

“加载图框模板”方式是将图框模板添加到工程图纸上，是加载图框最有效的方法，但使用该方法时需要先建立所需的模板。模板仅是一个图形对象，它代表了主模型中的多个对象，如线框、图表、文字等，但这些主模型对象只能在原部件文件中编辑修改。

建立图框模板时，一般采用工作坐标(WCS)作为模板存取时的参考坐标系。在制图模块中，工作坐标系统的原点位于图纸(虚线框)的左下角。

11.4　视图编辑

11.4.1　移动与复制视图

使用移动/复制视图可以在图纸上移动和复制现有的视图。

移动/复制视图对话框如图 11-33 所示。

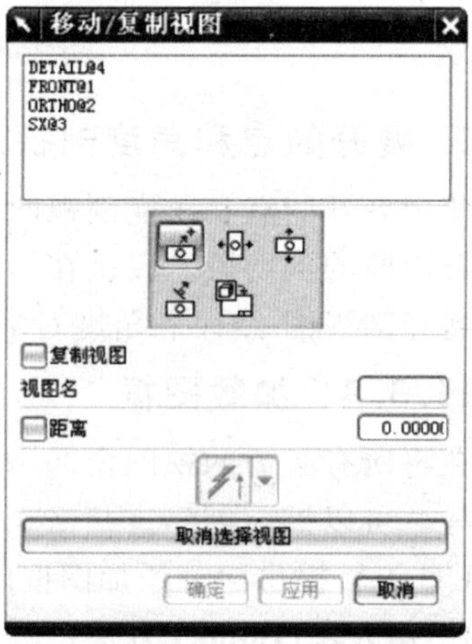

图 11-33　【移动/复制视图】对话框

11.4.2　对齐视图

使用【对齐视图】命令可以在图纸中将不同的视图按照要求对齐，使其排列整齐有序。

单击【图纸】工具条上的【对齐视图】命令图标，弹出【对齐视图】对话框，如图 11-34 所示。

(1)视图选择列表：选择要对齐的视图。既可以选择活动视图，也可以选择参考视图。除了从该列表选择视图以外，还可以直接从图形屏幕选择视图。

(2)对齐方式:共有 5 种对齐视图的方式。

叠加:将各视图的基准点重合对齐。

水平:将各视图的基准点水平对齐。

竖直:将各视图的基准点竖直对齐。

垂直于直线:将各视图的基准点垂直于某一直线对齐。

自动判断:将根据选取的基准点类型不同,采用自动推断方式对齐视图。

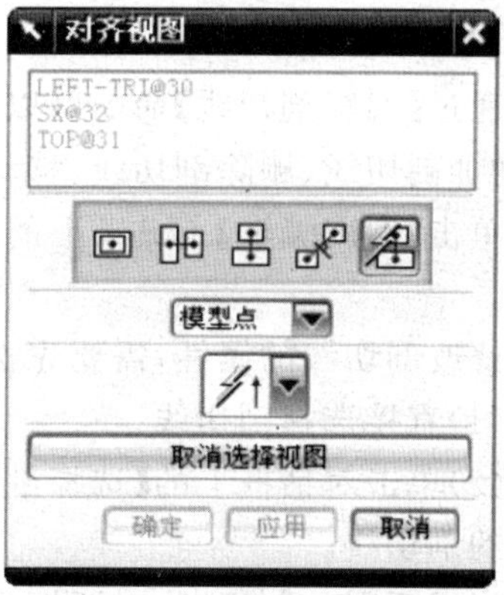

图 11-34 【对齐视图】对话框

(2)对齐基准选项:用于设置对齐时的参考点(称为基准点)。

模型点:该选项用于选择模型中的一点作为基准点。

视图中心:该选项用于选择视图的中心点作为基准点。

点到点:该选项要求在各对齐视图中分别指定基准点,然后按照指定的点进行对齐。

11.4.3 移除视图

移除视图的方法大致有 3 种:

(1)选中要删除的视图,直接按 Delete 键即可。

(2)选择要删除的视图,并单击右键,在弹出的快捷菜单中选择【删除】命令。

(3)在部件导航器中,选择要删除的视图的节点,并单击右键,在弹出的快捷菜单中选择【删除】命令。

11.4.4 自定义视图边界

使用【视图边界】命令可以用于自定义视图边界。

单击【图纸】工具条上的【视图边界】命令图标,弹出【视图边界】对话框,如图 11-35 所示。

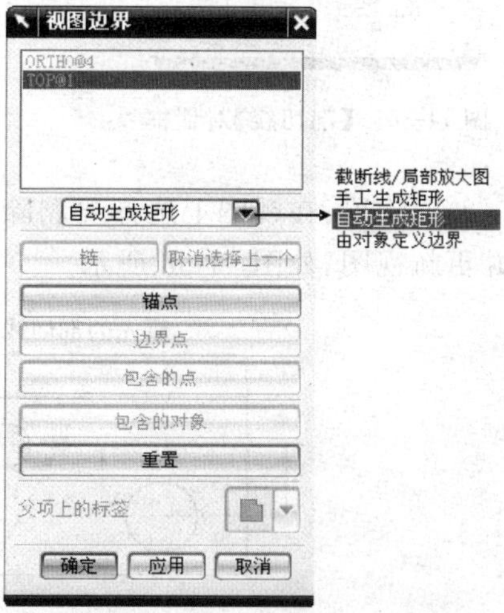

图 11-35 【视图边界】对话框

共有 4 种定义视图边界的方法,分别如下所述:

(1)截断线/局部放大图:自定义一个任意形状的边界曲线,视图将只显示边界曲线包围的部分。

(2)手工生成矩形:在所选的视图中按住 MB1 并拖动来生成矩形的边界。该边界可随模型更改而自动调整视图的边界。

(3)自动生成矩形:自动定义一个动态的矩形边界,该边界可随模型的更改而自动调整视图的矩形边界。

(4)由对象定义边界:通过选择要包围的点或对象来定义视图的范围,可在视图中调整视图边界来包围所选择的对象。

11.4.5 编辑剖切线

通过【编辑剖切线】命令可以对阶梯剖、旋转剖、展开剖等剖视图的剖切线进行编辑，包括：增加剖切线、删除剖切线、移动剖切线以及重新定义铰链线等。

单击【制图编辑】工具条上的【编辑剖切线】命令图标，弹出【剖切线】对话框，如图 11-36 所示。

修改剖切线的属性，需要先选择要编辑的剖切线。选择剖切线的方法有两种：

(1)直接选择剖切线。

(2)单击对话框上的【选择剖视图】按钮，然后选择一个剖视图，系统会自动选取所选视图中的剖切线。

根据不同的剖视图，对话框中的选项会有所不同。

(1)添加段：用“点”工具指定要增加的剖切线位置后，系统会在指定位置增加一段剖切线，并更新剖切视图，如图 11-37 所示。

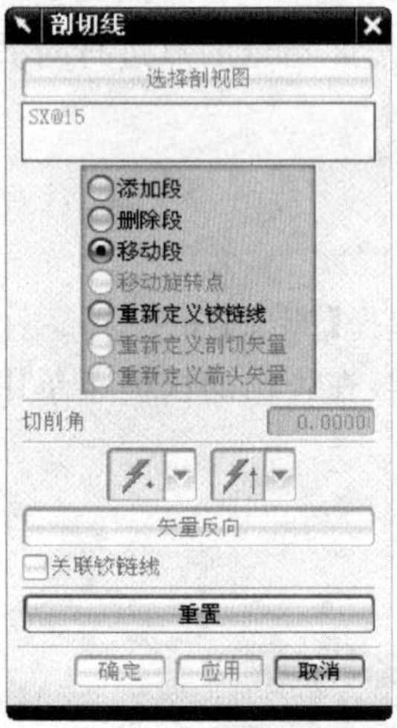

图 11-36 【剖切线】对话框

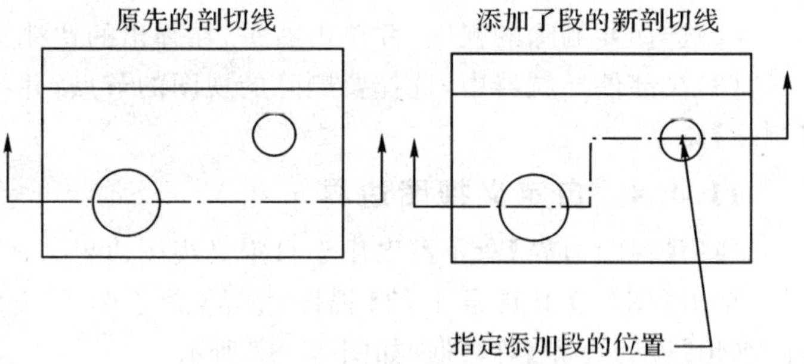

图 11-37 添加段

(2)删除段：在视图上选择要删除的剖切线，按 MB2，系统就会自动删除所选的剖切线段，并更新视图，如图 11-38 所示。

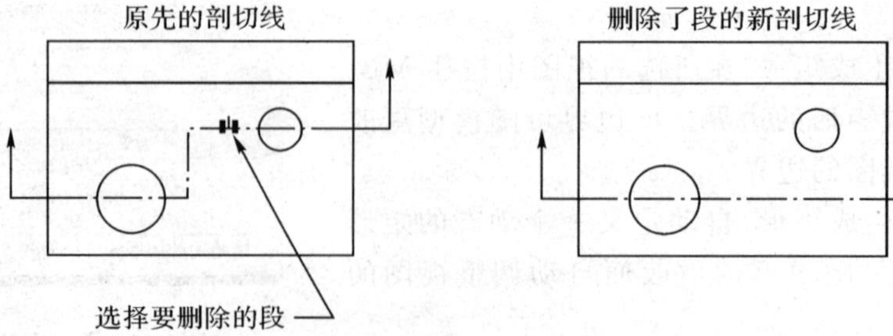

图 11-38 删除段

(3)移动段：选择视图上要移动的剖切线段(也可以是箭头或弯折位置)，再用“点”工具指定移动的目标位置。指定目标位置后，系统会自动更新剖切线与视图，如图 11-39 所示。

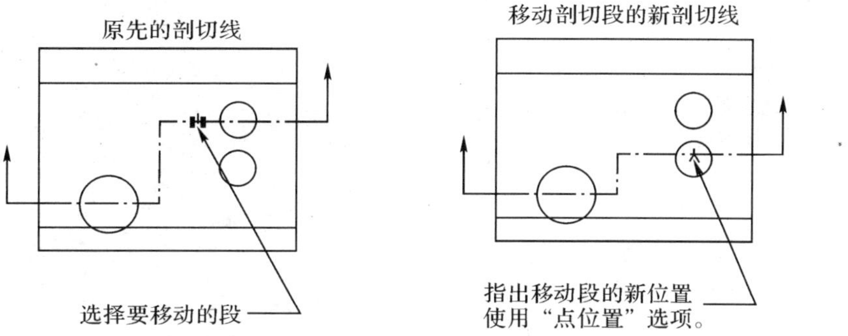

图 11-39　移动段

(4)移动旋转点：指定新的旋转中心，系统会自动将旋转剖切中心移动到指定点并更新视图。

(5)重新定义链线：利用向量工具重新指定一条铰链线，系统会自动更新视图。

(6)重新定义箭头矢量：利用向量工具重新指定剖切方向，系统会自动更新视图。

(7)剖切角：该选项只用来编辑展开的剖切角。

11.4.6　组件剖视

使用【视图中剖切】命令可将剖视图中的的装配组件或实体编辑为剖切的或非剖切的。

单击【制图编辑】工具条上的【视图中剖切】命令图标，弹出【视图中剖切】对话框，如图 11-40 所示。

(1)变成非剖切：将选定对象变成非剖切对象。

(2)变成剖切：可使视图中的组件或实体成为剖切的组件或实体。

(3)移除特定于视图的剖切属性：从选定组件中移除特定于视图的剖切属性。

11.4.7　视图相关编辑

前面介绍的有关视图操作都是对工程图的宏观操作，而【视图相关编辑】则属于细节操作，其主要作用是对视图中的几何对象进行编辑和修改。

单击【制图编辑】工具条上的【视图相关编辑】命令图标，弹出【视图相关编辑】对话框，如图 11-41 所示。

(1)添加编辑：对视图对象进行编辑操作。

擦除对象 ：利用该选项可以擦除视图中选取的对象。擦除与删除的意义不同，擦除对象只是暂时不显示对象，以后还可以恢复，并不会对其他视图的相关结构和主模型产生影响。

编辑完全对象：利用该选项可以编辑所选整个对象的显示方式，包括颜色、线型和宽度。

编辑着色对象：利用该选项可以控制成员视图中对象的局部着色和透明度。

编辑对象段：利用该选项可以编辑部分对象的显示方式，其方法与【编辑完全对象】类似。

编辑剖视图背景：在创建剖视图时，可以有选择地保留背景线，而且用背景线编辑功能，不仅可以删除已有的背景线，还可以添加新的背景线。

(2)删除编辑：用于删除对视图对象所作的编辑操作。

删除选择的擦除：使先前擦除的对象重新显现出来。

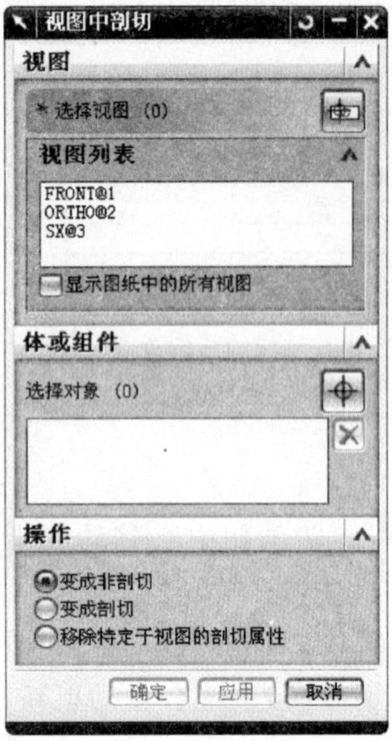

图 11-40 【视图中剖切】对话框

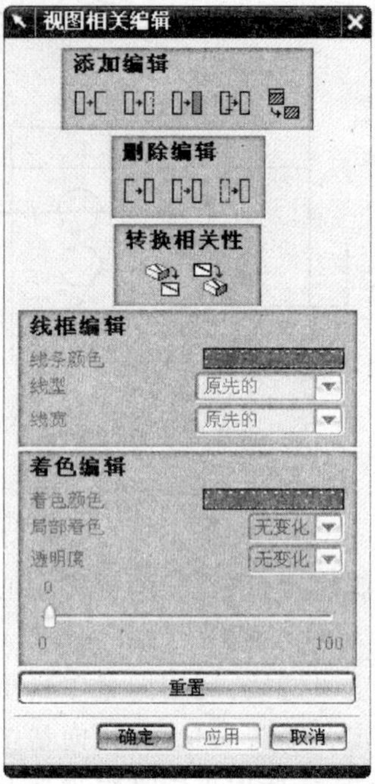

图 11-41 【视图相关编辑】对话框

删除选择的修改:使先前修改的对象退回到原来的状态。

删除所有修改:删除以前所做的所有编辑,使对象恢复到原始状态。

(3)转换相关性:用于设置对象在模型和视图之间的相关性。

模型转换到视图:将模型中存在的某些对象(模型相关)转换为单个成员视图中存在的对象(视图相关)。

视图转换到模型:将单个成员视图中存在的某些对象(视图相关对象)转换为模型对象。

(4)线框编辑:设置线条的颜色、线型和线宽。

(5)着色编辑:设置对象的颜色、透明度等。

11.4.8 更新视图

模型修改后,需要"更新"工程图纸。可更新的项目包括隐藏线、轮廓线、视图边界、剖视图和剖视图细节。单击【图纸】工具条上的【更新视图】命令图标,弹出【更新视图】对话框,如图 11-42 所示。

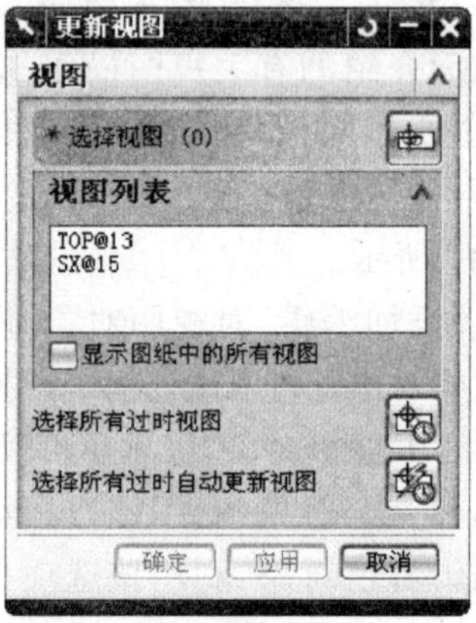

图 11-42 【更新视图】对话框

(1)选择视图:在图纸中选择需要更新的视图。

(2)显示图纸中的所有视图:选择该复选框,则部件文件中的所有视图都在该对话框中可见并可供选择;反之,则只能选择当前显示的图纸上的视图。

(3)选择所有过时视图:手动选择工程图中的过期视图。

(4)选择所有过时自动更新视图:自动选择工程图中的过期视图。

11.5 标注尺寸

11.5.1 尺寸标注的类型

如图 11-45 所示为【尺寸】工具条，该工具条提供了创建所有尺寸类型的命令。

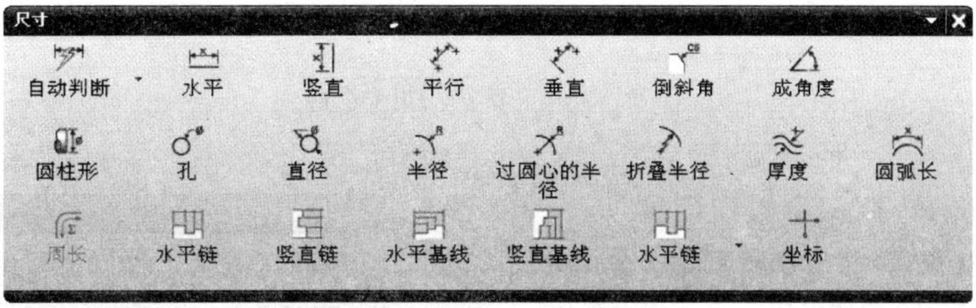

图 11-43 【尺寸】工具条

有些尺寸标注类型含义清晰，在此不再赘述，只对部分尺寸类型进行讲解。

(1)倒斜角：用于标注 45o 倒角的尺寸，暂不支持对其他角度的倒角进行标注。

(2)成角度：用于标注两条非平行直线之间的角度。

(3)圆柱形：用于标注所选圆柱对象的直径尺寸，如图 11-44(a)所示。

(4)厚度：创建厚度尺寸，该尺寸测量两个圆弧或两个样条之间的距离。

(5)圆弧长：创建一个测量圆弧周长的圆弧长尺寸。

(6)水平链：用于将图形的尺寸依次标注成水平链状形式。单击图标，在视图中依次拾取尺寸的多个参考点，然后在合适的位置单击，系统自动在相邻参考点之间添加水平链状尺寸标注，如图 11-44(b)所示。

(7)水平基线：用于将图形中的多个尺寸标注为水平坐标形式，选取的第一个参考点为公共基准，如图 11-46(c)所示。

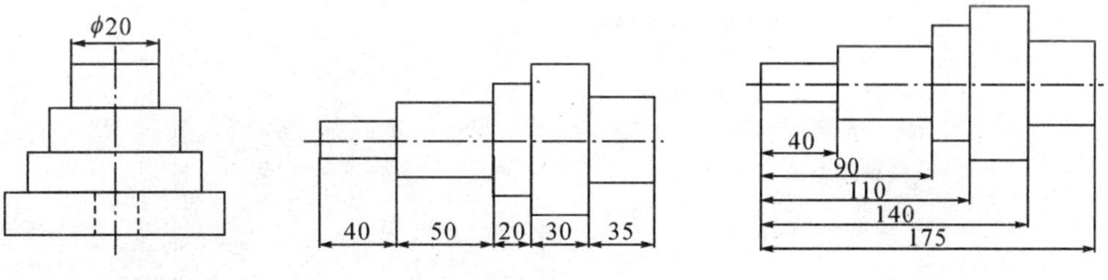

(a) 圆柱形　　(b) 水平链　　(c) 水平基线

图 11-44 尺寸

11.5.2 标注尺寸的一般步骤

标注尺寸时一般可以按照如下步骤进行：

(1)根据所要标注的尺寸,选择正确的标注尺寸类型。

(2)设置相关参数,如箭头类型、标注文字的放置位置、附加文本的放置位置及文本内容、公差类型及上下偏差等。

(3)选择要标注的对象,并拖动标注尺寸至理想位置,单击 MB1,系统即在指定位置创建一个尺寸标注。

在大多数情况下,使用【自动判断】就能完成尺寸的标注。只有当【自动判断】无法完成尺寸的标注时,才使用其他尺寸类型。

11.6 参数预设置

11.6.1 制图参数预设置

选择【首选项】|【制图】命令,弹出如图 11-45 所示对话框,该对话框由 4 个选项卡组成。

通常除【视图】选项卡中的【边界】选项外,采用默认设置。选择【显示边界】复选框,则会显示视图边界;反之,则不显示视图边界。

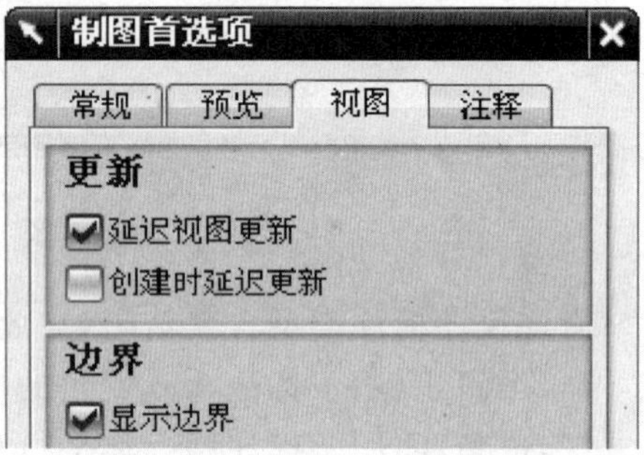

图 11-45 【制图首选项】对话框

11.6.2 视图参数预设置

通过【视图首选项】能控制视图中的显示参数,例如控制隐藏线、剖视图背景线、轮廓线、光顺边等的显示。单击【制图首选项】工具条上的【视图首选项】命令,系统弹出【视图首选项】对话框,如图 11-46 所示。该对话框中共有 12 个选项卡,其中常用的有【常规】、【隐藏线】、【可见线】、【光顺边】等。

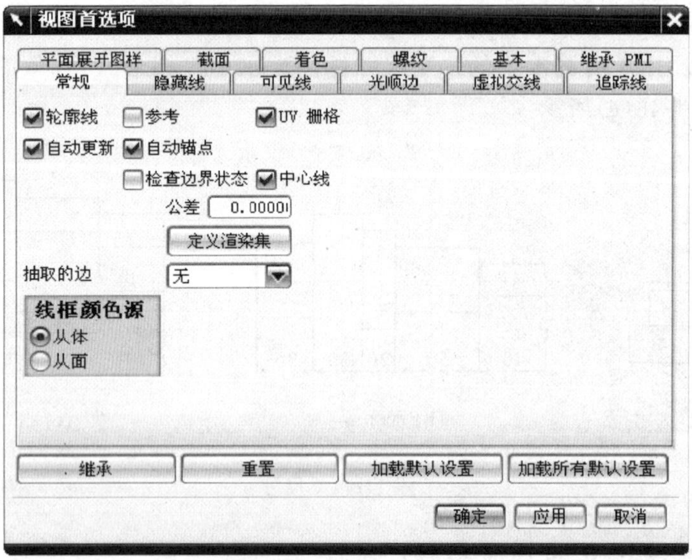

图 11-46 【视图首选项】对话框

1. 常规选项卡

(1)轮廓线:该复选框用于控制轮廓线在图纸成员视图中的显示。如果选择该复选框,系统将为所选图纸成员视图添加轮廓线;反之,则从所选成员视图中移除轮廓线,如图11-47所示。

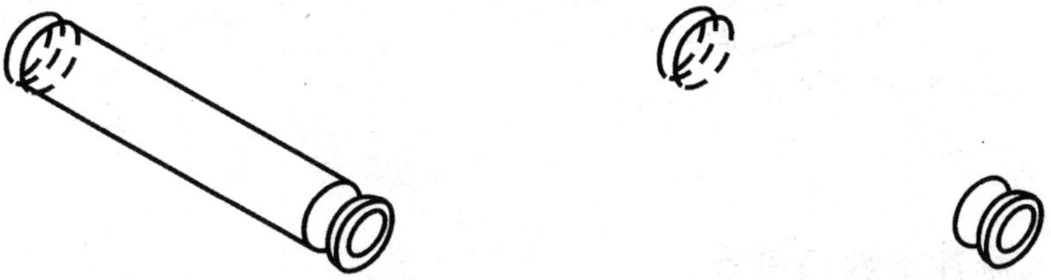

在图纸视图中,轮廓线为"开"　　在图纸视图中,轮廓线为"关"

图 11-47　轮廓线

(2)UV 栅格:该复选框用于控制图纸成员视图中的 UV 栅格曲线的显示,如图 11-48 所示。

在图纸视图中,UV删格为"关"　　在图纸视图中,UV删格为"开"

图 11-48　UV 栅格

(3)自动更新:该复选框用于控制实体模型更改后视图是否自动更新。

(4)中心线:选择该复选框,则新创建的视图中将自动添加模型的中心线。

2. 隐藏线选项卡

若选择【隐藏线】复选框,则会显示隐藏线,还可以设置隐藏线的颜色、线型和宽度等参数;若取消选择【隐藏线】复选框,则视图中的所有直线都将显示为实线,如图 11-49 所示。

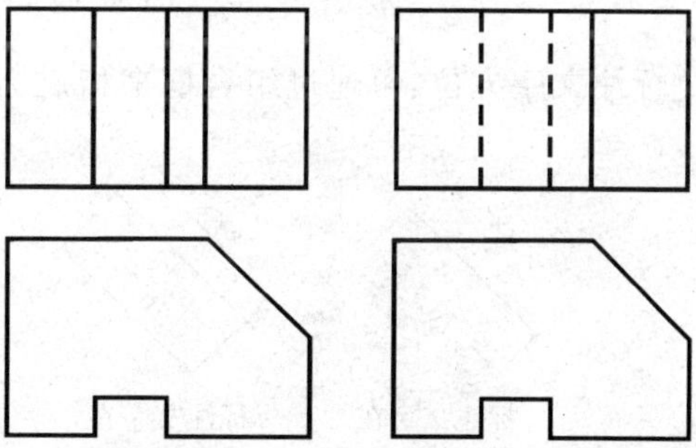

关闭隐藏线　　打开隐藏线,而且线型为虚线

图 11-49　隐藏线

3. 可见线选项卡

【可见线】选项卡用于设置轮廓线的颜色、线型和线宽等显示属性,一般可接受默认值。

4. 光顺边选项卡

该选项卡用于控制【光顺边】的显示。光顺边是其相邻面在它们所吻合的边具有同一曲面切向的那些边。图 11-50 显示了使用【光顺边】选项对带有圆边的部分所产生的不同显示效果。

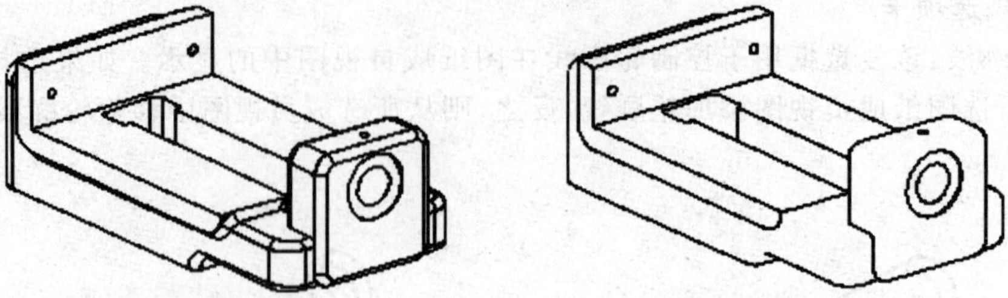

“光顺边”切换到“开”　　“光顺边”切换到“关”

图 11-50　光顺边

11.6.3　标注参数预设置

【注释首选项】用于设置注释的各种参数，如标注文字、尺寸、箭头、文字、符号、单位等参数。单击【制图首选项】工具条上的【注释首选项】命令图标，弹出【注释首选项】对话框，如图 11-53 所示。该对话框中共有 13 个选项卡，除【坐标】外，都经常使用。

1. 尺寸选项卡

该选项卡可以设置箭头和直线格式、放置类型、公差和精度格式、尺寸文本角度和延伸线部分的尺寸关系。

尺寸线设置：尺寸线的引出线与箭头设置。根据标注尺寸的需要，单击左侧或右侧的引出线或箭头符号（和），可设置尺寸线是否显示引出线和箭头。

尺寸放置参数设置：在中间的下拉列表中设置尺寸标注方式，如图 11-51(a)所示。手动标注方式下，可手动指定标注文本的放置位置。若采用【手动标注一箭头在外】方式还需设置引出线是否有尺寸线，如图 11-51(b)所示。

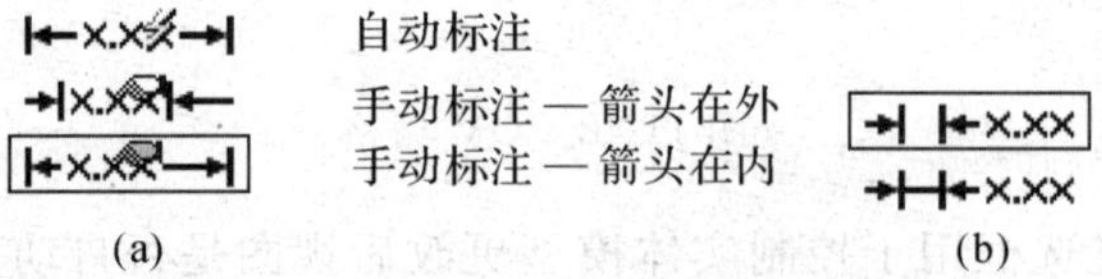

图 11-51　尺寸放置参数设置

标注文字方位：可通过组合框来指定标注文字的方位，如图 11-52 所示。

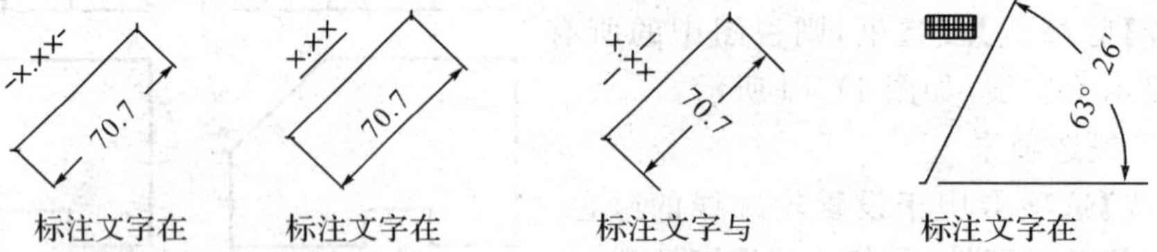

图 11-52　标注文字方位

(1)精度和公差：在下拉组合框指定精度和公差标注类型。

(2)倒斜角：提供 3 种倒斜角的标注方式。

2. 直线/箭头选项卡

该选项卡可以设置箭头形状、引导线方向和位置、引导线和箭头的显示参数等，如图11-53所示。

图中各参数含义清晰，在此不再赘述。需要注意的是，这里设置的参数只对以后产生的尺寸起作用。若要修改已存在的尺寸线和箭头的参数，可以在视图中选择一个箭头或尺寸线，然后单击右键，在弹出的对话框中选择【编辑】选项，弹出【编辑尺寸】对话框，如图11-54所示。单击该对话框上的【尺寸样式】图标，即可编辑选定的尺寸。

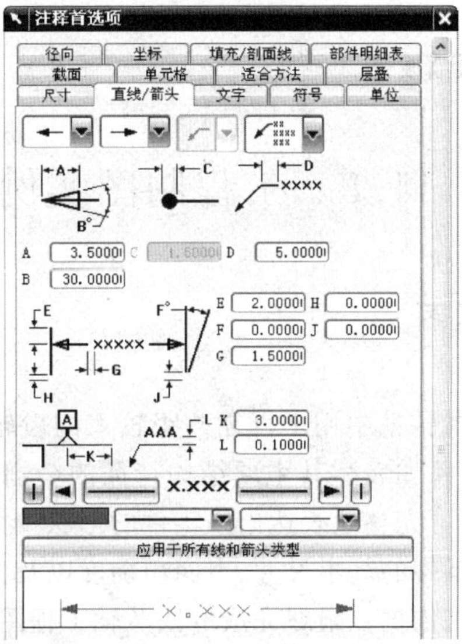

图 11-53 选项卡

图 11-54 编辑尺寸

3. 文字选项卡

该选项卡可以设置应用于尺寸、附加文本、公差和常规文本(注释、ID 符号等)的文字的首选项。

11.7 数据转换

UG NX 可以通过文件的导入导出来实现数据转换，可导入导出的数据格式有:CGM、JPEG、DWF/DXF、STL、IGES、STEP 等常用数据格式。通过这些数据格式可与 Auto-

CAD、Solid Edge、Ansys 等软件进行数据交换。

1. 导出文件的操作步骤

(1)从菜单【文件】|【导出】中调用导出 CGM/DXF/IGES/STEP 格式的命令。

(2)设置相关参数:导出对象、输出文件存放目录及文件名等。

(3)按 MB2 或单击【确定】按钮。

2. 导入文件的操作步骤

(1)从菜单【文件】|【导入】中调用导入 CGM/DXF/IGES/STEP 格式命令。

(2)选择欲要导入的文件。

(3)设置相关参数。

(4)按 MB2 或单击【确定】按钮。

11.8 工程制图实例

11.8.1 法兰轴工程图

【任务】

法兰轴类零件主要在机械传动中用于直径差距较大的齿轮间的扭矩传动,其结构比较简单。在创建其工程图时,只需添加表达其主要结构特征的全剖视图、键槽处的移出剖面图,以及退刀槽处的局部放大图,即可完整地表达出该零件的形状特征。在添加完工程图视图后,还要清晰、完整、合理地标注出零件的基本尺寸、表面粗糙度以及技术要求等相关内容,以提供该零件在实际制造中的主要加工依据。最终完成的法兰轴工程图如图 11-55 所示。

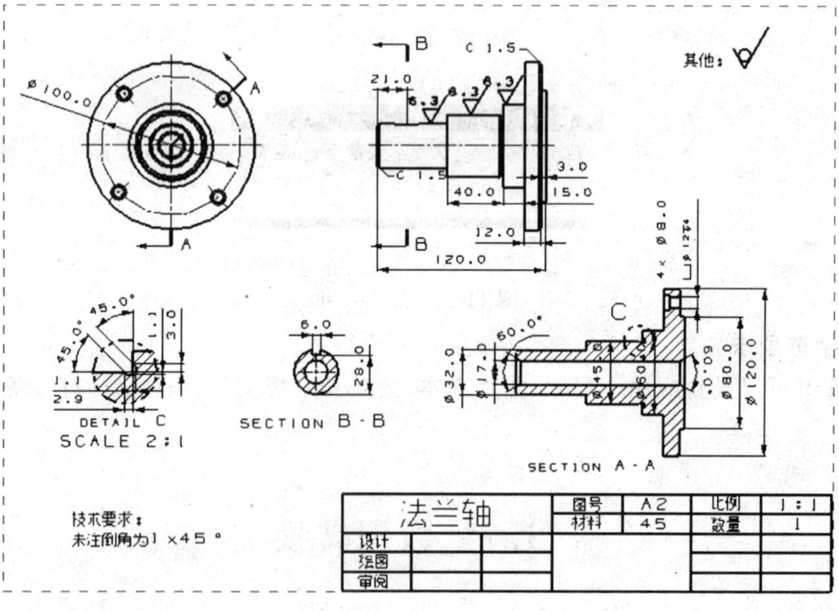

图 11-55　法兰轴工程图

【知识点】

(1)制图预设置;

(2)基本视图、投影视图、剖视图、旋转剖视图、局部放大图;

(3)视图相关编辑;

(4)编辑剖切线样式;

(5)注释预设置;

(6)标注尺寸;

(7)标注沉头孔尺寸;

(8)标注表面粗糙度;

(9)插入表格。

【操作步骤】

1. 新建图纸

(1)打开文件 falanzhou.prt,其三维模型如图 11-56 所示。

图 11-56 三维模型

(2)按快捷键 Ctrl+Shift+D 调用制图模块,自动弹出【工作表】对话框。

(3)图纸参数设置:在【大小】选项区中选择【标准尺寸】单选按钮,并选择图纸大小为【A2-420×594】,然后在【设置】选项区中选择【毫米】单选按钮,并单击【第三象限角投影】按钮,单击【确定】按钮后,弹出【基本视图】对话框。

2. 制图准备工作

(1)制图首选项设置

选择菜单【首选项】|【制图】命令,单击【视图】选项卡,确认该选项卡中的【显示边界】复选框未处于选中状态。

(2)剖切线首选项设置

单击【制图首选项】工具条上的【剖切线首选项】命令图标,弹出【剖切线首选项】对话框,在【设置】选项区的【标准】下拉列表中选择【GB 标准】。

(3)注释首选项设置

①单击【制图首选项】工具条上的【注释首选项】命令图标,弹出【注释首选项】对话框。

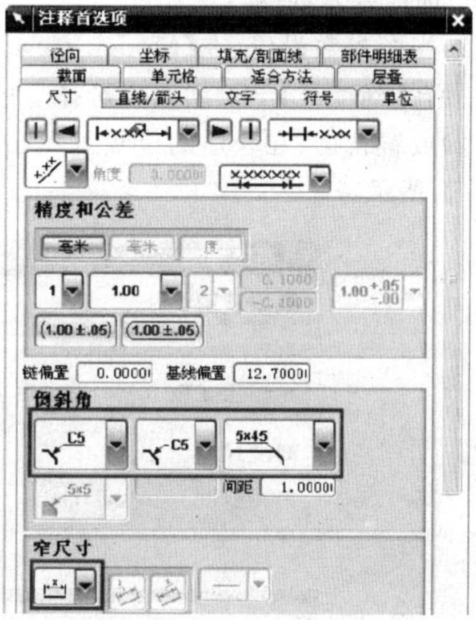

图 11-57 尺寸标注样式

②设置尺寸标注样式,如图 11-57 所示。

③设置直线/箭头样式,如图 11-58 所示。

④设置文字样式,如图 11-59 所示。

⑤设置单位样式,如图 11-60 所示。

⑥设置径向标注样式,如图 11-61 所示。

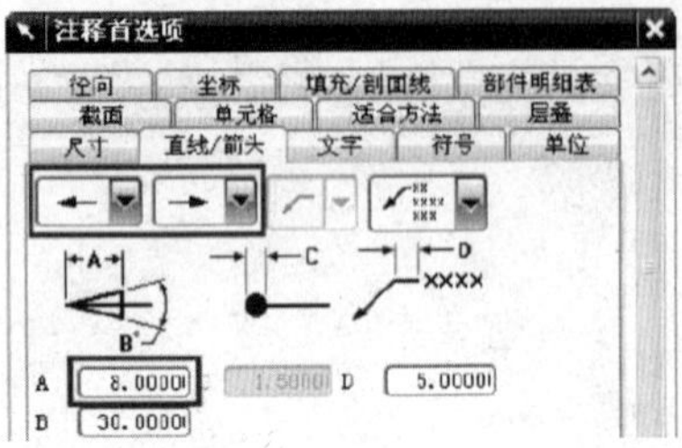

图 11-58　设置直线/箭头样式

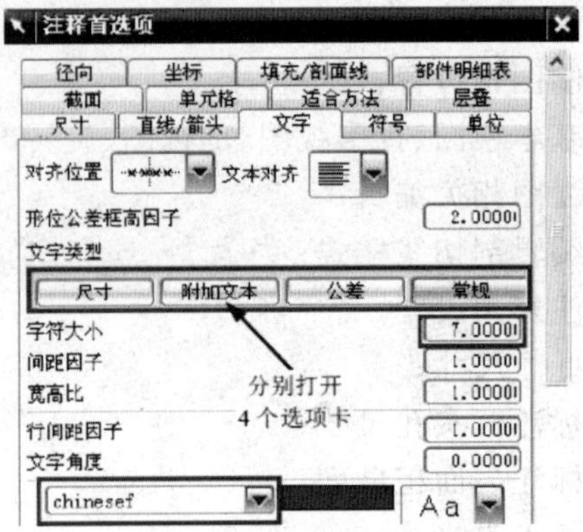

图 11-59　设置文字样式

图 11-60　设置单位样式

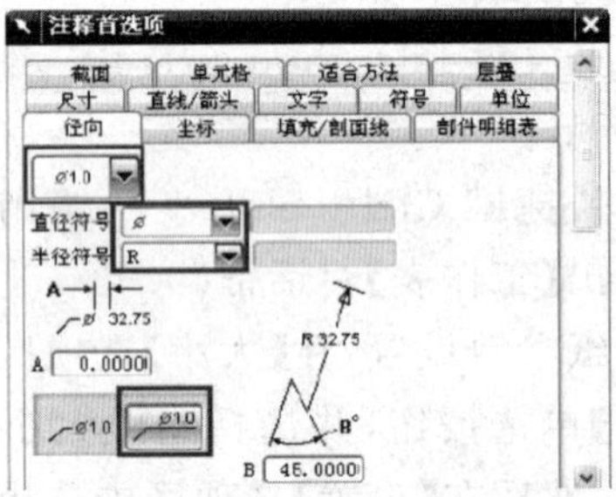

图 11 61　设置径向标注样式

3. 创建基本视图

(1)视图参数设置:在【Model View to Use(使用的模型视图)】下拉列表中选择【LEFT】视图,并在【刻度尺】下拉列表中选择 2∶1。

(2)放置视图:在合适的位置处单击 MB1,即可在当前工程图中创建一个模型视图,如图 11-62 所示。

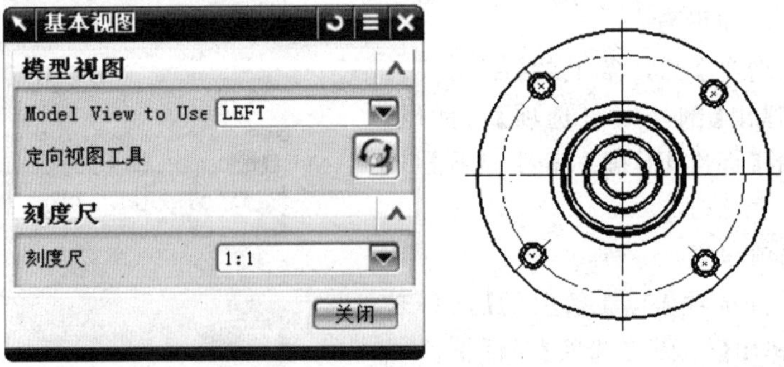

图 11-62　放置视图

4. 创建旋转剖视图

(1)单击【图纸】工具条上的【旋转剖视图】图标,弹出【旋转剖视图】对话框。

(2)选择父视图:选择刚创建的 LEFT 视图作为父视图。

(3)指定旋转中心：选择大圆的圆心。

(4)指定第一段通过的点：选择图 11-63 所示的象限点。

(5)指定第二段通过的点：选择图 11-63 所示的小圆圆心。

(6)放置视图：单击对话框上的【放置视图】图标，将所创建的全剖视图移动至合适位置处，然后单击 MB1，结果如图 11-63 所示。

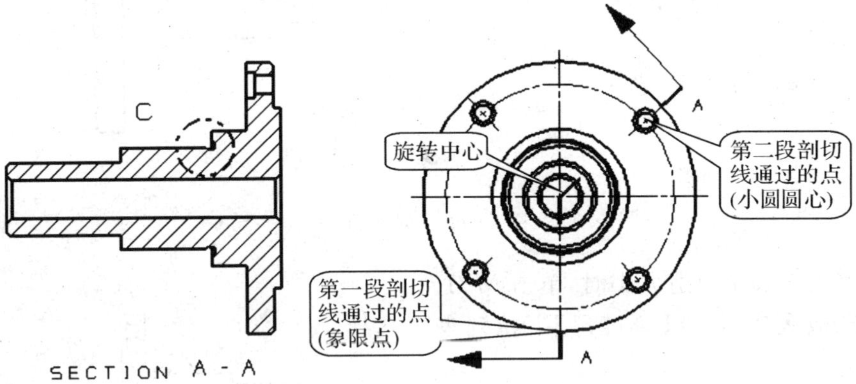

图 11-63　旋转剖视图

5. 创建投影视图

(1)单击【图纸】工具条上的【投影视图】命令图标，弹出【投影视图】对话框。

(2)选择父视图：选择 LEFT 视图作为投影视图的父视图。

(3)放置视图：由于【铰链线】默认为【自动判断】，所以移动光标，系统的铰链线及投影方向都会自动改变，如图 11-64 所示。移动光标至合适位置处单击 MB1，即可添加一正交投影视图，如图 11-65 所示。

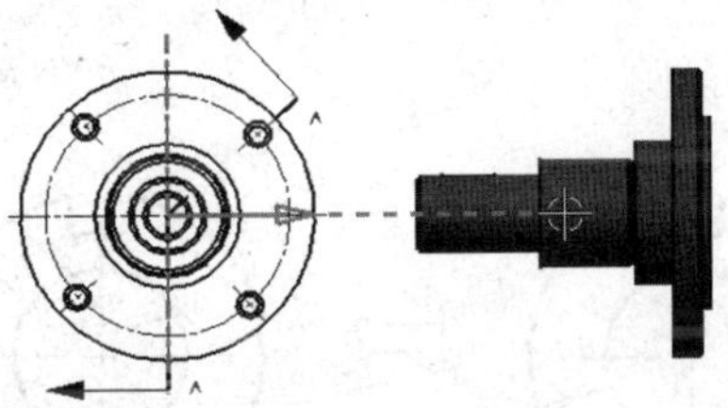
图 11-64　移动光标

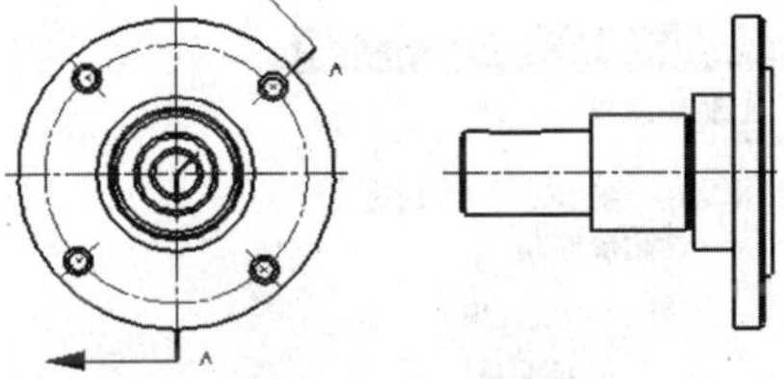
图 11-65　添加一正交投影视图

6. 创建剖视图

(1)单击【图纸】工具条上的【剖视图】图标，弹出【剖视图】对话框。

(2)选择父视图：选择上一步创建的投影视图作为父视图。

(3)定义铰链线：选择图 11-66 所示的短直线的中点，以定义铰链线的位置，此时铰链线可绕该点 360°旋转。

(4)放置视图：将视图移动到合适的位置后，单击 MB1 确定，结果如图 11-66 所示。

7. 创建局部放大图

(1)单击【图纸】工具条上的【局部放大图】命令图标，调用【局部放大图】工具。

(2)指定放大区域：在【类型】下拉列表中选择【圆形】，然后指定局部放大区域的圆心，移

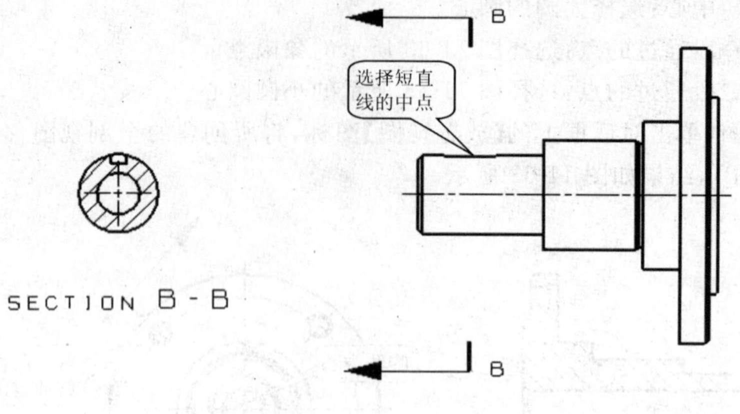

图 11-66　剖视图

动光标，观察动态圆至合适大小时，单击 MB1。

(3)指定放大比例：在【刻度尺】下拉列表中选择 2∶1。

(4)放置视图：在合适位置单击 MB1，即可在指定位置创建一局部放大视图，如图 11-67 所示。

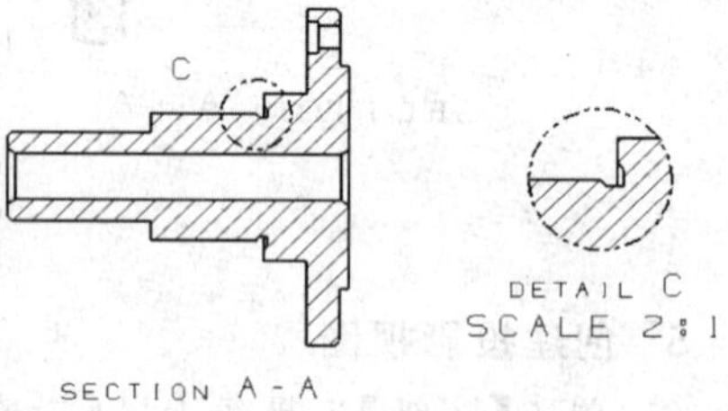

图 11-67　局部放大

8. 编辑剖视图背景

(1)单击【制图编辑】工具条上的【视图相关编辑】命令图标，弹出【视图相关编辑】对话框，如图 11-68 所示。

(2)选择步骤 6 创建的剖视图作为要编辑的视图。

(3)单击【添加编辑】选项区中的【编辑剖视图背景】图标，弹出【类选择】对话框。

(4)选择图 11-69 所示的内圆，单击【确定】按钮，结果如图 11-69 所示。

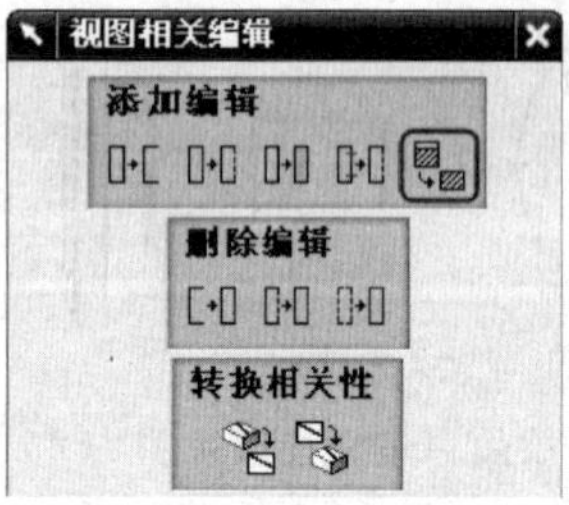

图 11-68　【视图相关编辑】

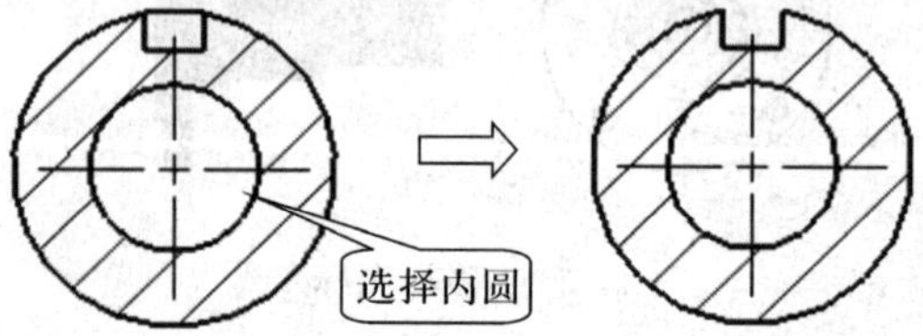

图 11-69　内圆

(5)单击【确定】按钮，退出【视图相关编辑】对话框。

9. 工程图标注

(1)标注水平尺寸，如图 11-70 所示。

(2)标注竖直尺寸，如图 11-71 所示。

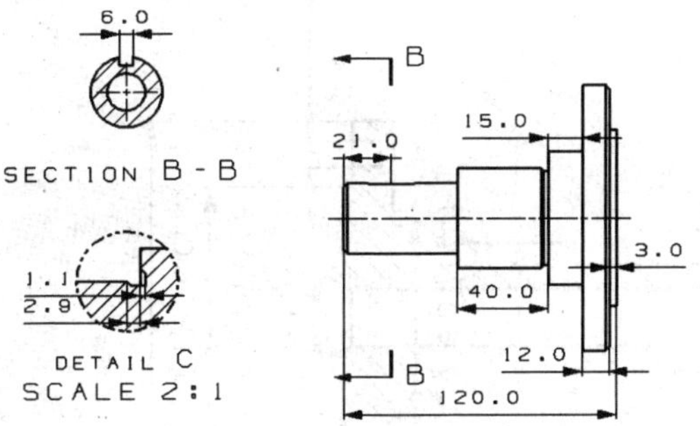

图 11-70　标注水平尺寸

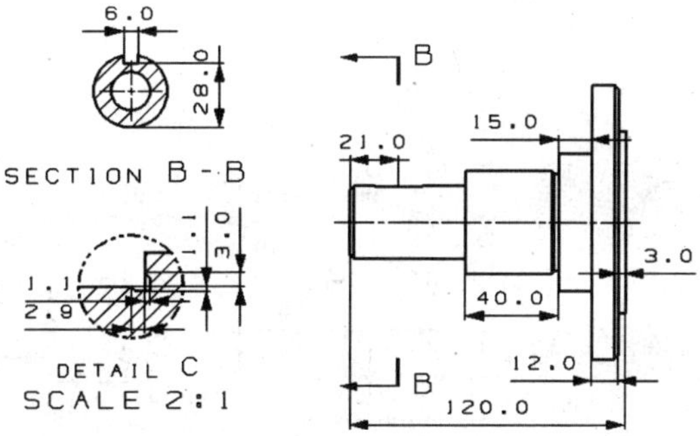

图 11-71　标注竖直尺寸

(3)标注径向尺寸,如图 11-72 所示。

(4)标注圆柱尺寸,如图 11-73 所示。

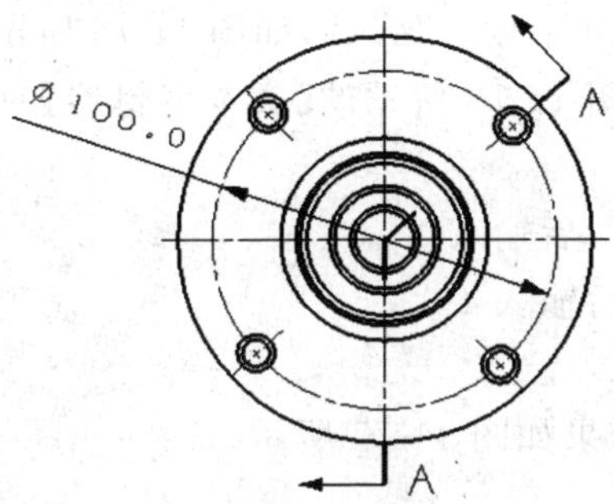

图 11-72　标注径向尺寸

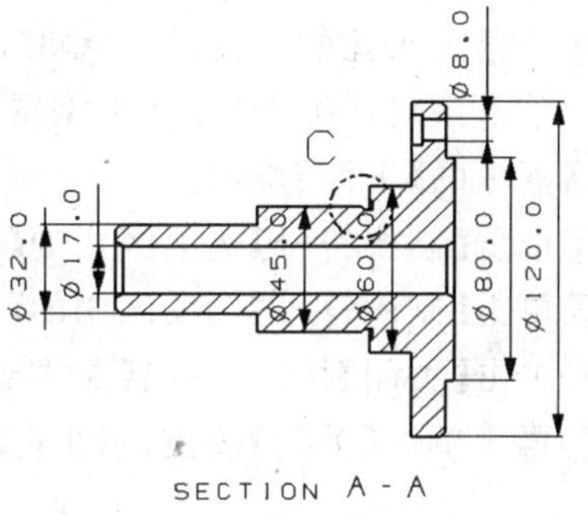

图 11-73　标注圆柱尺寸

(5)标注倒角尺寸,如图 11-74 所示。

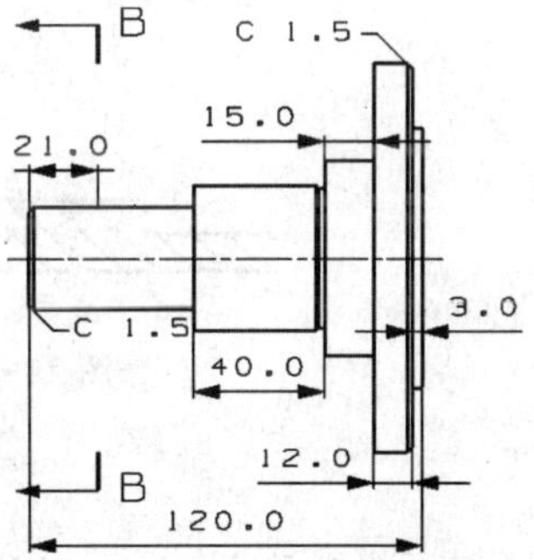

图 11-74　标注倒角尺寸

(6)标注角度尺寸,如图 11-75 所示。

(7)编辑沉头孔尺寸

①单击【制图编辑】工具条上的【编辑文本】命令图标,弹出【文本】对话框。

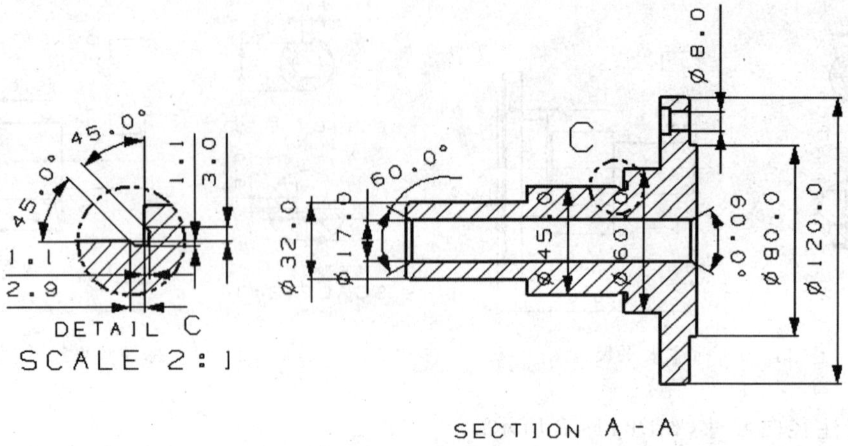

图 11-75　标注角度尺寸

②选择沉头孔的内径尺寸“Φ8”，在【文本】对话框中输入“4×”，如图 11-76 所示。

③单击该对话框中的【文本编辑】按钮，弹出如图 11-78 所示的【文本编辑器】对话框，单击对话框中的【下面】按钮。

④单击【制图符号】选项区中的【沉头孔】图标，然后输入 12。

⑤单击【制图符号】选项区中的【深度】图标，然后输入 4。

⑥单击【关闭】按钮，退出【文本编辑器】对话框。

⑦再次单击【关闭】按钮，退出【文本】对话框，结果如图 11-77 所示。

图 11-76　文本

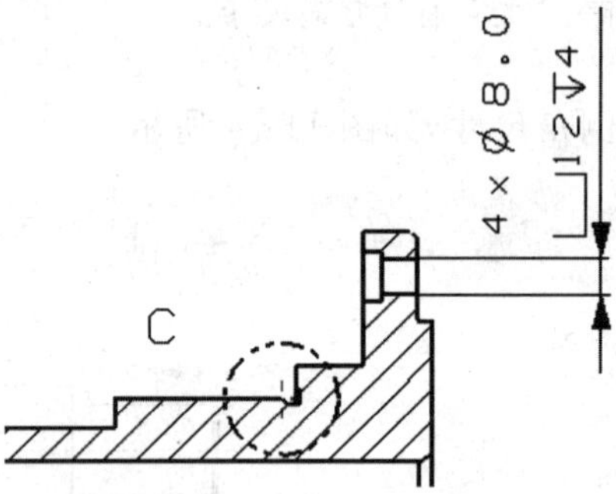

图 11-77　文本结果

(8)标注表面粗糙度符号

①选择菜单【插入】|【符号】|【表面粗糙度】符号，弹出【表面粗糙度符号】对话框。

②首先单击顶部按钮中的【基本符号-需要材料移除】按钮，然后在【a2】文本框中输入 6.3，在【符号文本大小】下拉列表中选择“5”，其余选项保持默认值。

③单击【指引线类型】选项组中的【在边上创建】按钮，此时提示栏出现提示信息“选择边或尺寸”，选择边，提示栏又出现提示信息“选择相对于边或延伸线的位置”，在所选边的上方单击 MB1，完成表面粗糙度符号的创建。

④重复步骤(3),完成另两个粗糙度符号的创建。

在首次标注表面粗糙度符号时,要检查工程图模块中的【插入】|【符号】子菜单中是否存在【表面粗糙度符号】命令。如果没有该命令,需要在 UG 安装目录的 UGII 子目录中找到环境变量设置文件"ugii_env. dat",用记事本将其打开,将环境变量"UGII_SURFACE_FINISH"的缺省设置改为"ON"。保存环境变量设置文件后,重新进入 UG 系统,才能进行表面粗糙度的标注工作。

(9)标注技术要求

①单击【注释】工具条上的【注释】命令图标,弹出【注释】对话框,在【文本输入】文本框中输入如图 11-79 所示的文字,将其放置在图纸的左下角。

图 11-79　文本编辑器

图 11-80　【注释】对话框

②以同样的方式在图纸的左上角添加注释"其他:",将其放置在图纸的右上角。

③在注释"其他:"的左侧添加表面粗糙度符号。

④结果如图 11-80 所示。

10. 创建表格

(1)单击【表格】工具条上的【表格注释】命令图标,出现如图 11-81 所示的表格预览,在图纸的右下角某处单击 MB1,并调整表格的位置使其与图纸的边界重合。

(2)选择要合并的单元格,并单击 MB3,在弹出的快捷菜单中选择【合并单元格】,如图 11-82 所示。以同样的方式合并另一处的单元格。

(3)双击某一单元格,随后会弹出文本输入框,输入需要填写的文字。

(4)若对填好后的文字格式不满意,可以对其进行修改。修改的方法是选择要修改的单元格,单击 MB3,在弹出的快捷菜单中选择【样式】,即可对其字符大小、对齐方式等进行修改。

(5)创建好后的表格请参照图 11-55。

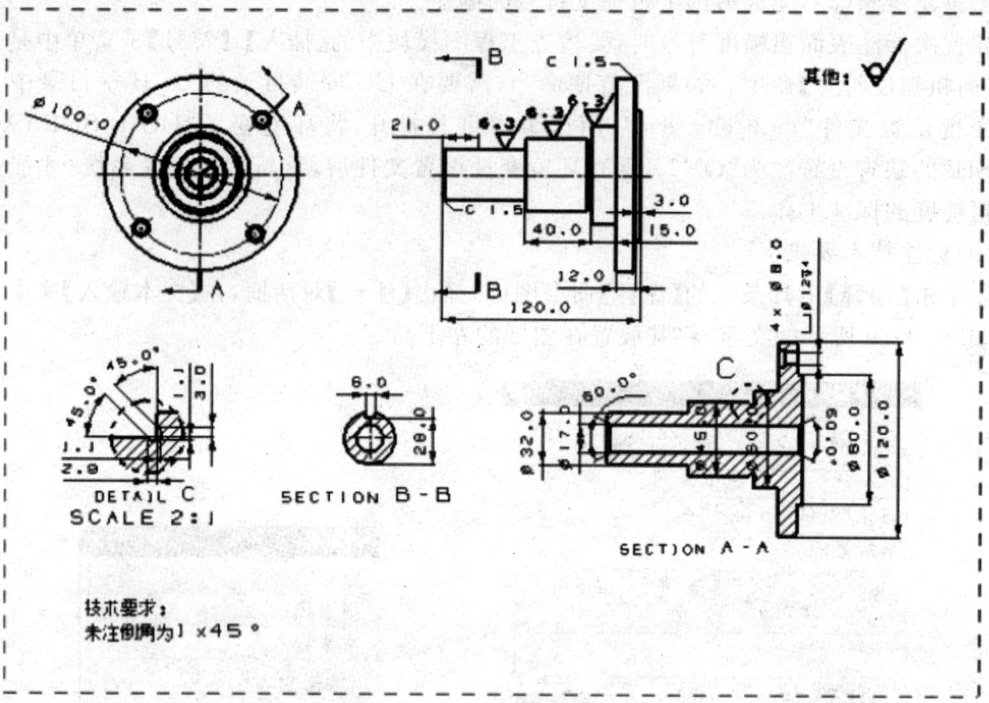

图 11-80　标注结果

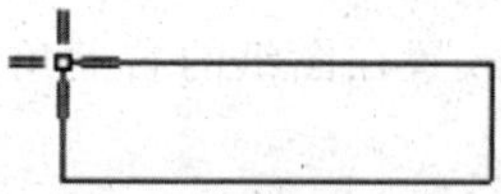

图 11-81　表格预览

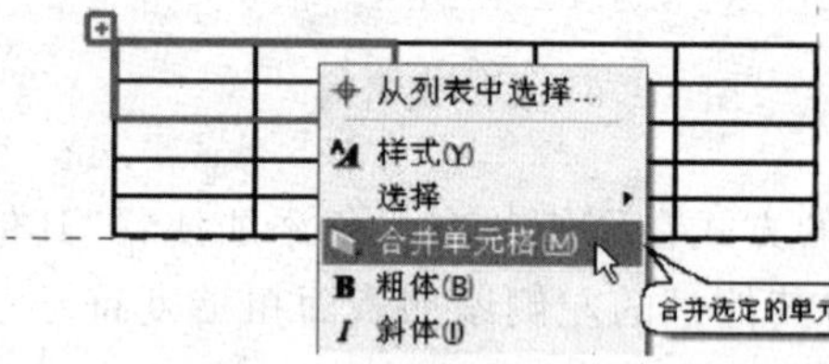

图 11-82　【合并单元格】

11.8.2　端盖工程图

【任务】

参照图 11-83 所示，为“model_duangai. prt”部件文件创建平面工程图，结果可参考“model_duangai_dwg1. prt”文件。

【知识点】

(1)创建主模型图；

(2)制图预设置；

(3)创建基本视图、投影视图、全剖视图和局部放大图；

(4)标注制图尺寸及公差。

【操作步骤及要点】

(1)新建图纸文件。

① 选择【文件】|【新建】命令，弹出如图 11-84 所示的【新建】对话框。

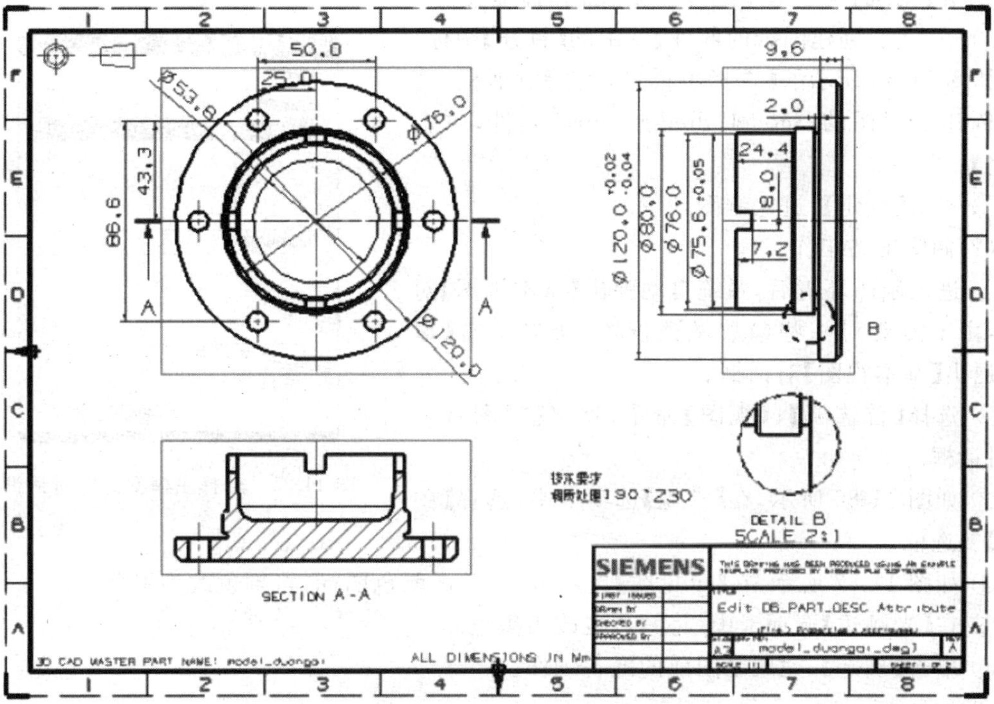

图 11-83　端盖工程图

图 11-84　新建对话框

② 在【图纸】选项卡中选择【A3-无视图】模板。

③ 单击【要创建图纸的部件】栏中的【打开】图标，弹出如图 11-85 所示的【选择主模型部件】对话框，选择要创建工程图的“model_duangai.prt”文件，单击【确定】。

图 11-85　选择主模型部件对话框

④ 单击【确定】，进入制图环境。

(2)制图准备工作。

① 进入制图环境后，系统自动弹出【基本视图】对话框，由于需要对一些参数做预设置，所以单击【取消】，退出【基本视图】对话框。

② 选择【首选项】|【视图】命令，弹出【视图首选项】对话框。

③ 如图 11-86 所示，在【常规】选项卡中，选择【中心线】复选框。

④ 如图 11-87 所示，在【可见线】选项卡中，单击颜色图标，将颜色改为黑色。

⑤ 在【光顺边】选项卡中，将颜色也改为黑色。

⑥ 单击【确定】，完成制图前的准备工作。

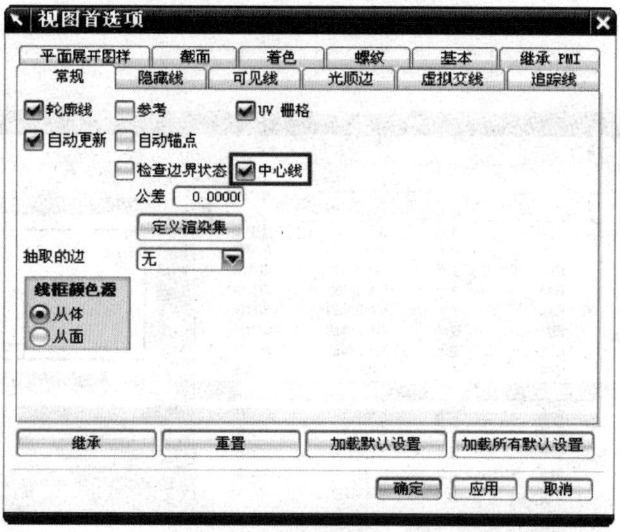

图 11-86　视图首选项对话框

光顺边指的是相切的相邻表面的交线。

(3)创建基本视图。

① 选择【插入】|【视图】|【基本视图】命令，弹出如图 11-88 所示的【基本视图】对话框。

② 设置【Model View to Use】为【FRONT】，在图纸中适当的地方放置基本视图，如图 11-89 所示。

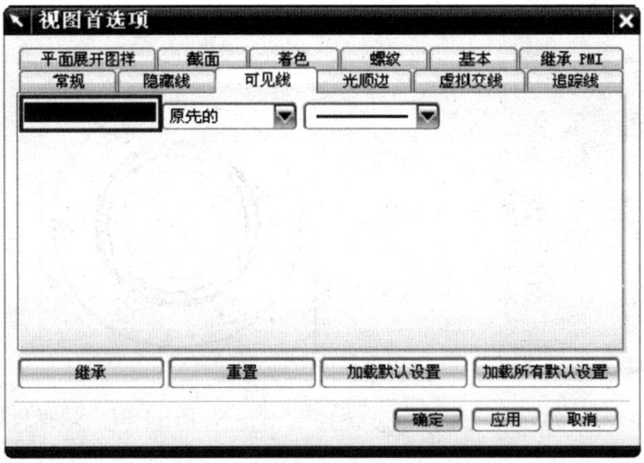

图 11-87　可见线选项卡

图 11-88　基本视图对话框

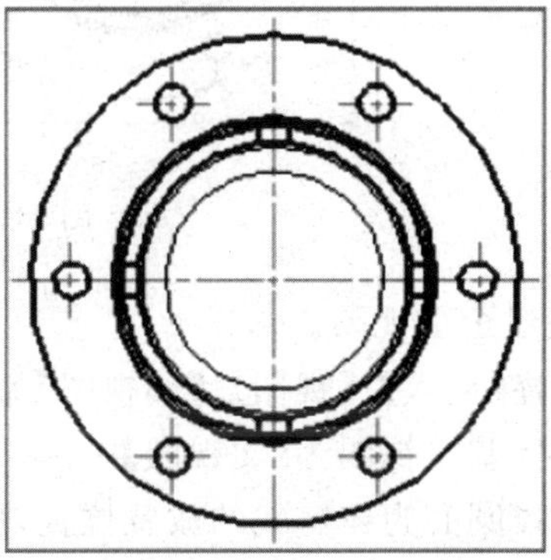

图 11-89　放置基本视图

(4)创建投影视图。

① 放置基本视图后，系统自动弹出如图 11-90 所示的【投影视图】对话框，并自动选择上一步创建的前视图为【父视图】。

② 选择投影方向，如图 11-91 所示。

③ 将投影视图放置在图纸中适当的位置，如图 11-92 所示。

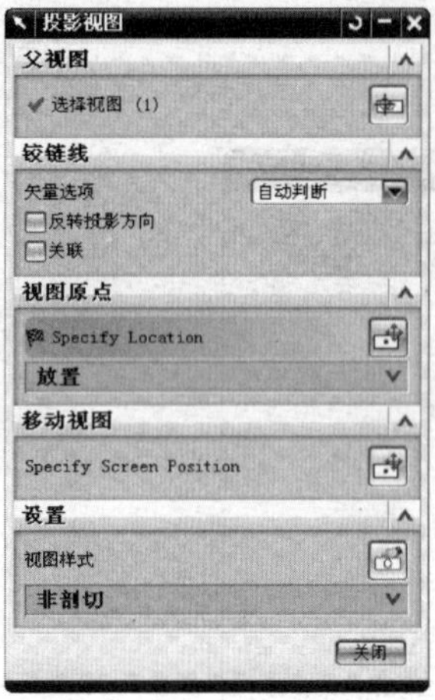

图 11-90　投影视图对话框

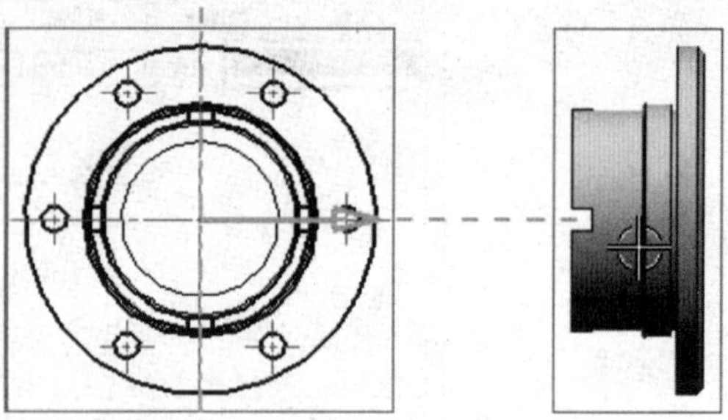

图 11-91　选择投影方向

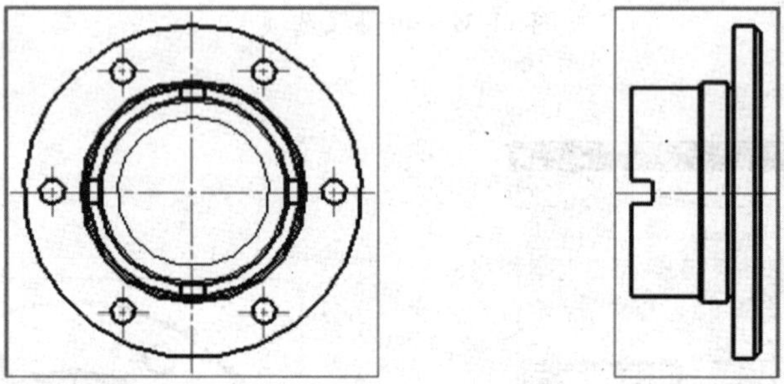

图 11-92　放置投影视图

(5)创建全剖视图。

① 选择【插入】|【视图】|【剖视图】命令，弹出如图 11-93 所示的【剖视图】对话框。

② 选择基本视图为【父视图】。

③ 选择圆心为铰链线的放置位置，单击左键确定剖视图的位置，如图 11-94 所示。

④ 将全剖视图放置在图纸中适当的位置，如图 11-95 所示。

图 11-93　剖视图对话框

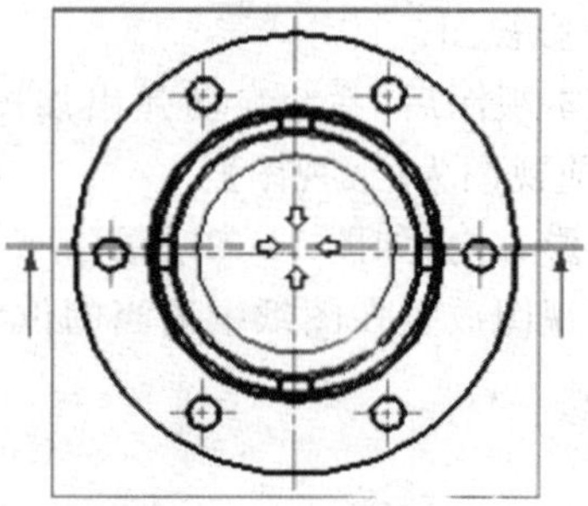

图 11-94　放置位置

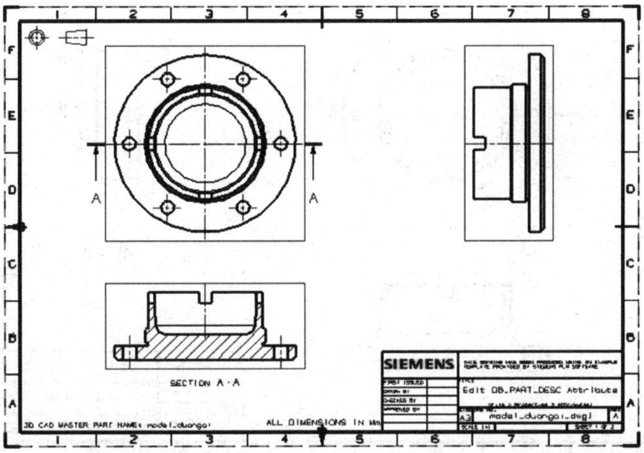

图 11 95　创建的全剖视图

(6)创建局部放大图。

① 选择【插入】|【视图】|【局部放大图】命令，弹出如图 11-96 所示的【局部放大图】对话框。

② 在【类型】下拉列表中选择【圆形】。

③ 选取圆心和半径，如图 11-97 所示。

④ 系统自动创建局部放大图，放置到图纸中适当的位置，如图 11-98 所示。

图 11-96　局部放大图对话框

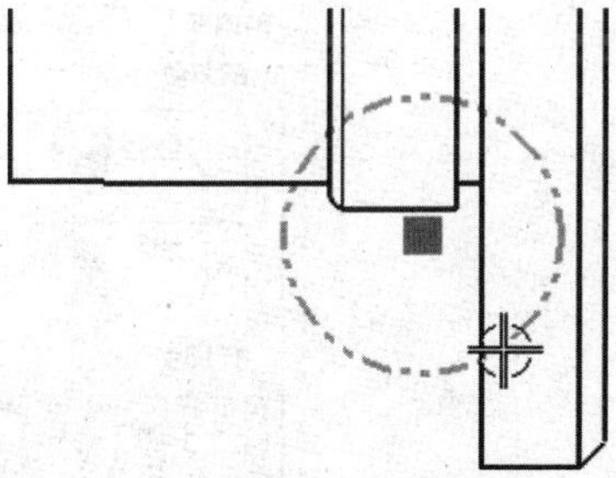

图 11-97　选择局部放大的范围

(7)注释首选项设置。

① 选择【首选项】|【注释】命令，弹出【注释首选项】对话框。

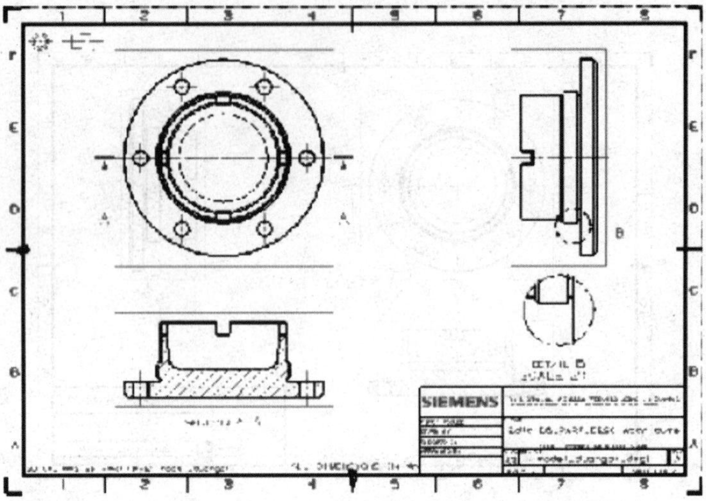

图 11-98　创建的局部放大图

② 按照图 11-99 所示，对【尺寸】选项卡进行设置。
③ 在【文字】选项卡中设置【字符大小】为 5。
④ 单击【确定】。

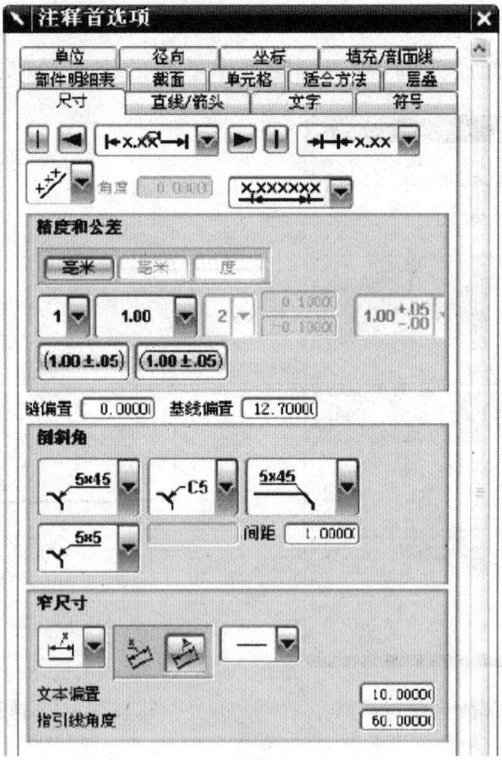

图 11-99　注释首选项对话框

(8)标注尺寸。

① 标注径向尺寸。选择【插入】|【尺寸】|【圆柱形】命令，选择左视图中各端面的端点进行合理的尺寸标注，如图 11-100 所示。

② 标注直径尺寸。选择【插入】|【尺寸】|【直径】命令，选择主视图中的圆进行合理的尺寸标注，如图 11-101 所示。

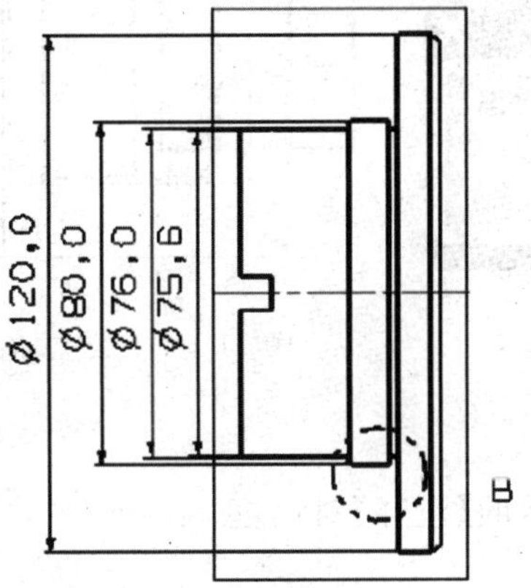

图 11-100　标注径向尺寸

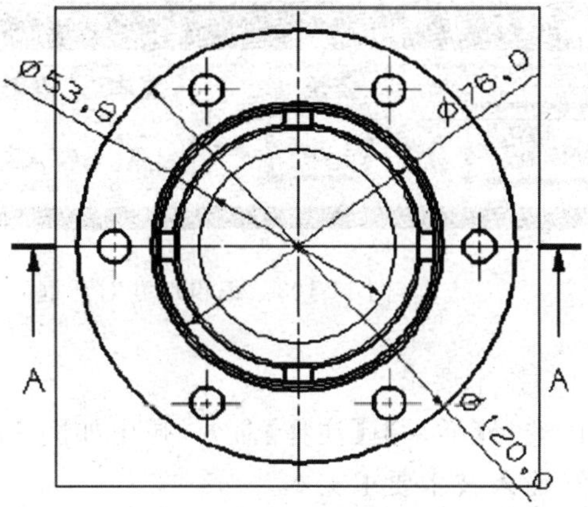

图 11-101　标注直径尺寸

③ 标注直线的尺寸。选择【插入】|【尺寸】|【自动判断】命令，进行线性尺寸的标注，如图 11-102 所示。

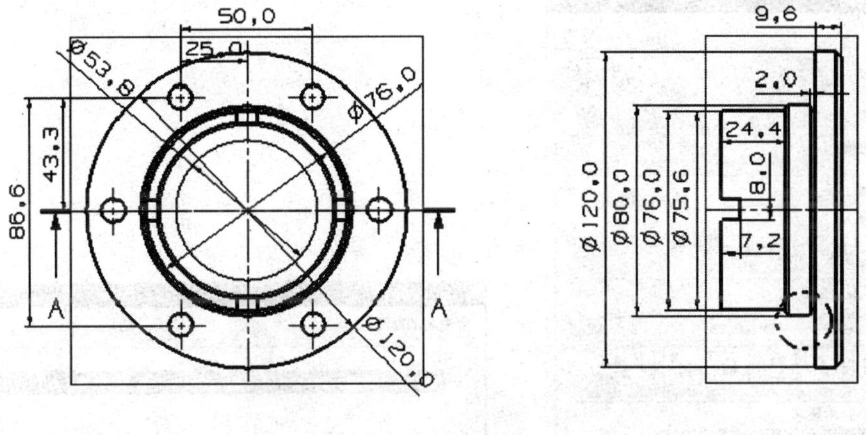

图 11-102　标注线性尺寸

一般来说，只可对尺寸的位置、格式进行修改，不得修改尺寸的数值。这主要是因为尺寸数值与三维模型相关联，一旦修改了尺寸数值，将破坏这种关联。

(9)标注公差。

① 标注双向公差。选择尺寸“Φ120”，单击右键，在弹出的快捷菜单中选择【编辑】，弹出如图 11-103 所示的【编辑尺寸】对话框。选择【双向公差】，单击【公差值】图标，修改公差值，如图 11-103 所示。

② 标注等值双向公差。选择尺寸“Φ75.6”，单击右键，在弹出的快捷菜单中选择【编

辑】,弹出【编辑尺寸】对话框。选择【双向公差,等值】并修改公差值,如图 11-104 所示。

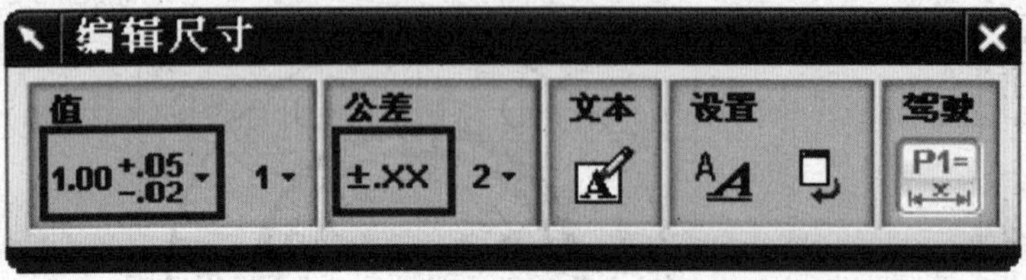

图 11-103　编辑尺寸对话框

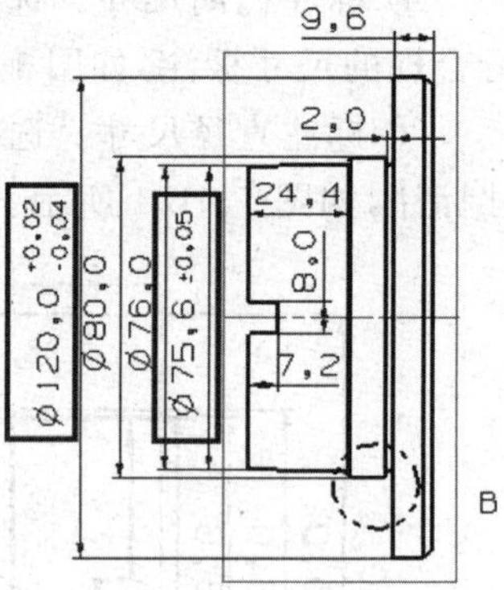

图 11-104　公差标注

(10)技术要求。

① 选择【插入】|【注释】命令,弹出如图 11-105 所示的【注释】对话框。

② 输入技术要求文本。

③ 拖动文本到合适位置处,单击左键,将文本固定,结果如图 11-83 所示。

(11)保存文件。

① 选择【文件】|【保存】命令,弹出如图 11-106 所示的【命名部件】对话框。

② 输入【名称】并指定【文件夹】后,单击【确定】,完成图纸文件的保存。

图 11-105　注释对话框

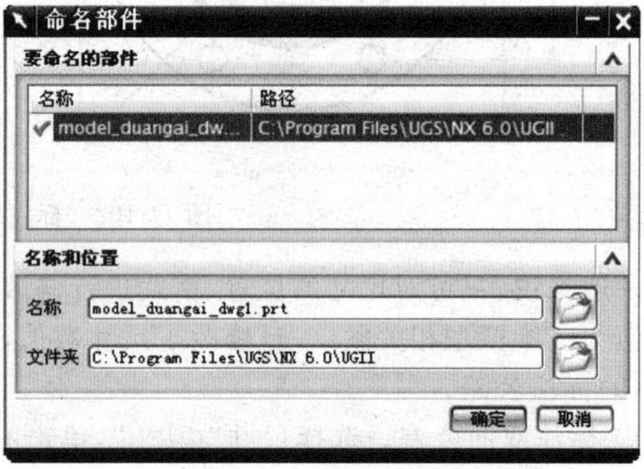

图 11-106　命名部件

11.9 思考与练习

1. 添加到工程图中的第一视图是什么视图？
2. 什么是局部放大视图？请简述创建局部视图的步骤。
3. 应如何修改工程图中的尺寸？
4. 如何修改工程图中尺寸文本的大小？
5. 完成下列工程图。

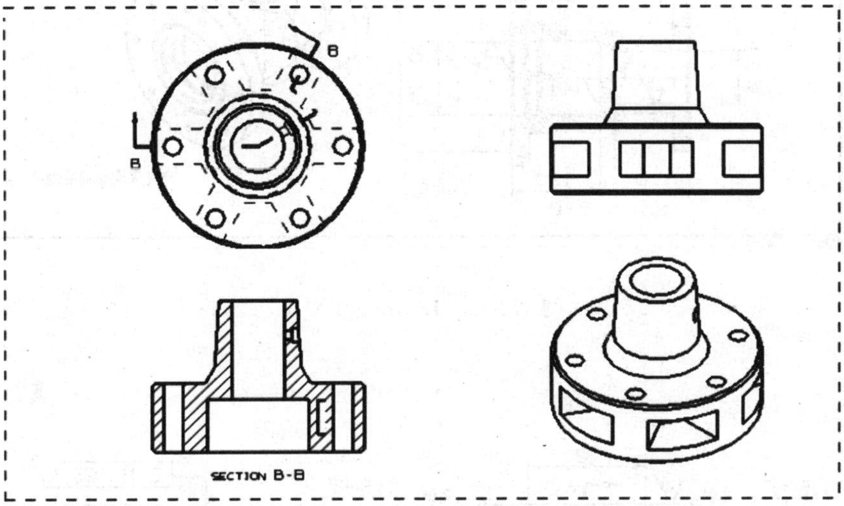

图 11-109　Drafting_EX_1

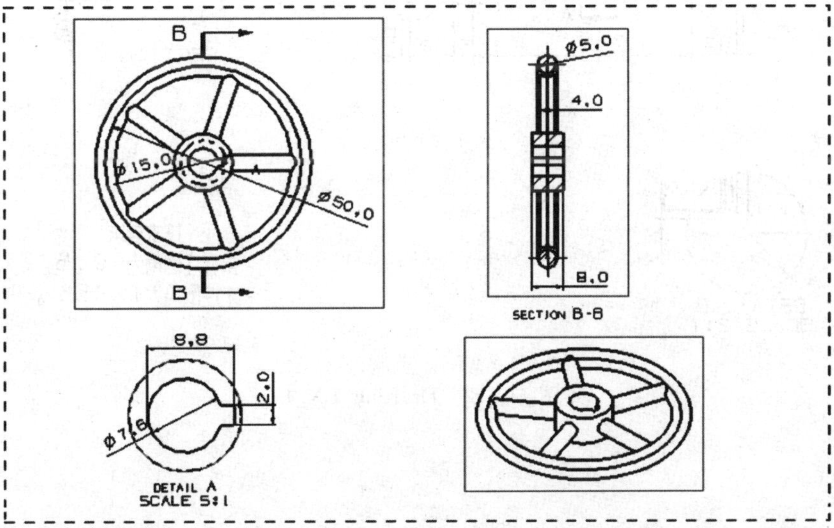

图 11-110　Drafting_EX_2

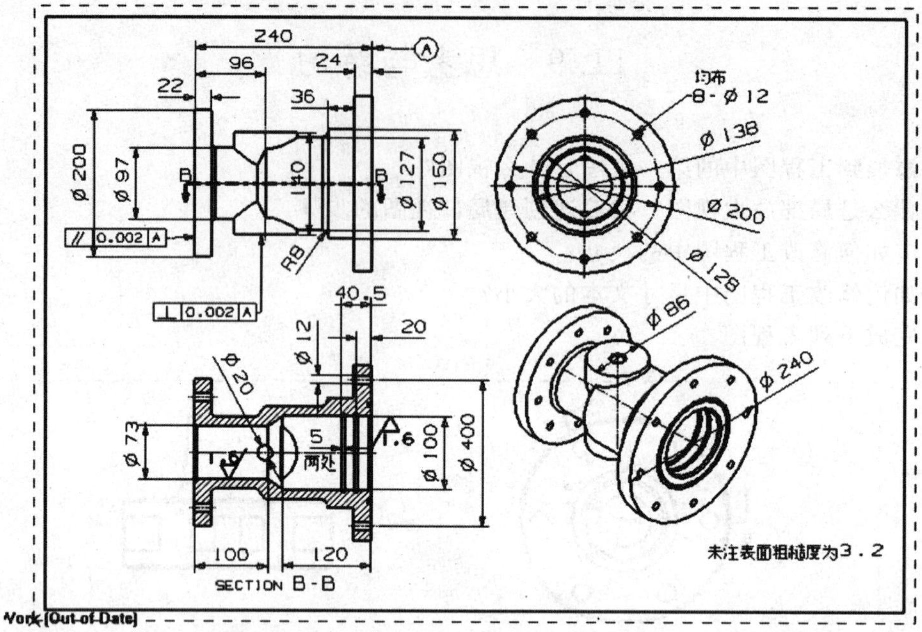

图 11-111　Drafting_EX_3

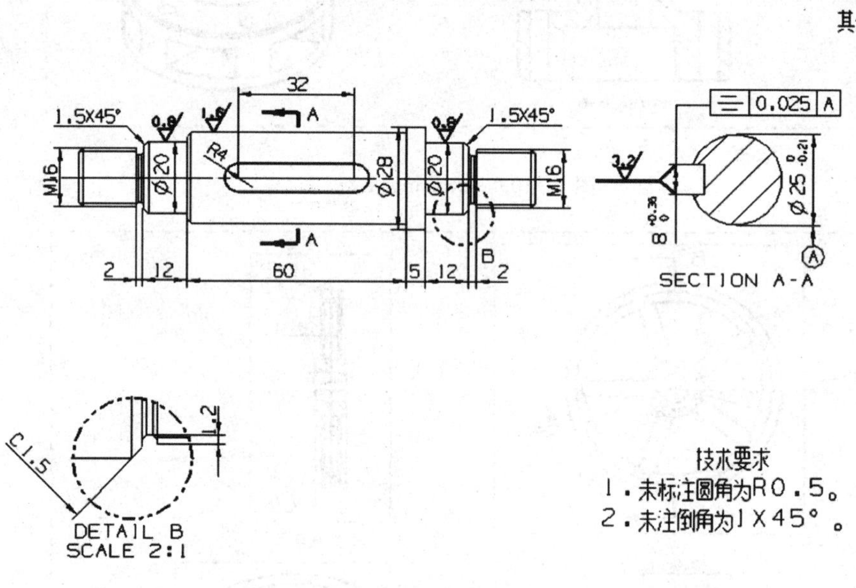

图 11-112　Drafting_EX_4

参考文献

[1] 蔡汉明，陈清奎. 机械 CAD/CAM 技术[M]. 北京：机械工业出版社，2003.
[2] 肖刚，李学志，李俊源. 机械 CAD 原理与实践[M]. 第 2 版. 北京：清华大学出版社，2006.
[3] 关晓平等. 机械 CAD 技术与应用[M]. 哈尔滨：东北林业大学出版社，2003.
[4] 葛友华. 机械 CAD/CAM[M]. 西安：西安电子科技大学出版社，2008.
[5] 杜平安等. CAD/CAE/CAM 方法与技术[M]. 北京：清华大学出版社，2010.
[6] 王定标，郭茶秀，向飒等. CAD/CAE/CAM 技术与应用[M]. 北京：化学工业出版社，2005.
[7] 王隆太，朱灯林，戴国洪等. 机械 CAD/CAM 技术[M]. 第 3 版. 北京：机械工业出版社，2010.
[8] 童秉枢，吴志军. 机械 CAD 技术基础[M]. 第 3 版. 北京：清华大学出版社，2008.
[9] 宁汝新，赵汝嘉. CAD/CAM 技术[M]. 第 2 版. 北京：机械工业出版社，2011.
[10] 王先逵，刘军. CAD/CAM 技术基础[M]. 北京：北京大学出版社，2010.
[11] 蒋炎坤. 能源动力装置 CAD 技术[M]. 北京：国防工业出版社，2007.
[12] 刘军，李永奎，陶栋材. CAD/CAM 技术及应用[M]. 第 2 版. 北京：中国农业大学出版社，2005.
[13] 谭光宇，隋天中等. 机械 CAD 技术基础[M]. 哈尔滨：哈尔滨工业大学出版社，2005.
[14] 单忠臣. 机械 CAD 技术基础[M]. 哈尔滨：哈尔滨工程大学出版社，2004.
[15] 史翠兰. CAD/CAM 技术与应用[M]. 北京：电子工业出版社，2009.
[16] 王伟，宋宪一. 机械 CAD/CAM 技术与应用[M]. 北京：机械工业出版社，2008.
[17] 蒋洪平，王香耿. CAD/CAM 技术[M]. 大连：大连理工大学出版社，2009.
[18] 吴立军，蔡娥，谢斌飞. UGNX 工程设计新手上路[M]. 北京：清华大学出版社，2007.
[19] 单岩，周文学，罗晓晔等. UGNX6.0 立体词典：产品建模[M]. 杭州：浙江大学出版社，2010.